一致超图的张量谱理论初步

胡胜龙 著

西安电子科技大学出版社

内 容 简 介

本书内容主要包括张量谱理论和一致超图相关的基本概念和基础知识、张量行列式和高阶迹、非负张量及其剖分、偶数阶一致超图的 Laplace－Beltrami 张量、一致超图的正则 Laplacian 张量、一致超图的特征向量、一致超图的特征值、特殊超图及一致超图的谱对称性等，并附有相关的参考文献.

本书可供高等学校相关专业高年级本科生、研究生和教师以及相关科研工作者、工程技术人员参考.

图书在版编目(CIP)数据

一致超图的张量谱理论初步 / 胡胜龙著. --西安：西安电子科技大学出版社，2023. 11
ISBN 978－7－5606－6848－2

Ⅰ. ①一…　Ⅱ. ①胡…　Ⅲ. ①超图—张量—理论研究
Ⅳ. ①O157. 5

中国国家版本馆 CIP 数据核字(2023)第 045518 号

策　　划　陈　婷
责任编辑　宁晓蓉
出版发行　西安电子科技大学出版社(西安市太白南路 2 号)
电　　话　(029)88202421　88201467　　邮　　编　710071
网　　址　www. xduph. com　　电子邮箱　xdupfxb001@ 163. com
经　　销　新华书店
印刷单位　陕西日报印务有限公司
版　　次　2023 年 11 月第 1 版　2023 年 11 月第 1 次印刷
开　　本　787 毫米×1092 毫米　1/16　印张 15
字　　数　353 千字
印　　数　1～1000 册
定　　价　56. 00 元
ISBN 978－7－5606－6848－2/O
XDUP 7150001－1

前 言

Preface

图论作为数学领域的一个分支，在众多实际应用中发挥着重要的作用. 图谱理论是图论的一个重要研究方向，通过图相应矩阵的代数性质来刻画图的结构，以解决相应数学问题或实现应用目标. 图谱理论建立起了用连续理论研究图的离散结构的桥梁，在计算机科学、网络分析等学科中有重要的应用价值.

超图是图的延伸，是刻画系统多边关系的一种自然表达，其研究对于揭示系统的固有属性具有重要的作用. 随着近年来张量谱理论研究的开展，基于超图邻接张量及 Laplacian 型张量的谱理论的研究为超图理论的探究注入了新的活力，并逐渐形成了超图理论一个新的研究方向:超图谱理论. 这也是图谱理论的一个自然延伸.

本书仅限于探讨一致超图的谱理论. 本书结合作者自身的研究经历，介绍张量谱理论研究中与超图谱理论具有深刻或潜在联系的内容. 囿于作者知识有限，本书只涉及整个一致超图谱理论中的一部分. 内容上，分为基本概念和基础知识、行列式和高阶迹、非负张量及其剖分、Laplace - Beltrami 张量、正则 Laplacian 张量、特征向量、特征值、特殊超图及对称性等. 这些内容的选取主要基于利用张量行列式和张量高阶迹在超图谱对称性及其结构上刻画的研究想法. 限于作者水平，书中内容难免存在不妥之处，恳请专家学者和读者批评指正.

借此机会，首先要感谢自己的导师黄正海教授和祁力群教授一直以来的关心、支持和鼓励，同时也要感谢所有的合作者. 特别地，感谢杭州电子科技大学科技专著出版计划的资助，感谢国家自然科学基金(编号 11401428，编号 11771328，编号 12171128)和浙江省自然科学基金(编号 LY22A010022)的资助. 最后对西安电子科技大学出版社在本书出版过程中提供的关心和帮助表示衷心感谢.

胡胜龙
2023 年 3 月
杭州电子科技大学

前言

目 录
Contents

第 1 章　概　要

1. 超图的谱理论

自从 Euler 提出 Königsberg 七桥问题，图论在多个领域得到了重要的应用，其自身也成为一个重要的数学分支. 关于图论本身的研究也形成了许多的方向，其中图谱理论是图论的重要基石，在解决一些经典的图论问题时发挥了不可或缺的作用[1-4].

超图是图的自然延伸，在许多问题上比图更能自然地表达事物本身的内在结构. 本书将基于张量的谱理论研究与图谱理论平行的超图谱理论. 自 2005 年以来，张量的谱理论得到了快速的发展. 特别地，香港理工大学祁力群教授[5]关于张量特征值和美国芝加哥大学林力行教授[6]关于张量奇异值的工作将张量谱理论的研究引入了一个快速发展的轨道. 至此，张量谱理论得到了广泛且深入的研究[7, 8].

在林力行教授的论文[6, 9]中，即指出张量的谱理论，特别是非负张量的谱理论在超图理论中有着重要作用. 在他的博士论文[9]中，引入了超图的邻接张量的概念. 随后 Rota Bulò 和 Pelillo[10, 11]利用超图的邻接张量进行了初步研究. 2010 年起，作者在祁力群教授的指导下攻读博士学位，进行张量相关的学习和研究工作. 当年冬天，在一次小型研讨会上，林力行教授给作者介绍了他计划进行的超图谱理论研究工作，并指出图谱理论中的一个重要定理，即图谱是对称的当且仅当图是二可分的，不知道如何延伸到超图；福州大学常安教授给作者介绍了图论中重要的代数连通性等.

受到这些讨论的启发，作者在祁力群教授的指导下开始了超图谱理论的研究，并在 2010 年底完成了关于偶数阶一致超图的工作[12]，引入了 Laplacian 型张量以及超图的代数连通性等. 关于超图的谱的对称性研究工作一直在进行，直到 2014 年夏天，才对三图进行了较完整的刻画[13]. 在此期间关于张量行列式[14]、高阶迹[14, 15]的研究工作为超图谱对称性的讨论奠定了重要的基础.

本书将对作者在这一新兴研究方向中的认识和研究工作进行整理. 这显然是相当片面且肤浅的. 一个最大的缺点就是本书中的相当内容在后续众多研究者的深入研究中都得到了进一步加深与完善，而这些将不在此书中展现. 本书将体现作者过去十年关于超图谱理论的研究历程和想法，希望能给大家一些启发，起到抛砖引玉的作用.

2. 本书框架介绍

本书第 2 章介绍基本概念和基础知识. 第 3 章主要对张量的谱理论，特别是与超图谱的对称性相关的谱理论进行介绍，主要以文献[14]～[19]为基础. 第 4 章主要对非负张量的谱理论及剖分理论进行介绍，主要以文献[20]、[21]为基础. 第 5 章介绍 Laplace-Beltrami 张量，以文献[12]为基础. 第 6 章介绍正则 Laplacian 张量，以文献[22]为基础. 第 7 章介绍超图结构与特征向量的联系，以文献[23]为基础. 第 8 章介绍超图结构与特征值的联系，以文献[24]为基础. 第 9 章介绍特殊超图的谱理论，以文献[25]为基础. 第 10 章讨论超图的谱的对称性理论，以文献[13]、[15]、[26]为基础.

本书的部分内容来自作者的博士论文[27].

第 2 章　基本概念和基础知识

2.1　张量及其相关概念

本书一般使用$\mathbb{C}$表示复数数域，用$\mathbb{Z}$表示整数环. 记$\mathbb{T}(\mathbb{C}^n, m)$为$m$阶$n$维取复数的张量构成的线性空间. 用$\mathcal{I}$表示单位张量，其阶数和维数不明确标出，但是很容易从上下文中得知. 单位张量的分量定义为：当$i_1=\cdots=i_m\in\{1, \cdots, n\}$时，$i_{i_1\cdots i_m}=1$；其他元素为零.

记$\mathbb{C}^n$为n维基本复数向量空间. 假设$\mathcal{T}=(t_{i_1\cdots i_m})$是一个$m$阶$n$维的张量，$\mathbf{x}=(x_i)\in\mathbb{C}^n$是一个向量，那么$\mathcal{T}\mathbf{x}^{m-1}$定义为一个具有如下分量的$n$维向量：

$$\sum_{i_2=1}^{n}\cdots\sum_{i_m=1}^{n} t_{ii_2\cdots i_m} x_{i_2}\cdots x_{i_m} \tag{2.1}$$

这是一种张量缩和的简单记法[5, 28].

下面特征值的定义最早由祁力群教授给出[5].

定义 2.1　假设$\mathcal{T}\in\mathbb{T}(\mathbb{C}^n, m)$. 对某个$\lambda\in\mathbb{C}$，如果多项式系统$(\lambda\mathcal{I}-\mathcal{T})\mathbf{x}^{m-1}=\mathbf{0}$存在一个解满足$\mathbf{x}\in\mathbb{C}^n\setminus\{\mathbf{0}\}$，那么称$\lambda$为张量$\mathcal{T}$的特征值，而称$\mathbf{x}$为张量$\mathcal{T}$关于特征值$\lambda$的特征向量.

记张量$\mathcal{T}$的所有特征值构成的集合为$\sigma(\mathcal{T})$.

2.1.1　张量行列式

对一个给定的正整数n，n元非负整数向量$\alpha=(\alpha_1, \cdots, \alpha_n)$，以及一个$n$元未知量的向量$\mathbf{x}:=(x_1, \cdots, x_n)^{\mathrm{T}}$，$\mathbf{x}^\alpha$用来表示单项式$\prod_{i=1}^{n} x_i^{\alpha_i}$.

定义 2.2　对于给定的正整数$d_1, \cdots, d_n$，对所有的$i\in\{1, \cdots, n\}$，记$f_i:=\sum_{|\alpha|=d_i} c_{i,\alpha}\mathbf{x}^\alpha$是多项式环$\mathbb{C}[\mathbf{x}]$中的一个次数为$d_i$的齐次多项式. 那么满足下面性质的多项式$\mathrm{RES}_{d_1,\cdots,d_n}\in\mathbb{Z}[\{u_{i,\alpha}\}]$是存在且唯一的，称为次数为$(d_1, \cdots, d_n)$的结式：

(1) 多项式方程组$f_1=\cdots=f_n=0$在$\mathbb{C}^n$中有非零解当且仅当$\mathrm{Res}_{d_1,\cdots,d_n}(f_1, \cdots, f_n)=0$.

(2) $\mathrm{Res}_{d_1,\cdots,d_n}(x_1^{d_1}, \cdots, x_n^{d_n})=1$.

(3) $\mathrm{RES}_{d_1,\cdots,d_n}$是多项式环$\mathbb{C}[\{u_{i,\alpha}\}]$中的不可约多项式.

注意：符号$\mathrm{RES}_{d_1,\cdots,d_n}$和$\mathrm{Res}_{d_1,\cdots,d_n}(f_1, \cdots, f_n)$有大小写的区别. 对于一个给定的多项式系统$(f_1, \cdots, f_n)$，区别为：前者为变量$\{u_{i,\alpha} \mid |\alpha|=d_i, i\in\{1, \cdots, n\}\}$的一个多项式，而后者为多项式$\mathrm{RES}_{d_1,\cdots,d_n}$在这一点$\{u_{i,\alpha}=c_{i,\alpha}\}$的取值，其中$\{c_{i,\alpha}\}$是由给定的多项式$f_i$确定的. 那么，$\mathrm{Res}_{d_1,\cdots,d_n}(f_1, \cdots, f_n)$是$\mathbb{C}$中的一个数.

当$d_1=\cdots=d_n=d$时，本书将$\mathrm{RES}_{d,\cdots,d}$简记为 RES($\mathrm{Res}_{d,\cdots,d}$简记为 Res). 其中省去

的 d 的数值可以从行文中清楚地看出.

有了上面的定义，那么 m 阶对称张量的对称超行列式即是一个被定义为次数为 $(m-1, \cdots, m-1)$ 的结式 RES. 可以看到，对于一个给定的对称张量 $\mathcal{T}$，其对称超行列式的值即是多项式系统 $\mathcal{T}\mathbf{x}^{m-1}=\mathbf{0}$ 的结式. 这个值本书记为 $\mathrm{Res}(\mathcal{T}\mathbf{x}^{m-1})$，它等于这个张量的所有特征值的乘积[5].

关于张量特征值与结式的联系的一项重要的结论是由李安民教授等给出的[29]. 他们证明了 $\mathrm{Res}(\mathcal{T}\mathbf{x}^{m-1})$ 是关于张量 $\mathcal{T}$(非必要对称)在正交群作用下的不变量. 接下来，本书将系统介绍一般张量的行列式及其与张量特征值的联系.

定义 2.3 记 RES 是次数为 $(m-1, \cdots, m-1)$ 的结式. 假设其变量为 $\{u_{i,\alpha} \mid |\alpha|=m-1, i\in\{1, \cdots, n\}\}$. 记 $\mathbb{X}(\alpha):=\{(i_2, \cdots, i_m)\in\{1, \cdots, n\}^{m-1} \mid x_{i_2}\cdots x_{i_m}=\mathbf{x}^\alpha\}$. 假设 $\mathcal{T}=(t_{ii_2\cdots i_m})\in\mathbb{T}(\mathbb{C}^n, m)$. m 阶 n 维张量的行列式 DET 定义为将多项式 RES 中的变量 $u_{i,\alpha}$ 替换为

$$\sum_{(i_2, \cdots, i_m)\in\mathbb{X}(\alpha)} v_{ii_2\cdots i_m}$$

得到关于变量 $\{v_{ii_2\cdots i_m} \mid i, i_2, \cdots, i_m\in\{1, \cdots, n\}\}$ 的多项式. 对于一个给定张量 $\mathcal{T}$，其行列式的值 $\mathrm{Det}(\mathcal{T})$ 自然可以定义为多项式 DET 在点 $\{v_{ii_2\cdots i_m}=t_{ii_2\cdots i_m}\}$ 的值.

有了上述定义，接下来可以在形式上定义 $\mathrm{DET}(\mathcal{T})$ 为用变量 $t_{ii_2\cdots i_m}$ 替换行列式 DET 中的变量 $v_{ii_2\cdots i_m}$ 得到的关于变量 $\{t_{ii_2\cdots i_m} \mid i, i_2, \cdots, i_m\in\{1, \cdots, n\}\}$ 的多项式. 注意，这里不是简单地改变一下记号，变量 $\{t_{ii_2\cdots i_m}\}$ 之间可能存在某种关系，而变量 $v_{ii_2\cdots i_m}$ 是相互独立的. 比如，变量 $\{t_{ii_2\cdots i_m}\}$ 中的某一部分可以恒为零. 可以看到，当使用符号 $\mathrm{DET}(\mathcal{T})$ 时，$\mathcal{T}$ 就当成是未知量集合构成的张量；而当使用符号 $\mathrm{Det}(\mathcal{T})$ 时，$\mathcal{T}$ 就当成是由复数 $\mathbb{C}$ 中的数构成的具体数量张量. 这种看法在下文的推理中很重要.

需要指出行列式与超行列式的区别. 给定一个张量 $\mathcal{T}\in\mathbb{T}(\mathbb{C}^n, m)$，可以定义一个多重线性函数 $f: \mathbb{C}^n\times\cdots\times\mathbb{C}^n\to\mathbb{C}$ 为

$$f(\mathbf{x}^{(1)}, \cdots, \mathbf{x}^{(m)}):=\sum_{1\leqslant i_1, \cdots, i_m\leqslant n} t_{i_1\cdots i_m} x_{i_1}^{(1)}\cdots x_{i_m}^{(m)}$$

根据代数几何结论，可以证明，存在一个唯一的不可约齐次多项式(相差常数倍①)，使得该多项式在张量 $\mathcal{T}$ 处的取值 $\mathrm{Hdet}(\mathcal{T})$ 等于零当且仅当对所有的 $j\in\{1, \cdots, m\}$ 存在 $\mathbf{x}^{(j)}$ 使得 $\frac{\partial f}{\partial x_i^{(j)}}=0$ 对所有的 $i\in\{1, \cdots, n\}$ 和 $j\in\{1, \cdots, m\}$ 都成立. 由前文可见，张量行列式是不同于超行列式的. 感兴趣的读者可以参考文献[30]～[39]. 事实上，结式在专著[40]中得到了详细研究，本书主要讨论其与张量特征值之间的联系以及在超图谱理论中的应用.

2.1.2 张量特征值与特征向量

定义 2.4 假设 $\mathcal{T}$ 是一个由未知量构成的 m 阶 n 维张量，λ 是一个变量. 那么 $\lambda\mathcal{I}-\mathcal{T}$

① 在本书中，当讨论齐次多项式时，相差常数倍将不再明确指出. 注意，对齐次多项式而言，常数倍是不影响其代数几何性质的，即是射影空间中的同一个元素.

的行列式 $\mathrm{DET}(\lambda\mathcal{I}-\mathcal{T})$ 是 $(\mathbb{C}[\mathcal{T}])[\lambda]$ 中的多项式，记为 $\chi_{\mathcal{T}}(\lambda)$. 称这个多项式为张量 $\mathcal{T}$ 的特征多项式.

当张量 $\mathcal{T}\in\mathbb{T}(\mathbb{C}^n, m)$ 给定时，多项式 $\chi_{\mathcal{T}}(\lambda)\in\mathbb{C}[\lambda]$. 为了简洁起见，$\chi_{\mathcal{T}}(\lambda)$ 通常被简写为 $\chi(\lambda)$.

下面的定义是对之前的定义 2.1 的细化，主要针对实数张量[41].

定义 2.5 假设 $\mathcal{T}$ 是 m 阶 n 维实张量. 如果对某个 $\lambda\in\mathbb{C}$，多项式系统 $(\lambda\mathcal{I}-\mathcal{T})\mathbf{x}^{m-1}=\mathbf{0}$ 有解 $\mathbf{x}\in\mathbb{R}^n\backslash\{0\}$，那么称 λ 是一个 H-特征值，而 $\mathbf{x}$ 是 **H**-特征向量. 如果 $\mathbf{x}\in\mathbb{R}^n_+(\mathbb{R}^n_{++})$，那么称 λ 是一个 H^+-(H^{++}-)特征值. 如果一个特征向量 $\mathbf{x}\in\mathbb{C}^n$ 不能够被放缩为实向量①，则称其为 N-特征向量.

注意，H-特征值是实的，但是 H-特征值同样可能有复特征向量.

如果特征向量 $\mathbf{x}\in\mathbb{C}^n$ 的某些分量具有最大模 1，则称该特征向量 $\mathbf{x}$ 是一个标准特征向量. 下文中，除非特别指出，否则特征向量均指标准特征向量. 零特征值的特征向量 $\mathbf{x}$ 称为极小的，如果不存在另外的零特征值的特征向量使得其支撑集严格包含在 $\mathbf{x}$ 的支撑集中.

给定张量 $\mathcal{T}$，对于一个给定的特征值 $\lambda\in\sigma(\mathcal{T})$，与特征值 λ 相应的特征向量的集合记为 $V_{\mathcal{T}}(\lambda)$（如果没有歧义，简记为 $V(\lambda)$）②：

$$V_{\mathcal{T}}(\lambda):=\{\mathbf{x}\in\mathbb{C}^n : \mathcal{T}\mathbf{x}^{m-1}=\lambda\,\mathbf{x}^{[m-1]}\}$$

注意，$V(\lambda)$ 是射影空间 $\mathbb{PC}^{n-1}$ 中的代数簇，当然也是 $\mathbb{C}^n$ 中的代数簇. 下文将把 $V(\lambda)$ 看成是仿射代数簇进行讨论. 注意，上述集合一般来讲不是一个线性空间，因此，称 $V(\lambda)$ 为特征簇更为恰当.

例 2.1 考虑张量 $\mathcal{T}\in\mathbb{T}(\mathbb{C}^2, 3)$，其分量为 $t_{111}=2$, $t_{122}=1$, $t_{222}=1$（对其余情况 $t_{ijk}=0$）. 特征方程为

$$2x_1^2+x_2^2=\lambda\,x_1^2,\ x_2^2=\lambda x_2^2$$

显然，$1\in\sigma(\mathcal{T})$ 是 $\mathcal{T}$ 的特征值，且

$$\begin{aligned}V(1)&=\{\alpha(\sqrt{-1}, 1), \beta(-\sqrt{-1}, 1): \alpha, \beta\in\mathbb{C}\}\\&=\mathbb{C}(\sqrt{-1}, 1)\cup\mathbb{C}(-\sqrt{-1}, 1)\end{aligned}$$

可见，$V(1)$ 不可约，且不是线性空间，其维数为 1.

下面给出重数的详细定义.

定义 2.6 给定张量 $\mathcal{T}=(t_{ii_2\cdots i_m})\in\mathbb{T}(\mathbb{C}^n, m)$. 特征值 $\lambda\in\sigma(\mathcal{T})$ 的代数重数记为 $\mathrm{am}(\lambda)$，是 λ 作为特征多项式 $\chi(\lambda)$ 的根的重数. 特征值 $\lambda\in\sigma(\mathcal{T})$ 的几何重数记为 $\mathrm{gm}(\lambda)$，是特征簇 $V(\lambda)\subseteq\mathbb{C}^n$ 的维数.

如果在集合 $\sigma(\mathcal{T})$ 考虑特征值的代数重数，那么就得到特征值的一个含重数的多重集，此时的集合记为 $\sigma_m(\mathcal{T})$.

---

① 当 $\mathbf{x}$ 是一个特征向量时，那么对所有非零的 $\alpha\in\mathbb{C}$，$\alpha\mathbf{x}$ 也是一个特征向量，一个可以被放缩为实的特征向量 $\mathbf{x}$ 指的是存在非零 $\alpha\in\mathbb{C}$ 使得 $\alpha\mathbf{x}\in\mathbb{R}^n$. 在这种情况下，相比于轨迹 $\{\gamma\mathbf{x} \mid \gamma\in\mathbb{C}\backslash\{0\}\}$ 中的其他向量，本节将更倾向于研究 $\alpha\mathbf{x}$，这是一个 H-特征向量.

② 注意，为了叙述简洁，此处向量 $\mathbf{0}$ 也加入此集合.

注意，对矩阵而言，上述定义和经典矩阵理论中的定义保持一致[42].

下面给出张量Z-特征值的定义.

定义 2.7 给定张量 $\mathcal{T}\in\mathbb{T}(\mathbb{C}^n, m)$，点对$(\lambda, \mathbf{x})$是张量$\mathcal{T}$的一个Z-特征对，如果满足

$$\begin{cases}\mathcal{T}\mathbf{x}^{m-1}=\lambda\mathbf{x}\\ \lambda\in\mathbb{R},\ \mathbf{x}\in\mathbb{R}^n,\ \mathbf{x}^{\mathrm{T}}\mathbf{x}=1\end{cases}\tag{2.2}$$

则称λ为Z-特征值，而$\mathbf{x}$是相应的Z-特征向量.

2.1.3 张量的迹

假设 $\mathcal{T}\in\mathbb{T}(\mathbb{C}^n, m)$. 定义如下微分算子:

$$\hat{g}_i := \sum_{i_2=1}^{n}\cdots\sum_{i_m=1}^{n} t_{ii_2\cdots i_m}\frac{\partial}{\partial a_{ii_2}}\cdots\frac{\partial}{\partial a_{ii_m}},\ \forall i\in\{1, \cdots, n\}\tag{2.3}$$

其中$\boldsymbol{A}$是一个包含辅助变量a_{ij}的$n\times n$矩阵. 容易看到，对每个i，$\hat{g}_i$是算子代数$\mathbb{C}[\partial\boldsymbol{A}]$中的一个微分算子，其中$\partial\boldsymbol{A}$是一个具有分量$\frac{\partial}{\partial a_{ij}}$的$n\times n$矩阵. Schur多项式定义如下:

$$p_0(t_0)=1,\ p_k(t_1, \cdots, t_k):=\sum_{i=1}^{k}\sum_{d_j>0,\ \sum_{j=1}^{i}d_j=k}\frac{\prod_{j=1}^{i}t_{d_j}}{i!},\ \forall k\geqslant 1\tag{2.4}$$

其中$\{t_0, t_1, \cdots\}$是变量.

张量的迹定义如下:

定义 2.8 给定张量 $\mathcal{T}\in\mathbb{T}(\mathbb{C}^n, m)$，其$d$阶迹定义为

$$\mathrm{Tr}_d(\mathcal{T}):=(m-1)^{n-1}\Big[\sum_{\sum_{i=1}^{n}k_i=d}\prod_{i=1}^{n}\frac{(\hat{g}_i)^{k_i}}{((m-1)k_i)!}\Big]\mathrm{Tr}(\boldsymbol{A}^{(m-1)d})\tag{2.5}$$

2.1.4 结构类张量

首先回顾一下块矩阵的定义，如果矩阵$\boldsymbol{A}$可以被分成如下块:

$$\boldsymbol{A}=\begin{pmatrix}\boldsymbol{B} & \boldsymbol{D}\\ 0 & \boldsymbol{C}\end{pmatrix}$$

其中子矩阵$\boldsymbol{B}$和$\boldsymbol{C}$都是方阵，子矩阵$\boldsymbol{D}$具有合适维数，那么$\mathrm{Det}(\boldsymbol{A})=\mathrm{Det}(\boldsymbol{B})\mathrm{Det}(\boldsymbol{C})$[43]. 下文将此定义和结论延伸到张量.

定义 2.9 假设 $\mathcal{T}\in\mathbb{T}(\mathbb{C}^n, m)$，$1\leqslant k\leqslant n$. 如果对所有的$i_1, \cdots, i_m\in\{1, \cdots, k\}$，都有$u_{i_1\cdots i_m}=t_{j_{i_1}\cdots j_{i_m}}$，那么称张量$\mathcal{U}\in\mathbb{T}(\mathbb{C}^k, m)$是张量$\mathcal{T}$的关于指标集$\{j_1, \cdots, j_k\}\subseteq\{1, \cdots, n\}$的子张量.

如果记$\{j_1, \cdots, j_k\}$为指标集I，那么一般记$\mathcal{U}$为$\mathcal{T}_I$.

虽然定义2.9是对特定数量张量给出的，但是显然可以推广到具有变量的张量.

2.1.5 非负张量

本节介绍非负张量，特别引入严格非负张量和非平凡非负张量. 同时也引入几类其他非负张量. m阶n维的非负张量的全体记为$N_{m,n}$.

定义 2.10　假设张量 $\mathcal{T}$ 是 m 阶 n 维的非负张量.

• 如果存在非负真子集 $I \subset \{1, \cdots, n\}$ 使得

$$t_{i_1 i_2 \cdots i_m} = 0, \quad \forall i_1 \in I, \quad \forall i_2, \cdots, i_m \notin I \tag{2.6}$$

那么称张量 $\mathcal{T}$ 是可约的. 如果张量 $\mathcal{T}$ 不是可约的，则称其是不可约的.

• 如果对所有非零 $\mathbf{x} \in \mathbb{R}_+^n$，$\mathcal{T}\mathbf{x}^{m-1} \in \mathbb{R}_{++}^n$ 都成立，则称张量 $\mathcal{T}$ 本质正.

• 如果存在某个正整数 k 使得对任意的非零 $\boldsymbol{x} \in \mathbb{R}_+^n$ 都有 $F_{\mathcal{T}}^k(\boldsymbol{x}) \in \mathbb{R}_{++}^n$，其中 $F_{\mathcal{T}}^k := F_{\mathcal{T}}(F_{\mathcal{T}}^{k-1})$，那么称张量 $\mathcal{T}$ 是本原的. 这里，映射 $F_{\mathcal{T}}: \mathbb{R}_+^n \to \mathbb{R}_+^n$ 定义为

$$(F_{\mathcal{T}})_i(\mathbf{x}) := \left(\sum_{i_2, \cdots, i_m = 1}^{n} t_{ii_2 \cdots i_m} x_{i_2} \cdots x_{i_m} \right)^{\frac{1}{m-1}} \tag{2.7}$$

其中 $i \in \{1, \cdots, n\}$，$\mathbf{x} \in \mathbb{R}_+^n$.

• 如果非负矩阵 $M(\mathcal{T})$ 的 (i, j) 元定义为 $t_{ij\cdots j}$，其中 $i, j \in \{1, \cdots, n\}$，那么非负矩阵 $\boldsymbol{M}(\mathcal{T})$ 称为非负张量 $\mathcal{T}$ 的主控矩阵. 如果对所有的 $i \neq j$，都有 $[\boldsymbol{M}(\mathcal{T})]_{ij} > 0$，那么称张量 $\mathcal{T}$ 是弱正的.

定义 2.11　假设张量 $\mathcal{T}$ 是 m 阶 n 维的非负张量.

• 如果非负矩阵 $\boldsymbol{G}(\mathcal{T})$ 的 (i, j) 元是满足 $\{i_2, \cdots, i_m\} \ni j$ 的 $t_{ii_2} \cdots i_m$ 的和，那么称矩阵 $\boldsymbol{G}(\mathcal{T})$ 为张量 $\mathcal{T}$ 的表示矩阵.

• 如果张量 $\mathcal{T}$ 的表示矩阵 $\boldsymbol{G}(\mathcal{T})$ 是一个可约矩阵，那么称张量 $\mathcal{T}$ 为弱可约的. 如果矩阵 $\boldsymbol{G}(\mathcal{T})$ 不是可约的，则称张量 $\mathcal{T}$ 为弱不可约的.

• 如果张量 $\mathcal{T}$ 的表示矩阵 $\boldsymbol{G}(\mathcal{T})$ 是一个本原矩阵，那么称张量 $\mathcal{T}$ 为弱本原的.

下面即给出严格非负张量的定义.

定义 2.12　假设张量 $\mathcal{T}$ 是 m 阶 n 维的非负张量，如果对所有的 $\mathbf{x} > \mathbf{0}$，满足 $F_{\mathcal{T}}(\mathbf{x}) > \mathbf{0}$，那么称张量 $\mathcal{T}$ 是严格非负张量.

定义 2.13　称张量 $\mathcal{A} \in N_{m,n}$ 是非平凡非负的，如果存在非空集合 $I \subseteq \{1, \cdots, n\}$ 使得 $\mathcal{A}_I$ 是严格非负张量.

定义 2.14　称非负张量 $\mathcal{A} \in N_{m,n}$ 是随机张量，如果 $\mathcal{A}\mathbf{e}^{m-1} = \mathbf{e}$（$\mathbf{e}$ 为全 1 向量）.

2.1.6　张量与图相应的概念

定义 2.15　假设 $\mathbf{A} = (a_{ij})$ 是一个 n 维矩阵. 由矩阵 $\mathbf{A}$ 定义的有向加权图 $D(\mathbf{A})$ 是指具有顶点集 $V = \{1, \cdots, n\}$ 使得有向边 $(i, j) \in D(\mathbf{A})$ 当且仅当 $a_{ij} \neq 0$，在这种情况下，边 (i, j) 的权重为 a_{ij}. $D(\mathbf{A})$ 中的一条路径 W 的权重记为 $a(W)$，是 W 中所有边的权重的乘积（注意此处 W 的边的集合是一个多重集）. 用 $\mathbf{W}_r(D(\mathbf{A}))$ 表示 $D(\mathbf{A})$ 中所有长度为 r 的圈（即闭的路径）.

为了更深入地讨论，先引入另外一些关于图论的结论. 假设接下来考虑的有向图顶点集均为 $V = \{1, \cdots, n\}$，且可能含有圈（(i, i) 这样的边）以及多重边（称这样的有向图为多重有向图）. 因此，从顶点 i 到顶点 j，可能存在多条边. 为了简便，用 D_n 表示 n 阶完全有向图，其边的集合为 $E(D_n) = \{1, \cdots, n\} \times \{1, \cdots, n\}$.

在下文中，当谈论到多重边集 E 时，一般来说，指的是一个多重集 E，其元素为 $\{1, \cdots, n\} \times \{1, \cdots, n\}$ 中的元素. 对于一个多重边集 E，用 $V(E)$ 表示与 E 中某条边相连接的顶点的集合. 同时，有 $V(E) \subseteq \{1, \cdots, n\}$. 对每个顶点 $i \in \{1, \cdots, n\}$，分别用

$d_E^+(i)$和$d_E^-(i)$表示边集E中顶点i的外度和内度.

如果一个多重有向图的每个顶点的外度和内度都是一样的，那么称其为平衡的有向图. 可以看到，如果W是一条闭路径，那么作为一个多重有向图，W是平衡的有向图.

定义 2.16 假设E是一个多重边集. 定义如下记号：

(1) 用$b(E)$表示E中所有边的重数的阶乘的乘积.

(2) 用$c(E)$表示E中所有顶点的外度的阶乘的乘积.

(3) 用$\mathbf{W}(E)$表示使得其多重边集为$E(W)=E$的所有有向闭路径W的集合.

给定整数$d>0$，定义

$$\mathcal{F}_d := \{((i_1,\alpha_1),\cdots,(i_d,\alpha_d)) \mid 1\leqslant i_1\leqslant\cdots\leqslant i_d\leqslant n;\ \alpha_1,\cdots,\alpha_d\in\{1,\cdots,n\}^{m-1}\} \tag{2.8}$$

对满足$d_1+\cdots+d_n=d>0$的非负整数d_1，…，d_n，定义

$$\mathcal{F}_{d_1,\cdots,d_n} := \{((i_1,\alpha_1),\cdots,(i_d,\alpha_d))\in\mathcal{F}_d \mid \{i_1,\cdots,i_d\}=1^{d_1}\cdots n^{d_n}\} \tag{2.9}$$

那么显然可得

$$\mathcal{F}_d = \bigcup_{d_1+\cdots+d_n=d}\mathcal{F}_{d_1,\cdots,d_n}$$

定义 2.17 假设$F=((i_1,\alpha_1),\cdots,(i_d,\alpha_d))\in\mathcal{F}_d$，其中$(i_j,\alpha_j)\in\{1,\cdots,n\}^m$ $(j=1,\cdots,d)$. 定义如下记号：

(1) 记$E(F)=\bigcup\limits_{j=1}^{d}E_j(F)$(此处理解为多重集的并)，其中$E_j(F)$是如下定义的多重边集：

$$E_j(F)=\{(i_j,v_1),(i_j,v_2),\cdots,(i_j,v_{m-1})\}，满足\alpha_j=(v_1,\cdots,v_{m-1})$$

那么，$E(F)$也是一个多重边集.

(2) 记$b(F)=b(E(F))$为$E(F)$中所有边的重数的阶乘的乘积.

(3) 记$c(F)=c(E(F))$为$E(F)$中所有顶点的外度的阶乘的乘积.

可以看到，如果$F\in\mathcal{F}_{d_1,\cdots,d_n}$，那么$d_{E(F)}^+(i)=d_i(m-1)$. 因此，在这种情况下，$c(F)=\prod\limits_{i=1}^{n}(d_i(m-1))!$.

(4) 记$\mathbf{W}(F)=\mathbf{W}(E(F))$为所有使得多重边集$E(W)=E(F)$的闭路径$W$的集合. 可以看到$\mathbf{W}(F)$中的每条路径$W$的长度为$|E(W)|=|E(F)|=d(m-1)$.

(5) 定义微分算子$\partial(F)=\prod\limits_{j=1}^{d}\dfrac{\partial}{\partial a_{i_j\alpha_j}}$，其中

$$\frac{\partial}{\partial a_{i\alpha}}=\prod_{k=1}^{m-1}\frac{\partial}{\partial a_{is_k}}\quad(满足\ \alpha=(s_1,\cdots,s_{m-1})\in\{1,\cdots,n\}^{m-1})$$

其中，$a_{ij}(i,j=1,\cdots,n)$是互异的变量.

定义 2.18 假设n，d，r是给定的正整数，记$\mathbf{E}_{d,r}(n)$是满足下面三个条件的多重边集E的集合：

(1) $|E|=dr$(在多重集意义下).

(2) 多重边集E是平衡的(即对每个顶点$i\in\{1,\cdots,n\}$，外度$d_E^+(i)$与内度$d_E^-(i)$一致).

(3) 对每个顶点$i\in\{1,\cdots,n\}$，其外度$d_E^+(i)$是r的倍数.

由上述定义的条件(3)，可见如果$E\in\mathbf{E}_{d,r}(n)$，那么当$d_E^+(i)>0$时有$d_E^+(i)\geqslant r$. 另

一方面，注意到 $V(E)=\{i\in\{1,\cdots,n\}\mid d_E^+(i)>0\}$. 因此 $dr=|E|=\sum_{i=1}^{n}d_E^+(i)\geqslant|V(E)|r$. 这样一来，

$$E\in\mathbf{E}_{d,r}(n)\Rightarrow|V(E)|\leqslant d \tag{2.10}$$

其中等号成立当且仅当对每个满足 $d_E^+(i)>0$ 的顶点 i，$d_E^+(i)=d_E^-(i)=r$ 成立.

2.2 超　图

本书中考虑的超图指的是简单的无向 k 一致超图 G，其顶点集为 V，标号为 $\{1,\cdots,n\}$，边的集合为 E. 所谓的 k 一致，指的是对每条边 $e\in E$，边 e 的基数 $|e|$ 恒为 k. 下文中，总是假设 $k\geqslant3$ 以及 $n\geqslant k$. 在不产生歧义的前提下，下文将 k 一致超图 G 简称为 k 图或者图.

对于一个子集 $S\subset\{1,\cdots,n\}$，记 E_S 为边的集合 $\{e\in E\mid S\cap e\neq\varnothing\}$. 对于一个顶点 $i\in V$，将 $E_{\{i\}}$ 简记为 E_i. 这是包含顶点 i 的所有边的集合，即 $E_i:=\{e\in E\mid i\in e\}$. 集合 E_i 的基数 $|E_i|$ 定义为顶点 i 的度，记为 d_i. 那么，$k|E|=\sum_{i\in\{1,\cdots,n\}}d_i$. 如果 $d_i=0$，那么顶点 i 是孤立的. 将此总结在如下的定义中，方便后文引用.

定义 2.19　对每个顶点 $i\in V$，顶点 i 的度记为 d_i，指的是集合 $\mathbb{D}:=\{e_p\in E\mid i\in e_p\}$ 的基数. 如果 $d_i=0$，那么称顶点 i 是孤立的.

一个图是正则的，如果 $d_1=\cdots=d_n=d$. 对于一个完备的正则图 G，$d_1=\cdots=d_n=d=\binom{n-1}{k-1}$ 成立.

从顶点 i 到顶点 j 的一条有限路径指的是一个有限的顶点序列，其起始顶点为 i，终点为 j，满足存在一条边包含当前顶点和下一个顶点. 如果存在一条有限路径连接两个顶点，那么称这两个顶点是连通的. 子集 $S\subseteq V$ 是图 G 的一个连通的部分，如果 S 中的每两个顶点是连通的且 $V\backslash S$ 中的任何顶点与 S 中的顶点不连通. 为方便起见，一个孤立的顶点被认为是一个连通的部分. 那么，给定一个图 G，存在 V 的一个剖分 $V=V_1\cup\cdots\cup V_S$ 使得每个 V_i 是 G 的一个连通的部分. 假设 $S\subseteq V$，以 S 为顶点集和边集 $\{e\in E\mid e\subseteq S\}$ 构成的图称为 G 由 S 导出的子图，记作 G_S.

给定集合 $S\subseteq\{1,\cdots,n\}$，S^c 记为集合 S 在 $\{1,\cdots,n\}$ 中的补集. 对于非空集合 $S\subseteq\{1,\cdots,n\}$ 和 $\mathbf{x}\in\mathbb{C}^n$，记单项式 $\prod_{i\in S}x_i$ 为 $\mathbf{x}^S$.

给定图 $G=(V,E)$. 假设 $S\subset V$ 是一个非空真子集. 那么边集可以剖分为如下三部分：$E(S):=\{e\in E\mid e\subseteq S\}$、$E(S^c)$ 以及 $E(S,S^c):=\{e\in E\mid e\cap S\neq\varnothing,e\cap S^c\neq\varnothing\}$. $E(S,S^c)$ 称为 G 关于 S 的边割.

当 G 是一般的图时(即 $k=2$)，对边割 $E(S,S^c)$ 中的每个边，刚好包含 S 和 S^c 中的各一个点. 但是当 G 是 k 一致超图且 $k\geqslant3$ 时，情况比较复杂. 称边割 $E(S,S^c)$ 中的一条边在 S 中的深度最少为 $r(1\leqslant r<k)$，如果这条边至少存在 r 个顶点属于 S. 如果 $E(S,S^c)$ 中的每条边都割 S 在深度至少 r，那么称 $E(S,S^c)$ 割 S 在深度至少 r.

在下文中，如果没有特别说明，图都是指连通的图.

2.2.1 Laplace - Beltrami 张量

本小节以 4 图为例. 然而，这里给出的定义可以有效地延伸到偶数高阶图上.

下面给出正式的定义.

定义 2.20 给定非空子集 $I\subseteq V$，定义与其相应的 n 维张量 $\mathcal{L}(I)$，称为集合 $\boldsymbol{I}$ 的核张量，其元素为

$$[\mathcal{L}(I)]_{ijkl}:=\begin{cases}1 & i=j=k=l\in I\\ -\dfrac{1}{3} & \{i,j,k,l\}\subseteq I\text{，其中三个相等，但不全等}\\ \dfrac{5}{21} & \{i,j,k,l\}\subseteq I\text{，两个不同对相等}\\ \dfrac{1}{21} & \{i,j,k,l\}\subseteq I\text{，一对相等，有三个不同元}\\ -\dfrac{1}{7} & \{i,j,k,l\}\subseteq I\text{，互不相同}\\ 0 & \text{其他}\end{cases} \tag{2.11}$$

称张量 $\mathcal{L}(V)$ 是图 $G=(V,E)$ 的核张量，简记为 $\mathcal{L}$.

定义 2.21 给定图 $G=(V,E)$，定义与之对应的 n 维非负整数张量 $\mathcal{K}$，称为 G 的度张量，其元素 k_{ijkl} 是集合 $D:=\{E_p\in E \mid \{i,j,k,l\}\subseteq E_p\}$ 的基数. 容易看到对所有的 $i\in\{1,\cdots,n\}$，$k_{iiii}=d_i$ 成立.

定义 2.22 给定图 $G=(V,E)$，假设 $\mathcal{K}$ 是图 G 的度张量，$\mathcal{L}$ 是核张量. 图 G 的 Laplace - Beltrami张量 $\mathcal{T}$ 定义为张量 $\mathcal{K}*\mathcal{L}$. 这里 $*$ 表示张量的 Hadamard 乘积，即每个元素对应相乘.

可以通过计算验证，按照定义 2.22 定义的Laplace - Beltrami张量 $\mathcal{T}$ 将满足第 5 章中的关系式(5.2). 回顾一下对称张量的定义，在这里，如果对 (i_1,i_2,i_3,i_4) 的任意的排列 (i,j,k,l)，都满足 $t_{ijkl}=t_{i_1i_2i_3i_4}$，那么 $\mathcal{T}$ 是对称的. 如果对所有的 $\mathbf{x}\in\mathbb{R}^n$ 成立 $\mathcal{T}\mathbf{x}^4\geqslant 0$，那么称张量 $\mathcal{T}$ 是半正定的.

定义 2.23 对称张量 $\mathcal{T}$ 的对称秩 r 定义为使得下式成立的最小非负整数 k：

$$\mathcal{T}=\sum_{j=1}^{k}\alpha_j\,\mathbf{u}^j\otimes\mathbf{u}^j\otimes\mathbf{u}^j\otimes\mathbf{u}^j$$

其中对所有的 $j\in\{1,\cdots,k\}$ 有 $\alpha_j\in\mathbb{R}$ 和 $\mathbf{u}^j\in\mathbb{R}^n$.

2.2.2 Laplacian 张量和无符号 Laplacian 张量

下面定义的 Laplacian 张量与无符号 Laplacian 张量最早在文献[41]中出现.

定义 2.24 假设 $G=(V,E)$ 是一个 k 图. G 的邻接张量是一个 k 阶 n 维张量 $\mathcal{B}$，其 $(i_1,i_2,\cdots,i_k)$ 元定义为

$$b_{i_1i_2\cdots i_k}:=\begin{cases}\dfrac{1}{(k-1)!} & \{i_1,i_2,\cdots,i_k\}\in E\\ 0 & \text{其他}\end{cases}$$

记 $\mathcal{D}$ 是 k 阶 n 维对角张量，其对角元 $d_{i\cdots i}$ 为顶点 i 的度 d_i，其中 $i\in\{1,\cdots,n\}$. 则称 $\mathcal{D}-\mathcal{B}$ 是图 G 的 Laplacian 张量，而 $\mathcal{D}+\mathcal{B}$ 是图 G 的无符号 Laplacian 张量.

2.2.3　正则 Laplacian 张量

定义 2.25　假设 $G=(V, E)$是 k 图．如果满足要么边割 $E(B, B^c)$是空集，要么边割 $E(B, B^c)$割B^c在深度至少为 2，则一个非空子集 $B\subseteq V$ 称为图 G 的谱部分．

显然，对于任意的非空集合 $B\subset V$，如果满足 $|B|\leqslant k-2$，那么它一定是一个谱部分．假设图 G 具有连通部分 $\{V_1, \cdots, V_r\}$，容易看到集合 $B\subset V$ 是 G 的一个谱部分，当且仅当如果 $B\cap V_i$ 不是空集，则它是G_{V_i}的一个谱部分．

后文将给出图的谱部分与不超过 1 的H^+-特征值的关系，见定理 6.3．

定义 2.26　假设 $G=(V, E)$是一个 k 图．如果B^c是一个谱部分且 $E(B^c)=\varnothing$，称非空真子集 $B\subseteq V$ 是一个花心．

如果 B 是图 G 的一个花心，那么 G 就像一朵花一样，其在 $E(B, B^c)$中的边如同花片．容易看到对任意真子集 $B\subset V$ 满足 $|B|\geqslant n-k+2$，那么这就是一个花心．对于图 G 的花心和其连通部分的相应刻画也可以得到类似的结论．定理 6.3 将证明图的花心与最大H^+-特征值相对应．

图的正则 Laplacian 张量定义如下：

定义 2.27　假设 G 是一个 k 图，其顶点集为 $V=\{1, \cdots, n\}$，边集为 E. 正则邻接张量 $\mathcal{A}$，定义为如下的 k 阶 n 维对称非负张量：

$$a_{i_1 i_2 \cdots i_k} := \begin{cases} \dfrac{1}{(k-1)!}\prod\limits_{j\in\{1, \cdots, k\}} \dfrac{1}{\sqrt[k]{d_{i_j}}} & \{i_1, i_2, \cdots, i_k\}\in E \\ 0 & \text{其他} \end{cases}$$

正则 Laplacian 张量 $\mathcal{L}$ 定义为如下的 k 阶 n 维对称张量：

$$\mathcal{L} := \mathcal{J}-\mathcal{A}$$

其中 $\mathcal{J}$是一个 k 阶 n 维对角张量，当 $d_i>0$ 时其第 i 个对角元 $j_{i\cdots i}=1$，否则为零．

如果 G 没有孤立点，那么 $\mathcal{L}=\mathcal{I}-\mathcal{A}$. 张量 $\mathcal{L}$ 的谱称为图 G 的谱，这两者将被交叉引用．此处超图的正则 Laplacian 张量的定义是由图的正则 Laplacian 矩阵的理论延伸而来的，后者在文献[2]中得到了充分研究．这里，正则 Laplacian 张量与 Laplacian 张量的关系(即$\mathcal{L}=\boldsymbol{P}^k\cdot(\mathcal{D}-\mathcal{B})$①)也类似于正则 Laplacian 矩阵与 Laplacian 矩阵的关系[2]．其中，$\boldsymbol{P}$ 是一个对角矩阵，当 $d_i>0$ 时其第 i 个对角元是$\dfrac{1}{\sqrt[k]{d_i}}$，否则为零．

如果对所有的 $i\in\{1, \cdots, n\}$，d_i 都是一个常数，则一个图是正则的．注意，如果 G 没有孤立点，那么 $\mathcal{L}=\mathcal{I}-\mathcal{A}$. 对于 Laplacian 张量来说，这种情况只在正则图的时候才成立[41]．由定义 2.5，$\mathcal{L}$的特征值刚好是$-\mathcal{A}$的特征值的一个平移．因此，可以在不需要正则的前提下，通过非负张量的谱理论来建立图的谱理论．由定义 2.5，$\mathcal{L}$和$\mathcal{D}-\mathcal{B}$在G 不是正则的前提下，不具有相同的谱．

下面是图的边扩展的超图延伸．

---

① 此处的矩阵-张量乘积为：$\mathcal{L}=(l_{i_1\cdots i_k}):=\boldsymbol{P}^k\cdot(\mathcal{D}-\mathcal{B})$是一个 k 阶 n 维张量，其元素为

$$l_{i_1\cdots i_k} := \sum_{j_s\in\{1, \cdots, n\},\ s\in\{1, \cdots, k\}} p_{i_1 j_1}\cdots p_{i_k j_k}(d_{j_1\cdots j_k}-b_{j_1\cdots j_k})$$

定义 2.28 假设 G 是一个不含有孤立点的 k 图，$r\in\{1,\cdots,k-1\}$. G 的 r 阶边扩展记为 $h_r(G)$，定义为

$$h_r(G):=\min_{S\subset V,\ \mathrm{vol}(S)\leqslant\left\lceil\frac{d_{\mathrm{vol}}}{2}\right\rceil}\frac{|E(S,S^c)|}{\mathrm{vol}(S)} \tag{2.12}$$

其中最小值取自非空子集 S，该非空子集使得要么 $E(S,S^c)$ 非空，要么它割 S^c 在深度至少为 r.

当 $r=1$ 且图 G 为普通的图时，定义就和图论中的一致[2]. 此外，在这种情况下，容易看到

$$h_1(G)=\min_{S\subset V}\frac{|E(S,S^c)|}{\min\{\mathrm{vol}(S),\mathrm{vol}(S^c)\}}$$

因为在这种情况下，当 $E(S,S^c)$ 非空时，割 S 和 S^c 都在深度至少为 1. 对于超图，情形更为复杂. 因此，需要上面的定义式(2.12).

定义 2.28 对所有的 $r\in\{1,\cdots,k-1\}$ 都是适用的，因为当 $E(\{i\},\{i\}^c)$ 不是空集时，对所有的 $i\in\{1,\cdots,n\}$，总是割 $\{i\}^c$ 在深度 $r\leqslant k-1$.

2.2.4 结构型超图

下面介绍三种二可分图. 第一种具有对称谱，后两种可以刻画 Laplacian 张量和无符号 Laplacian 张量的零特征值的极小标准 H-特征向量.

定义 2.29 假设 $G=(V,E)$ 是一个 k 图. 如果要么它是平凡图(即 $E=\varnothing$)，要么存在互不相交的顶点集 V 的剖分 $V=V_1\cup V_2$ 使得 V_1，$V_2\neq\varnothing$，以及 E 中的每条边交 V_1 恰好一个顶点，而交 V_2 为剩下的 $k-1$ 个顶点，则称其为 hm 二可分的.

名称“hm 二可分”的由来是：每条边中总会选取一个 head，而其他为 mass.

定义 2.30 假设 k 是偶数，$G=(V,E)$ 是一个 k 图. 如果它是平凡图(即 $E=\varnothing$)，或者存在互不相交的顶点集 V 的剖分 $V=V_1\cup V_2$ 使得 V_1，$V_2\neq\varnothing$，以及 E 中的每条边交 V_1 刚好是奇数个顶点，则称其为奇二可分的.

定义 2.31 假设 $k\geqslant 4$ 是偶数，$G=(V,E)$ 是一个 k 图. 如果它是平凡图(即 $E=\varnothing$)，或者存在互不相交的顶点集 V 的剖分 $V=V_1\cup V_2$ 使得 V_1，$V_2\neq\varnothing$，以及 E 中的每条边交 V_1 刚好是偶数个顶点，则称其为偶二可分的.

图 2.1 给出上述三种图的一个示例.

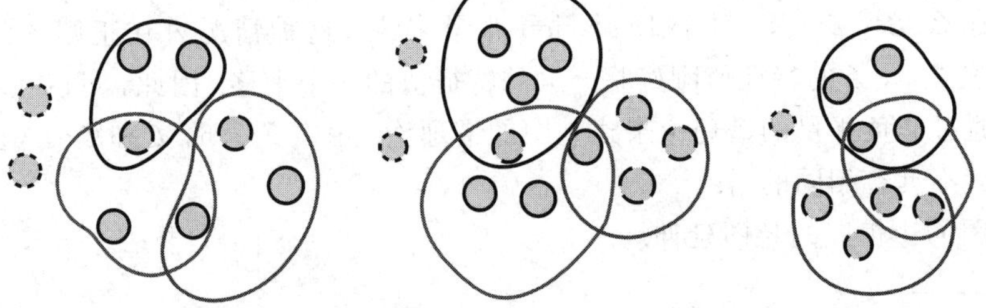

(a) hm二可分3图　(b) 奇二可分4图　(c) 偶二可分4图

图 2.1　定义 2.29、定义 2.30 和定义 2.31 中图的示例

图 2.1 中，边是一条闭曲线，实心圆构成顶点. 虚线的实心圆表示孤立点. 二可分容易辨别.

当 G 是普通图即 $k=2$ 时，定义 2.29 和定义 2.30 退回到经典的二可分图[1]. 当 $k>2$ 时，二可分的定义可以有多种延伸. 本节讨论上述三种延伸.

不同于图的情形，偶数阶超图 G 的一个偶(奇)二可分连通部分可能具有多个同类型的二可剖分. 在这种情况下，约定这个连通的部分对整个图 G 的偶(奇)二可分连通部分的总数的贡献为该部分二可剖分的个数. 同样地，对于图 G 的一个连通部分 V_0，如果存在两个同类型的二可剖分 $S_1\cup T_1=V_0$ 以及 $S_2\cup T_2=V_0$，除非 $S_1=S_2$ 或者 $S_1=T_2$，这两个二可剖分视为不同的. 通过下面的例子可见.

例 2.2　假设 $G=(V, E)$ 是 4 图，具有顶点集 $V=\{1, \cdots, 6\}$ 以及边集

$$E=\{\{1, 2, 3, 4\}, \{1, 3, 5, 6\}, \{1, 2, 3, 6\}\}$$

那么，G 是连通的，且可以看成一个偶二可分图，由定义 2.31，具有二剖分 $V_1:=\{1,2,5\}$ 和 $V_2:=\{3,4,6\}$. 同时，G 是一个偶二可分图，具有二剖分 $V_1:=\{2,3,5\}$ 和 $V_2:=\{1,4,6\}$，以及 $V_1:=\{1, 3\}$ 和 $V_2:=\{2, 4, 5, 6\}$. 那么，图 G 的偶二可分的连通部分的个数为 3. 这三种情况如图 2.2 所示.

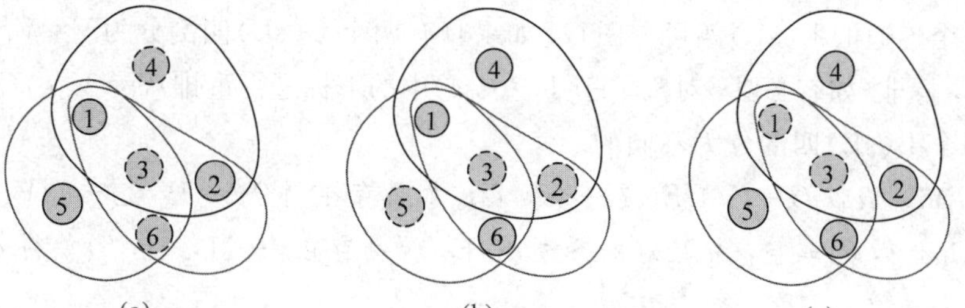

图 2.2　例 2.2 中的三种二剖分

定义 2.32　假设 $G=(V, E)$ 是一个 3 图. 如果存在剖分 $V=V_1\cup V_2\cup V_3$ 使得 V_1，V_2，$V_3\neq\varnothing$，并且对任意的 $e\in E$，要么对某个 $i\in\{1, 2, 3\}$ 使得 $e\subseteq V_i$ 成立，要么对所有的 $i\in\{1, 2, 3\}$，e 与 V_i 都有非平凡交，那么称 G 是三可分的.

注意，如果 G 的一个连通的部分是三可分的，那么 $|V_0|\geqslant 3$. 类似于二可分的图，如果一个连通的三可分的图 G 具有两个三剖分为 $V=V_1\cup V_2\cup V_3=S_1\cup S_2\cup S_3$，除非(如果需要，可以重排 S_i，$i\in\{1, 2, 3\}$ 中的指标) $S_j=V_j$，$j\in\{1, 2, 3\}$，那么这两个三剖分被认为是不同的，可以参照图 7.1 示例. 在图 7.1 中，剖分(a)与剖分(c)就是不同的.

定义 2.33　假设 $G=(V, E)$ 是一个 4 图. 如果存在剖分 $V=V_1\cup V_2\cup V_3\cup V_4$，使得至少 V_i，$i\in\{1, \cdots, 4\}$ 中的两个非空，并且对每条边 $e\in E$，要么存在 $i\in\{1, \cdots, 4\}$ 使得 $e\subseteq V_i$，要么下面的情形之一成立：

(1) $|e\cap V_1|=2$，$|e\cap V_3|=2$；

(2) $|e\cap V_2|=2$，$|e\cap V_4|=2$；

(3) $|e\cap V_1|=2$，$|e\cap V_2|=1$，$|e\cap V_4|=1$；

(4) $|e\cap V_3|=2$，$|e\cap V_2|=1$，$|e\cap V_4|=1$.

那么称 G 为 L 四可分的.

这里，前缀“L”指 Laplacian 张量.

定义 2.34 假设 $G=(V, E)$是一个 4 图. 如果存在剖分 $V=V_1\cup V_2\cup V_3\cup V_4$ 使得至少 V_i，$i\in\{1, \cdots, 4\}$中的两个非空，并且对每条边 $e\in E$，要么存在某个 $i\in\{1, \cdots, 4\}$使得 $e\subseteq V_i$，要么下面的情形之一成立：

(1) $|e\cap V_1|=3$，$|e\cap V_3|=1$；

(2) $|e\cap V_3|=3$，$|e\cap V_1|=1$；

(3) $|e\cap V_2|=3$，$|e\cap V_4|=1$；

(4) $|e\cap V_4|=3$，$|e\cap V_2|=1$；

(5) $|e\cap V_1|=2$，$|e\cap V_2|=2$；

(6) $|e\cap V_2|=2$，$|e\cap V_3|=2$；

(7) $|e\cap V_3|=2$，$|e\cap V_4|=2$；

(8) 对每个 $i\in\{1, \cdots, 4\}$，e 交每个 V_i 非平凡.

那么称 G 为 sL 四可分的.

这里前缀“sL"指无符号 Laplacian 张量.

对于一个连通的 L(sL)四可分图 G，如果具有两个 L(sL)四剖分为 $V=V_1\cup\cdots\cup V_4=S_1\cup\cdots\cup S_4$，除非(如有必要，对$S_i$，$i\in\{1, \cdots, 4\}$中的下标进行重排)$S_j=V_j$，$j\in\{1, \cdots, 4\}$，那么视这两个 L(sL)四剖分为不同的.

定义 2.35 假设 $G=(V, E)$是一个 5 图. 如果存在剖分 $V=V_1\cup\cdots\cup V_5$使得至少三个 V_i，$i\in\{1, \cdots, 5\}$非空，并且对每条边 $e\in E$，要么存在 $i\in\{1, \cdots, 5\}$使得 $e\subseteq V_i$，要么下列情况之一成立：

(1) $|e\cap V_2|=2$，$|e\cap V_5|=2$，$|e\cap V_1|=1$；

(2) $|e\cap V_3|=2$，$|e\cap V_4|=2$，$|e\cap V_1|=1$；

(3) $|e\cap V_1|=3$，$|e\cap V_2|=1$，$|e\cap V_5|=1$；

(4) $|e\cap V_1|=3$，$|e\cap V_3|=1$，$|e\cap V_4|=1$；

(5) $|e\cap V_2|=3$，$|e\cap V_4|=1$，$|e\cap V_5|=1$；

(6) $|e\cap V_3|=3$，$|e\cap V_1|=1$，$|e\cap V_4|=1$；

(7) $|e\cap V_4|=3$，$|e\cap V_1|=1$，$|e\cap V_2|=1$；

(8) $|e\cap V_5|=3$，$|e\cap V_2|=1$，$|e\cap V_3|=1$；

(9) 对所有的 $i\in\{1, \cdots, 5\}$，e 都交 V_i 非平凡.

那么称 G 是五可分的.

下面给出超星的定义.

定义 2.36 假设 $G=(V, E)$是一个 k 图. 如果存在 V 的互不相交的剖分 $V=V_0\cup V_1\cup\cdots\cup V_d$使得$|V_0|=1$，$|V_1|=\cdots=|V_d|=k-1$，$E=\{V_0\cup V_i \mid i\in\{1, \cdots, d\}\}$，那么称 G 是一个超星. V_0中的顶点称为心，它的度 d 是超星的度. G 的边是叶，而不同于心的顶点是叶的顶点.

图 2.3 给出一个超星的例子. 其度为 3，边是由闭曲线围起来的实圆构成的，虚线边的

圆表示心.

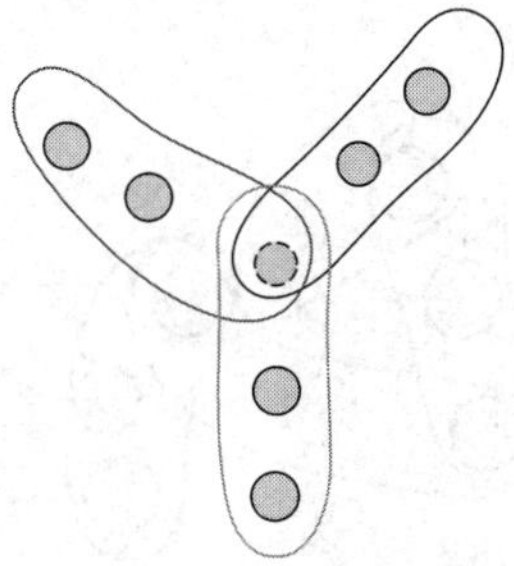

图 2.3　3 图的超星

定义 2.37　假设 $G=(V, E)$ 是一个非平凡的 k 图. 如果存在 V 的一个剖分 $V=V_1\cup\cdots\cup V_s$ 使得 $|V_1|=\cdots=|V_s|=k$ 以及

(1) $E=\{V_i \mid i\in\{1, \cdots, s\}\}$；

(2) $|V_1\cap V_2|=\cdots=|V_{s-1}\cap V_s|=|V_s\cap V_1|=1$，以及对其余的情形有 $V_i\cap V_j=\varnothing$；

(3) 交集 $V_1\cap V_2, \cdots, V_s\cap V_1$ 互不相同.

那么称 G 是一个超环，s 是超环的度.

可见度 $s>0$ 的 k 阶超环有 $n=s(k-1)$ 个顶点，是连通的. 图 2.4(a)给出一个度为 3 的 4 阶超环.

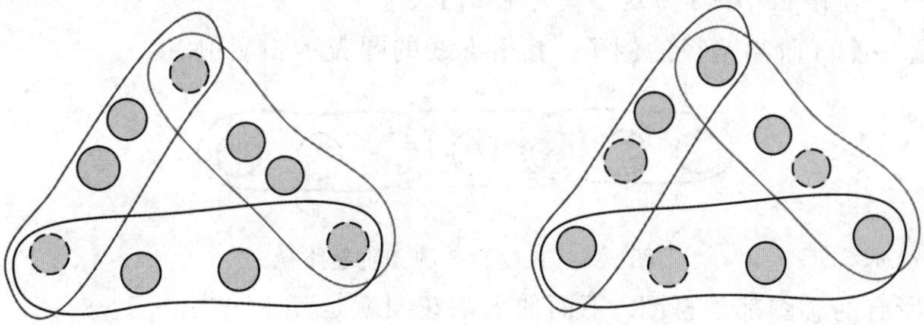

(a) 一个度为3的4阶超环　　(b) 4阶超环的一个奇二剖分

图 2.4

下面引入芯图的概念.

定义 2.38　假设 $G=(V, E)$ 是一个 k 图. 如果对每条边 $e\in E$，存在一个顶点 $i_e\in e$ 使得顶点 i_e 的度为 1，那么称 G 是一个芯图. 度为 1 的顶点称为芯顶点，度大于 1 的顶点称为相交顶点.

假设 $G=(V, E)$ 是一个普通图，那么对任意的 $k\geqslant 3$，可以从 G 的边扩充得到超图.

定义 2.39　假设 $G=(V, E)$ 是一个 2 图. 对任意的 $k\geqslant 3$，图 G 的 k 阶幂记为 $G^k := (V^k, E^k)$，是指如下定义的 k 图：其边的集合为 $E^k := \{e\cup\{i_{e,1}, \cdots, i_{e,k-2}\} \mid e\in E\}$，顶点的集合为 $V^k := V\cup\{i_{e,1}, \cdots, i_{e,k-2}, e\in E\}$.

这样生成的图称为幂图. 幂图是芯图的一个子类. 前文引入的超星和超环都是幂图的子类. 容易看到，超星和超环都是 2 图中的星和环的幂图.

图 2.5 给出一个一般的 2 图及其 3 阶和 4 阶幂图，其中新加入的点具有不同的边线线型.

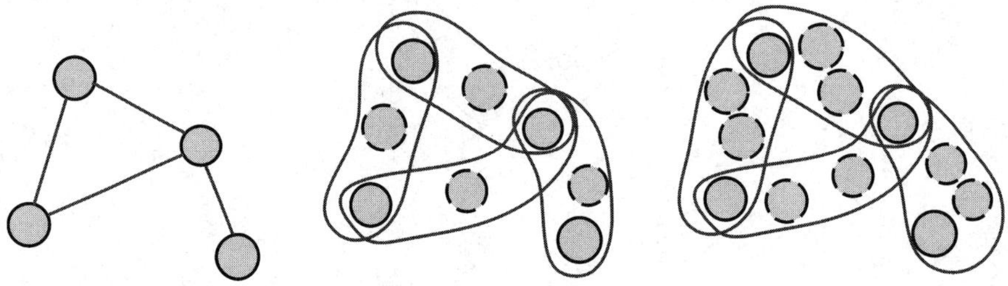

(a) 一个一般的2图　(b) 图(a)的3阶幂图　(c) 图(a)的4阶幂图

图 2.5　一个一般的 2 图及其 3 阶和 4 阶幂图

下面给出超路径，其实就是 2 图中的路径的幂图.

定义 2.40　假设 $G=(V, E)$是一个 k 图. 如果存在某个正整数 d，可以将 V 中的顶点重排为

$$V := \{i_{1,1}, \cdots, i_{1,k}, i_{2,2}, \cdots, i_{2,k}, \cdots, i_{d-1,2}, \cdots, i_{d-1,k}, i_{d,2}, \cdots, i_{d,k}\}$$

使得

$$E = \{\{i_{1,1}, \cdots, i_{1,k}\}, \{i_{1,k}, i_{2,2}, \cdots, i_{2,k}\}, \cdots, \{i_{d-1,k}, i_{d,2}, \cdots, i_{d,k}\}\}$$

那么称 G 是一个超路径，d 称为这个超路径的长度.

图 2.6 是一个 3 阶超路径的例子. 其中虚线的圆表示相交顶点。

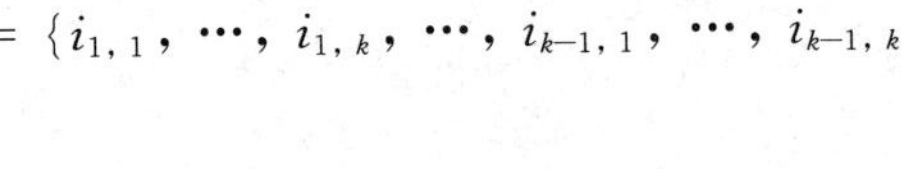

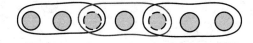

图 2.6　长度为 3 的 3 阶超路径

显然，不是所有的芯图都是幂图. 下面的太阳花图就是其中一类.

定义 2.41　假设 $G=(V, E)$是一个 k 图. 如果可以将顶点集 V 排序为

$$V := \{i_{1,1}, \cdots, i_{1,k}, \cdots, i_{k-1,1}, \cdots, i_{k-1,k}, i_k\}$$

使得边的集合为

$$E = \{\{i_{1,1}, \cdots, i_{1,k}\}, \cdots, \{i_{k-1,1}, \cdots, i_{k-1,k}\}, \{i_{1,1}, \cdots, i_{k-1,1}, i_k\}\}$$

那么称 G 是一个太阳花图.

注意到，对每一个正整数 k，通过对顶点进行必要的重新排序，太阳花图是唯一确定的. 图 2.7 给出了一个 4 阶太阳花图的例子.

定义 2.42　如果一个 k 图有 $k+1$ 个顶点以及 $k+1$ 条边，则该 k 图称为一个 k 单纯形.

由定义可得单纯形的边刚好由 $k+1$ 个顶点中所有可选择的 k 个顶点构成.

定义 2.43　假设 $G=(V, E)$是一个连通的 3 图. 如果存在一个 V 的三剖分 $V=V_1\cup V_2\cup V_3$，使得每条边 $e\in E$ 满足下面的三个条件之一：

(1) $|e\cap V_1|=2$，$|e\cap V_2|=1$；

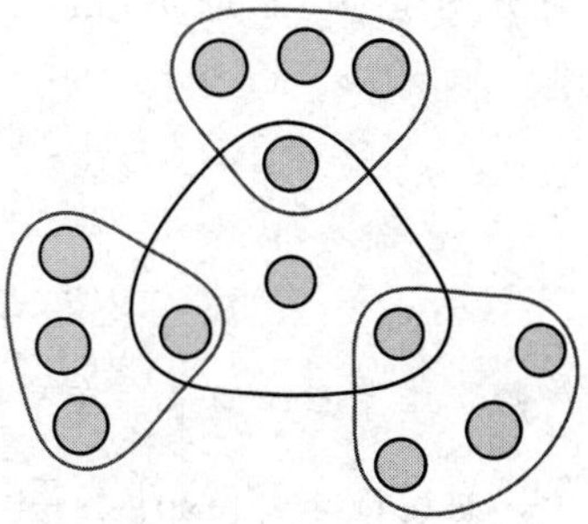

图 2.7　一个 4 阶太阳花图

(2) $|e\cap V_2|=2$，$|e\cap V_3|=1$；

(3) $|e\cap V_3|=2$，$|e\cap V_1|=1$.

那么称 G 是一个 3 圈环.

3 圈环的含义由非平凡的三剖分可得，此时的图就像一个圈环，参见图 2.8.

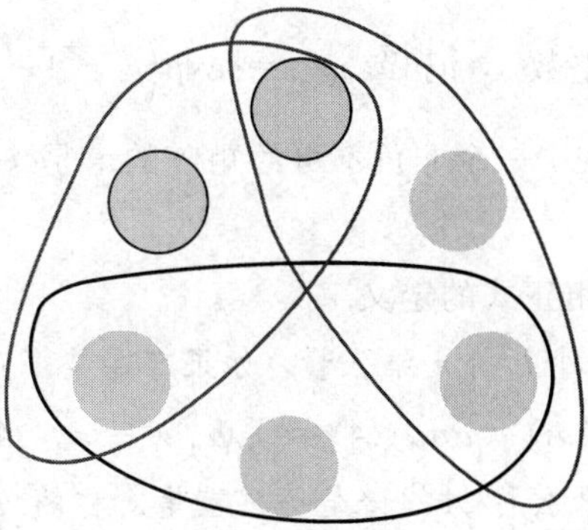

图 2.8　一个 3 图的 3 圈环(不同的边用不同线型的曲线表示，三剖分用圆点的不同边线来区分)

定义 2.44　假设 $G=(V, E)$ 是一个连通的 4 图. 如果存在 V 的一个四剖分 $V=V_1\cup V_2\cup V_3\cup V_4$，使得每条边 $e\in E$ 满足下列的条件之一：

(1) $|e\cap V_1|=1$，$|e\cap V_4|=3$；

(2) $|e\cap V_2|=1$，$|e\cap V_3|=1$，$|e\cap V_4|=2$；

(3) $|e\cap V_1|=2$，$|e\cap V_3|=1$，$|e\cap V_4|=1$；

(4) $|e\cap V_1|=1$，$|e\cap V_2|=2$，$|e\cap V_4|=1$；

(5) $|e\cap V_1|=3$，$|e\cap V_2|=1$；

(6) $|e\cap V_3|=3$，$|e\cap V_4|=1$；

(7) $|e\cap V_1|=1$，$|e\cap V_2|=1$，$|e\cap V_3|=2$；

(8) $|e\cap V_2|=3$，$|e\cap V_3|=1$，

那么称 G 是一个 4 圈环.

定义 2.45　假设 $G=(V, E)$ 是一个非平凡的 k 图. 如果 V 可以被剖分为 $V=V_1\cup V_2$，其中 V_1 和 V_2 都是非空的且不相交，使得 G 的每条边都交 V_1 刚好 p 个顶点，则称其为 p-hm二可分的.

可见定义 2.29 中的 hm 二可分图是 $p=1$ 的 p-hm 二可分图. 同时可见，芯图(定义 2.38)也是特殊的 1-hm 二可分图.

2.2.5 对称性

下面给出谱对称的定义.

定义 2.46 假设 $\mathcal{A}$ 是一个 k 阶 n 维张量. 如果存在某个正整数 s 使得

$$\sigma(\mathcal{A})=\exp\left(\sqrt{-1}\,\frac{2\pi}{s}\right)\sigma(\mathcal{A}):=\left\{\lambda\exp\left(\sqrt{-1}\,\frac{2\pi}{s}\right):\lambda\in\sigma(\mathcal{A})\right\} \tag{2.13}$$

那么称 $\mathcal{A}$ 的谱是 s-对称的①. 如果一个 k 图的邻接张量的谱是 s-对称的，则称这个图的谱是 s-对称的.

容易看到，任意张量的谱都是 1-对称的，因为 $\exp(\sqrt{-1}\,2\pi)=1$. 对于非负张量，一个必要条件是 $s\in\mathfrak{D}(k)$，$\mathfrak{D}(k)$是 k 的所有因子组成的集合. 注意，图谱理论中提到的“对称的图谱”即为 2 图的 2-对称.

为了方便，对给定的正整数 s，记 $\mathfrak{G}(s):=\left\{\exp\left(\sqrt{-1}\,\frac{2i\pi}{s}\right)\mid i=0,\cdots,s-1\right\}$是 s 阶单位根以乘法组成的群. 可见，一个非负不可约矩阵的谱是 s-对称的当且仅当它的非本原指数是 s[42].

下面对多重集对称性给出正式的定义.

定义 2.47 假设 $\mathcal{A}$ 是一个 k 阶 n 维张量. 如果存在某个正整数 s 使得

$$\sigma_m(\mathcal{A})=\alpha\,\sigma_m(\mathcal{A}):=\{\lambda\alpha:\lambda\in\sigma_m(\mathcal{A})\} \tag{2.14}$$

对所有的 $\alpha\in\mathfrak{G}(s)$都成立，那么称 $\mathcal{A}$ 的谱是 s-多重集对称的.

可见，式(2.14)等价于

$$\sigma_m(\mathcal{A})=\exp\left(\sqrt{-1}\,\frac{2\pi}{s}\right)\sigma_m(\mathcal{A}) \tag{2.15}$$

2.3 代数几何基本概念

2.3.1 代数集

用$\mathbb{N}_0$表示全体正整数的集合，用$\mathbb{N}$表示全体非负整数(自然数)的集合.

假设 $\mathbb{F}$是一个数域，通常为实数$\mathbb{R}$或者复数 $\mathbb{C}$.

设 n 是一个给定的正整数，记 $\mathbb{F}^n$为n 维向量空间. 令 $\mathbf{x}=(x_1,\cdots,x_n)^{\mathrm{T}}$. 以 $\mathbf{x}$ 为变量，$\mathbb{F}$为数域构成的多项式环记为$\mathbb{F}[\mathbf{x}]$. 如果 $n=1$，即单变量，本书记为$\mathbb{F}[x]$.

定理 2.1(代数学基本定理) 给定任一多项式 $f\in\mathbb{C}[x]$，如果 $\deg(f)\geqslant 1$，那么$f(x)=0$ 在 $\mathbb{C}$中有一个根.

---

① 用不变量理论的语言，s-对称等价于集合$\sigma(\mathcal{A})$在 s 阶单位根组成的群在乘法的群作用下保持不变.

定理 2.2　给定任一多项式 $f\in\mathbb{F}[x]$，那么 $f(x)=0$ 在 $\mathbb{F}$中至多有 $\deg(f)$个根.

给定一个多项式的集合 $A\subseteq\mathbb{F}[x]$，由 A 生成的理想记为$\mathbb{I}(A)$，即

$$\mathbb{I}(A):=\left\{\sum_{i=1}^{k} f_i g_i : f_i\in A,\ g_i\in\mathbb{F}[\mathbf{x}],\ k\in\mathbb{N}\right\} \tag{2.16}$$

定理 2.3(Hilbert 基定理)　$\mathbb{F}[\mathbf{x}]$中的每一个理想都是有限生成的，即对每个理想 $L\subseteq\mathbb{F}[\mathbf{x}]$，都存在非负整数 s 和多项式f_1，…，$f_s\in\mathbb{F}[\mathbf{x}]$使得 $L=\mathbb{I}(\{f_1,\cdots,f_s\})$.

定义 2.48(代数集)　给定一个理想 $L\subseteq\mathbb{F}[\mathbf{x}]$，称

$$\mathbb{V}(L):=\{\mathbf{x}\in\mathbb{F}^n : f(\mathbf{x})=0,\ \forall f\in L\}$$

为理想 L 确定的代数集.

由定理 2.3 知，如果 $L=\mathbb{I}(\{f_1,\cdots,f_k\})$，那么

$$\mathbb{V}(L)=\{\mathbf{x}\in\mathbb{F}^n : f_1(\mathbf{x})=\cdots=f_k(\mathbf{x})=0\}$$

此时，也可以记为

$$\mathbb{V}(f_1,\cdots,f_k)=\mathbb{V}(L)$$

定义 2.49(生成理想)　给定一个集合 $S\subseteq\mathbb{F}^n$，称

$$\mathbb{I}(S):=\{f\in\mathbb{F}[\mathbf{x}]: f(\mathbf{x})=0,\ \forall\mathbf{x}\in S\}$$

为集合 S 生成的理想.

这里需要注意的是，对于多项式环 $\mathbb{F}[\mathbf{x}]$中的集合的生成理想与仿射空间 $\mathbb{F}^n$中的生成理想，本书均使用同一个符号 $\mathbb{I}$表示. 其具体含义很容易从行文中判断.

容易证明，对任意集合 $S\subseteq\mathbb{F}^n$，其生成理想 $\mathbb{I}(S)$是一个根理想，即

$$\mathbb{I}(S)=\sqrt{\mathbb{I}(S)}:=\{f\in\mathbb{F}[\mathbf{x}]: \text{存在 } k\in\mathbb{N} \text{ 使得} f^k\in\mathbb{I}(S)\}$$

由上可见，每一个理想可以定义一个代数集；每一个代数集可以定义一个理想. 这样，就在多项式环$\mathbb{F}[\mathbf{x}]$的全部理想与仿射空间 $\mathbb{F}^n$的所有代数集之间得到了一个对应关系①. 但是，它们之间不是一一对应关系.

然而，可以把这个对应限定在多项式环 $\mathbb{F}[\mathbf{x}]$的一类特殊理想上，此时就获得了一一对应. 即得到如下重要结论. 这个结论表明，可以通过代数来研究几何问题.

定理 2.4(代数与几何对应定理)　代数集与根理想一一对应.

一个很重要的结论是 Hilbert's Nullstellensatz，称为 Hilbert 零点定理.

定理 2.5(Hilbert 零点定理)　在 $\mathbb{F}=\mathbb{C}$时，空集与 $\mathbb{F}[\mathbf{x}]$即理想 $\mathbb{I}(1)$唯一对应.

更一般地，给定多项式集合$\mathbb{D}:=\{f_1,\cdots,f_s: f_i\in\mathbb{C}[\mathbf{x}]\}$，记$\mathbb{V}(\mathbb{D})\subseteq\mathbb{C}^n$为由$\mathbb{D}$生成的代数集，即 $\mathbb{D}$中所有多项式的共同零点构成的集合. 更多的内容以参考文献[33]、[44]、[45].

2.3.2　代数几何性质

代数集是一个特殊的代数簇，在一些文献中不加区分. 本书中的代数簇一般指代数

---

① 事实上，可以得到理想与任一集合(其 Zariski 闭包)的对应关系.

集. 此处回顾一些下文需要使用的代数几何的相关定义和结论，详细内容参见文献[33]、[46]～[48].

(1) $\mathbb{C}^n$中的代数簇指的是一些n个变量的多项式的公共零点组成的集合. 特别地，线性空间 $\mathbb{C}^n$是代数簇.

(2) 代数簇X的坐标环 $\mathbb{C}[X]$定义为环 $\mathbb{C}[x_1, \cdots, x_n]/\mathbb{I}(X)$，其中 $\mathbb{I}(X)$是所有在X上取零值的多项式构成的理想.

(3) 给定代数簇X和Y，映射$f: X \to Y$如果是由$\psi: \mathbb{C}[Y] \to \mathbb{C}[X]$坐标环之间的同态导出的，那么称$f$是一个态射. 特别地，线性空间之间的多项式映射是态射.

(4) 假设f是X到Y的态射. 如果其像集是 Zariski 稠密的，即$\overline{f(X)}=Y$，那么称f为主导映射.

(5) 给定代数簇X，如果对任意满足$X=X_1 \cup X_2$的子代数簇X_1和X_2，都有$X_1=X$或者$X_2=X$，那么称X是不可约的.

(6) 如果 $\mathbb{C}^n$中不满足性质P的点包含于 $\mathbb{C}^n$中的一个代数簇真子集中，称这个性质P对$\mathbb{C}^n$中一般选取的点都成立. 例如，给定代数簇$X \subset \mathbb{C}^n$，$\mathbb{C}^n$中的一般选取的点是不在集合X中的.

注意，如果在 $\mathbb{C}^n \simeq \mathbb{R}^{2n}$上考虑 Lebesgue 测度，那么 $\mathbb{C}^n$中一个代数簇真子集X具有零测度. 因此，一个性质P对 $\mathbb{C}^n$中一般选取的点都成立，意味着按照一个连续随机概率分布在 $\mathbb{C}^n$选取一点，其满足性质P的概率为 1.

下面是代数形式的开映射定理[49].

命题 2.1 如果$f: X \to Y$是两个不可约代数簇间的主导态射，那么$f(X)$包含Y的一个稠密开子集.

命题 2.2 如果代数簇X和Y间的态射$f: X \to Y$是一个主导映射，那么成立

$$\dim(X) \geqslant \dim(Y)$$

证明 注意到$\dim(X)$等于函数域 $\mathbb{C}(X)$相对于 $\mathbb{C}$的超越度；而f是主导映射当且仅当环映射$\psi: \mathbb{C}[Y] \to \mathbb{C}[X]$是一个环嵌入. 由于$\psi$是一个环嵌入，可得$\psi$导出域 $\mathbb{C}(Y) \to \mathbb{C}(X)$的嵌入. 因此，

$$\mathrm{tr.\,d}_{\mathbb{C}}(\mathbb{C}(X)) \geqslant \mathrm{tr.\,d}_{\mathbb{C}}(\mathbb{C}(Y))$$

结论证毕.

给定代数簇$X \subseteq \mathbb{C}^n$，如果其切空间$T_{\mathbf{x}}(X)$对所有的$\mathbf{x} \in X$具有常数维数，那么称代数簇$X \subseteq \mathbb{C}^n$是光滑的. 该维数即为代数族的维数$\dim(X)$. 当X和Y是光滑的代数簇时，它们可以被看成是光滑流形. 此时，态射$f: X \to Y$的微分可以通过流形间的光滑映射的微分来进行计算. 特别地，如果$f: X \to Y$是多项式映射$f=(P_1, \cdots, P_m)$，其中$P_1, \cdots, P_m$是n个变量的多项式，那么微分$\mathrm{d}_{\mathbf{x}} f$就是

$$\mathrm{d}_{\mathbf{x}} f = (\mathrm{d}_{\mathbf{x}} P_1, \cdots, \mathrm{d}_{\mathbf{x}} P_m)$$

其中对所有的$i=1, \cdots, m$，$\mathrm{d}_{\mathbf{x}} P_i$是多项式$P_i$在点$\mathbf{x}$处的微分.

命题 2.3 假设$f: X \to Y$是光滑代数簇间的态射，且$\dim(X) \geqslant \dim(Y)$. 如果存在

$\boldsymbol{x}\in X$ 使得 f 在 $\mathbf{x}$ 的微分的秩等于 $\dim(Y)$，那么 f 是一个主导映射.

证明　如果 f 不是主导映射，那么 $\overline{f(X)}$ 是 Y 的真子集. 因此，可得到分解

$$X \xrightarrow{g} \overline{f(X)} \xrightarrow{i} Y$$

其中 g 定义为 $g(\mathbf{x})=f(\mathbf{x})$，而 i 是 $\overline{f(X)}$ 到 Y 的嵌入映射. 相应地，微分 $\mathrm{d}_{\mathbf{x}} f$ 也分解为

$$T_{\mathbf{x}}X \xrightarrow{\mathrm{d}_{\mathbf{x}}g} T_{f(\mathbf{x})}\ \overline{f(X)} \xrightarrow{\mathrm{d}_{f(\mathbf{x})}i} T_{f(\mathbf{x})}Y$$

其中 $T_{\mathbf{x}}X$ 是代数簇 X 在 $\mathbf{x}$ 的切空间. 由于 $\overline{f(X)}$ 是 Y 的真子集，其维数严格小于 $\dim(Y)$，由此可得 $\mathrm{rank}(\mathrm{d}_{\mathbf{x}}g)$ 不超过 $\dim T_{f(\mathbf{x})}\ \overline{f(X)} < \dim(Y)$. 因此，得到了一个与 $\mathrm{d}_{\mathbf{x}} f$ 的秩是 $\dim(Y)$ 的矛盾.

结论证毕.

第3章 行列式和高阶迹

3.1 行列式

对称超行列式是由祁力群教授在2005年发表的论文[5]中为研究对称张量的谱理论提出来的. 本质上，对称超行列式是基于齐次多项式系统的结式的理论（见定义2.2）来研究的. 关于结式的一些基本性质，可以参考文献[33]、[50]、[51].

给定一个多项式 f，用 $\langle f\rangle$ 表示由该多项式生成的主理想，而用 $\mathbb{V}(f)$ 表示该理想构成的代数集. 由前文定义2.1～定义2.4，容易得到下述结论.

定理3.1 假设 $\mathcal{T}$ 是一个由未知量构成的 m 阶 n 维张量. 那么 $\chi(\lambda)\in\mathbb{C}[\lambda, \mathcal{T}]$ 是一个次数为 $n(m-1)^{n-1}$ 的齐次多项式. 对于一个给定的张量 $\mathcal{T}\in\mathbb{T}(\mathbb{C}^n, m)$，有

$$\mathbb{V}(\chi(\lambda))=\sigma(\mathcal{T}) \tag{3.1}$$

当 $\mathcal{T}$ 是对称张量时，祁力群教授率先证明了式(3.1)[5]. 前文已经提到，如果 λ 是 $\chi(\lambda)=0$ 的一个重数为 s 的根，那么称 s 是特征值 λ 的代数重数. 后文将详细讨论特征值的代数与几何重数.

命题3.1 假设 $\mathcal{T}$ 是一个由未知量 $t_{ii_2\cdots i_m}$ 构成的 m 阶 n 维张量，那么：

(1) 对每个 $i\in\{1, \cdots, n\}$，记 $\mathbb{K}_i$ 为多项式环：

$$\mathbb{C}[\{t_{ji_2\cdots i_m} \mid j, i_2, \cdots, i_m\in\{1, \cdots, n\}, j\neq i\}]$$

那么 $\mathrm{DET}(\mathcal{T})\in\mathbb{K}_i[\{t_{ii_2\cdots i_m} \mid i_2, \cdots, i_m\in\{1, \cdots, n\}\}]$ 是次数为 $(m-1)^{n-1}$ 的齐次多项式.

(2) $\mathrm{DET}(\mathcal{T})\in\mathbb{C}[\mathcal{T}]$ 是一个不可约的、次数为 $n(m-1)^{n-1}$ 的齐次多项式.

(3) $\mathrm{Det}(\mathcal{I})=1$.

证明 记RES为次数是 $(m-1, \cdots, m-1)$ 的结式，那么根据定义2.2，它是一个以 $\{u_{i,\alpha} \mid |\alpha|=m-1, i\in\{1, \cdots, n\}\}$ 为变量的多项式. 由文献[37]中的命题13.1.1或者文献[50]第713页的内容，可知对每个 $i\in\{1, \cdots, n\}$，RES是关于变量 $\{u_{i,\alpha} \mid |\alpha|=m-1\}$ 的次数 $(m-1)^{n-1}$ 的齐次多项式. 因此，根据定义2.3中的替换方式，对每个 $i\in\{1, \cdots, n\}$，行列式 $\mathrm{DET}(\mathcal{T})$ 是关于变量 $\{t_{ii_2}\cdots i_m \mid i_2, \cdots, i_m\in\{1, \cdots, n\}\}$ 的次数为 $(m-1)^{n-1}$ 的多项式. 这样一来，结论(1)成立.

由结论(1)，可以得到 $\mathrm{DET}(\mathcal{T})\in\mathbb{C}[\mathcal{T}]$ 是一个次数为 $n(m-1)^{n-1}$ 的齐次多项式. 下面证明 $\mathrm{DET}(\mathcal{T})\in\mathbb{C}[\mathcal{T}]$ 是不可约的. 假设 $\mathrm{DET}(\mathcal{T})\in\mathbb{C}[\mathcal{T}]$ 可以写成 $\mathbb{C}[\mathcal{T}]$ 中的两个齐次多项式的乘积，如

$$\mathrm{DET}(\mathcal{T})=f(\mathcal{T})g(\mathcal{T}) \tag{3.2}$$

其中 $\deg(f)\geqslant 1$, $\deg(g)\geqslant 1$. 如果将 $\mathcal{T}$ 中与 $(i_2, \cdots, i_m)\in\mathbb{X}(\alpha)$ 相关的未知量 $t_{ii_2\cdots i_m}$ 用变

量$\frac{u_{i,\alpha}}{|\mathbb{X}(\alpha)|}$替换，记得到的张量为$\mathcal{U}$，那么

$$\mathrm{RES}=\mathrm{DET}(\mathcal{U})=f(\mathcal{U})g(\mathcal{U})$$

这里第一个等式由定义2.3得来，而第二个等式由式(3.2)得来. 显然，$f(\mathcal{U})$，$g(\mathcal{U})\in\mathbb{C}[\{u_{i,\alpha}\}]$是非零多项式，且其次数分别为$\deg(f)$和$\deg(g)$. 因此，RES被写成了两个正次数的多项式的乘积. 这就与定义2.2中的(3)矛盾. 这样一来，$\mathrm{RES}(\mathcal{T})\in\mathbb{C}[\mathcal{T}]$一定是不可约的.

结论(3)由定义2.2的(2)和定义2.3得到.

由命题3.1，可以得到如下推论.

推论3.1　假设$\mathcal{T}\in\mathbb{T}(\mathbb{C}^n,m)$. 如果存在某个$i$，使得对所有的$i_2$，…，$i_m\in\{1,\cdots,n\}$都有$t_{ii_2\cdots i_m}=0$，那么$\mathrm{Det}(\mathcal{T})=0$. 特别地，零张量的行列式为零.

证明　假设$\mathcal{V}$是一个由未知量$v_{ii_2\cdots i_m}$构成的m阶n维张量. 记$\mathbb{K}_i:=\mathbb{C}[\{v_{ji_2\cdots i_m}\mid j,i_2,\cdots,i_m\in\{1,\cdots,n\},j\neq i\}]$. 由命题3.1的结论(1)，得到$\mathrm{DET}(\mathcal{V})$是一个关于变量$\{v_{ii_2}\cdots i_m\mid i_2,\cdots,i_m\in\{1,\cdots,n\}\}$，系数是$\mathbb{K}_i$中元素的齐次多项式. 更进一步地，$\mathrm{Det}(\mathcal{T})$是$\mathrm{DET}(\mathcal{V})$在点$\mathcal{V}=\mathcal{T}$的取值. 根据假设对所有的$i_2$，…，$i_m\in\{1,\cdots,n\}$都有$t_{ii_2\cdots i_m}=0$，因此$\mathrm{Det}(\mathcal{T})=0$.

由命题3.1的结论(2)，可以得到如下结论：

推论3.2　假设$\mathcal{T}\in\mathbb{T}(\mathbb{C}^n,m)$，$\gamma\in\mathbb{C}$. 那么

$$\mathrm{Det}(\gamma\mathcal{T})=\gamma^{n(m-1)^{n-1}}\mathrm{Det}(\mathcal{T})$$

3.2　多项式方程组的可解性

给定矩阵$\mathbf{A}\in\mathbb{T}(\mathbb{C}^n,2)$，一个经典结论是[43]：

(1) $\mathrm{Det}(\mathbf{A})=0$当且仅当$A\mathbf{x}=\mathbf{0}$在$\mathbb{C}^n\setminus\{\mathbf{0}\}$中有解.

(2) $\mathrm{Det}(\mathbf{A})\neq0$当且仅当对每个$\mathbf{b}\in\mathbb{C}^n$，$A\mathbf{x}=\mathbf{b}$在$\mathbb{C}^n$中有唯一解.

在这一节里，利用张量行列式讨论上述结论在非线性多项式系统中的情形.

定理3.2　假设$\mathcal{T}\in\mathbb{T}(\mathbb{C}^n,m)$. 那么，

(1) $\mathrm{Det}(\mathcal{T})=0$当且仅当$\mathcal{T}\mathbf{x}^{m-1}=\mathbf{0}$在$\mathbb{C}^n\setminus\{\mathbf{0}\}$中有解.

(2) 如果$\mathrm{Det}(\mathcal{T})\neq0$，那么对所有的$\mathbf{b}\in\mathbb{C}^n$，$A\in\mathbb{T}(\mathbb{C}^n,2)$，及$j\in\{3,\cdots,m-1\}$，$\mathcal{B}^j\in\mathbb{T}(\mathbb{C}^n,j)$，$\mathcal{T}\mathbf{x}^{m-1}=(\mathcal{B}^{m-1})\mathbf{x}^{m-2}+\cdots+(\mathcal{B}^3)\mathbf{x}^2+A\mathbf{x}+\mathbf{b}$在$\mathbb{C}^n$中有解.

证明　结论(1)由定义2.2和定义2.3可以直接导出.

下面证明结论(2). 假设$\mathrm{Det}(\mathcal{T})\neq0$. 对任意的$\mathbf{b}\in\mathbb{C}^n$，$A\in\mathbb{T}(\mathbb{C}^n,2)$，以及$j\in\{3,\cdots,m-1\}$的$\mathcal{B}^j\in\mathbb{T}(\mathbb{C}^n,j)$，定义张量$\mathcal{U}\in\mathbb{T}(\mathbb{C}^{n+1},m)$如下：

$$u_{i_1i_2\cdots i_m}:=\begin{cases}t_{i_1i_2\cdots i_m} & \forall\, i_j\in\{1,\cdots,n\},\ j\in\{1,\cdots,m\}\\ -b_{i_1} & \forall\, i_1\in\{1,\cdots,n\},\ i_2=\cdots=i_m=n+1\\ -a_{i_1i_2} & \forall\, i_1,i_2\in\{1,\cdots,n\},\ i_3=\cdots=i_m=n+1\\ -b^k_{i_1\cdots i_k} & \forall\, i_1,\cdots,i_k\in\{1,\cdots,n\},\ i_{k+1}=\cdots=i_m=n+1,\\ & \forall\, k\in\{3,\cdots,m-1\}\\ 0 & \text{其他}\end{cases}\tag{3.3}$$

事实上，张量$\mathcal{U}$对应于如下关于$n+1$个变量的齐次多项式，该多项式是通过对

$$\mathcal{T}\mathbf{x}^{m-1}=(\mathcal{B}^{m-1})\mathbf{x}^{m-2}+\cdots+(\mathcal{B}^{3})\mathbf{x}^{2}+\mathbf{A}\mathbf{x}+\mathbf{b}$$

的齐次化得来的. 由推论 3.1 以及当$i_1=n+1$时$u_{i_1 i_2\cdots i_m}=0$，可得$\mathrm{Det}(\mathcal{U})=0$. 因此，由结论(1)，可得存在$\mathbf{y}:=(\mathbf{x}^{\mathrm{T}},\alpha)^{\mathrm{T}}\in\mathbb{C}^{n+1}\backslash\{\mathbf{0}\}$使得$\mathcal{U}\mathbf{y}^{m-1}=\mathbf{0}$. 那么，由式(3.3)以及注意到$\mathcal{U}\mathbf{y}^{m-1}=\mathbf{0}$中的前$n$个方程的表达式，可得

$$\mathcal{T}\mathbf{x}^{m-1}-\alpha(\mathcal{B}^{m-1})\mathbf{x}^{m-2}-\cdots-\alpha^{m-3}(\mathcal{B}^{3})\mathbf{x}^{2}-\alpha^{m-2}A\mathbf{x}-\alpha^{m-1}\mathbf{b}=\mathbf{0} \tag{3.4}$$

更进一步，可以得到$\alpha\neq0$. 因为如果该结论不成立，那么由式(3.4)，可得$\mathcal{T}\mathbf{x}^{m-1}=\mathbf{0}$. 由结论(1)可推出$\mathrm{Det}(\mathcal{T})=0$. 这样就得到了矛盾. 因此，由式(3.4)可得$\dfrac{x}{\alpha}$是下列系统的解：

$$\mathcal{T}\mathbf{x}^{m-1}=(\mathcal{B}^{m-1})\mathbf{x}^{m-2}+\cdots+(\mathcal{B}^{3})\mathbf{x}^{2}+A\mathbf{x}+\mathbf{b}$$

定理证明完毕.

可见，张量行列式与矩阵行列式一样，可以用来判定多项式方程组的可解性. 记

$$p(\mathbf{x}):=\mathcal{T}\mathbf{x}^{m-1}+(\mathcal{B}^{m-1})\mathbf{x}^{m-2}+\cdots+(\mathcal{B}^{3})\mathbf{x}^{2}+A\mathbf{x}+\mathbf{b}$$

当$\mathcal{T}$非奇异，即$\mathrm{Det}(\mathcal{T})\neq0$时，Friedland[52]证明系统$p(\mathbf{x})=\mathbf{0}$对任意给定的$\mathbf{b}$有有限多个解. 下面把定理 3.2 加强.

定理 3.3 如果首项张量$\mathcal{T}$非奇异，那么对任意$\mathbf{b}\in\mathbb{C}^n$，$A\in\mathbb{T}(\mathbb{C}^n,2)$，及$j\in\{3,\cdots,m-1\}$，$\mathcal{B}^j\in\mathbb{T}(\mathbb{C}^n,j)$，在计算重数下，$p(\mathbf{x})=\mathbf{0}$有$k^n$个解. 更进一步地，如果$\mathbf{b}\in\mathbb{C}^n$，$A\in\mathbb{T}(\mathbb{C}^n,2)$，及$j\in\{3,\cdots,m-1\}$，$\mathcal{B}^j\in\mathbb{T}(\mathbb{C}^n,j)$进行一般选取，则所有的解互不相同.

证明 类似于定理 3.2 的证明，考虑p的齐次化$\tilde{p}$. 根据上述定理的证明，由于首项张量$\mathcal{T}$非奇异，它在无穷远点没有解. 因此，$\tilde{p}$在射影空间中的每个解都对应于仿射空间$\mathbb{C}^n$中，因此对应于p的解. 所以，如果系统$p(\mathbf{x})=\mathbf{0}$只有有限个解，那么个数的结论由 Bézout 定理得到[33].

下面证明有限性，首先可以证明集合$p^{-1}(\mathbf{0}):=\{\mathbf{x}\in\mathbb{C}^n:p(\mathbf{x})=\mathbf{0}\}$是有界的. 事实上，假设$\{\mathbf{x}^{(j)}\}$是$p^{-1}(\mathbf{0})$中的无界序列. 那么，序列$\left\{\dfrac{\mathbf{x}^{(j)}}{\|\mathbf{x}^{(j)}\|}\right\}$的任何聚点是非零向量. 它将导出首项张量$\mathcal{T}$奇异. 因此，代数簇$p^{-1}(\mathbf{0})$是紧集. 由文献[53]中的极大准则(推论Ⅲ.B17)可知，$\mathbb{C}^n$中的紧代数簇是一个有限集合.

下面证明在一般选择下，解的互异性. 首先假设首项张量$\mathcal{T}$非奇异，其他$\mathbf{b}$，A，$\mathcal{B}^3$，$\cdots$，$\mathcal{B}^{m-1}$给定，则映射$f(\mathbf{x}):=\mathcal{T}\mathbf{x}^m+\cdots+A\mathbf{x}:\mathbb{C}^n\to\mathbb{C}^n$是正则的，即当$\|\mathbf{x}\|\to\infty$时，$\|f(\mathbf{x})\|\to\infty$. 由文献[53]中的定理Ⅲ.B21 和前序结论可以得到$(\mathbb{C}^n,f,\mathbb{C}^n)$是一个$k^n$分层解析覆盖. 因此，对几乎所有的$\mathbf{b}\in\mathbb{C}^n$，$f(\mathbf{x})=-\mathbf{b}$有$k^n$个解.

现在假设使得$p(\mathbf{x})=\mathbf{0}$具有互异解的$\mathbf{b}$，A，$\mathcal{B}^3$，$\cdots$，$\mathcal{B}^{m-1}$包含在$\otimes^{m-1}(\mathbb{C}^n)\times\cdots\times\mathbb{C}^n$的一个 Zariski 真子闭集$X$中. 记$\pi:X\to Y$是往前$m-1$个变量的投影，即$\mathcal{B}^{m-1}$，$\cdots$，$A$. 由上述结论可知，映射$\pi$是一个满射，且对所有的$y\in Y$，纤维$\pi^{-1}(y)$是不可约的，维数为$n$. 由文献[48]中定理 1.6.8 可得，$X$是不可约的且维数不小于$\dim(Y)+n$. 然而讨论的空间的维数本身是$\dim(Y)+n$，因此$X$不可能是真子闭集. 这样一来，得到矛盾，结论便成立.

Bézout 定理指出，当$p(\mathbf{x})=\mathbf{0}$中的数据是一般选取时，则它有k^n个解. 这是一个定性

结论. 定理 3.3 可以看作一个更进一步的定量结论，它刻画了这个一般选取的具体集合，即首项张量的非奇异性. 当首项张量奇异时，Bézout 定理不能直接使用，这是接下来要研讨的内容.

3.2.1 块张量

定理 3.4 假设 $\mathcal{T}$ 是 m 阶 n 维由未知变量构成的张量，且存在正整数 $k\in\{1,\cdots,n-1\}$ 使得对每个 $i\in\{k+1,\cdots,n\}$ 和所有满足 $\{i_2,\cdots,i_m\}\cap\{1,\cdots,k\}\neq\varnothing$ 的 $i_2,\cdots,i_m$ 都有 $t_{ii_2\cdots i_m}\equiv 0$. 用 $\mathcal{U}$ 和 $\mathcal{V}$ 分别表示 $\mathcal{T}$ 与指标集 $\{1,\cdots,k\}$ 和 $\{k+1,\cdots,n\}$ 相应的子张量，那么

$$\mathrm{DET}(\mathcal{T})=[\mathrm{DET}(\mathcal{U})]^{(m-1)^{n-k}}[\mathrm{DET}(\mathcal{V})]^{(m-1)^{k}} \tag{3.5}$$

需要在证明之前作一个说明. 虽然使用了同一个符号，但是 $\mathrm{DET}(\mathcal{T})$ 是 m 阶 n 维张量的行列式，而 $\mathrm{DET}(\mathcal{U})$ 是 m 阶 k 维张量的行列式，$\mathrm{DET}(\mathcal{V})$ 是 m 阶 $n-k$ 维张量的行列式. Det 也有相应的含义.

证明 首先证明，对任意给定的数量张量 $\mathcal{T}$，下式成立

$$\mathrm{Det}(\mathcal{T})=0\Leftrightarrow \mathrm{Det}(\mathcal{U})\mathrm{Det}(\mathcal{V})=0 \tag{3.6}$$

假设 $\mathrm{Det}(\mathcal{T})=0$. 那么由定理 3.2 的结论(1)，得到存在 $\mathbf{x}\in\mathbb{C}^n\setminus\{\mathbf{0}\}$ 使得 $\mathcal{T}\mathbf{x}^{m-1}=\mathbf{0}$. 记 $\mathbf{u}\in\mathbb{C}^k$ 是由 $x_1,\cdots,x_k$ 组成的向量，$\mathbf{v}\in\mathbb{C}^{n-k}$ 是由 $x_{k+1},\cdots,x_n$ 组成的向量. 如果 $\mathbf{v}\neq\mathbf{0}$，那么从 $\mathcal{T}\mathbf{x}^{m-1}=\mathbf{0}$ 可得 $\mathcal{V}\mathbf{v}^{m-1}=\mathbf{0}$. 因此，由定理 3.2 的结论(1)可得 $\mathrm{Det}(\mathcal{V})=0$. 否则，$\mathbf{u}\neq\mathbf{0}$ 且 $\mathbf{v}=\mathbf{0}$. 该结论连同 $\mathcal{T}\mathbf{x}^{m-1}=\mathbf{0}$ 可以推出 $\mathcal{U}\mathbf{u}^{m-1}=\mathbf{0}$. 因此，由定理 3.2 的结论(1)可得 $\mathrm{Det}(\mathcal{U})=0$. 所以，

$$\mathrm{Det}(\mathcal{T})=0\Rightarrow \mathrm{Det}(\mathcal{U})\mathrm{Det}(\mathcal{V})=0$$

另一方面，假设 $\mathrm{Det}(\mathcal{U})\mathrm{Det}(\mathcal{V})=0$. 如果 $\mathrm{Det}(\mathcal{U})=0$，那么存在 $\mathbf{u}\in\mathbb{C}^k\setminus\{\mathbf{0}\}$ 使得 $\mathcal{U}\mathbf{u}^{m-1}=\mathbf{0}$. 记 $\mathbf{x}:=(\mathbf{u}^{\mathrm{T}},\mathbf{0})^{\mathrm{T}}\in\mathbb{C}^n\setminus\{\mathbf{0}\}$，有 $\mathcal{T}\mathbf{x}^{m-1}=\mathbf{0}$. 再由定理 3.2 的结论(1)，可得 $\mathrm{Det}(\mathcal{T})=0$. 如果 $\mathrm{Det}(\mathcal{U})\neq 0$，那么 $\mathrm{Det}(\mathcal{V})=0$. 由此可得，存在 $\mathbf{v}\in\mathbb{C}^{n-k}\setminus\{\mathbf{0}\}$ 使得 $\mathcal{V}\mathbf{v}^{m-1}=\mathbf{0}$. 进一步地，由向量 $\mathbf{v}$ 和张量 $\mathcal{T}$，可以构造向量 $\mathbf{b}\in\mathbb{C}^k$ 为

$$b_i:=\sum_{j_2,\cdots,j_m=k+1}^{n}t_{ij_2\cdots j_m}v_{j_2-k}\cdots v_{j_m-k},\ \forall i\in\{1,\cdots,k\} \tag{3.7}$$

矩阵 $\mathbf{A}\in\mathbb{T}(\mathbb{C}^k,2)$ 为

$$a_{ij}:=\sum_{(q_2,\cdots,q_m)\in\mathbb{D}(j)}t_{iq_2\cdots q_m}\prod_{q_w>k}v_{q_w-k},\ \forall i,j\in\{1,\cdots,k\} \tag{3.8}$$

其中 $\mathbb{D}(j):=\{(q_2,\cdots,q_m)\mid j=q_p$ 对某个 $p\in\{2,\cdots,m\}$，和 $q_l\in\{k+1,\cdots,n\},l\neq p\}$；当 $s\in\{3,\cdots,m-1\}$ 时，张量 $\mathcal{B}^s\in T(\mathbb{C}^k,s)$ 为

$$b^s_{ij_2\cdots j_s}:=\sum_{(q_2,\cdots,q_m)\in\mathbb{D}^s(j_2,\cdots,j_s)}t_{iq_2\cdots q_m}\prod_{q_w>k}v_{q_w-k},\ \forall i,j_2,\cdots,j_s\in\{1,\cdots,k\} \tag{3.9}$$

其中

$\mathbb{D}^s(j_2,\cdots,j_s):=\{(q_2,\cdots,q_m)\mid\{q_{t_2},\cdots,q_{t_s}\}=\{j_2,\cdots,j_s\}$ 对 $\{2,\cdots,m\}$ 中的某些不同 $t_2,\cdots,t_s$，和 $q_l\in\{k+1,\cdots,n\},l\notin\{t_2,\cdots,t_s\}\}$.

因为 $\mathrm{Det}(\mathcal{U})\neq 0$，由定理 3.2 的结论(2)，可得

$$\mathcal{U}\mathbf{u}^{m-1}+(\mathcal{B}^{m-1})\mathbf{u}^{m-2}+\cdots+(\mathcal{B}^3)\mathbf{u}^2+A\mathbf{u}+\mathbf{b}=\mathbf{0}$$

在 $\mathbb{C}^k$ 中有解 $\mathbf{u}$. 记 $\mathbf{x}:=(\mathbf{u}^{\mathrm{T}},\mathbf{v}^{\mathrm{T}})^{\mathrm{T}}\in\mathbb{C}^n\setminus\{\mathbf{0}\}$，其中 $\mathbf{v}\in\mathbb{C}^{n-k}\setminus\{\mathbf{0}\}$. 由式(3.7)～(3.9)可得

$$(\mathcal{T}\mathbf{x}^{m-1})_i = (\mathcal{U}\mathbf{u}^{m-1} + (\mathcal{B}^{m-1})\mathbf{u}^{m-2} + \cdots + (\mathcal{B}^3)\mathbf{u}^2 + A\mathbf{u} + \mathbf{b})_i = 0,\ \forall i \in \{1, \cdots, k\}$$

此外，

$$(\mathcal{T}\mathbf{x}^{m-1})_i = (\mathcal{V}\mathbf{v}^{m-1})_i = 0,\ \forall i \in \{k+1, \cdots, n\}$$

因此，$\mathcal{T}\mathbf{x}^{m-1} = \mathbf{0}$. 由此，根据定理 3.2 的结论(1)，可以得到 $\mathrm{Det}(\mathcal{T}) = 0$.

据此，式(3.6)给出的结论得证.

下文证明式(3.5)给出的结论. 首先注意到空间$\mathbb{T}(\mathbb{C}^n, m)$的维数为$n^m$. 而满足本定理假设条件的张量构成 $\mathbb{T}(\mathbb{C}^n, m)$的一个子空间$\mathbb{S}$，其维数为 $kn^{m-1} + (n-k)^{m-1}$. 那么多项式 $\mathrm{DET}(\mathcal{T})$的变量个数为$kn^{m-1} + (n-k)^{m-1}$. 在下文中，讨论的基本空间即为 $\mathbb{S}$. 看作集合中的元素，那么张量$\mathcal{U}$和$\mathcal{V}$所包含的自然是张量$\mathcal{T}$所包含的元素的子集. 因此，可以形式上得到 $\mathrm{DET}(\mathcal{U})$，$\mathrm{DET}(\mathcal{V}) \in \mathbb{C}[\mathcal{T}]$. 由式(3.6)可得

$$\mathbb{V}(\mathrm{DET}(\mathcal{U})\mathrm{DET}(\mathcal{V})) = \mathbb{V}(\mathrm{DET}(\mathcal{T}))$$

并由此得到

$$\mathbb{I}(\mathbb{V}(\mathrm{DET}(\mathcal{T}))) = \mathbb{I}(\mathbb{V}(\mathrm{DET}(\mathcal{U})\mathrm{DET}(\mathcal{V})))$$

由命题 3.1 的结论(2)，$\mathrm{DET}(\mathcal{U}) \in \mathbb{C}[\mathcal{U}]$和 $\mathrm{DET}(\mathcal{V}) \in \mathbb{C}[\mathcal{V}]$均为不可约多项式. 因此，

$$\mathbb{I}(\mathbb{V}(\mathrm{DET}(\mathcal{T}))) = \mathbb{I}(\mathbb{V}(\mathrm{DET}(\mathcal{U})\mathrm{DET}(\mathcal{V}))) = \langle \mathrm{DET}(\mathcal{U})\mathrm{DET}(\mathcal{V}) \rangle$$

记$\sqrt{\langle \mathrm{DET}(\mathcal{T}) \rangle}$是理想$\langle \mathrm{DET}(\mathcal{T}) \rangle$的根理想. 那么由 Hilbert 零点定理可得

$$\sqrt{\langle \mathrm{DET}(\mathcal{T}) \rangle} = \mathbb{I}(\mathbb{V}(\mathrm{DET}(\mathcal{T}))) = \langle \mathrm{DET}(\mathcal{U})\mathrm{DET}(\mathcal{V}) \rangle$$

由于$\sqrt{\langle \mathrm{DET}(\mathcal{T}) \rangle}$和$\langle \mathrm{DET}(\mathcal{U})\mathrm{DET}(\mathcal{V}) \rangle$都是主理想，而$\mathbb{C}[\mathcal{T}]$是唯一因子分解环，所以对某些$r_1, r_2 \in \mathbb{N}_+$，下式成立

$$\mathrm{DET}(\mathcal{T}) = (\mathrm{DET}(\mathcal{U}))^{r_1}(\mathrm{DET}(\mathcal{V}))^{r_2} \tag{3.10}$$

由命题 3.1 的结论(1)，可得 $\mathrm{DET}(\mathcal{T})$是变量为$\{t_{1i_2\cdots i_m} \mid i_2, \cdots, i_m \in \{1, \cdots, n\}\}$，次数为$(m-1)^{n-1}$的齐次多项式. 由假设，$\mathrm{DET}(\mathcal{V})$是与变量$\{t_{1i_2\cdots i_m} \mid i_2, \cdots, i_m \in \{1, \cdots, n\}\}$无关的. 再由命题 3.1 的结论(1)，$\mathrm{DET}(\mathcal{U})$是变量为$\{t_{1i_2\cdots i_m} \mid i_2, \cdots, i_m \in \{1, \cdots, k\}\}$，次数为$(m-1)^{k-1}$的齐次多项式. 因此，由式(3.10)可得$r_1 = (m-1)^{n-k}$. 接下来，比较式(3.10)与命题 3.1 的结论(2)的次数，可得$r_2 = (m-1)^k$. 这样式(3.5)给出的结论成立. 整个定理得证.

3.2.2 三角张量

假设 $\mathcal{T} = (t_{i_1\cdots i_m}) \in \mathbb{T}(\mathbb{C}^n, m)$，如果当 $\min\{i_2, \cdots, i_m\} < i_1$ 成立时，$t_{i_1\cdots i_m} \equiv 0$，则称 $\mathcal{T}$是一个上三角张量. 如果当 $\max\{i_2, \cdots, i_m\} > i_1$ 成立时，$t_{i_1\cdots i_m} \equiv 0$，则称 $\mathcal{T}$是一个下三角张量. 上三角张量和下三角张量统称为三角张量. 特别地，对角张量是三角张量.

定理 3.4 对上块三角张量给出了行列式的公式. 运用与定理 3.4 的证明类似的证明方法，可以得到关于下块三角张量的行列式公式. 相应地，可以得到下面的结论.

命题 3.2 假设 $\mathcal{T} \in \mathbb{T}(\mathbb{C}^n, m)$是一个三角张量，那么

$$\mathrm{Det}(\mathcal{T}) = \prod_{i=1}^{n} (t_{i\cdots i})^{(m-1)^{n-1}}$$

更进一步地，可以有下列刻画，这对不连通的超图谱理论的研究有重要意义.

推论 3.3 假设 $\mathcal{T} \in \mathbb{T}(\mathbb{C}^n, m)$是一个三角张量，那么

$$\sigma(\mathcal{T})=\{t_{i\cdots i}\mid i\in\{1,\cdots,n\}\}$$

并且对所有的 $i\in\{1,\cdots,n\}$，$t_{i\cdots i}$ 的代数重数是 $(m-1)^{n-1}$.

证明　由定义 2.4，可得 $\chi(\lambda)$ 定义为 $\lambda\mathcal{I}-\mathcal{T}$ 的行列式. 由于 $\mathcal{T}$ 是三角张量，那么 $\lambda\mathcal{I}-\mathcal{T}$ 也是三角张量. $\lambda\mathcal{I}-\mathcal{T}$ 的对角元为 $\{\lambda-t_{i\cdots i}\mid i\in\{1,\cdots,n\}\}$. 那么，由命题 3.2，$\chi(\lambda)=\operatorname{Det}(\lambda\mathcal{I}-\mathcal{T})=\prod\limits_{i=1}^{n}(\lambda-t_{i\cdots i})^{(m-1)^{n-1}}$. 再由定理 3.1，$\sigma(\mathcal{T})$ 是由 $\mathcal{T}$ 的特征多项式 $\chi(\lambda)$ 的根组成的. 因此，结论成立.

由定理 3.2，可以得到行列式的一个简单应用.

定理 3.5　假设 $\mathcal{T}$ 是一个对角元都非零的三角张量. 那么对任意 $\mathbf{b}\in\mathbb{C}^n$，$A\in\mathbb{T}(\mathbb{C}^n,2)$ 以及对所有 $j\in\{3,\cdots,m-1\}$ 有 $\mathcal{B}^j\in\mathbb{T}(\mathbb{C}^n,j)$，方程组 $\mathcal{T}\mathbf{x}^{m-1}=(\mathcal{B}^{m-1})\mathbf{x}^{m-2}+\cdots+(\mathcal{B}^3)\mathbf{x}^2+A\mathbf{x}+\mathbf{b}$ 在 $\mathbb{C}^n$ 中有一个根.

3.2.3　分块张量

接下来，将讨论更为复杂的分块张量及其相应多项式系统的根. 为此，考虑由张量 $\mathcal{A}_i\in\mathbb{C}^n\otimes S^i(\mathbb{C}^n)(i=0,1,\cdots,k)$ 定义的多项式映射 $p:\mathbb{C}^n\to\mathbb{C}^n$，具体形式为

$$p(\mathbf{x}):=\mathcal{A}_k\mathbf{x}^k+\cdots+\mathcal{A}_1\mathbf{x}+\mathcal{A}_0 \tag{3.11}$$

假设存在集合 $\{1,\cdots,n\}$ 的一个分割

$$\{1,\cdots,i_1\}\cup\{i_1+1,\cdots,i_2\}\cup\cdots\cup\{i_{r-1}+1,\cdots,i_r\} \tag{3.12}$$

其中，对某个正数 r 满足

$$1\leqslant i_1<i_2<\cdots<i_r=n$$

相应于集合 $\{1,\cdots,k\}$ 的一个分割为

$$\{1,\cdots,j_1\}\cup\{j_1+1,\cdots,j_2\}\cup\cdots\cup\{j_{r-1}+1,\cdots,j_r\} \tag{3.13}$$

满足

$$1\leqslant j_1<j_2<\cdots<j_r=k$$

由式(3.12)和式(3.13)，记 $i_0:=0$，有

$$I_t:=\{i_{t-1}+1,\cdots,i_t\}\quad 其中\ t=1,\cdots,r$$

记 $j_0:=0$，有

$$J_t:=\{j_{t-1}+1,\cdots,j_t\}\quad 其中\ t=1,\cdots,r$$

给定子集 $I,J\subseteq\{1,\cdots,n\}$，记 $T_{I,J}(\mathbb{C}^n\otimes S^i(\mathbb{C}^n))\subseteq\mathbb{C}^n\otimes S^i(\mathbb{C}^n)$ 为满足下面条件的张量 $\mathcal{A}=(a_{j_0j_1\cdots j_i})$ 构成的子集：

$$当\ j_0\in J，或者\ j_0\in I\ 和对某个\ s\in\{1,\cdots,i\}\ 有\ j_s\notin I\ 时\ a_{j_0j_1\cdots j_i}=0 \tag{3.14}$$

这是块矩阵的推广. 事实上，如果 $i=1$，那么 $\mathrm{T}_{I,\varnothing}(\mathbb{C}^n\otimes\mathbb{C}^n)$ 中的一个矩阵是一个 (I,I^C) 块为零的块矩阵.

假设对所有 $j\in J_t$ 和 $t\in\{1,\cdots,r\}$ 有

$$\mathcal{A}_j\in\mathrm{T}_{I_1\cup\cdots\cup I_t,\,I_1\cup\cdots\cup I_{t-1}}(\mathbb{C}^n\otimes S^j(\mathbb{C}^n)) \tag{3.15}$$

式(3.15)中的条件给出了多项式系统(3.11)的结构. 如果 $r=1$，那么没有更多的结构. 显然，如果存在结构，那么可以通过排列变换，将这个结构归结为式(3.15)中的形式.

给定张量 $\mathcal{A}\in\mathbb{C}^n\otimes S^s(\mathbb{C}^n)$ 和子集 $I\subseteq\{1,\cdots,n\}$，注意到子张量 $[\mathcal{A}]_I\in\mathbb{C}^{|I|}\otimes$

$S^s(\mathbb{C}^{|I|})$定义为

$$([\mathcal{A}]_I)_{j_0\cdots j_s} = (\mathcal{A})_{i_{j_0}\cdots i_{j_s}} \quad 对所有 j_p = 1, \cdots, |I| 和 p = 0, \cdots, s$$

其中 $I=\{i_1, \cdots, i_{|I|}\}$.

定理 3.6 使用上文的记号，假设对某个 $r>0$(3.15)满足. 如果对所有的 $t\in\{1, \cdots, r\}$，子张量$[\mathcal{A}_{j_t}]_{I_t}$都非奇异，则系统

$$p(\mathbf{x}) = \mathbf{0} \tag{3.16}$$

在计算重数的前提下，对任意给定的数据刚好有 $\prod_{t=1}^{r} |j_t|^{|I_t|}$ 个解. 如果除$[\mathcal{A}_{j_t}]_{I_t}$之外的数据是一般选择的，则所有的解均互异.

证明 方程(3.16)可以通过从后往前代入的方式来求解. 记 $\mathbf{y}:=[\mathbf{x}]_{I_1}\in\mathbb{C}^{|I|}$ 是向量 $\mathbf{x}$ 由下标 I_1 确定的子向量. 考虑如下系统：

$$[\mathcal{A}_{j_1}]_{I_1}\mathbf{y}^{j_1} + \cdots + [\mathcal{A}_1]_{I_1}\mathbf{y} + [\mathcal{A}_0]_{I_1} = \mathbf{0} \tag{3.17}$$

从条件(3.15)得知

$$(\mathcal{A}_j\mathbf{x}^j)_{I_1} = \begin{cases} [\mathcal{A}_j]_{I_1}\mathbf{y}^j & 对所有 j\in J_1 \\ \mathbf{0} & 其他 \end{cases}$$

因此

$$(p(\mathbf{x}))_{I_1} = [\mathcal{A}_{j_1}]_{I_1}\mathbf{y}^{j_1} + \cdots + [\mathcal{A}_1]_{I_1}\mathbf{y} + [\mathcal{A}_0]_{I_1}$$

由假设条件知道$[\mathcal{A}_{j_1}]_{I_1}$是非奇异的，由定理 3.3 得到式(3.17)表示的系统有有限个解，数量是$|j_1|^{|I_1|}$.

假设 $\mathbf{x}$ 的由指标 I_1 决定的子向量由式(3.17)的解确定，其余为待确定量，那么系统(3.16)的由 I_1 给出的方程就成立了.

对于一般选取的$[\mathcal{A}_{j_1-1}]_{I_1}, \cdots, [\mathcal{A}_0]_{I_1}$，系统(3.17)的解 $\mathbf{y}$ 的互异性由定理 3.3 得到.

对式(3.17)的每个解，可以通过上述过程将其代入式(3.16)进而求解关于指标 I_2 的变量. 式(3.16)与指标 $I_1\cup I_2$ 相应的方程为

$$[\mathcal{A}_{j_2}]_{I_1\cup I_2}\mathbf{z}^{j_2} + \cdots + [\mathcal{A}_1]_{I_1\cup I_2}\mathbf{z} + [\mathcal{A}_0]_{I_1\cup I_2} = \mathbf{0} \tag{3.18}$$

其中 $\mathbf{z}:=(\mathbf{y}^{\mathrm{T}}, \mathbf{w}^{\mathrm{T}})^{\mathrm{T}}\in\mathbb{C}^{|I_1|+|I_2|}$ 是 $\mathbf{x}$ 关于 $I_1\cup I_2$ 的子向量. 由式(3.15)可得

$$\begin{aligned}(p(\mathbf{x}))_{I_1\cup I_2} &= [\mathcal{A}_{j_2}]_{I_1\cup I_2}\mathbf{z}^{j_2} + \cdots + [\mathcal{A}_1]_{I_1\cup I_2}\mathbf{z} + [\mathcal{A}_0]_{I_1\cup I_2} \\ &= \begin{bmatrix} \mathbf{0} \\ [\mathcal{A}_{j_2}]_{I_2}\mathbf{w}^{j_2} + q(\mathbf{w}) \end{bmatrix}\end{aligned}$$

其中 $q(\mathbf{w})$是一个变量为 $\mathbf{w}$ 次数不超过j_2-1 的多项式映射. 由假设可知，$[\mathcal{A}_{j_2}]_{I_2}$是非奇异张量. 因此，根据定理 3.3，式(3.18)对每个给定 $\mathbf{y}$，具有有限个解 $\mathbf{w}$，其个数为$|j_2|^{|I_2|}$.

对每个 $\mathbf{y}$，解 $\mathbf{w}$ 的互异性由定理 3.3 和上述次数为j_2-1 变量为 $\mathbf{w}$ 的多项式映射$[\mathcal{A}_{j_2-1}]_{I_2}\mathbf{w}^{j_2-1}$与 $\mathbf{y}$ 无关，以及一个关于次数$j_2-2, \cdots, 0$ 的归纳得到.

整个归纳过程现在已经相当清楚了. 使用归纳法可以证明，该系统在计算重数的前提下一共有

$$\prod_{t=1}^{r} |j_t|^{|I_t|}$$

个解. 在一般选择的前提下解的互异性也容易得到.

注意，当 $r>1$ 时，系统(3.16)在无穷远点有一个解. 定理3.6的证明也给出了一个计算解的方式.

定理3.6中的条件式(3.15)乍看比较复杂. 下面给出其对二次映射的具体形式.

一个二次映射 $f(\mathbf{x}) := \mathcal{A}\mathbf{x}^2 + B\mathbf{x} + \mathbf{c}$ 可以表示为

$$f(\mathbf{x}) = \begin{bmatrix} \langle \boldsymbol{A}_1, \mathbf{x}\mathbf{x}^{\mathrm{T}} \rangle \\ \vdots \\ \langle \boldsymbol{A}_n, \mathbf{x}\mathbf{x}^{\mathrm{T}} \rangle \end{bmatrix} + \boldsymbol{B}\mathbf{x} + \mathbf{c} \tag{3.19}$$

其中 $\boldsymbol{A}_i$ 和 $\boldsymbol{B}$ 是矩阵，$\mathbf{c}$ 是一个向量.

给定矩阵 $\mathbf{A}$ 和子集 $I, J \subseteq \{1, \cdots, n\}$，$A_{IJ} \in \mathbb{C}^{|I| \times |J|}$ 是行由 I 标记，列由 J 标记的子矩阵.

推论3.4 假设存在指标集 $I \subset \{1, \cdots, n\}$ 使得：

(1) 矩阵 B_{II} 非奇异，$B_{II^{\mathrm{C}}} = 0$.

(2) 由系统

$$\langle (A_i)_{I^{\mathrm{C}} I^{\mathrm{C}}}, \mathbf{y}\mathbf{y}^{\mathrm{T}} \rangle \text{ 对所有的 } i \in I^{\mathrm{C}}$$

构成的子张量 $[\mathcal{A}]_{I^{\mathrm{c}}}$ 非奇异.

那么，由式(3.19)定义的系统 $f(\mathbf{x}) = \mathbf{0}$ 在计算重数的前提下有 $2^{|I^{\mathrm{C}}|}$ 个解. 此外，当数据一般选取时，所有的解互异.

3.3 特征多项式

由定义2.4，对任意张量 $\mathcal{T} \in \mathbb{T}(\mathbb{C}^n, m)$，其特征多项式为 $\chi(\lambda) = \mathrm{Det}(\lambda\mathcal{I} - \mathcal{T})$. 本节讨论特征多项式的性质，特别是与行列式相关的性质. 其中，张量的迹将发挥重要的作用. 张量的迹也是研究超图谱对称性的重要工具.

3.3.1 行列式的迹表达

下文命题3.5将证明 $\mathrm{Tr}_1(\mathcal{T}) = (m-1)^{n-1} \sum_{i=1}^{n} t_{i\cdots i}$. 由此可见，上文定义的张量的迹确实是矩阵的迹的延伸. 当 $d>1$ 时，$\mathrm{Tr}_d(\mathcal{T})$ 称为张量的高阶迹.

首先给出下面的命题.

命题3.3 假设 $\mathcal{T} \in \mathbb{T}(\mathbb{C}^n, m)$，其他如前文所定义. 那么

$$\mathrm{DET}(\mathcal{T}) = 1 + \sum_{k=1}^{\infty} p_k\left(-\frac{\mathrm{Tr}_1(\mathcal{I}-\mathcal{T})}{1}, \cdots, -\frac{\mathrm{Tr}_k(\mathcal{I}-\mathcal{T})}{k}\right) \tag{3.20}$$

证明 这个结论是由文献[50]中的命题Ⅱ、关于矩阵 $\mathbf{A}$ 的恒等式 $\log(\mathrm{DET}(I-\mathbf{A})) = \mathrm{Tr}(\log(I-\mathbf{A}))$ 以及Schur多项式和高阶迹的定义得到的. 详细的证明可以参阅文献[50]中的第四到第八节.

下面的命题对于用有限项刻画 $\mathrm{DET}(\mathcal{T})$ 十分重要.

命题3.4 遵从上文定义，假设 $\mathcal{T} \in \mathbb{T}(\mathbb{C}^n, m)$. 那么

(1) 对每个 $d \in \mathbb{N}_+$，$\mathrm{Tr}_d(\mathcal{T}) \in \mathbb{C}[\mathcal{T}]$ 是 d 次齐次的；

(2) 对每个 $k\in\mathbb{N}+$，$p_k\left(-\frac{\mathrm{Tr}_1(\mathcal{T})}{1},\cdots,-\frac{\mathrm{Tr}_k(\mathcal{T})}{k}\right)\in\mathbb{C}[\mathcal{T}]$是 k 次齐次的；

(3) 对每个整数 $k>n(m-1)^{n-1}$，$p_k\left(-\frac{\mathrm{Tr}_1(\mathcal{T})}{1},\cdots,-\frac{\mathrm{Tr}_k(\mathcal{T})}{k}\right)\in\mathbb{C}[\mathcal{T}]$为零.

证明 首先证明结论(1). 根据式(2.3)，容易得到

$$\sum_{\sum_{i=1}^{n}k_i=d}\prod_{i=1}^{n}\frac{(\hat{g}_i)^{k_i}}{((m-1)k_i)!}\in\mathbb{C}[\mathcal{T},\partial A]$$

是一个齐次多项式. 事实上，它关于变量 $\mathcal{T}$是 d 次齐次的，且关于变量∂A 是$(m-1)d$ 次齐次的. 另一方面，可以得到

$$\mathrm{Tr}(A^k)=\sum_{i_1=1}^{n}\cdots\sum_{i_k=1}^{n}a_{i_1i_2}a_{i_2i_3}\cdots a_{i_{k-1}i_k}a_{i_ki_1}\in\mathbb{C}[A] \tag{3.21}$$

是 k 次齐次的. 这些连同式(2.5)可以推出$\mathrm{Tr}_d(\mathcal{T})\in\mathbb{C}[\mathcal{T}]$是 d 次齐次的.

结论(2)由结论(1)和式(2.4)中的 Schur 多项式的定义可以推出.

最后证明结论(3). 由命题 3.1 的结论(2)，可得 $\mathrm{DET}(\mathcal{B})$是一个不可约且关于变量$\{b_{i_1\cdots i_m}\}$的$n(m-1)^{n-1}$的齐次多项式. 接下来，令 $\mathcal{B}:=\mathcal{I}-\mathcal{T}$. 由于张量 $\mathcal{B}$的分量由 1 和张量 $\mathcal{T}$的分量组成，行列式 $\mathrm{DET}(\mathcal{I}-\mathcal{T})$ 作为多项式环$\mathbb{C}[\mathcal{T}]$中的元素，其最高次数不高于$n(m-1)^{n-1}$. 由结论(2)推出$p_k\left(-\frac{\mathrm{Tr}_1(\mathcal{T})}{1},\cdots,-\frac{\mathrm{Tr}_k(\mathcal{T})}{k}\right)\in\mathbb{C}[\mathcal{T}]$是$k$ 次齐次的，该结论连同式(3.20)可以推出结论(3).

定理证毕.

由命题 3.4 和式(3.20)，可以得到

$$\mathrm{DET}(\mathcal{T})=1+\sum_{k=1}^{n(m-1)^{n-1}}p_k\left(-\frac{\mathrm{Tr}_1(\mathcal{I}-\mathcal{T})}{1},\cdots,-\frac{\mathrm{Tr}_k(I-\mathcal{T})}{k}\right) \tag{3.22}$$

这是行列式的迹表达公式. 它提供了计算张量行列式的一条路径，即通过计算出高阶迹来计算行列式. 在后文中将看到这方面的讨论. 另一方面，该公式中涉及张量的高阶迹及相应的微分算子$\hat{g}_i$. 其计算具有一定的复杂性.

3.3.2 特征多项式的基本性质

接下来，讨论特征多项式的一些基本性质。

定理 3.7 遵从上文定义，假设 $\mathcal{T}\in\mathbb{T}(\mathbb{C}^n,m)$. 那么

$$\begin{aligned}\chi(\lambda)&=\mathrm{Det}(\lambda\mathcal{I}-\mathcal{T})\\&=\lambda^{n(m-1)^{n-1}}+\sum_{k=1}^{n(m-1)^{n-1}}\lambda^{n(m-1)^{n-1}-k}p_k\left(-\frac{\mathrm{Tr}_1(\mathcal{T})}{1},\cdots,-\frac{\mathrm{Tr}_k(\mathcal{T})}{k}\right)\\&=\prod_{\lambda_i\in\sigma(\mathcal{T})}(\lambda-\lambda_i)^{m_i}\end{aligned}$$

其中m_i是特征值λ_i的代数重数.

证明 第一个等式由定义 2.4 得到，最后一个等式由定理 3.1 得到.

由命题 3.4 及式(3.22)，可以得到

$$\chi(1)=\mathrm{Det}(\mathcal{I}-\mathcal{T})=1+\sum_{k=1}^{n(m-1)^{n-1}}p_k\left(-\frac{\mathrm{Tr}_1(\mathcal{T})}{1},\cdots,-\frac{\mathrm{Tr}_k(\mathcal{T})}{k}\right) \tag{3.23}$$

因此，当 $\lambda\neq 0$ 时，

$$
\begin{aligned}
\chi(\lambda) &= \mathrm{Det}(\lambda\mathcal{I}-\mathcal{T}) \\
&= \lambda^{n(m-1)^{n-1}}\mathrm{Det}\left(\mathcal{I}-\frac{\mathcal{T}}{\lambda}\right) \\
&= \lambda^{n(m-1)^{n-1}}\left[1+\sum_{k=1}^{n(m-1)^{n-1}} p_k\left(-\frac{\mathrm{Tr}_1\left(\frac{\mathcal{T}}{\lambda}\right)}{1},\cdots,-\frac{\mathrm{Tr}_k\left(\frac{\mathcal{T}}{\lambda}\right)}{k}\right)\right] \\
&= \lambda^{n(m-1)^{n-1}}\left[1+\sum_{k=1}^{n(m-1)^{n-1}}\frac{1}{\lambda^k}p_k\left(-\frac{\mathrm{Tr}_1(\mathcal{T})}{1},\cdots,-\frac{\mathrm{Tr}_k(\mathcal{T})}{k}\right)\right] \\
&= \lambda^{n(m-1)^{n-1}}+\sum_{k=1}^{n(m-1)^{n-1}}\lambda^{n(m-1)^{n-1}-k}p_k\left(-\frac{\mathrm{Tr}_1(\mathcal{T})}{1},\cdots,-\frac{\mathrm{Tr}_k(\mathcal{T})}{k}\right)
\end{aligned}
$$

其中第二个等式由推论 3.2 得到，第三个等式由式(3.23)得到，第四个等式由命题 3.4 得到，最后的结论由复数域 $\mathbb{C}$是一个特征为零的域得到.

定理证毕.

定理 3.7 给出了张量 $\mathcal{T}$的行列式的用迹表达的公式，同样也给出了特征值的表达式.

接下来讨论特征多项式 $\chi(\lambda)$的系数的性质.

命题 3.5　遵从上文定义，假设 $\mathcal{T}\in\mathbb{T}(\mathbb{C}^n, m)$. 那么：

(1) $p_1(-\mathrm{Tr}_1(\mathcal{T}))=-\mathrm{Tr}_1(\mathcal{T})=-(m-1)^{n-1}\sum_{i=1}^{n}t_{ii\cdots i}$；

(2) $p_2\left(-\frac{\mathrm{Tr}_1(\mathcal{T})}{1},-\frac{\mathrm{Tr}_2(\mathcal{T})}{2}\right)=\frac{1}{2}([\mathrm{Tr}_1(\mathcal{T})]^2-\mathrm{Tr}_2(\mathcal{T}))$；

(3) $p_{n(m-1)^{n-1}}\left(-\frac{\mathrm{Tr}_1(\mathcal{T})}{1},\cdots,-\frac{\mathrm{Tr}_{n(m-1)n-1}(\mathcal{T})}{n(m-1)^{n-1}}\right)=(-1)^{n(m-1)^{n-1}}\mathrm{Det}(\mathcal{T})$.

证明　结论(1)的证明. 由式(2.4)可得$p_1(-\mathrm{Tr}_1(\mathcal{T}))=-\mathrm{Tr}_1(\mathcal{T})$. 另一方面，由式(2.5)可得

$$
\begin{aligned}
\mathrm{Tr}_1(\mathcal{T}) &= (m-1)^{n-1}\sum_{i=1}^{n}\frac{\hat{g}_i}{(m-1)!}\mathrm{Tr}(A^{m-1}) \\
&= \frac{(m-1)^{n-1}}{(m-1)!}\sum_{i=1}^{n}\left[\sum_{i_2=1}^{n}\cdots\sum_{i_m=1}^{n}t_{ii_2\cdots i_m}\frac{\partial}{\partial a_{ii_2}}\cdots\frac{\partial}{\partial a_{ii_m}}\right]\mathrm{Tr}(A^{m-1}) \\
&= \frac{(m-1)^{n-1}}{(m-1)!}\sum_{i=1}^{n}\left[\sum_{i_2=1}^{n}\cdots\sum_{i_m=1}^{n}t_{ii_2\cdots i_m}\frac{\partial}{\partial a_{ii_2}}\cdots\frac{\partial}{\partial a_{ii_m}}\right] \\
&\quad\cdot\left(\sum_{i_1=1}^{n}\cdots\sum_{i_{m-1}=1}^{n}a_{i_1i_2}a_{i_2i_3}\cdots a_{i_{m-2}i_{m-1}}a_{i_{m-1}i_1}\right) \\
&= \frac{(m-1)^{n-1}}{(m-1)!}\sum_{i=1}^{n}\left[t_{ii\cdots i}\frac{\partial}{\partial a_{ii}}\cdots\frac{\partial}{\partial a_{ii}}(a_{ii})^{m-1}\right] \\
&= (m-1)^{n-1}\sum_{i=1}^{n}t_{ii\cdots i}
\end{aligned}
$$

其中，第四个等式是根据以下事实得出的：第三个等式等号右端的微分算子只包含$\frac{\partial}{\partial a_{i_*}}$，其中 $*\in\{1,\cdots,n\}$且其总的次数为 $m-1$；只有 $\mathrm{Tr}(A^{m-1})$中含有相同的总次数为 $m-1$

的项$\frac{\partial}{\partial a_{i_*}}$对最后结果有作用，且根据式(3.21)这种情形只发生在 $*=i$ 时. 这样一来，结论(1)成立.

结论(2)可以从定义式(2.4)中得到.

结论(3)的证明. 由定理 3.7 可得

$$\chi(0)=\mathrm{Det}(-\mathcal{T})=p_{n(m-1)^{n-1}}\left(-\frac{\mathrm{Tr}_1(\mathcal{T})}{1},\ \cdots,\ -\frac{\mathrm{Tr}_{n(m-1)^{n-1}}(\mathcal{T})}{n\,(m-1)^{n-1}}\right)$$

特别地，由命题 3.1 的结论(2)，可得 $\mathrm{DET}(-\mathcal{T})\in\mathbb{C}[\mathcal{T}]$是一个次数为 $n(m-1)^{n-1}$ 的齐次多项式. 由此可以推出 $\mathrm{Det}(-\mathcal{T})=(-1)^{n(m-1)^{n-1}}\mathrm{Det}(\mathcal{T})$. 相应地，结论成立.

推论 3.5 遵从上文定义，假设 $\mathcal{T}\in\mathbb{T}(\mathbb{C}^n,m)$. 那么，

(1) $\sum_{\lambda_i\in\sigma(\mathcal{T})} m_i\lambda_i=(m-1)^{n-1}\sum_{i=1}^{n} t_{ii\cdots i}=\mathrm{Tr}_1(\mathcal{T})$；

(2) $\sum_{\lambda_i\in\sigma(\mathcal{T})} m_i\lambda_i^2=\mathrm{Tr}_2(\mathcal{T})$；

(3) $\prod_{\lambda_i\in\sigma(\mathcal{T})} \lambda_i^{m_i}=\mathrm{Det}(\mathcal{T})$.

其中 m_i 是特征值λ_i 的代数重数.

证明 结论(1)和(3)由定理 3.7 中 $\chi(\lambda)$的特征值表示式以及命题 3.5 中 $\chi(\lambda)$的系数得到.

对于结论(2)，由命题 3.5 的结论(2)及多项式根和系数的 Newton 等式，可得

$$\sum_{i<j,\ \lambda_i,\ \lambda_j\in\sigma(\mathcal{T})} m_i m_j\lambda_i\lambda_j=p_2\left(-\frac{\mathrm{Tr}_1(\mathcal{T})}{1},\ -\frac{\mathrm{Tr}_2(\mathcal{T})}{2}\right)$$
$$=\frac{1}{2}\left([\mathrm{Tr}_1(\mathcal{T})]^2-\mathrm{Tr}_2(\mathcal{T})\right)$$

这样一来，结论(2)可以从结论(1)和完全平方公式得到.

从定理 3.2 和推论 3.5，可得齐次多项式系统的可解性由对应张量的零特征值刻画.

接下来，将推论 3.5 的结论(1)和(2)推广到对所有的 $k\in\{1,\ \cdots,\ n\,(m-1)^{n-1}\}$都成立的更高阶的迹$\mathrm{Tr}_k(\mathcal{T})$. 在此之前，首先证明下列引理.

引理 3.1 假设 $p_k(t_1,\ \cdots,\ t_k)$是由式(2.4)定义的 Schur 多项式. 那么，对所有的 $k\in\mathbb{N}_+$，可得

$$\frac{\partial}{\partial t_i}p_k=p_{k-i},\ \forall\, i\in\{1,\ \cdots,\ k\} \tag{3.24}$$

证明 首先，$i=k$ 的情况容易得到. 在这种情况下，$p_0=1$，而由式(2.4)得p_k中含有t_k的唯一的项是t_k.

接下来，证明情形 $i\in\{1,\ \cdots,\ k-1\}$. 对每个固定的 i，由式(2.4)可得

$$p_{k-i}(t_1,\ \cdots,\ t_{k-i})=\sum_{s=1}^{k-i}\ \sum_{d_j>0,\ \sum_{j=1}^{s}d_j=k-i}\frac{\prod_{j=1}^{s}t_{d_j}}{s\,!}$$

为了证明式(3.24)，只需要证明存在一个关于p_{k-i}和

$$p_k(t_1, \cdots, t_k) = \sum_{w=1}^{k} \sum_{d_j>0,\ \sum_{j=1}^{w} d_j = k} \frac{\prod_{j=1}^{w} t_{d_j}}{w!}$$

中的变量 t_i 的单项式的一一对应，且它们的系数满足上述导数关系即可.

首先，p_{k-i} 和 p_k 中含有变量 t_i 的单项式的一一对应是显然的：对 p_{k-i} 中的每个具有非零系数 c 的单项式 $c\prod_{j=1}^{s} t_{d_j}$，存在 p_k 中的非零系数 d 的单项式 $dt_i\prod_{j=1}^{s} t_{d_j}$；反之亦然.

其次，假设存在 $s\in\{1, \cdots, k-i\}$ 和 $d_1, \cdots, d_s$ 使得 $\frac{c}{s!}\prod_{j=1}^{s} t_{d_j}$ 是 p_{k-i} 中具有非零系数 c 的单项式. 那么，由式(2.4)可得，有序 s 对 $(q_1, \cdots, q_s)$ 满足 $\sum_{j=1}^{s} q_j = k-i$ 和 $q_j > 0$，$j\in\{1, \cdots, s\}$ 以得到 $\prod_{j=1}^{s} t_{d_j}$ 的总个数为 c. 对每个有序对 $(q_1', \cdots, q_s')$，可得 $s+1$ 个有序 $s+1$ 对 $(i, q_1', \cdots, q_s')$，$(q_1', i, \cdots, q_s')\cdots$，$(q_1', \cdots, q_s', i)$ 使得每个 $s+1$ 对可以产生 $t_i\prod_{j=1}^{s} t_{d_j}$. 注意，在这些 $s+1$ 对中，有些可能是一样的. 记 r 是 $t_i\prod_{j=1}^{s} t_{d_j}$ 中变量 t_i 的次数. 那么，满足 $\sum_{j=1}^{s+1} q_j = k$ 和 $q_j > 0$，$j\in\{1, \cdots, s+1\}$ 并得到 $t_i\prod_{j=1}^{s} t_{d_j}$ 的有序 $s+1$ 对 $(q_1, \cdots, q_s, q_{s+1})$ 的个数为 $\frac{(s+1)c}{r}$. 这些连同式(2.4)，可以推出 p_{k-i} 中的单项式 $\frac{c}{s!}\prod_{j=1}^{s} t_{d_j}$ 即为 p_k 中的单项式：

$$\frac{(s+1)c}{r}\frac{1}{(s+1)!}t_i\prod_{j=1}^{s} t_{d_j}$$

该单项式关于 t_i 的导数刚好为 $\frac{c}{s!}\prod_{j=1}^{s} t_{d_j}$.

命题得证.

引理 3.2　记 $\mathbf{x}=(x_1, \cdots, x_n)$，假设 $h_1, \cdots, h_n\in\mathbb{C}[\mathbf{x}]$ 是多项式. 如果存在某个 $f\in\mathbb{C}[\mathbf{x}]$ 满足微分方程

$$\frac{\partial}{\partial x_i} f = h_i,\ \forall\, i\in\{1, \cdots, n\}$$

以及 $f(\mathbf{0})=0$，那么 f 是唯一确定的.

证明　首先 $f(\mathbf{0})=0$ 推出 f 的常数项为零. 那么，基于 $\mathbb{C}$ 是一个特征为零的代数闭域，只需要证明 f 中每个具有正次数的单项式是由这些微分方程唯一确定即可. 这一点从下面事实可以得到：① f 中包含 x_i 的每个单项式由假设条件的第 i 个微分方程唯一确定；② f 中的每个具有正次数的单项式至少含有 $\{x_i \mid i\in\{1, \cdots, n\}\}$ 中的一个变量. 结论得证.

引理 3.3　假设 $p_k(t_1, \cdots, t_k)$ 是由式(2.4)定义的 Schur 多项式. 那么，对所有的 $k\in\mathbb{N}_+$，下式成立：

$$kp_k = kt_k + \sum_{i=0}^{k-1} it_i p_{k-i} \tag{3.25}$$

证明 一方面，由引理 3.1 和引理 3.2，可知对所有的 $k \in \mathbb{N}_+$，由式(2.4)定义的p_k是满足下面关系的唯一多项式

$$\frac{\partial}{\partial t_i} p_k = p_{k-i}, \ \forall i \in \{1, \cdots, k\} \tag{3.26}$$

另一方面，证明由下列递归关系定义的多项式 $q_k(t_1, \cdots, t_k)$

$$q_0 = 1, kq_k = kt_k + \sum_{i=0}^{k-1} it_i q_{k-i}, \ \forall k = 1, 2, \cdots \tag{3.27}$$

把p_k换成 q_k 也满足式(3.26)．这样一来，对所有的 $k \in \mathbb{N}$，$q_k = p_k$成立．因此，式(3.25)成立．

该结论将使用归纳法进行证明．由于$\frac{\partial}{\partial t_1} q_1 = 1 = q_0$，因此 $k=1$ 时结论显然成立．接下来，假设对某个 $k \geqslant 1$，所有的$\{q_1, \cdots, q_k\}$满足式(3.26)，下文将证明 q_{k+1} 也满足式(3.26)．由式(3.27)容易看到$\frac{\partial}{\partial t_{k+1}} q_{k+1} = 1 = q_0$，同时对 $s \leqslant k$，q_s与 t_{k+1}无关．因此，对所有$s \in \{1, \cdots, k\}$，由式(3.27)，可得

$$\begin{aligned}
(k+1)\frac{\partial}{\partial t_s} q_{k+1} &= \frac{\partial}{\partial t_s}\left(\sum_{i=0}^{k} it_i q_{k+1-i}\right) \\
&= \sum_{0 \leqslant i \leqslant k,\ i \neq s} it_i \frac{\partial}{\partial t_s} q_{k+1-i} + st_s \frac{\partial}{\partial t_s} q_{k+1-s} + sq_{k+1-s} \\
&= \sum_{i=0}^{k} it_i \frac{\partial}{\partial t_s} q_{k+1-i} + sq_{k+1-s} \\
&= \sum_{i=1}^{k+1-s} it_i \frac{\partial}{\partial t_s} q_{k+1-i} + sq_{k+1-s} \\
&= \sum_{i=1}^{k+1-s} it_i q_{k+1-i-s} + sq_{k+1-s} \\
&= \sum_{i=1}^{k-s} it_i q_{k+1-s-i} + (k+1-s)t_{k+1-s} + sq_{k+1-s} \\
&= (k+1-s)q_{k+1-s} + sq_{k+1-s} \\
&= (k+1)q_{k+1-s}
\end{aligned}$$

其中第四个等式由当 $w \leqslant s-1$ 时 q_w与 t_s无关得到，第五个等式由归纳假设得到，第六个等式由 $q_0 = 1$ 得到，第七个等式由式(3.27)得到．因此，q_{k+1}满足式(3.26)．这样一来，根据归纳法，对所有的 $k \in \mathbb{N}+$，q_k都满足式(3.26)．

结论证毕．

下文首先回顾一个单变量的多项式的根与系数的 Newton 等式．假设单变量的多项式方程为

$$t^k + a_1 t^{k-1} + \cdots + a_k = 0$$

记s_i 为该方程的根(在计算重数下)的 i 次幂的和．那么，

$$s_i = -ia_i - \sum_{j=1}^{i-1} s_{i-j} a_j$$

有了上述准备，可以给出本节的一个主要结论.

定理 3.8　假设 $\mathcal{T}\in\mathbb{T}(\mathbb{C}^n, m)$. 记 p_i 为张量 $\mathcal{T}$ 的特征多项式的余次为 i 的系数. 那么，对所有的 $k\in\{1, \cdots, n(m-1)^{n-1}\}$，下式成立

$$\mathrm{Tr}_k(\mathcal{T})=-kp_k-\sum_{i=1}^{k-1}p_i\,\mathrm{Tr}_{k-i}(\mathcal{T})$$

更重要地，对所有的 $k\in\{1, \cdots, n(m-1)^{n-1}\}$，下式成立

$$\mathrm{Tr}_k(\mathcal{T})=\sum_{\lambda_i\in\sigma(\mathcal{T})}m_i\lambda_i^k$$

其中 m_i 是特征值 λ_i 的代数重数.

证明　定理的第一部分由定理 3.7 和引理 3.3，通过将 t_i 替换为 $-\dfrac{\mathrm{Tr}_i(\mathcal{T})}{i}$ 可以得到. 定理的第二部分由第一部分和多项式的根与系数的 Newton 等式可得.

定理证毕.

注　定理 3.8 表达了两方面的重要信息：特征多项式的系数可以由张量的高阶迹由一个循环关系给出；张量的高阶迹是张量特征值的幂次的初等对称函数. 这是矩阵特征多项式的 Newton 等式在张量情形的延伸. 该定理也展示了张量高阶迹在张量谱理论中的重要作用.

3.3.3　半正定张量

在这里，利用特征多项式，给出判定一个偶数阶的张量是否为半正定张量的一个充分条件和一个必要条件.

如果对所有的 $\mathbf{x}\in\mathbb{R}^n$, $\mathbf{x}^{\mathrm{T}}(\mathcal{T}\mathbf{x}^{m-1})\geqslant 0$ 都成立，则称张量 $\mathcal{T}\in\mathrm{S}(\mathbb{R}^n, m)$ 为半正定张量. 显然，成为半正定张量的一个必要条件是 m 是一个偶数.

引理 3.4　假设 m 是偶数，张量 $\mathcal{T}\in\mathrm{S}(\mathbb{R}^n, m)$. 如果 $\mathcal{T}$ 的所有实特征值都是非负的，那么，$\mathcal{T}$ 是半正定的.

证明　这个结论由优化问题的最优性条件给出[54]，也可以参见文献[5]中的定理 5.

下面的结论是关于多项式实根的经典结论，即 Déscartes 的符号法则，可以参见文献[55]中的定理 1.5.

引理 3.5　一个多项式的正实根的个数至多为其系数的符号的变化.

记 sgn(·) 为数的符号函数，即当 $\gamma>0$ 时，$\mathrm{sgn}(\gamma)=1$，$\mathrm{sgn}(0)=0$；当 $\gamma<0$ 时，$\mathrm{sgn}(\gamma)=-1$.

命题 3.6　假设 m 为偶数，$\mathcal{T}\in\mathrm{S}(\mathbb{R}^n, m)$，以及

$$\chi(\lambda)=\lambda^{n(m-1)^{n-1}}+\sum_{k=1}^{n(m-1)^{n-1}}\lambda^{n(m-1)^{n-1}-k}\,p_k\left(-\frac{\mathrm{Tr}_1(\mathcal{T})}{1}, \cdots, -\frac{\mathrm{Tr}_k(\mathcal{T})}{k}\right)$$

如果对所有 $1\leqslant k\leqslant n(m-1)^{n-1}$ 以及 $p_k\left(-\dfrac{\mathrm{Tr}_1(\mathcal{T})}{1}, \cdots, -\dfrac{\mathrm{Tr}_k(\mathcal{T})}{k}\right)\neq 0$，都有

$$\mathrm{sgn}\left(p_k\left(-\frac{\mathrm{Tr}_1(\mathcal{T})}{1}, \cdots, -\frac{\mathrm{Tr}_k(\mathcal{T})}{k}\right)\right)=(-1)^k \tag{3.28}$$

那么，$\mathcal{T}$ 是半正定的.

证明　假设 m 是偶数，n 是奇数. 那么，$n(m-1)^{n-1}$ 是奇数. 于是

$$\begin{aligned}\phi(\lambda)&:=\chi(-\lambda)\\&=-\lambda^{n(m-1)^{n-1}}+\sum_{k=1}^{n(m-1)^{n-1}}(-1)^{k+1}\lambda^{n(m-1)^{n-1}-k}p_k\left(-\frac{\mathrm{Tr}_1(\mathcal{T})}{1},\cdots,-\frac{\mathrm{Tr}_k(\mathcal{T})}{k}\right)\end{aligned}$$

因此，由引理 3.5，因为上述定义的 ϕ 的非零系数的符号是负数，故 ϕ 没有正实根. 因此，χ 没有负实根. 所以，由引理 3.4 知 $\mathcal{T}$是半正定的.

对 m 和 n 的其他情形的证明类似. 这样一来，结论成立，命题证毕.

注 如果张量 $\mathcal{T}\in\mathrm{S}(\mathbb{R}^n, m)$是非零的、半正定的，那么$-\mathcal{T}$不是半正定的. 此时，把式(3.28)中的 $\mathcal{T}$换成$-\mathcal{T}$，则由命题 3.6，其自然不成立. 因此，命题 3.6 给出了半正定性的一个充分条件的同时，也给出了一个必要条件. 接下来，会详细讨论特征多项式的系数. 当 $n=2$ 时，定理 3.10 将给出系数的表达式. 此时，命题 3.6 验证起来就容易得多. 但是在其他情形，$\mathcal{T}$和$-\mathcal{T}$都可以不满足命题 3.6，因此上述判别结论只在特殊情形下成立.

3.4 二 阶 迹

这一节将讨论张量 $\mathcal{T}\in\mathbb{T}(\mathbb{C}^n, m)$的高阶迹. 注意到张量特征多项式的迹公式中包含这个张量的 d 阶迹，其中 $d\in\{1,\cdots,n(m-1)^{n-1}\}$. 本节给出计算 d 阶迹的一些基本公式. 详细推导任意张量 $\mathcal{T}$的二阶迹$\mathrm{Tr}_2(\mathcal{T})$的公式. 对于二维张量 $\mathcal{T}$，即 $n=2$，其特征多项式 $\chi(\lambda)$和行列式 $\mathrm{Det}(\mathcal{T})$也将详细给出.

首先给出命题 3.5 的结论(1)的进一步延伸.

引理 3.6 遵从前文符号，假设 $\mathcal{T}\in\mathbb{T}(\mathbb{C}^n, m)$. 那么，对所有的 $k\geqslant 0$ 以及 $i\in\{1,\cdots,n\}$有

$$\frac{(\hat{g}_i)^k}{((m-1)k)!}\mathrm{Tr}(A^{(m-1)k})=t_{ii\cdots i}^k \tag{3.29}$$

因此

$$\sum_{i=1}^n\frac{(\hat{g}_i)^k}{((m-1)k)!}\mathrm{Tr}(A^{(m-1)k})=\sum_{i=1}^n t_{ii\cdots i}^k \tag{3.30}$$

证明 由式(2.3)和式(3.21)，类似于命题 3.6 的结论(1)的证明，可得

$$\begin{aligned}(\hat{g}_i)^k\mathrm{Tr}(A^{(m-1)k})&=\left[\sum_{i_2=1}^n\cdots\sum_{i_m=1}^n t_{ii_2\cdots i_m}\frac{\partial}{\partial a_{ii_2}}\cdots\frac{\partial}{\partial a_{ii_m}}\right]^k\mathrm{Tr}(A^{(m-1)k})\\&=\left[\sum_{i_2=1}^n\cdots\sum_{i_m=1}^n t_{ii_2\cdots i_m}\frac{\partial}{\partial a_{ii_2}}\cdots\frac{\partial}{\partial a_{ii_m}}\right]^k\\&\quad\cdot\left(\sum_{i_1=1}^n\cdots\sum_{i_{(m-1)k}=1}^n a_{i_1i_2}a_{i_2i_3}\cdots a_{i_{(m-1)k-1}i_{(m-1)k}}a_{i_{(m-1)k}i_1}\right)\\&=\left[t_{ii\cdots i}\frac{\partial}{\partial a_{ii}}\cdots\frac{\partial}{\partial a_{ii}}\right]^k(a_{ii})^{(m-1)k}\\&=((m-1)k)!\,t_{ii\cdots i}^k\end{aligned}$$

由上式可以推出式(3.29)，从而得到式(3.30).

下面的结论比较重要.

引理 3.7 假设 $i\neq j$, $k\geqslant 1$, $h\geqslant 1$, $s\in\{1,\cdots,\min\{h,k\}(m-1)\}$是任意但固定的数.

那么在 $\mathrm{Tr}(A^{(k+h)(m-1)})$ 中

$$(a_{ii})^{k(m-1)-s}\ (a_{ij})^{s}\ (a_{ji})^{s}\ (a_{jj})^{h(m-1)-s}$$

的系数为

$$\binom{k(m-1)}{s}\binom{h(m-1)-1}{s-1}+\binom{h(m-1)}{s}\binom{k(m-1)-1}{s-1}$$

证明　为了方便叙述，定义关于指标 i 的整元为由元素 a_{ij}，a_{jj} 和 a_{ji} 构成的有序元组，且具有下述表达式

$$a_{ij}\underbrace{a_{jj}\cdots a_{jj}}_{p}a_{ji}$$

指标 i 的整元中 a_{jj} 的个数 p 可以从 0 到最大的个数. 指标 j 的整元也可以采用类似定义. 注意到，

$$\mathrm{Tr}(A^{(k+h)(m-1)})=\sum_{i_1=1}^{n}\cdots\sum_{i_{(k+h)(m-1)}=1}^{n}a_{i_1i_2}a_{i_2i_3}\cdots a_{i_{(k+h)(m-1)-1}i_{(k+h)(m-1)}}a_{i_{(k+h)(m-1)}i_1}$$

中的能产生 $(a_{ii})^{k(m-1)-s}(a_{ij})^{s}(a_{ji})^{s}(a_{jj})^{h(m-1)-s}$ 的项要么含有指标 i 的整元，要么含有指标 j 的整元，且不能同时含有这两种整元. 如果在上述表达式中，从左向右计算整元，那么产生项的个数由整元中 a_{jj} 的个数以及整元在下式中的位置共同决定

$$a_{i_1i_2}a_{i_2i_3}\cdots a_{i_{(k+h)(m-1)-1}i_{(k+h)(m-1)}}a_{i_{(k+h)(m-1)}i_1}\tag{3.31}$$

那么项 $(a_{ii})^{k(m-1)-s}(a_{ij})^{s}(a_{ji})^{s}(a_{jj})^{h(m-1)-s}$ 在下式中

$$\mathrm{Tr}(A^{(k+h)(m-1)})=\sum_{i_1=1}^{n}\cdots\sum_{i_{(k+h)(m-1)}=1}^{n}a_{i_1i_2}a_{i_2i_3}\cdots a_{i_{(k+h)(m-1)-1}i_{(k+h)(m-1)}}a_{i_{(k+h)(m-1)}i_1}$$

的个数就完全由表达式(3.31)中整元长短的排列和整元位置的排列决定.

接下来，先考虑只有指标 i 的整元的情况. 其他情形是类似的. 注意，在式(3.31)中一共有 s 个指标 i 的整元可以产生下式：

$$(a_{ii})^{k(m-1)-s}\ (a_{ij})^{s}\ (a_{ji})^{s}\ (a_{jj})^{h(m-1)-s}\tag{3.32}$$

首先，式(3.32)中含有 $h(m-1)-s$ 个 a_{jj}. 那么，一共有

$$\binom{h(m-1)-s+(s-1)}{s-1}=\binom{h(m-1)-1}{s-1}$$

种情况有 s 个指标 i 的整元可以产生下式：

$$(a_{ij})^{s}\ (a_{ji})^{s}\ (a_{jj})^{h(m-1)-s}$$

其次，对上述中一个任意但固定的 s 个指标 i 的整元的情形，可以得到 $k(m-1)$ 种混合元，由这 s 个整元以及剩下的 $k(m-1)-s$ 个 a_{ii} 构成. 相应地，这里一共有式(3.31)的

$$\binom{k(m-1)}{s}$$

种情形，在这些情形下，式(3.31)能产生 $(a_{ii})^{k(m-1)-s}(a_{ij})^{s}(a_{ji})^{s}(a_{jj})^{h(m-1)-s}$.

因此，在指标 i 的整元这种情形下，表达式 $\mathrm{Tr}(A^{(k+h)(m-1)})$ 中项(3.32)的个数为

$$\binom{k(m-1)}{s}\binom{h(m-1)-1}{s-1}$$

由 i 和 j 的对称性，可以证明，在指标 j 的整元这种情形下，表达式 $\mathrm{Tr}(A^{(k+h)(m-1)})$ 中项(3.32)的个数为

$$\binom{h(m-1)}{s}\binom{k(m-1)-1}{s-1}$$

因此，$\mathrm{Tr}(A^{(k+h)(m-1)})$中，项$(a_{ii})^{k(m-1)-s}(a_{ij})^{s}(a_{ji})^{s}(a_{jj})^{k(m-1)-s}$的系数为

$$\binom{k(m-1)}{s}\binom{h(m-1)-1}{s-1}+\binom{h(m-1)}{s}\binom{k(m-1)-1}{s-1}$$

结论证毕.

接下来，为了便于分析、归纳结论以及运用式(2.3)中的算子，首先将$\hat{g}_i$重新表达为

$$\hat{g}_i := \sum_{1\leqslant i_2\leqslant i_3\leqslant\cdots\leqslant i_m\leqslant n} w_{ii_2\cdots i_m}\frac{\partial}{\partial a_{ii_2}}\cdots\frac{\partial}{\partial a_{ii_m}},\ \forall i\in\{1,\cdots,n\} \tag{3.33}$$

引理 3.8 假设$\mathcal{T}\in\mathbb{T}(\mathbb{C}^n,m)$. 对任意的$i<j$和$h,k\geqslant 1$，下式成立：

$$\begin{aligned}&\frac{(\hat{g}_i)^h(\hat{g}_j)^k}{(h(m-1))!(k(m-1))!}\mathrm{Tr}(A^{(h+k)(m-1)})\\&=\left(\frac{h+k}{hk(m-1)}\right)\sum_{s=1}^{\min\{h,k\}(m-1)}\sum_{\substack{(a_1,\cdots,a_h)\in\mathbb{D}^s\\(b_1\cdots b_k)\in\mathbb{E}^s}} s\prod_{p=1}^{h}\prod_{q=1}^{k}w_{ii\cdots\underbrace{ij\cdots j}_{a_p}}w_{ji\underbrace{\cdots ij}_{b_q}\cdots j}\end{aligned} \tag{3.34}$$

其中，$\mathbb{D}^s := \{(a_1,\cdots,a_h)\mid a_1+\cdots+a_h=s,\ 0\leqslant a_p\leqslant m-1\ \forall p\in\{1,\cdots,h\}\}$，$\mathbb{E}^s := \{(b_1,\cdots,b_k)\mid b_1+\cdots+b_k=s,\ 0\leqslant b_q\leqslant m-1\ \forall q\in\{1,\cdots,k\}\}$.

证明 记$w:=\min\{h,k\}(m-1)$，对所有的$s\in\{1,\cdots,w\}$，记

$$\mathbb{D}^s := \{(a_1,\cdots,a_h)\mid a_1+\cdots+a_h=s,\ 0\leqslant a_p\leqslant m-1\ \forall p\in\{1,\cdots,h\}\}$$

$$\mathbb{E}^s := \{(b_1,\cdots,b_k)\mid b_1+\cdots+b_k=s,\ 0\leqslant b_q\leqslant m-1\ \forall q\in\{1,\cdots,k\}\}$$

由式(3.33)和式(3.21)，可得

$$\begin{aligned}&(\hat{g}_i)^h(\hat{g}_j)^k\mathrm{Tr}(A^{(h+k)(m-1)})\\&=\left[\sum_{i_2\leqslant\cdots\leqslant i_m} w_{ii_2\cdots i_m}\frac{\partial}{\partial a_{ii_2}}\cdots\frac{\partial}{\partial a_{ii_m}}\right]^h\left[\sum_{j_2\leqslant\cdots\leqslant j_m} w_{jj_2\cdots j_m}\frac{\partial}{\partial a_{jj_2}}\cdots\frac{\partial}{\partial a_{jj_m}}\right]^k\\&\quad\cdot\mathrm{Tr}(A^{(h+k)(m-1)})\\&=\left[\sum_{i_2\leqslant\cdots\leqslant i_m} w_{ii_2\cdots i_m}\frac{\partial}{\partial a_{ii_2}}\cdots\frac{\partial}{\partial a_{ii_m}}\right]^h\left[\sum_{j_2\leqslant\cdots\leqslant j_m} w_{jj_2\cdots j_m}\frac{\partial}{\partial a_{jj_2}}\cdots\frac{\partial}{\partial a_{jj_m}}\right]^k\\&\quad\cdot\left(\sum_{i_1=1}^{n}\cdots\sum_{i_{(h+k)(m-1)}=1}^{n}a_{i_1i_2}a_{i_2i_3}\cdots a_{i_{(h+k)(m-1)-1}i_{(h+k)(m-1)}}a_{i_{(h+k)(m-1)}i_1}\right)\\&=\Bigg(\sum_{s=1}^{w}\sum_{(a_1,\cdots,a_h)\in\mathbb{D}^s,(b_1,\cdots,b_k)\in\mathbb{E}^s}\prod_{p=1}^{h}\prod_{q=1}^{k}w_{ii\cdots\underbrace{ij\cdots j}_{a_p}}w_{ji\underbrace{\cdots ij}_{b_q}\cdots j}\\&\quad\cdot\left(\frac{\partial}{\partial a_{ii}}\right)^{h(m-1)-s}\left(\frac{\partial}{\partial a_{ij}}\right)^{s}\left(\frac{\partial}{\partial a_{ji}}\right)^{s}\left(\frac{\partial}{\partial a_{jj}}\right)^{k(m-1)-s}\Bigg)\\&\quad\cdot\Bigg\{\sum_{s=1}^{W}\left[\binom{k(m-1)}{s}\binom{h(m-1)-1}{s-1}+\binom{h(m-1)}{s}\binom{k(m-1)-1}{s-1}\right]\\&\quad\cdot(a_{ii})^{h(m-1)-s}(a_{ij})^{s}(a_{ji})^{s}(a_{jj})^{k(m-1)-s}\Bigg\}\\&=\sum_{s=1}^{w}\sum_{(a_1,\cdots,a_h)\in\mathbb{D}^s,(b_1,\cdots,b_k)\in\mathbb{E}^s}\prod_{p=1}^{h}\prod_{q=1}^{k}w_{ii\cdots\underbrace{ij\cdots j}_{a_p}}w_{\underbrace{ji\cdots ij}_{b_q}\cdots j}\\&\quad\cdot s((k(m-1))!(h(m-1)-1)!+(h(m-1))!(k(m-1)-1)!)\end{aligned}$$

其中，第三个等式由引理 3.7 得到．这样一来，结论(3.34)成立．

特别地，下面结论是引理 3.8 的直接推论．

推论 3.6　假设 $\mathcal{T}\in\mathbb{T}(\mathbb{C}^n, m)$．对任意 $i<j$，下式成立：

$$\frac{\hat{g}_i\hat{g}_j}{[(m-1)!]^2}\mathrm{Tr}(A^{2(m-1)})=\sum_{s=1}^{m-1}\binom{2s}{m-1}w_{ii\cdots\underbrace{ij\cdots j}_{s}}w_{ji\cdots\underbrace{ij\cdots j}_{m-1-s}}$$

给定指标集 $\mathbb{L}:=\{k_1, \cdots, k_l\}$，其中对 $s\in\{1, \cdots, l\}$，k_s 在 $\{1, \cdots, n\}$ 中取值，定义 $\mathbb{H}_i(\mathbb{L})$ 为 $\mathbb{L}$ 中取值 i 的指标集，其中 $i\in\{1, \cdots, n\}$．记 $|\mathbb{E}|$ 为集合 $\mathbb{E}$ 的基数．

定理 3.9　假设 $\mathcal{T}\in\mathbb{T}(\mathbb{C}^n, m)$．那么

$$\begin{aligned}\mathrm{Tr}_2(\mathcal{T})&=(m-1)^{n-1}\left[\sum_{i=1}^{n}\frac{(\hat{g}_i)^2}{(2(m-1))!}+\sum_{i<j}\frac{\hat{g}_i\hat{g}_j}{[(m-1)!]^2}\right]\mathrm{Tr}(A^{2(m-1)})\\&=(m-1)^{n-1}\left[\sum_{i=1}^{n}t_{ii\cdots i}^2+\sum_{i<j}\sum_{s=1}^{m-1}\binom{2s}{m-1}\right.\\&\quad\cdot\left(\sum_{|\mathbb{H}_i(\{i_2,\cdots,i_m\})|=m-1-s,\ |\mathbb{H}_j(\{i_2,\cdots,i_m\})|=s}t_{ii_2\cdots i_m}\right)\\&\quad\left.\cdot\left(\sum_{|\mathbb{H}_i(\{j_2,\cdots,j_m\})|=s,\ |\mathbb{H}_j(\{j_2,\cdots,j_m\})|=m-1-s}t_{jj_2\cdots j_m}\right)\right]\end{aligned}$$

证明　这个结论由引理 3.6、推论 3.6、式(2.3)和式(3.33)直接推出．

注　由命题 3.5、定理 3.9 和推论 3.5，可得

$$\begin{aligned}\sum_{i<j,\ \lambda_i,\ \lambda_j\in\sigma(\mathcal{T})}m_im_j\lambda_i\lambda_j&=\frac{1}{2}([\mathrm{Tr}_1(\mathcal{T})]^2-\mathrm{Tr}_2(\mathcal{T}))\\&=(m-1)^{n-2}\sum_{i<j}\sum_{s=1}^{m-1}s\left(\sum_{|\mathbb{H}_i(\{i_2,\cdots,i_m\})|=m-1-s,\ |\mathbb{H}_j(\{i_2,\cdots,i_m\})|=s}t_{ii_2\cdots i_m}\right)\\&\quad\cdot\left(\sum_{|\mathbb{H}_i(\{j_2,\cdots,j_m\})|=s,\ |\mathbb{H}_j(\{j_2,\cdots,j_m\})|=m-1-s}t_{jj_2\cdots j_m}\right)\end{aligned}$$

其中 m_i 是特征值 λ_i 的代数重数．上式左边是特征值的次数为 2 的初等对称多项式，中间是特征多项式的余次为 2 的系数，右边是张量的元素的多项式，且此多项式是在 n 排列群对其张量元素的作用下不变的．

当 $n=2$ 时，使用定理 3. 7、引理 3.6 和引理 3.8，可得张量的特征多项式 $\chi(\lambda)$ 的系数由张量元素进行表达的显示表达式．这是 Sylvester 公式的另一种表述形式[39]．在下面的定理中，w、$\mathbb{D}^s$ 和 $\mathbb{E}^s$ 和引理 3.8 中所定义的符号具有相同含义．

定理 3.10　假设 $\mathcal{T}\in\mathbb{T}(\mathbb{C}^2, m)$．那么，

$$\chi(\lambda)=\lambda^{2(m-1)}+\sum_{k=1}^{2(m-1)}\lambda^{2(m-1)-k}\sum_{i=1}^{k}\frac{1}{i!}\sum_{d_j>0,\ \sum_{j=1}^{i}d_j=k}\prod_{j=1}^{i}\frac{-\mathrm{Tr}_{d_j}(\mathcal{T})}{d_j}$$

其中对 $d\in\{1, \cdots, 2(m-1)\}$，有

$$\begin{aligned}\mathrm{Tr}_d(\mathcal{T})&=(m-1)\left\{(t_{11\cdots1}^d+t_{22\cdots2}^d)+\sum_{h+k=d,\ h,\ k\geq1}\sum_{s=1}^{w}\frac{s(h+k)}{hk(m-1)}\right.\\&\quad\cdot\left[\sum_{\substack{(a_1,\cdots,a_h)\in\mathbb{D}^s\\(b_1,\cdots,b_k)\in\mathbb{E}^s}}\prod_{p=1}^{h}\prod_{q=1}^{k}\left(\sum_{|\mathbb{H}_1(\{i_2\cdots,i_m\})|=m-1-a_p,\ |\mathbb{H}_2(\{i_2\cdots,i_m\})|=a_p}t_{1i_2\cdots i_m}\right)\right.\\&\quad\left.\left.\cdot\left(\sum_{|\mathbb{H}_1(\{j_2,\cdots,j_m\})|=b_p,\ |\mathbb{H}_2(\{j_2,\cdots,j_m\})|=m-1-b_p}t_{2j_2\cdots j_m}\right)\right]\right\}\end{aligned}$$

由定理 3.7 和推论 3.2，得 $\mathrm{Det}(\mathcal{T})=(-1)^{n(m-1)^{n-1}}\chi(0)$. 当 $n=2$ 时，可以得到 $\mathrm{Det}(\mathcal{T})$ 的显示表达式为

$$\mathrm{Det}(\mathcal{T})=\sum_{i=1}^{2(m-1)}\frac{1}{i!}\sum_{d_j>0,\ \sum_{j=1}^{i}d_j=2(m-1)}\prod_{j=1}^{i}\frac{-\mathrm{Tr}_{d_j}(\mathcal{T})}{d_j}$$

当 $m=3$ 时，可得下面推论.

推论 3.7 假设 $\mathcal{T}\in\mathbb{T}(\mathbb{C}^2,3)$. 那么，

$$\begin{aligned}\chi(\lambda)=&\lambda^4-\lambda^3\,\mathrm{Tr}_1(\mathcal{T})+\frac{1}{2}\lambda^2([\mathrm{Tr}_1(\mathcal{T})]^2-\mathrm{Tr}_2(\mathcal{T}))\\&+\frac{1}{12}\lambda(-2\,[\mathrm{Tr}_1(\mathcal{T})]^3+6\mathrm{Tr}_1(\mathcal{T})\mathrm{Tr}_2(\mathcal{T})-4\,\mathrm{Tr}_3(\mathcal{T}))\\&+\frac{1}{24}([\mathrm{Tr}_1(\mathcal{T})]^4-6\,[\mathrm{Tr}_1(\mathcal{T})]^2\,\mathrm{Tr}_2(\mathcal{T})\\&+8\mathrm{Tr}_1(\mathcal{T})\mathrm{Tr}_3(\mathcal{T})+3\,[\mathrm{Tr}_2(\mathcal{T})]^2-6\mathrm{Tr}_4(\mathcal{T}))\end{aligned}$$

以及

$$\begin{aligned}\mathrm{Det}(\mathcal{T})=&\frac{1}{24}([\mathrm{Tr}_1(\mathcal{T})]^4-6\,[\mathrm{Tr}_1(\mathcal{T})]^2\,\mathrm{Tr}_2(\mathcal{T})\\&+8\,\mathrm{Tr}_1(\mathcal{T})\mathrm{Tr}_3(\mathcal{T})+3\,[\mathrm{Tr}_2(\mathcal{T})]^2-6\mathrm{Tr}_4(\mathcal{T}))\end{aligned}$$

其中，

$$\begin{aligned}\mathrm{Tr}_1(\mathcal{T})=&\,2(t_{111}+t_{222})\\\mathrm{Tr}_2(\mathcal{T})=&\,2(t_{111}^2+t_{222}^2)+2(t_{112}+t_{121})(t_{212}+t_{221})+4(t_{122}t_{211})\\\mathrm{Tr}_3(\mathcal{T})=&\,2(t_{111}^3+t_{222}^3)\\&+\frac{3}{2}(t_{112}+t_{121})[(t_{212}+t_{221})t_{222}]+3t_{122}[(t_{212}+t_{221})^2+t_{211}t_{222}]\\&+\frac{3}{2}(t_{212}+t_{221})[(t_{112}+t_{121})t_{111}]+3t_{211}[(t_{112}+t_{121})^2+t_{122}t_{1111}]\\\mathrm{Tr}_4(\mathcal{T})=&\,2(t_{111}^4+t_{222}^4)\\&+\frac{4}{3}(t_{112}+t_{121})[t_{222}^2(t_{212}+t_{221})]+\frac{8}{3}t_{122}[t_{222}(t_{212}+t_{221})^2+t_{222}^2t_{211}]\\&+\frac{4}{3}(t_{212}+t_{221})[t_{122}^2(t_{112}+t_{121})]+\frac{8}{3}t_{211}[t_{111}(t_{112}+t_{121})^2+t_{111}^2t_{122}]\\&+t_{111}(t_{121}+t_{121})t_{222}(t_{212}+t_{221})+3[t_{111}(t_{121}+t_{112})][t_{211}(t_{221}+t_{212})]\\&+2[(t_{121}+t_{112})^2+t_{122}t_{111}][t_{211}t_{222}+(t_{212}+t_{221})^2]+4t_{122}^2t_{211}^2\end{aligned}$$

3.5 行列式的 Geršgorin 不等式

作为应用，下面将矩阵的 Geršgorin 不等式[56]延伸到张量.

引理 3.9 假设 $\mathcal{T}\in\mathbb{T}(\mathbb{C}^n,m)$，记 $\rho(\mathcal{T}):=\max\limits_{\lambda\in\sigma(\mathcal{T})}|\lambda|$ 为其谱半径. 那么，

$$\rho(\mathcal{T}) \leqslant \max_{1\leqslant i\leqslant n}\left(\sum_{i_2,\cdots,i_m=1}^{n}|t_{ii_2\cdots i_m}|\right)$$

证明　该结论可以由定义直接证明，也可以参看文献[5]中的定理 6.

命题 3.7　假设 $\mathcal{T}\in\mathbb{T}(\mathbb{C}^n, m)$. 那么

$$|\mathrm{Det}(\mathcal{T})| \leqslant \prod_{1\leqslant i\leqslant n}\left(\sum_{i_2,\cdots,i_m=1}^{n}|t_{ii_2\cdots i_m}|\right)^{(m-1)^{n-1}} \tag{3.35}$$

证明　如果对某个 $i\in\{1,\cdots,n\}$, $\sum_{i_2,\cdots,i_m=1}^{n}|t_{ii_2\cdots i_m}|=0$，那么由命题 3.1 的结论(1)，可得 $\mathrm{Det}(\mathcal{T})=0$. 因此，式(3.35)显然成立.

接下来，假设对所有的 $i\in\{1,\cdots,n\}$ 都有 $\sum_{i_2,\cdots,i_m=1}^{n}|t_{ii_2\cdots i_m}|\neq 0$. 假设张量 $\mathcal{U}\in\mathbb{T}(\mathbb{C}^n, m)$定义为

$$u_{ii_2\cdots i_m} := \frac{t_{ii_2\cdots i_m}}{\sum_{i_2,\cdots,i_m=1}^{n}|t_{ii_2\cdots i_m}|},\ \forall i, i_2, \cdots, i_m\in\{1,\cdots,n\} \tag{3.36}$$

那么，由引理 3.9，可得 $\rho(\mathcal{U})\leqslant 1$. 这个结论连同推论 3.5，可得

$$|\mathrm{Det}(\mathcal{U})|\leqslant 1$$

更进一步地，由命题 3.1 的结论(2)和式(3.36)，可得

$$|\mathrm{Det}(\mathcal{U})| = \frac{|\mathrm{Det}(\mathcal{T})|}{\prod_{1\leqslant i\leqslant n}\left(\sum_{i_2,\cdots,i_m=1}^{n}|t_{ii_2\cdots i_m}|\right)^{(m-1)^{n-1}}}$$

因此，结论(3.35)成立. 命题得证.

3.6　三阶三维张量

在这一节中，特别对三阶三维张量进行细致研究. 记 $\mathrm{T}(3, 3)$是元素在复数域 $\mathbb{C}$ 中的三阶三维张量的全体. 对一个给定的张量 $\mathcal{A}\in\mathrm{T}(3, 3)$，其关于特征值 λ 的定义系统为

$$\mathcal{A}\mathbf{x}^2 = \lambda\mathbf{x}^{[2]} \tag{3.37}$$

其中 $\mathbf{x}=(x_1, x_2, x_3)^{\mathrm{T}} := (x, y, z)^{\mathrm{T}}$.

3.6.1　特征多项式

首先，需要说明的是，直接计算(3.37)的结式会产生 21 894 个单项式，难以分析和处理. 本节的首要目标是对其特征多项式进行合理的整理.

定义 $\mathrm{TS}(3, 3)$为第二个和第三个指标具有对称性的三阶三维张量的全体构成的空间. 因此，$\mathrm{TS}(3, 3)=\mathbb{C}^3\otimes\mathrm{S}(2, 3)$，其中 $\mathrm{S}(2, 3)$是 3×3 对称矩阵的全体. 由于是考虑张量特征值，那么可以考虑用空间 $\mathrm{TS}(3, 3)$代替空间 $\mathrm{T}(3, 3)$.

为了简便，记 $\boldsymbol{A}, \boldsymbol{B}, \boldsymbol{C}\in\mathrm{S}(2, 3)$分别是张量 $\mathcal{A}\in\mathrm{TS}(3, 3)$的第一、第二、第三个分量矩阵. 也就是说，对所有的 $i, j\in\{1, 2, 3\}$，有

$$a_{ij} = (\boldsymbol{A})_{ij} = (\mathcal{A})_{1ij},\ b_{ij} = (\boldsymbol{B})_{ij} = (\mathcal{A})_{2ij},\ c_{ij} = (\boldsymbol{C})_{ij} = (\mathcal{A})_{3ij}$$

更进一步地，可以简化为

$$a_1 = a_{11}, a_2 = a_{22}, a_3 = a_{33}, a_4 = 2a_{12}, a_5 = 2a_{13}, a_6 = 2a_{23}$$
$$b_1 = b_{11}, b_2 = b_{22}, b_3 = b_{33}, b_4 = 2b_{12}, b_5 = 2b_{13}, b_6 = 2b_{23}$$
$$c_1 = c_{11}, c_2 = c_{22}, c_3 = c_{33}, c_4 = 2c_{12}, c_5 = 2c_{13}, c_6 = 2c_{23}$$

接下来，给出一个计算 $\chi(\lambda)=\mathrm{Det}(\mathcal{A}-\lambda\mathcal{I})$ 的方法[33, 55].

对任意给定的非负整数 d，记 $\mathbb{S}_d := \mathbb{C}[x, y, z]_d$ 是次数为 d 的齐次多项式构成的线性空间. 容易知道 $\mathbb{S}_d$ 的维数为 $\binom{d+2}{2}$.

接下来，将特征多项式 $\chi(\lambda)$ 表达为一个 6×6 矩阵的行列式 $\det(\boldsymbol{M})$，其中矩阵 $\boldsymbol{M}\in\mathbb{C}[\mathcal{A}, \lambda]^{6\times 6}$[55]. 这里的维数 6 由下式得来：

$$\binom{2\times 2}{2}=\binom{2}{2}+\binom{2}{2}+\binom{2}{2}+\binom{2+1}{2}$$

其中等号右边是 $\mathbb{S}_0$ 和 $\mathbb{S}_1$ 的维数.

记表达式(3.37)的三个多项式分别为 f、g 和 h. 那么，

$$f(\mathbf{x})=\mathbf{x}^{\mathrm{T}}\boldsymbol{A}\mathbf{x}-\lambda x^2,\ g(\mathbf{x})=\mathbf{x}^{\mathrm{T}}\boldsymbol{B}\mathbf{x}-\lambda y^2,\ h(\mathbf{x})=\mathbf{x}^{\mathrm{T}}\boldsymbol{C}\mathbf{x}-\lambda z^2$$

矩阵 $\boldsymbol{M}\in\mathbb{C}[\mathcal{A}, \lambda]^{6\times 6}$ 是表达下列线性映射的矩阵

$$m: \mathbb{S}_0\oplus\mathbb{S}_0\oplus\mathbb{S}_0\oplus\mathbb{S}_1\to\mathbb{S}_2 \text{ 定义为}(u, v, w, r)\mapsto uf+vg+wh+\delta(r) \tag{3.38}$$

其中 $\delta: \mathbb{S}_1\to\mathbb{S}_2$ 是由下式给出的线性映射

$$x^i y^j z^k \mapsto \det\begin{bmatrix} P_x & P_y & P_z \\ Q_x & Q_y & Q_z \\ R_x & R_y & R_z \end{bmatrix},\ \forall x^i y^j z^k\in\mathbb{S}_1 \tag{3.39}$$

其中 P、Q 和 R 是由下式给出的

$$f(\mathbf{x})=x^{i+1}P_x+y^{j+1}P_y+z^{k+1}P_z$$
$$g(\mathbf{x})=x^{i+1}Q_x+y^{j+1}Q_y+z^{k+1}Q_z$$
$$h(\mathbf{x})=x^{i+1}R_x+y^{j+1}R_y+z^{k+1}R_z$$

注意，只有线性算子 δ 在 $\mathbb{S}_1$ 的单项式基上的值被给出(参见(3.39))，显然这已经定义出了整个线性算子.

下面的结论可以参阅文献[33]的 3.4 节或者文献[55]的第四章.

命题 3.8 遵从上述符号，假设 $\mathcal{A}\in\mathrm{T}(3, 3)$. 假设 $\boldsymbol{M}\in\mathbb{C}[\mathcal{A}, \lambda]^{6\times 6}$ 是(3.38)给出的线性映射 m_3 的矩阵表示，那么

$$\chi(\lambda)=\pm\det(\boldsymbol{M})$$

注意，$\chi(\lambda)$ 是关于 λ 的一个首一多项式，而 $\det(\boldsymbol{M})$ 的首项可能为 $-\lambda^{12}\cdot\det(\boldsymbol{M})$ 的这个符号是由表达 m_3 的基向量的顺序的选择确定的.

3.6.2 特征多项式的表达式

这一节将给出上述特征多项式的详细表达式.

首先，系统(3.37)可以由 a_i、b_i、c_i 和 λ 显示表达为

$$f(\mathbf{x})=(a_1-\lambda)x^2+a_2y^2+a_3z^2+a_4xy+a_5xz+a_6yz$$

$$g(\mathbf{x})=b_1x^2+(b_2-\lambda)y^2+b_3z^2+b_4xy+b_5xz+b_6yz$$
$$h(\mathbf{x})=c_1x^2+c_2y^2+(c_3-\lambda)z^2+c_4xy+c_5xz+c_6yz$$

为了写出表示矩阵，将$\mathbb{S}_1$和$\mathbb{S}_2$的单项式基按照如下形式固定：$\mathbb{S}_1$ 的基为(x, y, z)，$\mathbb{S}_2$的基为$(x^2, y^2, z^2, xy, xz, yz)$. 这样一来，矩阵$\boldsymbol{M}$的行由$\mathbb{S}_0\oplus\mathbb{S}_0\oplus\mathbb{S}_0\oplus\mathbb{S}_1$ 的基来表示，其为$(1, 1, 1, x, y, z)$，而该矩阵的列对应于$(x^2, y^2, z^2, xy, xz, yz)$.

这样一来，矩阵$\boldsymbol{M}$的前三行就由算子m 在(u, v, w, r)的如下三组元素上的取值决定，分别是$(1, 0, 0, 0)$、$(0, 1, 0, 0)$和$(0, 0, 1, 0)$. 它们的值分别为f、g 和h. 将它们在 $\mathbb{S}_2$的基$(x^2, y^2, z^2, xy, xz, yz)$下表示，就得到了矩阵$\boldsymbol{M}$的上半部分：

$$\begin{bmatrix} a_1-\lambda & a_2 & a_3 & a_4 & a_5 & a_6 \\ b_1 & b_2-\lambda & b_3 & b_4 & b_5 & b_6 \\ c_1 & c_2 & c_3-\lambda & c_4 & c_5 & c_6 \end{bmatrix}$$

与上半部分相比，矩阵$\boldsymbol{M}$的下半部分相对比较复杂. 接下来，对算子 $\mathfrak{m}$ 在$(u, v, w, r)=(0, 0, 0, x)$处的取值作详细推导，而直接给出其在$(0, 0, 0, y)$和$(0, 0, 0, z)$的结论.

假设$(i=1, j=0, k=0)$及$r=x=x^1y^0z^0$. 通过计算可得

$$f(\mathbf{x})=x^2P_x+yP_y+zP_z,\ g(\mathbf{x})=x^2Q_x+yQ_y+zQ_z,\ h(\mathbf{x})=x^2R_x+yR_y+zR_z$$

其中

$$P_x=(a_1-\lambda),\ P_y=a_2y+a_4x+a_6z,\ P_z=a_3z+a_5x$$
$$Q_x=b_1,\ Q_y=(b_2-\lambda)y+b_4x+b_6z,\ Q_z=b_3z+b_5x$$
$$R_x=c_1,\ R_y=c_2y+c_4x+c_6z,\ R_z=(c_3-\lambda)z+c_5x$$

由线性映射δ的定义(参看(3.39))，可得

$$\delta(x)=\det\begin{bmatrix} P_x & P_y & P_z \\ Q_x & Q_y & Q_z \\ R_x & R_y & R_z \end{bmatrix}=\det\begin{bmatrix} a_1-\lambda & a_2y+a_4x+a_6z & a_3z+a_5x \\ b_1 & (b_2-\lambda)y+b_4x+b_6z & b_3z+b_5x \\ c_1 & c_2y+c_4x+c_6z & (c_3-\lambda)z+c_5x \end{bmatrix}$$

类似地，可以得到其他两个取值

$$\delta(y)=\det\begin{bmatrix} (a_1-\lambda)x+a_4y & a_2 & a_3z+a_5x+a_6y \\ b_1x+b_4y & b_2-\lambda & b_3z+b_5x+b_6y \\ c_1x+c_4y & c_2 & (c_3-\lambda)z+c_5x+c_6y \end{bmatrix}$$

和

$$\delta(z)=\det\begin{bmatrix} (a_1-\lambda)x+a_4y+a_5z & a_2y+a_6z & a_3 \\ b_1x+b_4y+b_5z & (b_2-\lambda)y+b_6z & b_3 \\ c_1x+c_4y+c_5z & c_2y+c_6z & c_3-\lambda \end{bmatrix}$$

接下来，$\delta(x)$、$\delta(y)$和$\delta(z)$的表达式将会被进一步简化. 为了达到这个目的，首先定义如下向量

$$\begin{aligned} &\boldsymbol{\alpha}_{1'}=[a_1-\lambda, b_1, c_1]^{\mathrm{T}},\ \boldsymbol{\alpha}_{2'}=[a_2, b_2-\lambda, c_2]^{\mathrm{T}},\ \boldsymbol{\alpha}_{3'}=[a_3, b_3, c_3-\lambda]^{\mathrm{T}} \\ &\boldsymbol{\alpha}_1=[a_1, b_1, c_1]^{\mathrm{T}},\ \boldsymbol{\alpha}_2=[a_2, b_2, c_2]^{\mathrm{T}},\ \boldsymbol{\alpha}_3=[a_3, b_3, c_3]^{\mathrm{T}} \\ &\boldsymbol{\alpha}_4=[a_4, b_4, c_4]^{\mathrm{T}},\ \boldsymbol{\alpha}_5=[a_5, b_5, c_5]^{\mathrm{T}},\ \boldsymbol{\alpha}_6=[a_6, b_6, c_6]^{\mathrm{T}} \end{aligned} \tag{3.40}$$

有了这些向量，对所有的$i, j, k\in\{1', 2', 3', 1, \cdots, 6\}$，可以定义$d_{ijk}$为如下的行列式

$$d_{ijk} := \det[\boldsymbol{\alpha}_i \quad \boldsymbol{\alpha}_j \quad \boldsymbol{\alpha}_k] \tag{3.41}$$

现在，在如上的符号准备下，可以得到

$$\begin{aligned}\delta(x) &= \det[\boldsymbol{\alpha}_{1'} \quad \boldsymbol{\alpha}_{2'}y + \boldsymbol{\alpha}_4 x + \boldsymbol{\alpha}_6 z \quad \boldsymbol{\alpha}_{3'}z + \boldsymbol{\alpha}_5 x] \\ &= d_{1'45}\, x^2 + d_{1'63'}\, z^2 + d_{1'2'5}xy + (d_{1'43'} + d_{1'65})xz + d_{1'2'3'}yz\end{aligned}$$

类似地，可以得到

$$\begin{aligned}\delta(y) &= \det[\boldsymbol{\alpha}_{1'}x + \boldsymbol{\alpha}_4 y \quad \boldsymbol{\alpha}_{2'} \quad \boldsymbol{\alpha}_{3'}z + \boldsymbol{\alpha}_5 x + \boldsymbol{\alpha}_6 y] \\ &= d_{1'2'5}\, x^2 + d_{42'6}\, y^2 + (d_{1'2'6} + d_{42'5})xy + d_{1'2'3'}xz + d_{42'3'}yz\end{aligned}$$

和

$$\begin{aligned}\delta(z) &= \det[\boldsymbol{\alpha}_{1'}x + \boldsymbol{\alpha}_4 y + \boldsymbol{\alpha}_5 z \quad \boldsymbol{\alpha}_{2'}y + \boldsymbol{\alpha}_6 z \quad \boldsymbol{\alpha}_{3'}] \\ &= d_{42'3'}\, y^2 + d_{563'}\, z^2 + d_{1'2'3'}xy + d_{1'63'}xz + (d_{463'} + d_{52'3'})yz\end{aligned}$$

有了这些线性算子的取值，很容易得到矩阵 $\boldsymbol{M}$ 的下半部分．那么，矩阵 $\boldsymbol{M}$ 的表达式为

$$\boldsymbol{M} = \begin{bmatrix} a_1 - \lambda & a_2 & a_3 & a_4 & a_5 & a_6 \\ b_1 & b_2 - \lambda & b_3 & b_4 & b_5 & b_6 \\ c_1 & c_2 & c_3 - \lambda & c_4 & c_5 & c_6 \\ d_{1'45} & 0 & d_{1'63'} & d_{1'2'5} & d_{1'43'} + d_{1'65} & d_{1'2'3'} \\ d_{1'2'5} & d_{42'6} & 0 & d_{1'2'6} + d_{42'5} & d_{1'2'3'} & d_{42'3'} \\ 0 & d_{42'3'} & d_{563'} & d_{1'2'3'} & d_{1'63'} & d_{463'} + d_{52'3'} \end{bmatrix} \tag{3.42}$$

由行列式的 Laplace 公式，可以计算出矩阵 $\boldsymbol{M}$ 的行列式，它是负的特征多项式(参看命题 3.8)．

命题 3.9 遵从上述符号，假设 $\mathcal{A}\in \mathrm{TS}(3,3)$．那么

$$\begin{aligned}\chi(\lambda) = {} & d_{1'2'3'}(d_{1'2'3'}^3 + d_{42'5}d_{463'}d_{1'65} + d_{42'5}d_{463'}d_{1'43'} + d_{42'5}d_{52'3'}d_{1'65} + d_{42'5} \\ & d_{52'3'}d_{1'43'} + d_{463'}d_{1'65}d_{1'2'6} + d_{463'}d_{1'43'}d_{1'2'6} + d_{52'3'}d_{1'65}d_{1'2'6} + d_{42'3'} \\ & d_{1'2'5}d_{1'63'} + d_{52'3'}d_{1'43'}d_{1'2'6} - d_{42'5}d_{1'63'}d_{1'2'3'} - d_{463'}d_{1'2'5}d_{1'2'3'} - \\ & d_{42'3'}d_{1'65}d_{1'2'3'} - d_{42'3'}d_{1'43'}d_{1'2'3'} - d_{52'3'}d_{1'2'5}d_{1'2'3'} - d_{1'2'6}d_{1'63'}d_{1'2'3'}) \\ & + d_{1'2'4}(d_{563'}d_{42'3'}d_{1'65} - d_{563'}d_{1'2'3'}^2 - d_{42'3'}d_{1'63'}^2 + d_{563'}d_{42'3'}d_{1'43'} + \\ & d_{463'}d_{1'63'}d_{1'2'3'} + d_{52'3'}d_{1'63'}d_{1'2'3'}) - d_{1'2'5}(d_{42'5}d_{463'}d_{1'63'} + d_{42'5}d_{52'3'} \\ & d_{1'63'} + d_{563'}d_{42'3'}d_{1'2'5} - d_{42'5}d_{563'}d_{1'2'3'} + d_{463'}d_{1'2'6}d_{1'63'} + d_{52'3'}d_{1'2'6} \\ & d_{1'63'} - d_{563'}d_{1'2'6}d_{1'2'3'} - d_{42'3'}d_{1'63'}d_{1'2'3'}) - d_{1'2'6}(d_{1'63'}d_{1'2'3'}^2 - d_{1'2'6} \\ & d_{1'63'}^2 - d_{42'5}d_{1'63'}^2 + d_{42'5}d_{563'}d_{1'65} + d_{42'5}d_{563'}d_{1'43'} + d_{563'}d_{1'65}d_{1'2'6} + \\ & d_{563'}d_{1'43'}d_{1'2'6} - d_{563'}d_{1'2'5}d_{1'2'3'}) + d_{1'3'4}(d_{42'3'}d_{1'2'3'}^2 - d_{42'3'}^2d_{1'43'} - \\ & d_{42'3'}^2d_{1'65} + d_{42'6}d_{463'}d_{1'65} + d_{42'6}d_{463'}d_{1'43'} + d_{42'6}d_{52'3'}d_{1'65} + d_{42'6}d_{52'3'} \\ & d_{1'43'} - d_{42'6}d_{1'63'}d_{1'2'3'}) - d_{1'3'5}(d_{42'6}d_{463'}d_{1'2'5} - d_{42'6}d_{1'2'3'}^2 - d_{42'3'}^2d_{1'2'5} \\ & + d_{42'6}d_{52'3'}d_{1'2'5} + d_{42'5}d_{42'3'}d_{1'2'3'} + d_{42'3'}d_{1'2'6}d_{1'2'3'}) + d_{1'3'6}(d_{42'5}d_{42'3'} \\ & d_{1'65} + d_{42'5}d_{42'3'}d_{1'43'} + d_{42'6}d_{1'2'5}d_{1'63'} + d_{42'3'}d_{1'65}d_{1'2'6} - d_{42'6}d_{1'65}d_{1'2'3'} \\ & + d_{42'3'}d_{1'43'}d_{1'2'6} - d_{42'6}d_{1'43'}d_{1'2'3'} - d_{42'3'}d_{1'2'5}d_{1'2'3'}) - d_{1'45}(d_{42'3'}^2d_{1'63'} \\ & - d_{42'6}d_{463'}d_{1'63'} - d_{42'6}d_{52'3'}d_{1'63'} + d_{42'6}d_{563'}d_{1'2'3'}) + d_{1'46}(d_{42'6}d_{563'}d_{1'65} \\ & - d_{42'6}d_{1'63'}^2 + d_{42'6}d_{563'}d_{1'43'} + d_{42'3'}d_{1'63'}d_{1'2'3'}) - d_{1'56}(d_{42'6}d_{563'}d_{1'2'5'} + \\ & d_{42'5}d_{42'3'}d_{1'63'} + d_{42'3'}d_{1'2'6}d_{1'63'} - d_{42'6}d_{1'63'}d_{1'2'3'}) - d_{2'3'4}(d_{463'}d_{1'65}d_{1'2'5}\end{aligned}$$

$$+d_{463'}d_{1'43'}d_{1'2'5}+d_{42'3'}d_{1'45}d_{1'63'}+d_{52'3'}d_{1'65}d_{1'2'5}-d_{463'}d_{1'45}d_{1'2'3'}+d_{52'3'}d_{1'43'}d_{1'2'5}-d_{52'3'}d_{1'45}d_{1'2'3'}-d_{1'2'5}d_{1'63'}d_{1'2'3'})-d_{2'3'5}(d_{1'2'5}d_{1'2'3'}^2-d_{52'3'}d_{1'2'5}^2-d_{463'}d_{1'2'5}^2+d_{42'5}d_{463'}d_{1'45}+d_{42'5}d_{52'3'}d_{1'45}+d_{463'}d_{1'45}d_{1'2'6}+d_{52'3'}d_{1'45}d_{1'2'6}-d_{42'3'}d_{1'45}d_{1'2'3'})+d_{2'3'6}(d_{42'5}d_{1'45}d_{1'63'}-d_{1'45}d_{1'2'3'}^2-d_{1'2'5}^2d_{1'63'}+d_{1'45}d_{1'2'6}d_{1'63'}+d_{1'65}d_{1'2'5}d_{1'2'3'}+d_{1'43'}d_{1'2'5}d_{1'2'3'})-d_{2'45}(d_{563'}d_{42'3'}d_{1'45}+d_{463'}d_{1'2'5}d_{1'63'}+d_{52'3'}d_{1'2'5}d_{1'63'}-d_{563'}d_{1'2'5}d_{1'2'3'})+d_{2'46}(d_{1'2'5}d_{1'63'}^2-d_{563'}d_{1'65}d_{1'2'5}-d_{563'}d_{1'43'}d_{1'2'5}+d_{563'}d_{1'45}d_{1'2'3'})-d_{2'56}(d_{42'5}d_{563'}d_{1'45}-d_{563'}d_{1'2'5}^2+d_{563'}d_{1'45}d_{1'2'6}+d_{1'2'5}d_{1'63'}d_{1'2'3'})-d_{3'45}(d_{42'6}d_{463'}d_{1'45}-d_{42'3'}^2d_{1'45}+d_{42'6}d_{52'3'}d_{1'45}+d_{42'3'}d_{1'2'5}d_{1'2'3'})+d_{3'46}(d_{42'6}d_{1'45}d_{1'63'}+d_{42'3'}d_{1'65}d_{1'2'5}+d_{42'3'}d_{1'43'}d_{1'2'5}-d_{42'3'}d_{1'45}d_{1'2'3'})-d_{3'56}(d_{42'3'}d_{1'2'5}^2-d_{42'5}d_{42'3'}d_{1'45}-d_{42'3'}d_{1'45}d_{1'2'6}+d_{42'6}d_{1'45}d_{1'2'3'})+d_{456}(d_{42'6}d_{563'}d_{1'45}+d_{42'3'}d_{1'2'5}d_{1'63'})$$

证明　由行列式的 Laplace 公式[42]，$\boldsymbol{M}$ 的行列式等于

$$\det(\boldsymbol{M})=\sum_{\tau=(i_1,i_2,i_3)\in\mathfrak{S}_{6,3}}(-1)^{i_1+i_2+i_3}\det(\boldsymbol{S}_{i_1i_2i_3})\det(\boldsymbol{T}_{i_4i_5i_6})$$

其中 $\mathfrak{S}_{6,3}$ 是$\{1, \cdots, 6\}$的具有三个元素的子集，i_4、i_5、i_6 是 i_1、i_2、i_3 在$\{1, \cdots, 6\}$中的补，$\boldsymbol{S}_{i_1i_2i_3}$ 是从 $\boldsymbol{M}$ 按行$\{1, 2, 3\}$及列$\{i_1, i_2, i_3\}$提取的 3×3 子矩阵，而 $\boldsymbol{T}_{i_4i_5i_6}$ 是从 $\boldsymbol{M}$ 按行$\{4, 5, 6\}$及列$\{i_4, i_5, i_6\}$提取的 3×3 子矩阵.

另一方面，由矩阵 $\boldsymbol{M}$ 的表达式(参看式(3.42))可以得到

$$\det(\boldsymbol{S}_{i_1i_2i_3})=d_{\hat{i}_1\hat{i}_2\hat{i}_3}$$

其中

$$\hat{i}_j=\begin{cases}i'_j & i_j\leqslant 3\\ i_j & \text{其他}\end{cases}$$

有了这些结论，根据命题 3.8，通过简单的直接计算就可以得到特征多项式 $\chi(\lambda)$的表达式.

3.6.3　三阶和四阶迹

有了命题 3.9 关于特征多项式的显式表达，接下来便可以给出张量 $\mathcal{A}\in \mathrm{TS}(3, 3)$的直至四阶的高阶迹.

注意，特征多项式中的常数项中包含 21 894 个单项式，因此需要进一步对特征多项式的公式进行整理，才能够得到张量 $\mathcal{A}$ 的高阶迹.

从命题 3.9 可得，特征多项式可以写成 d_{ijk} 的四次齐次型. 对某些 $i, j, k\in\{1', 2', 3'\}$，首先对 d_{ijk} 的展开式进行表达. 为了达到这一目的，先定义如下向量：

$$\boldsymbol{\beta}_1=\begin{bmatrix}a_1\\ b_1\end{bmatrix}, \cdots, \boldsymbol{\beta}_6=\begin{bmatrix}a_6\\ b_6\end{bmatrix}$$

$$\boldsymbol{\gamma}_1=\begin{bmatrix}a_1\\ c_1\end{bmatrix}, \cdots, \boldsymbol{\gamma}_6=\begin{bmatrix}a_6\\ c_6\end{bmatrix}$$

$$\boldsymbol{\eta}_1=\begin{bmatrix}b_1\\ c_1\end{bmatrix}, \cdots, \boldsymbol{\eta}_6=\begin{bmatrix}b_6\\ c_6\end{bmatrix}$$

这样一来，定义如下的行列式

$$l_{ij} = \det[\beta_i \quad \beta_j],\ m_{ij} = \det[\gamma_i \quad \gamma_j],\ n_{ij} = \det[\eta_i \quad \eta_j]\ \forall\, i, j \in \{1, \cdots, 6\}$$

命题 3.10 遵从上述符号，对所有的 $i, j \in \{1, \cdots, 6\}$，成立

$$d_{1'2'3'} = -\lambda^3 + (a_1 + b_2 + c_3)\lambda^2 - (l_{12} + m_{13} + n_{23})\lambda + d_{123}$$

$$d_{1'2'i} = c_i\lambda^2 - (m_{1i} + n_{2i})\lambda + d_{12i}$$

$$d_{1'i3'} = b_i\lambda^2 - (l_{1i} + n_{i3})\lambda + d_{1i3}$$

$$d_{i2'3'} = a_i\lambda^2 - (l_{i2} + m_{i3})\lambda + d_{i23}$$

$$d_{1'ij} = -n_{ij}\lambda + d_{1ij},\ d_{i2'j} = -m_{ij}\lambda + d_{i2j},\ d_{ij3'} = -l_{ij}\lambda + d_{ij3}$$

证明 由 m_{ij}、l_{ij} 和 n_{ij} 的表达式，以及式(3.40)和式(3.41)，可以利用行列式的列展开公式，通过细致的计算得到所需要证明的结论.

通过命题 3.9 和命题 3.10，可以计算出特征多项式 $\chi(\lambda)$ 的余次为 1、2、3 和 4 的系数，即 $\chi(\lambda)$ 中 λ^{11}、λ^{10}、λ^9、λ^8 的系数，分别记为 P_1、P_2、P_3、P_4. 更高阶的迹可以通过递归公式从特征多项式的系数计算出.

命题 3.11 遵从上述符号. 下面结论成立

$$\mathrm{Tr}_1(\mathcal{A}) = -P_1,\ \mathrm{Tr}_2(\mathcal{A}) = P_1^2 - 2P_2$$

$$\mathrm{Tr}_3(\mathcal{A}) = -P_1^3 + 3P_1P_2 - 3P_3$$

$$\mathrm{Tr}_4(\mathcal{A}) = P_1^4 - 4P_1^2P_2 + 4P_1P_3 + 2P_2^2 - 4P_4$$

证明 由定理 3.8 可以得到前四个系数 P_1、P_2、P_3、P_4 的关系式以及高阶迹 Tr_1、Tr_2、Tr_3、Tr_4 为

$$P_1 = -\mathrm{Tr}_1(\mathcal{A})$$

$$P_2 = \frac{1}{2}([\mathrm{Tr}_1(\mathcal{A})]^2 - \mathrm{Tr}_2(\mathcal{A}))$$

$$P_3 = -\frac{1}{6}[\mathrm{Tr}_1(\mathcal{A})]^3 + \frac{1}{2}\mathrm{Tr}_1(\mathcal{A})\mathrm{Tr}_2(\mathcal{A}) - \frac{1}{3}\mathrm{Tr}_3(\mathcal{A})$$

$$P_4 = \frac{1}{24}[\mathrm{Tr}_1(\mathcal{A})]^4 - \frac{1}{4}[\mathrm{Tr}_1(\mathcal{A})]^2\,\mathrm{Tr}_2(\mathcal{A}) + \frac{1}{3}\mathrm{Tr}_1(\mathcal{A})\mathrm{Tr}_3(\mathcal{A}) + \frac{1}{8}[\mathrm{Tr}_2(\mathcal{A})]^2 - \frac{1}{4}\mathrm{Tr}_4(\mathcal{A})$$

从每个 P_i 的表达式可得，对每个 $i \in \{1, 2, 3, 4\}$，其中只包含 Tr_i 的线性项，因此，整个结论可以通过一个递归的计算得到.

下面的结论由命题 3.11 和命题 3.9 以及前序符号的定义可得.

命题 3.12 遵从上述符号定义，那么如下结论成立

$$\mathrm{Tr}_1(\mathcal{A}) = 4(a_1 + b_2 + c_3)$$

$$\mathrm{Tr}_2(\mathcal{A}) = 4(a_1^2 + b_2^2 + c_3^2 + 2(a_1b_2 + b_2c_3 + a_1c_3) + a_4b_4 + a_5c_5 + b_6c_6 - 2(l_{12} + m_{13} + n_{23}))$$

$$\begin{aligned}\mathrm{Tr}_3(\mathcal{A}) = {} & 4(a_1^3 + b_2^3 + c_3^3) + 12(a_1^2(b_2 + c_3) + b_2^2(a_1 + c_3) + c_3^2(a_1 + b_2) \\ & + (a_4b_4 + a_5c_5 + b_6c_6)(a_1 + b_2 + c_3) - (a_1 + b_2 + c_3)(l_{12} + m_{13} + n_{23}) \\ & + a_4b_6c_5 + d_{123} + 2a_1b_2c_3) - 6(a_4l_{14} + a_4n_{43} + a_5m_{15} + a_5n_{25} \\ & + b_4l_{42} + b_4m_{43} + b_6m_{16} + b_6n_{26} + c_5l_{52} + c_5m_{53} + c_6l_{16} + c_6n_{63})\end{aligned}$$

$$
\begin{aligned}
&-3(a_4 n_{65}+a_6 n_{45}+b_5 m_{46}+b_6 m_{45}+c_4 l_{56}+c_5 l_{46} \\
&-a_5 b_6 c_4-a_6 b_4 c_5-a_5 b_4 c_6-a_4 b_5 c_6)
\end{aligned}
$$

$$
\begin{aligned}
\mathrm{Tr}_4(\mathcal{A})= {} & 4(a_1^4+b_2^4+c_3^4+a_4^2 b_4^2+4b_2^3 c_3+6a_4 b_4 c_3^2+4a_1^3(b_2+c_3)+a_4 b_6^2 c_4+3a_5 b_6 c_3 c_4 \\
&+5a_4 a_5 b_4 c_5+a_4^2 b_5 c_5+3a_6 b_4 c_3 c_5+12a_4 b_6 c_3 c_5+6a_5 c_3^2 c_5+a_5^2 c_5^2+a_6 b_6 c_5^2+ \\
&5a_4 b_4 b_6 c_6+3a_5 b_4 c_3 c_6+3a_4 b_5 c_3 c_6+6b_6 c_3^2 c_6+5a_5 b_6 c_5 c_6+b_6^2 c_6^2+4c_3 d_{123}+ \\
&2a_5 d_{125}+2b_6 d_{126}+2a_4 d_{143}+a_6 d_{145}+2c_6 d_{163}+a_4 d_{165}+2b_4 d_{423}+b_6 d_{425} \\
&+b_5 d_{426}+c_5 d_{463}+2c_5 d_{523}+c_4 d_{563}-4a_4 b_4 l_{12}-4c_3^2 l_{12}-4a_5 c_5 l_{12}-4b_6 c_6 \\
&l_{12}+2l_{12}^2-4a_4 c_3 l_{14}-a_6 c_5 l_{14}-a_5 c_6 l_{14}-a_4 c_6 l_{15}-a_5 c_4 l_{16}-4a_4 c_5 l_{16}-4c_3 \\
&c_6 l_{16}-4b_4 c_3 l_{42}-4b_6 c_5 l_{42}-b_5 c_6 l_{42}+2l_{14} l_{42}+a_4 c_5 l_{45}-b_6 c_4 l_{46}-2c_3 c_5 l_{46} \\
&-b_4 c_6 l_{46}-b_6 c_4 l_{52}-4c_3 c_5 l_{52}-b_4 c_6 l_{52}-2c_3 c_4 l_{56}-2c_5 c_6 l_{56}-b_4 c_5 l_{62}-4 \\
&a_4 b_4 m_{13}-4c_3^2 m_{13}-4a_5 c_5 m_{13}-4b_6 c_6 m_{13}+4l_{12} m_{13}+2m_{13}^2-a_5 b_6 m_{14} \\
&+l_{56} m_{14}-a_6 b_4 m_{15}-4a_4 b_6 m_{15}-4a_5 c_3 m_{15}+l_{46} m_{15}+2l_{52} m_{15}-a_5 b_4 m_{16} \\
&-a_4 b_5 m_{16}-4b_6 c_3 m_{16}+2l_{16} m_{16}-4b_4 c_3 m_{43}-4b_6 c_5 m_{43}-b_5 c_6 m_{43}+2l_{14} \\
&m_{43}-a_5 b_4 m_{45}-a_4 b_5 m_{45}-2b_6 c_3 m_{45}+l_{16} m_{45}-2b_4 b_6 m_{46}-2b_5 c_3 m_{46}+ \\
&l_{15} m_{46}-b_6 c_4 m_{53}-4c_3 c_5 m_{53}-b_4 c_6 m_{53}+2m_{15} m_{53}-b_6 c_5 m_{56}-b_4 c_5 m_{63} \\
&+b_2^2(6a_4 b_4+6c_3^2+6a_5 c_5+6b_6 c_6-4l_{12}-4m_{13}-4n_{23})+2a_1^2(3b_2^2+3a_4 b_4 \\
&+6b_2 c_3+3c_3^2+3a_5 c_5+3b_6 c_6-2l_{12}-2m_{13}-2n_{23})-4a_4 b_4 n_{23}-4c_3^2 n_{23} \\
&-4a_5 c_5 n_{23}-4b_6 c_6 n_{23}+4l_{12} n_{23}+4m_{13} n_{23}+2n_{23}^2-a_5 b_6 n_{24}+l_{56} n_{24}-a_6 \\
&b_4 n_{25}-4a_4 b_6 n_{25}-4a_5 c_3 n_{25}+l_{46} n_{25}+2l_{52} n_{25}+2m_{53} n_{25}-a_5 b_4 n_{26}-a_4 b_5 \\
&n_{26}-4b_6 c_3 n_{26}+2l_{16} n_{26}-4a_4 c_3 n_{43}-a_6 c_5 n_{43}-a_5 c_6 n_{43}+2l_{42} n_{43}+2m_{43} \\
&n_{43}-2a_4 a_5 n_{45}-2a_6 c_3 n_{45}+l_{62} n_{45}+m_{63} n_{45}-a_4 b_6 n_{46}-a_4 c_6 n_{53}+m_{46} n_{53} \\
&-a_5 c_4 n_{63}-4a_4 c_5 n_{63}-4c_3 c_6 n_{63}+2m_{16} n_{63}+m_{45} n_{63}+2n_{26} n_{63}+a_1(4b_2^3 \\
&+12b_2^2 c_3+4c_3^3+3a_5 b_6 c_4+3a_6 b_4 c_5+12a_5 c_3 c_5+3a_5 b_4 c_6+12b_6 c_3 c_6+4 \\
&d_{123}-8c_3 l_{12}-4c_6 l_{16}-4b_4 l_{42}-2c_5 l_{46}-4c_5 l_{52}-2c_4 l_{56}-8c_3 m_{13}-4a_5 m_{15} \\
&-4b_6 m_{16}-4b_4 m_{43}-2b_6 m_{45}-2b_5 m_{46}-4c_5 m_{53}+4b_2(3a_4 b_4+3c_3^2+3a_5 c_5 \\
&+3b_6 c_6-2l_{12}-2m_{13}-2n_{23})-8c_3 n_{23}-4a_5 n_{25}-4b_6 n_{26}-2a_6 n_{45}-4c_6 \\
&n_{63}+a_4(12b_4 c_3+12b_6 c_5+3b_5 c_6-4l_{14}-4n_{43}-2n_{65}))+b_2(4c_3^3+3a_5 b_6 c_4 \\
&+3a_6 b_4 c_5+3a_5 b_4 c_6+4d_{123}-4c_6 l_{16}-4b_4 l_{42}-2c_5 l_{46}-4c_5 l_{52}-2c_4 l_{56}-4 \\
&a_5 m_{15}-4b_6 m_{16}-4b_4 m_{43}-2b_6 m_{45}-2b_5 m_{46}-4c_5 m_{53}+4c_3(3a_5 c_5+3b_6 c_6 \\
&-2(l_{12}+m_{13}+n_{23}))-4a_5 n_{25}-4b_6 n_{26}-2a_6 n_{45}-4c_6 n_{63}+a_4(12b_4 c_3+ \\
&12b_6 c_5+3b_5 c_6-4l_{14}-4n_{43}-2n_{65}))-2a_4 c_3 n_{65}-a_6 c_5 n_{65}-a_5 c_6 n_{65}+l_{42} \\
&n_{65}+m_{43} n_{65})
\end{aligned}
$$

3.7 张量迹的图论表达

在这一节里，使用与矩阵 $\mathbf{A}$ 相应的有向加权图 $D(\mathbf{A})$ 给出 $\mathrm{Tr}(\mathbf{A}^r)$ 的一个基于图论的公式. 基于此，便可以给出张量 $\mathcal{T}$ 的基于图论的高阶迹 $\mathrm{Tr}_k(\mathcal{T})$ 的公式.

一个多重集指的是元素有重复的集合. 在本节，如果多重集 $\mathbf{A}$ 有 s 个互异元素 a_1，…，a_s，分别具有重数 r_1，…，r_s，那么记为

$$\mathbf{A}=a_1^{r_1}\cdots a_s^{r_s}$$

引理 3.10 假设 a_1, …, a_n 和 b_1, …, b_n 是非负整数使得 $a_1+\cdots+a_n=b_1+\cdots+b_n$. 那么,

$$\frac{\partial^{a_1+\cdots+a_n}}{(\partial x_1)^{a_1}(\partial x_2)^{a_2}\cdots(\partial x_n)^{a_n}}(x_1^{b_1}x_2^{b_2}\cdots x_n^{b_n})=\begin{cases}b_1!\cdots b_n! & a_i=b_i(i\in\{1,\cdots,n\})\\0 & \text{其他}\end{cases} \tag{3.43}$$

证明 如果 $a_i\neq b_i$, 那么由条件 $a_1+\cdots+a_n=b_1+\cdots+b_n$, 一定存在某个 $a_j>b_j$. 在这种情况下, 式(3.43)为零. 如果对所有的 $i=1$, …, n, 都有 $a_i=b_i$, 则结论显然.

下述结论给出了用矩阵 $\mathbf{A}$ 的有向加权图 $D(\mathbf{A})$ 计算 $\mathrm{Tr}(\mathbf{A}^r)$ 的图论公式.

引理 3.11 假设 $\mathbf{A}=(a_{ij})$ 是一个 n 维矩阵, 其有向加权图为 $D(\mathbf{A})$. 那么

$$\mathrm{Tr}(\mathbf{A}^r)=\sum_{W\in W_r(D(A))}a(W) \tag{3.44}$$

证明 由已知可得

$$\mathrm{Tr}(\mathbf{A}^r)=\sum_{i_1,\cdots,i_r=1}^{n}a_{i_1i_2}a_{i_2i_3}\cdots a_{i_ri_1}=\sum_{W\in W_r(D(A))}a(W)$$

给定一个 m 阶 n 维张量 $\mathcal{H}=(h_{i_1i_2\cdots i_m})$, 定义

$$h_{i_1i_2\cdots i_m}=h_{i_1\alpha}\quad(\text{其中 }\alpha=i_2\cdots i_m\in\{1,\cdots,n\}^{m-1})$$

为了给出$\mathrm{Tr}_d(\mathcal{T})$的公式, 下面的关于加和与乘积的变换的基本公式尤其重要.

引理 3.12 给定 m 阶 n 维张量 $\mathcal{H}=(h_{i_1i_2\cdots i_m})$. 简记其元素 $h_{ii_2\cdots i_m}$ 为 $h(i_1,\alpha)$, 其中 $\alpha=i_2\cdots i_m\in\{1,\cdots,n\}^{m-1}$, 那么

$$\prod_{i=1}^{n}\Big(\sum_{y_i\in\{1,\cdots,n\}^{m-1}}h(i,y_i)\Big)^{d_i}=\sum_{((i_1,\alpha_1),\cdots,(i_d,\alpha_d))\in\mathcal{F}_{d_1,\cdots,d_n}}\prod_{j=1}^{d}h(i_j,\alpha_j) \tag{3.45}$$

证明 可以得到

$$\begin{aligned}&\prod_{i=1}^{n}\Big(\sum_{y_i\in\{1,\cdots,n\}^{m-1}}h(i,y_i)\Big)^{d_i}\\&=\sum_{\substack{y_{ij}\in\{1,\cdots,n\}^{m-1}\\i=1,\cdots,n\\j=1,\cdots,d_i}}h(1,y_{11})\cdots h(1,y_{1d_1})h(2,y_{21})\cdots h(2,y_{2d_2})\cdots h(n,y_{n1})\cdots h(n,y_{nd_n})\\&=\sum_{((i_1,\alpha_1),\cdots,(i_d,\alpha_d))\in\mathcal{F}_{d_1,\cdots,d_n}}\prod_{j=1}^{d}h(i_j,\alpha_j)\end{aligned}$$

命题得证.

对于 $F=((i_1,\alpha_1),\cdots,(i_d,\alpha_d))\in\mathcal{F}_d$ 和 m 阶 n 维张量 $\mathcal{H}=(h_{i_1i_2\cdots i_m})$, 定义

$$\pi_F(\mathcal{H})=\prod_{j=1}^{d}h(i_j,\alpha_j) \tag{3.46}$$

对于给定的 $F\in\mathcal{F}_d$, 存在唯一的非负整数 d_1, …, d_n 满足 $d_1+\cdots+d_n=d$ 使得 $F\in\mathcal{F}_{d_1,\cdots,d_n}$. 在此情况下, 对任一单变量函数 $g(x)$, 定义

$$g(F)=\prod_{i=1}^{n}g(d_i)\quad(F\in\mathcal{F}_{d_1,\cdots,d_n}) \tag{3.47}$$

有了上述定义以及引理 3.12，可得如下结论.

引理 3.13

$$\sum_{d_1+\cdots+d_n=d}\prod_{i=1}^{n}\left(g(d_i)\left(\sum_{y_i\in\{1,\cdots,n\}^{m-1}}h(i,y_i)\right)^{d_i}\right)=\sum_{F\in\mathcal{F}_d}g(F)\pi_F(\mathcal{H})\tag{3.48}$$

证明　从(3.45)、(3.46)和(3.47)可得

$$\begin{aligned}&\sum_{d_1+\cdots+d_n=d}\prod_{i=1}^{n}\left(g(d_i)\left(\sum_{y_i\in\{1,\cdots,n\}^{m-1}}h(i,y_i)\right)^{d_i}\right)\\&=\sum_{d_1+\cdots+d_n=d}\left(\prod_{i=1}^{n}g(d_i)\right)\left(\sum_{((i_1,\alpha_1),\cdots,(i_d,\alpha_d))\in\mathcal{F}_{d_1,\cdots,d_n}}\prod_{j=1}^{d}h(i_j,\alpha_j)\right)\\&=\sum_{d_1+\cdots+d_n=d}\left(\prod_{i=1}^{n}g(d_i)\right)\sum_{F\in\mathcal{F}_{d_1,\cdots,d_n}}\pi_F(\mathcal{H})\\&=\sum_{d_1+\cdots+d_n=d}\sum_{F\in\mathcal{F}_{d_1,\cdots,d_n}}\left(\prod_{i=1}^{n}g(d_i)\right)\pi_F(\mathcal{H})\\&=\sum_{F\in\mathcal{F}_d}g(F)\pi_F(\mathcal{H})\end{aligned}$$

结论得证.

假设 $\mathcal{T}=(t_{i_1i_2\cdots i_m})$是一个 m 阶 n 维张量，其中 $t_{i_1i_2\cdots i_m}=t_{i_1\alpha}(\alpha=i_2\cdots i_m\in\{1,\cdots,n\}^{m-1})$.

取(3.48)中的张量 $\mathcal{H}$ 为 $h_{i\alpha}=t_{i\alpha}\dfrac{\partial}{\partial a_{i\alpha}}$(看作某个算子代数中的元素). 那么$\pi_F(\mathcal{H})=\pi_F(\mathcal{T})\partial(F)$，由(3.48)可得

$$\sum_{d_1+\cdots+d_n=d}\prod_{i=1}^{n}\frac{1}{(d_i(m-1))!}\left(\sum_{y_i\in\{1,\cdots,n\}^{m-1}}t_{iy_i}\frac{\partial}{\partial a_{iy_i}}\right)^{d_i}=\sum_{F\in\mathcal{F}_d}\frac{1}{c(F)}\pi_F(\mathcal{T})\partial(F)\tag{3.49}$$

下面给出 $\mathrm{Tr}(\mathbf{A}^{d(m-1)})$上作用微分算子$\partial(F)$的一个公式.

引理 3.14　给定 $F=((i_1,\alpha_1),\cdots,(i_d,\alpha_d))\in\mathcal{F}_d$，$\partial(F)=\prod\limits_{j=1}^{d}\dfrac{\partial}{\partial a_{i_j\alpha_j}}$ 是由定义 2.16 给出的，$\mathbf{A}=(a_{ij})$是一个 n 维矩阵，其中 $a_{ij}(i,j=1,\cdots,n)$是互异变量. 那么，

$$\partial(F)(\mathrm{Tr}(\mathbf{A}^{d(m-1)}))=b(F)|\mathbf{W}(F)|\quad(F\in\mathcal{F}_d)\tag{3.50}$$

证明　对矩阵 $\mathbf{A}^r$ 使用式(3.44)，可得

$$\partial(F)\mathrm{Tr}(\mathbf{A}^{d(m-1)})=\sum_{W\in\mathbf{W}_{d(m-1)}(D(\mathbf{A}))}\partial(F)a(W)$$

对给定的 $W\in\mathbf{W}_{d(m-1)}(D(\mathbf{A}))$和 $F\in\mathcal{F}_d$，由引理 3.10 可得$\partial(F)a(W)\neq0$ 当且仅当多重边集 $E(W)=E(F)$，即 $W\in\mathbf{W}(F)$，在这种情况下，由引理 3.10 可得$\partial(F)a(W)=b(F)$. 因此，

$$\partial(F)\mathrm{Tr}(\mathbf{A}^{d(m-1)})=\sum_{W\in\mathbf{W}(F)}\partial(F)a(W)=\sum_{W\in\mathbf{W}(F)}b(F)=b(F)|\mathbf{W}(F)|$$

结论得证.

下面给出高阶迹的第一个图理论公式.

定理 3.11　假设 $\mathcal{T}=(t_{i_1i_2\cdots i_m})$是一个 m 阶 n 维张量. 那么

$$\mathrm{Tr}_d(\mathcal{T})=(m-1)^{n-1}\sum_{F\in\mathcal{F}_d}\frac{b(F)}{c(F)}\pi_F(\mathcal{T})\,|\mathbf{W}(F)| \tag{3.51}$$

其中图理论参数 $b(F)$、$c(F)$和$|\mathbf{W}(F)|$只与边集$E(F)$相关，而与张量 $\mathcal{T}$无关.

证明 由式(3.49)可得

$$\sum_{d_1+\cdots+d_n=d}\prod_{i=1}^{n}\frac{1}{(d_i(m-1))!}\left(\sum_{y_i\in\{1,\cdots,n\}^{m-1}}t_{iy_i}\frac{\partial}{\partial a_{iy_i}}\right)^{d_i}\mathrm{Tr}(\mathbf{A}^{d(m-1)})$$
$$=\sum_{F\in\mathcal{F}_d}\frac{1}{c(F)}\pi_F(\mathcal{T})\partial(F)\,\mathrm{Tr}(\mathbf{A}^{d(m-1)})$$

将式(3.50)代入上述方程，可得

$$\sum_{d_1+\cdots+d_n=d}\prod_{i=1}^{n}\frac{1}{(d_i(m-1))!}\left(\sum_{y_i\in\{1,\cdots,n\}^{m-1}}t_{iy_i}\frac{\partial}{\partial a_{iy_i}}\right)^{d_i}\mathrm{Tr}(\mathbf{A}^{d(m-1)})$$
$$=\sum_{F\in\mathcal{F}_d}\frac{b(F)}{c(F)}\pi_F(\mathcal{T})\,|\mathbf{W}(F)| \tag{3.52}$$

在式(3.52)两边同时乘以$(m-1)^{n-1}$，即得到式(3.51).

3.7.1 高阶迹的公式

接下来，将给出高阶迹$\mathrm{Tr}_k(\mathcal{T})$的其他公式. 首先给出更多与图论相关的定义和结论.

引理 3.15 假设 n、m、d 是给定的正整数，$F\in\mathcal{F}_d$. 如果 $\mathbf{W}(F)\neq\phi$，那么 $E(F)\in\mathbf{E}_{d,m-1}(n)$.

证明 从 $\mathcal{F}_d$ 和$E(F)$的定义，可得 $F\in\mathcal{F}_d$，进一步推出$|E(F)|=d(m-1)$.

另一方面，根据假设可得 $\mathbf{W}(E(F))=\mathbf{W}(F)\neq\phi$，这意味着存在闭路径 $W\in\mathbf{W}(E(F))$使得$E(F)$是其多重边集. 由于$E(W)$是平衡的，所以$E(F)$是平衡的.

此外，$F\in\mathcal{F}_d$ 推出对满足$d_1+\cdots+d_n=d$ 的某些非负整数 d_1，…，d_n，$F\in\mathcal{F}_{d_1,\cdots,d_n}$成立. 那么，$d^+_{E(F)}(i)=d_i(m-1)$，而对所有的$i\in\{1,\cdots,n\}$，它们是 $m-1$ 的倍数. 因此，$E(F)$满足定义 2.18 的所有条件(其中 $r=m-1$). 这样一来，$E(F)\in\mathbf{E}_{d,m-1}(n)$. 结论得证.

由引理 3.15 可得

$$\{F\in\mathcal{F}_d\mid\mathbf{W}(F)\neq\phi\}\subseteq\bigcup_{E\in\mathbf{E}_{d,m-1}(n)}\{F\in\mathcal{F}_d\mid E(F)=E\}\subseteq\mathcal{F}_d \tag{3.53}$$

因此，高阶迹的式(3.51)可以写成

$$\begin{aligned}\mathrm{Tr}_d(\mathcal{T})&=(m-1)^{n-1}\sum_{F\in\mathcal{F}_d}\frac{b(F)}{c(F)}\pi_F(\mathcal{T})\,|\mathbf{W}(F)|\\&=(m-1)^{n-1}\sum_{E(F)\in\mathbf{E}_{d,m-1}(n)}\frac{b(F)}{c(F)}\pi_F(\mathcal{T})\,|\mathbf{W}(F)|\\&=(m-1)^{n-1}\sum_{E\in\mathbf{E}_{d,m-1}(n)}\sum_{F\in\mathcal{F}_d,\,E(F)=E}\frac{b(E)}{c(E)}\pi_F(\mathcal{T})\,|\mathbf{W}(E)|\end{aligned} \tag{3.54}$$

这样一来，就有下面的结论.

引理 3.16 假设$b(E)$和$c(E)$如定义 2.16 所给. 那么对所有的多重边集$E=\bigcup_{i=1}^{n}\bigcup_{j=1}^{n}(i,j)^{r_{ij}}\in\mathbf{E}_{d,m-1}(n)$，其中边$(i,j)$在$E$中的重数为$r_{ij}$，且$d^+_E(i)=\sum_{j=1}^{n}r_{ij}$，以下结论成立

$$|\{F\in\mathcal{F}_d \mid E(F)=E\}|=\frac{c(E)}{b(E)} \tag{3.55}$$

证明　对每个给定的 i，将 E 中所有初始顶点为 i 的元素按如下方式排列：

$$(i,1),\cdots,(i,1);\cdots;(i,n),\cdots,(i,n)\quad 其中具有 r_{ij} 个 (i,j)\,(j=1,\cdots,n) \tag{3.56}$$

利用带重复的排列数的公式，可得(3.56)中元素的排列个数是下面的多重二项式系数

$$\binom{r_{i1}+\cdots+r_{in}}{r_{i1},\cdots,r_{in}}=\frac{(r_{i1}+\cdots+r_{in})!}{r_{i1}!\cdots r_{in}!}$$

因此

$$|\{F\in\mathcal{F}_d \mid E(F)=E\}|=\prod_{i=1}^{n}\frac{(r_{i1}+\cdots+r_{in})!}{r_{i1}!\cdots r_{in}!}=\frac{\prod_{i=1}^{n}(d_E^+(i))!}{\prod_{i=1}^{n}\prod_{j=1}^{n}r_{ij}!}=\frac{c(E)}{b(E)}$$

结论证毕.

对每个 $E\in\mathbf{E}_{d,m-1}(n)$，记

$$\pi_E(\mathcal{T}):=\sum_{F\in\mathcal{F}_d,\ E(F)=E}\pi_F(\mathcal{T}) \tag{3.57}$$

$$\overline{\pi_E(\mathcal{T})}:=\frac{\sum_{F\in\mathcal{F}_d,\ E(F)=E}\pi_F(\mathcal{T})}{|\{F\in\mathcal{F}_d \mid E(F)=E\}|}=\frac{b(E)}{c(E)}\pi_E(\mathcal{T}) \tag{3.58}$$

因此，$\overline{\pi_E(\mathcal{T})}$是满足$F\in\mathcal{F}_d$ 和$E(F)=E$ 的取值$\pi_F(\mathcal{T})$的平均数. 结合式(3.54)，可得下面的两个高阶迹公式.

定理 3.12　假设 $\mathcal{T}$是一个 m 阶 n 维张量. 那么

$$\mathrm{Tr}_d(\mathcal{T})=(m-1)^{n-1}\sum_{E\in\mathbf{E}_{d,m-1}(n)}\frac{b(E)}{c(E)}\pi_E(\mathcal{T})|\mathbf{W}(E)| \tag{3.59}$$

$$\mathrm{Tr}_d(\mathcal{T})=(m-1)^{n-1}\sum_{E\in\mathbf{E}_{d,m-1}(n)}\overline{\pi_E(\mathcal{T})}|\mathbf{W}(E)| \tag{3.60}$$

证明　式(3.59)直接从式(3.54)和式(3.57)得来，而式(3.60)直接从式(3.59)和式(3.58)得来.

接下来，通过两个例子对上述理论进行阐述.

例 3.1　如果张量 $\mathcal{T}=\mathbf{A}=(a_{ij})$退化为$n$ 维矩阵(即 $m=2$)，那么$\mathrm{Tr}_d(\mathcal{T})=\mathrm{Tr}(\mathbf{A}^d)$.

证明　注意到$m-1=1$. 对任意的多重边集 $E\in\mathbf{E}_{d,1}(n)$，记

$$a(E)=\prod_{e\in E}a(e)\quad 其中如果 e=(i,j)，那么 a(e)=a_{ij}$$

为多重边集 E 在有向加权图 $D(\mathbf{A})$中的权重.

对任意满足 $E(F)=E$ 和 $W\in\mathbf{W}(E)$的 $F=((i_1,j_1),\cdots,(i_d,j_d))\in\mathcal{F}_d$，有$\pi_F(\mathcal{T})=a_{i_1j_1}\cdots a_{i_dj_d}=a(E(F))=a(E)=a(W)$，其中 $a(W)$由定义 2.15 给出. 因此，$\overline{\pi_E(\mathcal{T})}=a(E)$. 更进一步地，有

$$\sum_{W\in\mathbf{W}(E)}a(W)=a(E)\sum_{W\in\mathbf{W}(E)}1=\overline{\pi_E(\mathcal{T})}|\mathbf{W}(E)| \tag{3.61}$$

与此同时，成立

$$\mathbf{W}_d(D(\mathbf{A}))\subseteq\bigcup_{E\in\mathbf{E}_{d,1}(n)}\mathbf{W}(E)$$

并且，当 $W\in\bigcup_{E\in\mathbf{E}_{d,1}(n)}\mathbf{W}(E)\backslash\mathbf{W}_d(D(\mathbf{A}))$ 时，有 $a(W)=0$. 那么由式(3.44)、式(3.60)及式(3.61)，可得

$$\begin{aligned}\mathrm{Tr}(\mathbf{A}^d)&=\sum_{W\in\mathbf{W}_d(D(\mathbf{A}))}a(W)\\&=\sum_{E\in\mathbf{E}_{d,1}(n)}\sum_{W\in\mathbf{W}(E)}a(W)\\&=\sum_{E\in\mathbf{E}_{d,1}(n)}\overline{\pi_E(\mathcal{T})}\,|\mathbf{W}(E)|\\&=\mathrm{Tr}_d(\mathcal{T})\end{aligned}$$

结论证毕.

例 3.2 记 $\mathcal{J}$ 是 m 阶 n 维的全一张量. 记

$$\mathbf{W}_{d,m-1}(n)=\{W\text{ 是闭路径 }\mid E(W)\in\mathbf{E}_{d,m-1}(n)\}$$

那么，$\mathrm{Tr}_d(\mathcal{J})=(m-1)^{n-1}|\mathbf{W}_{d,m-1}(n)|$，其中

$$|\mathbf{W}_{d,m-1}(n)|=\sum_{d_1+\cdots+d_n=d}\frac{(d(m-1))!}{\prod_{i=1}^{n}(d_i(m-1))!}$$

证明 由定义 2.16，可得 $W\in\mathbf{W}(E)$ 当且仅当 $E(W)=E$. 因此，由 $\mathbf{W}_{d,m-1}(n)$ 的定义，可得

$$\mathbf{W}_{d,m-1}(n)=\bigcup_{E\in\mathbf{E}_{d,m-1}(n)}\mathbf{W}(E)$$

因此

$$|\mathbf{W}_{d,m-1}(n)|=\sum_{E\in\mathbf{E}_{d,m-1}(n)}|\mathbf{W}(E)|$$

由于张量 $\mathcal{J}$ 中的所有元素为 1，因此对任意的 $E\in\mathbf{E}_{d,m-1}(n)$，$\overline{\pi_E(\mathcal{J})}=1$ 成立. 由式(3.60)和上式,可得

$$\mathrm{Tr}_d(\mathcal{J})=(m-1)^{n-1}\sum_{E\in\mathbf{E}_{d,m-1}(n)}|\mathbf{W}(E)|=(m-1)^{n-1}|\mathbf{W}_{d,m-1}(n)|$$

利用带有重复的排列组合公式，将一个闭路径看成一个顶点的序列，可得

$$|\mathbf{W}_{d,m-1}(n)|=\sum_{d_1+\cdots+d_n=d}\frac{(d(m-1))!}{\prod_{i=1}^{n}(d_i(m-1))!}$$

结论证毕.

注意，$|\mathbf{W}_{d,m-1}(n)|$ 是一个只与 n、m 和 d 相关的组合参数，而与张量本身无关.

3.7.2 二阶迹与三阶迹的公式

利用前文结论，这里讨论二阶迹和三阶迹，首先利用式(3.59)和式(3.60)，给出二阶迹公式的另一种证明.

定理 3.13 假设 $\mathcal{T}$ 是 m 阶 n 维张量. 那么，

$$\mathrm{Tr}_2(\mathcal{T})=(m-1)^{n-1}\left[\sum_{i=1}^{n}t_{ii\cdots i}^2+\sum_{i<j}\sum_{s=1}^{m-1}\frac{2s}{m-1}\Big(\sum_{\{i_2,\cdots,i_m\}=j^si^{m-1-s}}t_{ii_2\cdots i_m}\Big)\Big(\sum_{\{j_2,\cdots,j_m\}=i^sj^{m-1-s}}t_{jj_2\cdots j_m}\Big)\right]$$

证明 利用式(3.60)进行证明.

类似前文，对每个 $E\in\mathbf{E}_{2,m-1}(n)$，记 $V(E)=\{i\in\{1,\cdots,n\}\mid d_E^+(i)>0\}$. 那么由

(2.10)可得$|V(E)|\leqslant 2$. 据此，可以将集合$\mathbf{E}_{2,m-1}(n)$分成两个子集$\mathbf{E}_{2,m-1}(n)=\mathbf{E}_1\cup\mathbf{E}_2$，其中$E\in\mathbf{E}_k$当且仅当对$k=1,2$成立$|V(E)|=k$.

这样一来，

$$\mathbf{E}_1=\{E(1),\cdots,E(n)\},\quad \mathbf{E}_2=\bigcup_{i<j}\mathbf{E}(i,j) \tag{3.62}$$

其中$V(E(i))=\{i\}$(因此$E(i)=(i,i)^{2(m-1)}$)，对每个$E\in\mathbf{E}(i,j)$有$V(E)=\{i,j\}$. 此外，对每对$1\leqslant i<j\leqslant n$，记

$$\mathbf{E}(i,j)=\{E_0(i,j),E_1(i,j),\cdots,E_{m-1}(i,j)\}$$

其中(作为多重集)

$$E_s(i,j)=(i,j)^s(j,i)^s(i,i)^{m-1-s}(j,j)^{m-1-s}\quad(0\leqslant s\leqslant m-1,\ i<j) \tag{3.63}$$

对$E=E(i)=(i,i)^{2(m-1)}$，可得$|\mathbf{W}(E)|=1$以及$\overline{\pi_E(\mathcal{T})}=t_{i\cdots i}^2$. 因此，

$$\sum_{E\in\mathbf{E}_1}\overline{\pi_E(\mathcal{T})}\,|\mathbf{W}(E)|=\sum_{i=1}^n t_{i\cdots i}^2 \tag{3.64}$$

对$E=E_s(i,j)$，可以通过(3.63)验证

$$b(E)=(s!(m-1-s)!)^2,\quad c(E)=((m-1)!)^2$$

和

$$\pi_E(\mathcal{T})=\sum_{F\in\mathcal{F}_2,\,E(F)=E_s(i,j)}\pi_F(\mathcal{T})=\Big(\sum_{\{i_2,\cdots i_m\}=j^s i^{m-1-s}}t_{ii_2\cdots i_m}\Big)\Big(\sum_{\{j_2,\cdots j_m\}=i^s j^{m-1-s}}t_{jj_2\cdots j_m}\Big) \tag{3.65}$$

接下来，对$E=E_s(i,j)$，考虑$\mathbf{W}(E)$. 如果$W\in\mathbf{W}(E)$，那么W的初始顶点是i或者j，如果W的初始顶点为i，那么有$\binom{m-1}{s}$个以i为起点的W中的$m-1$条边的不同排列，这是由于在这$m-1$条边中有s条边为(i,j). 另一方面，在以j为起点的W中的$m-1$条边中，最后一条边必须为(j,i)，因为W的终点为i. 那么这里有$\binom{m-2}{s-1}$个以j为起点的W中的剩下$m-2$条边的排列. 如果W的起点为j，那么类似证明可得相似结论. 因此对$E=E_s(i,j)$，有$|\mathbf{W}(E)|=2\binom{m-1}{s}\binom{m-2}{s-1}$.

把这些结论与$b(E)$和$c(E)$的表达式结合，可得，对$E=E_s(i,j)$有

$$\begin{aligned}\frac{b(E)}{c(E)}|\mathbf{W}(E)|&=\frac{(s!(m-1-s)!)^2}{((m-1)!)^2}2\binom{m-1}{s}\binom{m-2}{s-1}\\&=\frac{2\binom{m-1}{s}\binom{m-2}{s-1}}{\binom{m-1}{s}^2}=\frac{2s}{m-1}\end{aligned} \tag{3.66}$$

最后，利用式(3.60)、(3.64)、(3.65)、(3.66)和(3.58)，可得

$$\begin{aligned}\mathrm{Tr}_2(\mathcal{T})&=(m-1)^{n-1}\sum_{E\in\mathbf{E}_{2,m-1}(n)}\overline{\pi_E(\mathcal{T})}\,|\mathbf{W}(E)|\\&=(m-1)^{n-1}\Big(\sum_{E\in\mathbf{E}_1}\overline{\pi_E(\mathcal{T})}\,|\mathbf{W}(E)|+\sum_{E\in\mathbf{E}_2}\overline{\pi_E(\mathcal{T})}\,|\mathbf{W}(E)|\Big)\end{aligned}$$

$$= (m-1)^{n-1}\Big(\sum_{E\in\mathbf{E}_1}\overline{\pi_E(\mathcal{T})}\,|\mathbf{W}(E)| + \sum_{i<j}\sum_{s=0}^{m-1}\overline{\pi_{E_s(i,j)}(\mathcal{T})}\,|\mathbf{W}(E_s(i,j))|\Big)$$

$$= (m-1)^{n-1}\Big(\sum_{i=1}^{n} t_{i\cdots i}^2 + \sum_{i<j}\sum_{s=0}^{m-1}\frac{b(E_s(i,j))}{c(E_s(i,j))}|\mathbf{W}(E_s(i,j))|\pi_{E_s(i,j)}(\mathcal{T})\Big)$$

$$= (m-1)^{n-1}\Big[\sum_{i=1}^{n} t_{ii\cdots i}^2 + \sum_{i<j}\sum_{s=1}^{m-1}\frac{2s}{m-1}\Big(\sum_{\{i_2,\cdots i_m\}=j^s i^{m-1-s}} t_{ii_2\cdots i_m}\Big)\Big(\sum_{\{j_2,\cdots j_m\}=i^s j^{m-1-s}} t_{jj_2\cdots j_m}\Big)\Big]$$

其中第一个等式由式(3.60)得来，第四个等式由式(3.64)和式(3.58)得来，最后一个等式由式(3.65)和式(3.66)得来.

在本节最后，考虑$\mathrm{Tr}_3(\mathcal{T})$. 类似于$\mathrm{Tr}_2(\mathcal{T})$，将集合$\mathbf{E}_{3,m-1}(n)$分成如下三个集合$\mathbf{E}_{3,m-1}(n)=\mathbf{E}_1\cup\mathbf{E}_2\cup\mathbf{E}_3$，其中$E\in\mathbf{E}_k$当且仅当对$k=1,2,3$有$|V(E)|=k$，这是因为对每个$E\in\mathbf{E}_{3,m-1}(n)$，有$|V(E)|\leqslant 3$. 接下来，考虑三种情形：

情形 1 （$|V(E)|=1$）. 显然有$\mathbf{E}_1=\{E(1),\cdots,E(n)\}$，其中$V(E(i))=\{i\}$，因此$E(i)=(i,i)^{3(m-1)}$. 那么$|\mathbf{W}(E(i))|=1$以及$\overline{\pi_E(\mathcal{T})}=t_{i\cdots i}^3$. 这样就有

$$\sum_{E\in\mathbf{E}_1}\overline{\pi_E(\mathcal{T})}\,|\mathbf{W}(E)| = \sum_{i=1}^{n} t_{i\cdots i}^3 \tag{3.67}$$

情形 2 （$|V(E)|=2$）. 首先有$\mathbf{E}_2=\bigcup_{i\neq j}\mathbf{E}(i,j)$，其中对每个$E\in\mathbf{E}(i,j)$有$V(E)=\{i,j\}$. 此外，

$$\mathbf{E}(i,j)=\{E_0(i,j),E_1(i,j),\cdots,E_{m-1}(i,j)\}$$

其中

$$E_s(i,j)=(i,j)^s(j,i)^s(i,i)^{2(m-1)-s}(j,j)^{m-1-s}\quad(0\leqslant s\leqslant m-1,\ i\neq j) \tag{3.68}$$

对$E=E_s(i,j)$，有

$$b(E)=(s!)^2(m-1-s)!(2(m-1)-s)!$$
$$c(E)=(m-1)!(2(m-1))!$$

类似于$\mathrm{Tr}_2(\mathcal{T})$的情形，对$E=E_s(i,j)$有

$$|\mathbf{W}(E)|=\binom{m-1}{s}\binom{2(m-1)-1}{s-1}+\binom{2(m-1)}{s}\binom{m-2}{s-1}$$

其中第一项对应初始点为j的闭路径，第二项对应初始点为i的闭路径.

综合这些结论以及$b(E)$与$c(E)$的表达式，可得对$E=E_s(i,j)$有

$$\frac{b(E)}{c(E)}|\mathbf{W}(E)|$$
$$=\frac{1}{\binom{m-1}{s}\binom{2(m-1)}{s}}\left(\binom{m-1}{s}\binom{2(m-1)-1}{s-1}+\binom{2(m-1)}{s}\binom{m-2}{s-1}\right)$$
$$=\frac{s}{2(m-1)}+\frac{s}{m-1}=\frac{3s}{2(m-1)} \tag{3.69}$$

对$E=E_s(i,j)$，可得

$$\pi_E(\mathcal{T})=\sum_{F\in\mathcal{F}_3,\ E(F)=E_s(i,j)}\pi_F(\mathcal{T})$$
$$=\Big(\sum_{\{i_2,\cdots,i_m,k_2,\cdots,k_m\}=j^s i^{2(m-1)-s}} t_{ii_2\cdots i_m}t_{ik_2\cdots k_m}\Big)\Big(\sum_{\{j_2,\cdots,j_m\}=i^s j^{m-1-s}} t_{jj_2\cdots j_m}\Big)$$

因此

$$
\sum_{E\in \mathbf{E}_2} \overline{\pi_E(\mathcal{T})}\,|\mathbf{W}(E)|
$$

$$
= \sum_{i\neq j}\sum_{s=0}^{m-1} \frac{3s}{2(m-1)}\Bigg(\sum_{\{i_2,\cdots,i_m,k_2,\cdots,k_m\}=j^s i^{2(m-1)-s}} t_{ii_2\cdots i_m} t_{ik_2\cdots k_m}\Bigg)\Bigg(\sum_{\{j_2,\cdots,j_m\}=i^s j^{m-1-s}} t_{jj_2\cdots j_m}\Bigg) \tag{3.70}
$$

情形 3　($|V(E)|=3$). 首先有 $\mathbf{E}_3=\bigcup\limits_{i<j<k}\mathbf{E}(i,j,k)$，其中对每个 $E\in\mathbf{E}(i,j,k)$ 有 $V(E)=\{i,j,k\}$.

对给定的 $1\leqslant i<j<k\leqslant n$ 和每个 $E\in\mathbf{E}(i,j,k)$，可得 $d_E^+(i)=d_E^+(j)=d_E^+(k)=d_E^-(i)=d_E^-(j)=d_E^-(k)=m-1$. 记 p、q、r、s 分别为边 (i,j)、(j,k)、(k,i) 和 (j,i) 在 E 中的重数. 那么 E 一定具有如下的形式：

$$
\begin{aligned}
E = E(i,j,k;\ p,q,r,s) := {} & (i,j)^p(j,k)^q(k,i)^r(j,i)^s(i,k)^{r+s-p}(k,j)^{q+s-p} \\
& (i,i)^{m-1-s-r}(j,j)^{m-1-s-q}(k,k)^{m-1+p-r-s-q}
\end{aligned} \tag{3.71}
$$

因此

$$
\mathbf{E}(i,j,k)=\{E(i,j,k;\ p,q,r,s)\mid 0\leqslant p,q,r,s\leqslant m-1,\ \text{并且(3.71)中的所有重数非负}\} \tag{3.72}
$$

对 $E=E(i,j,k;\ p,q,r,s)$，有

$$
c(E)=((m-1)!)^3
$$

$$
\begin{aligned}
b(E)= {} & p!q!r!s!(r+s-p)!(q+s-p)!(m-1-s-r)! \\
& (m-1-s-q)!(m-1+p-r-s-q)!
\end{aligned}
$$

因此

$$
\frac{b(E)}{c(E)}=\frac{1}{\dbinom{m-1}{s,r,m-1-s-r}\dbinom{m-1}{p,q+s-p,\ m-1-s-q}\dbinom{m-1}{q,r+s-p,\ m-1+p-r-s-q}} \tag{3.73}
$$

记 $w(m;\ p,\ q,\ r,\ s)$ 是 W 中具有多重边集为 $E(W)=E(i,\ j,\ k;p,q,r,s)$ 的闭路径的个数. 那么，$w(m;\ p,\ q,\ r,\ s)$ 是一个只与具有三个顶点的有向图相关的图参数，而与 n、i、j、k 无关，也与张量 $\mathcal{T}$ 无关. 那么，

$$
|W(E)|=w(m;\ p,\ q,\ r,\ s)\quad (\text{当 } E=E(i,\ j,\ k;\ p,\ q,\ r,\ s)\text{ 时}) \tag{3.74}
$$

对于使得式(3.71)中的某些重数为负的 $0\leqslant p,\ q,\ r,\ s\leqslant m-1$，可得 $|W(E)|=w(m;\ p,\ q,\ r,\ s)=0$.

此外，记

$$
t(i,\ j,\ k;\ p,\ q,\ r,\ s)=
$$

$$
\Bigg(\sum_{\{i_2,\cdots,i_m\}=i^{*} j^{p} k^{r+s-p}} t_{ii_2\cdots i_m}\Bigg)\Bigg(\sum_{\{j_2,\cdots,j_m\}=i^{s} j^{*} k^{q}} t_{jj_2\cdots j_m}\Bigg)\Bigg(\sum_{\{k_2,\cdots,k_m\}=i^{r} j^{q+s-p} k^{*}} t_{kk_2\cdots k_m}\Bigg) \tag{3.75}
$$

其中 $*$ 是一些合适的数使得多重集 $\{i_2,\cdots,i_m\}$，$\{j_2,\cdots,j_m\}$ 和 $\{k_2,\cdots,k_m\}$ 的总重数都是 $m-1$. 那么，

$$\pi_{E(i,j,k;p,q,r,s)}(\mathcal{T}) = t(i, j, k; p, q, r, s) \tag{3.76}$$

由式(3.72)、(3.73)、(3.74)和(3.76)，可得

$$\sum_{E\in \mathbf{E}_3} \frac{b(E)}{c(E)} \pi_E(\mathcal{T}) \left| \mathbf{W}(E) \right| =$$

$$\sum_{i<j<k} \sum_{p=0}^{m-1} \sum_{q=0}^{m-1} \sum_{r=0}^{m-1} \sum_{s=0}^{m-1} \frac{w(m; p, q, r, s) t(i, j, k; p, q, r, s)}{\binom{m-1}{s, r, *}\binom{m-1}{p, q+s-p, *}\binom{m-1}{q, r+s-p, *}} \tag{3.77}$$

其中 $*$ 是使得相应的三个数的和等于 $m-1$ 的合适的数.

结合式(3.67)、(3.70)和(3.77)，可得如下结论.

定理 3.14 假设 $\mathcal{T}$ 是 m 阶 n 维张量. 那么，

$$\frac{\mathrm{Tr}_3(\mathcal{T})}{(m-1)^{n-1}} =$$

$$\sum_{i=1}^{n} t_{ii\cdots i}^3 + \sum_{i\neq j} \sum_{s=0}^{m-1} \frac{3s}{2(m-1)} \left(\sum_{\{i_2,\cdots,i_m,k_2,\cdots,k_m\}=j^s i^{2(m-1)-s}} t_{ii_2\cdots i_m} t_{ik_2\cdots k_m} \right) \left(\sum_{\{j_2,\cdots,j_m\}=i^s j^{m-1-s}} t_{jj_2\cdots j_m} \right)$$

$$+ \sum_{i<j<k} \sum_{p=0}^{m-1} \sum_{q=0}^{m-1} \sum_{r=0}^{m-1} \sum_{s=0}^{m-1} \frac{w(m; p, q, r, s) t(i, j, k; p, q, r, s)}{\binom{m-1}{s, r, *}\binom{m-1}{p, q+s-p, *}\binom{m-1}{q, r+s-p, *}} \tag{3.78}$$

其中 $w(m; p, q, r, s)$ 和 $t(i, j, k; p, q, r, s)$ 分别由(3.74)和(3.75)定义.

证明 由式(3.60)和 $\mathbf{E}_{3,m-1}(n) = \mathbf{E}_1 \cup \mathbf{E}_2 \cup \mathbf{E}_3$ 可得

$$\frac{\mathrm{Tr}_3(\mathcal{T})}{(m-1)^{n-1}} = \sum_{E\in \mathbf{E}_1} \overline{\pi_E(\mathcal{T})} \left| \mathbf{W}(E) \right| + \sum_{E\in \mathbf{E}_2} \overline{\pi_E(\mathcal{T})} \left| \mathbf{W}(E) \right| + \sum_{E\in \mathbf{E}_3} \overline{\pi_E(\mathcal{T})} \left| \mathbf{W}(E) \right|$$

将式(3.67)、(3.70)和式(3.77)代入，可得式(3.78). 定理证毕.

注：

(1) 对于使得式(3.71)中的某些重数为负的 $0 \leqslant p, q, r, s \leqslant m-1$，有 $w(m;p, q, r, s)=0$. 因此，添加或者消去 p、q、r、s 中的某些项值(或者使得 $w(m; p, q, r, s)=0$ 的 p、q、r、s 的值)不会改变上述公式的求和项的值.

(2) 当 m 比较小的时候，图参数 $w(m; p, q, r, s)$ 可以被直接计算出来，或者借助计算机计算出更多情形的值.

(3) 关于式(3.77)中的 $\sum_{E\in \mathbf{E}_3} \frac{b(E)}{c(E)} \pi_E(\mathcal{T}) \left| \mathbf{W}(E) \right|$ 的进一步说明如下.

理论上，如果得到了 m 阶 3 维张量 $\mathcal{T}$ 的公式 $\sum_{E\in \mathbf{E}_3} \frac{b(E)}{c(E)} \pi_E(\mathcal{T}) \left| \mathbf{W}(E) \right|$，那么可以得到一个一般 m 阶 n 维张量 $\mathcal{T}$ 的公式 $\sum_{E\in \mathbf{E}_3} \frac{b(E)}{c(E)} \pi_E(\mathcal{T}) \left| \mathbf{W}(E) \right|$. 具体方法如下：

步骤 1：对 m 阶 3 维张量 $\mathcal{T}$ 在公式 $\sum_{E\in \mathbf{E}_3} \frac{b(E)}{c(E)} \pi_E(\mathcal{T}) \left| \mathbf{W}(E) \right|$ 中的每一项，将下标 1 用 i 代替，下标 2 用 j 代替，下标 3 用 k 代替，其余不变.

步骤 2：将 $\sum_{i<j<k}$ 加到公式的 $E \in \mathbf{E}_3$ 部分的开始处.

3.8　特征值的代数与几何重数

本节讨论特征值的代数与几何重数，整个讨论围绕如下猜想展开.

猜想 3.15　假设 m 阶 n 维张量 $\mathcal{A}$ 的特征值 λ 对应的特征向量集合(即特征簇)$V(\lambda)$包含 κ 个不可约的部分V_1, …, V_κ. 则如下结论成立

$$\operatorname{am}(\lambda) \geqslant \sum_{i=1}^{\kappa} \dim(V_i)(m-1)^{\dim(V_i)-1}$$

其中 $\operatorname{am}(\lambda)$是特征值$\lambda$ 的代数重数，而 $\dim(V_i)$是代数簇V_i 的仿射维数. 根据定义，存在某个 i，使得特征值的几何重数满足 $\dim(V_i)=\operatorname{gm}(\lambda)$，因此上式蕴含关于代数与几何重数的如下关系

$$\operatorname{am}(\lambda) \geqslant \operatorname{gm}(\lambda)(m-1)^{\operatorname{gm}(\lambda)-1} \tag{3.79}$$

众所周知，对于矩阵(即 $m=2$)而言，代数重数总是不小于几何重数. 那么可见式(3.79)是该重要结论的张量延伸.

在本节中，将在多种情况下证明猜想式(3.79)的正确性. 但是完全的证明尚且缺失.

命题 3.13　给定 $\mathcal{T}=(t_{ii_2\cdots i_m})\in\mathbb{T}(\mathbb{C}^n, m)$. 对任意 $\lambda, \mu\in\sigma(\mathcal{T})$，成立

$$V(\lambda)\cap V(\mu)=\{\mathbf{0}\} \Leftrightarrow \lambda\neq\mu$$

且

$$V(\lambda)=V(\mu) \Leftrightarrow \lambda=\mu$$

证明　只需要证明当$\lambda\neq\mu$ 时 $V(\lambda)\cap V(\mu)=\{\mathbf{0}\}$. 假设相反，即$(\lambda, \mathbf{x})$和$(\mu, \mathbf{x})$是 $\mathcal{T}$ 的两个特征对，且 $\lambda\neq\mu$ 以及 $\mathbf{x}\neq\mathbf{0}$. 那么，

$$\lambda\,\mathbf{x}^{[m-1]} = \mathcal{T}\mathbf{x}^{m-1} = \mu\,\mathbf{x}^{[m-1]}$$

因为 $\mathbf{x}\neq\mathbf{0}$，所以得到矛盾.

注意，矩阵情形下，特征方程关于特征向量是一组线性方程组，但是在张量情形下，特征方程是非线性的方程组. 因此，在矩阵情形下，几何重数在实数域 $\mathbb{R}$ 和复数域 $\mathbb{C}$ 上具有相同的值，但是在张量情形下($m\geqslant 3$)，实数域 $\mathbb{R}$ 上的几何重数可能比复数域 $\mathbb{C}$ 上的几何重数小. 可见例 2.1，其中 $V(1)$在 $\mathbb{C}$ 中具有维数 1，但是在 $\mathbb{R}$ 中是空集.

命题 3.14　给定 $\mathcal{T}\in\mathbb{T}(\mathbb{R}^n, m)$以及$\lambda\in\mathbb{R}$是 $\mathcal{T}$的一个特征值. 假设$\operatorname{gm}_{\mathbb{R}}(\lambda)$是$\lambda$ 在 $\mathbb{R}$ 上的几何重数，而$\operatorname{gm}_{\mathbb{C}}(\lambda)$是$\lambda$ 在 $\mathbb{C}$ 上的几何重数. 那么

$$\operatorname{gm}_{\mathbb{R}}(\lambda)\leqslant\operatorname{gm}_{\mathbb{C}}(\lambda)$$

3.8.1　零特征值的重数

首先考察零特征值的重数，先从矩阵情形出发.

1. 矩阵情形

假设 $\mathbf{A}\in\mathbb{C}^{n\times n}$是给定矩阵，$\lambda_*\in\sigma(\mathbf{A})$是一个特征值使得其特征空间为

$$V(\lambda_*)=\{\mathbf{x}\in\mathbb{C}^n\colon x_{k+1}=\cdots=x_n=0\} \tag{3.80}$$

那么，$\operatorname{gm}(\lambda_*)=k$. 将 $\mathbf{A}$ 根据$\{1, \cdots, n\}=\{1, \cdots, k\}\cup\{k+1, \cdots, n\}$划分为

$$\boldsymbol{A}=\begin{bmatrix}\boldsymbol{A}_1 & \boldsymbol{A}_2\\ \boldsymbol{A}_3 & \boldsymbol{A}_4\end{bmatrix}$$

其中 $\boldsymbol{A}_1\in\mathbb{C}^{k\times k}$，$\boldsymbol{A}_4\in\mathbb{C}^{(n-k)\times(n-k)}$. 由于矩阵 $\boldsymbol{A}$ 的特征值 λ_* 的特征空间具有形式(3.80)，那么

$$\boldsymbol{A}_1=\lambda_* I,\ \boldsymbol{A}_3=\boldsymbol{0}$$

因此

$$\begin{aligned}\chi(\lambda)&=\mathrm{Det}(\lambda I-\boldsymbol{A})\\&=\mathrm{Det}(\lambda I-\boldsymbol{A}_1)\mathrm{Det}(\lambda I-\boldsymbol{A}_4)=(\lambda-\lambda_*)^k\mathrm{Det}(\lambda I-\boldsymbol{A}_4)\end{aligned}$$

这样一来，

$$\mathrm{am}(\lambda_*)\geqslant k=\mathrm{gm}(\lambda_*)\tag{3.81}$$

对于一般情形，如果 $V(\lambda_*)$不属于(3.80)这种情形，那么可以找到正交变换 $P\in\mathbb{U}(n,\mathbb{C})$(在复数域 $\mathbb{C}$ 上阶数为 n 的正交线性群)使得

$$PV(\lambda_*):=\{P\mathbf{x}:\mathbf{x}\in V(\lambda_*)\}=\{\mathbf{x}\in\mathbb{C}^n:x_{k+1}=\cdots=x_n=0\}$$

由此可得

$$\boldsymbol{B}=\boldsymbol{PAP}^{\mathrm{H}}$$

仍然满足 λ_* 是其特征值，且特征空间为 $PV(\lambda_*)$，此时其具有形式(3.80). 因此，前序推导可以得出

$$\mathrm{Det}(\lambda\boldsymbol{I}-\boldsymbol{B})=(\lambda-\lambda_*)^k p(\lambda)$$

对某个次数为 $n-k$ 的首一多项式 $p\in\mathbb{C}[\lambda]$成立. 然而，

$$\mathrm{Det}(\lambda\boldsymbol{I}-\boldsymbol{B})=\mathrm{Det}(\lambda\boldsymbol{I}-\boldsymbol{PAP}^{\mathrm{H}})=\mathrm{Det}(\boldsymbol{P}(\lambda\boldsymbol{I}-\boldsymbol{A})\boldsymbol{P}^{\mathrm{H}})=\mathrm{Det}(\lambda\boldsymbol{I}-\boldsymbol{A})$$

因此，式(3.81)在此情况下仍然成立.

上述推导很大程度上基于矩阵特征值具有正交不变性，而特征向量在正交变化下和矩阵保持一致性. 正交变换可以延伸到张量[5]，但是一般情况下，特征值不再具有不变性. 然而，零特征值在这种变换下具有一定的不变性.

2. 零特征值

给定张量 $\mathcal{A}\in\mathbb{T}(\mathbb{C}^n,m)$，以及矩阵 $\boldsymbol{P}^{(i)}\in\mathbb{C}^{r\times n}$，其中 $i=1,\cdots,m$，可以按如下的方式定义矩阵张量乘积 $(\boldsymbol{P}^{(1)},\boldsymbol{P}^{(2)}\cdots,\boldsymbol{P}^{(m)})\cdot\mathcal{A}\in\mathbb{T}(\mathbb{C}^r,m)$(参见文献[9]、[28])：

$$[(\boldsymbol{P}^{(1)},\boldsymbol{P}^{(2)},\cdots,\boldsymbol{P}^{(m)})\cdot\mathcal{A}]_{i_1i_2\cdots i_m}:=\sum_{j_1,j_2,\cdots,j_m=1}^{n}a_{j_1j_2\cdots j_m}p_{i_1j_1}^{(1)}p_{i_2j_2}^{(2)}\cdots p_{i_mj_m}^{(m)}\ \forall\, i_1,i_2\cdots,i_m=1,\cdots,r$$

这显然是矩阵乘积的延伸，容易看到对矩阵 $\boldsymbol{A}$，$(\boldsymbol{P},\boldsymbol{P})\cdot\boldsymbol{A}=\boldsymbol{PAP}^{\mathrm{T}}$ 成立. 一般来说，若

$$\boldsymbol{P}^{(1)}=\cdots=\boldsymbol{P}^{(m)}=\boldsymbol{P}$$

将$(\boldsymbol{P},\boldsymbol{P},\cdots,\boldsymbol{P})\cdot\mathcal{A}$简记为 $\boldsymbol{P}\cdot\mathcal{A}$. 可以直接验证，当 $\boldsymbol{P}\in\mathbb{C}^{r\times n}$时，

$$\begin{aligned}(\boldsymbol{P}\cdot\mathcal{A})\mathbf{x}^{m-1}&=\boldsymbol{P}\{[(\boldsymbol{I},\boldsymbol{P},\cdots,\boldsymbol{P})\cdot\mathcal{A}]\mathbf{x}^{m-1}\}\\&=\boldsymbol{P}[\mathcal{A}(\boldsymbol{P}^{\mathrm{T}}\mathbf{x})^{m-1}]\ \forall\,\mathbf{x}\in\mathbb{C}^r\end{aligned}\tag{3.82}$$

其中 $\boldsymbol{I}$ 是$\mathbb{C}^{n\times n}$中的单位矩阵.

特别地，当 $r=n$ 且 $\boldsymbol{P}\in\mathbb{GL}(n,\mathbb{C})$时，可得，在通过 $\mathbf{x}\mapsto\mathbf{y}=\boldsymbol{P}\mathbf{x}$ 这样的坐标变换$\mathbb{C}^n\to\mathbb{C}^n$下，

多项式系统

$$\mathcal{A}\mathbf{x}^{m-1}=\mathbf{0}$$

变为

$$[(\boldsymbol{I},\boldsymbol{P}^{-\mathrm{T}},\cdots,\boldsymbol{P}^{-\mathrm{T}})\cdot\mathcal{A}]\mathbf{y}^{m-1}=\mathbf{0}$$

当 $\boldsymbol{P}\in\mathbb{O}(n,\mathbb{C})$时，矩阵张量乘积 $\boldsymbol{P}\cdot\mathcal{A}$成为空间$\mathbb{T}(\mathbb{C}^n,m)$上的一个自然的正交线性作用. 相应地，一般线性群$\mathbb{GL}(n,\mathbb{C})$的作用也可以得到. 注意，特征超曲面$\mathbb{V}(\mathrm{DET})$在这个群的作用下是不变的(参看文献[37]，或者定义 2.2 及定义 2.3). 关于矩阵张量乘积的群$\mathbb{O}(n,\mathbb{C})$作用的观点只在本小节使用，其他地方都是作为一个代数运算.

下面的结论将从几何观点揭示代数重数复杂的一面.

命题 3.15　在群$\mathbb{O}(n,\mathbb{C})$作用下，零特征值的代数重数不是一个不变量.

证明　找到一个例子 $\mathcal{A}$，其特征多项式

$$\mathrm{Det}(\lambda\mathcal{I}-\mathcal{A})$$

的余次大于 1 的系数是零，而对某个 $\boldsymbol{P}\in\mathbb{O}(n,\mathbb{C})$，$\boldsymbol{P}\cdot\mathcal{A}$的特征多项式

$$\mathrm{Det}(\lambda\mathcal{I}-\boldsymbol{P}\cdot\mathcal{A})$$

余次为 1 的系数不等于零.

假设 $\mathcal{A}\in\mathbb{T}(\mathbb{C}^2,3)$的分量为 $a_{112}=1$，对其他的 $i,j,k\in\{1,2\}$，$a_{ijk}=0$.

$\mathcal{A}$是一个上三角的张量，根据定理 3.4，可得

$$\mathrm{Det}(\lambda\mathcal{I}-\mathcal{A})=(\lambda-a_{111})^2(\lambda-a_{222})^2=\lambda^4$$

因此，$\mathcal{A}$的零特征值的代数重数是 4，且零是 $\mathcal{A}$的唯一特征值.

假设 $\boldsymbol{P}\in\mathbb{C}^{2\times 2}$ 是

$$\boldsymbol{P}=\begin{bmatrix}\frac{1}{\sqrt{2}} & \frac{-1}{\sqrt{2}}\\ \frac{-1}{\sqrt{2}} & \frac{-1}{\sqrt{2}}\end{bmatrix}$$

那么，$\boldsymbol{P}\in\mathbb{O}(2,\mathbb{C})$. 通过计算可得

$$\mathcal{B}:=\boldsymbol{P}\cdot\mathcal{A}\in\mathbb{T}(\mathbb{C}^2,3)$$

其中

$$b_{111}=\frac{-1}{2\sqrt{2}},\ b_{222}=\frac{-1}{2\sqrt{2}}$$

因此

$$\mathrm{Tr}(\mathcal{B}):=2(b_{111}+b_{222})=-\sqrt{2}$$

由定理 3.7 以及命题 3.5，可得

$$\mathrm{Det}(\lambda\mathcal{I}-\mathcal{B})=\lambda^4-\mathrm{Tr}(\mathcal{B})\lambda^3+\text{低阶项}=\lambda^4+\sqrt{2}\lambda^3+\text{低阶项}$$

因此，$\mathcal{B}=\boldsymbol{P}\cdot\mathcal{A}$具有非零特征值. 所以，其零特征值的代数重数是严格小于 4 的.

命题 3.15 说明任何特征值的重数在上述群作用下都可能变化. 从这里可以看出，代数重数确实具有“代数”性质，而非一个比较好的“几何”对象. 同时可见，在群$\mathbb{O}(n,\mathbb{C})$作用下，$\mathbb{T}(\mathbb{C}^n,m)$上的轨道相当复杂. 然而，代数重数和几何重数的关系仍然是一个可以讨论的问题，鉴于经典线性代数和已知结论的逻辑推理，这个潜在的结论应该满足

$$\mathrm{am}(\lambda)\geqslant \mathfrak{f}(\mathrm{gm}(\lambda))\geqslant \mathrm{gm}(\lambda) \tag{3.83}$$

其中函数 $\mathfrak{f}$ 与所在的张量空间的阶数 m 有关.

另一方面，对于零特征值，其几何重数确实是一个“几何对象”.

命题 3.16 零特征值的特征簇的不可约部分的个数与维数在群 $\mathbb{O}(n, \mathbb{C})$ 作用下是不变的. 特别地，零特征值的几何重数是不变的.

证明 张量 $\boldsymbol{P}\cdot\mathcal{A}$ 零特征值的特征簇 $V_{\boldsymbol{P}\cdot\mathcal{A}}(0)$ 是张量 $\mathcal{A}$ 的零特征值的特征簇 $V_{\mathcal{A}}(0)$ 的变换 $\boldsymbol{P}V_{\mathcal{A}}(0)$. 因为一个代数簇的不可约部分的个数及其维数在坐标变换下是保持不变的，因此结论成立.

注意，在线性代数情形，特征簇即为特征空间，即是一个线性空间，那么在正交群的作用下，唯一的几何量即为其维数，即几何重数. 但是张量的特征簇更为复杂，其几何量远远不止维数. 不过，两个首要的刻画即为特征簇的不可约部分的个数及其维数.

3. 重数关系的一个猜想

从命题 3.16 出发，考虑命题 3.15 中的例子，假设张量 $\mathcal{B}$ 的其他元素为

$$b_{112}=-\frac{1}{2\sqrt{2}},\ b_{121}=\frac{1}{2\sqrt{2}},\ b_{122}=\frac{1}{2\sqrt{2}}$$

$$b_{211}=\frac{1}{2\sqrt{2}},\ b_{212}=\frac{1}{2\sqrt{2}},\ b_{221}=-\frac{1}{2\sqrt{2}}$$

那么，张量 $\mathcal{B}$ 的特征方程为

$$\frac{1}{2\sqrt{2}}(-x^2+y^2)=\lambda x^2$$

$$\frac{1}{2\sqrt{2}}(x^2-y^2)=\lambda y^2$$

由 Macaulay 2[57]，可以计算出张量 $\mathcal{B}$ 的特征多项式为

$$\chi(\lambda)=\lambda^4+\sqrt{2}\lambda^3+\frac{1}{2}\lambda^2$$

因此，张量 $\mathcal{B}$ 的特征值为

$$0(\text{有 am}(0)=2),\ -\frac{1}{\sqrt{2}}\left(\text{有 am}\left(-\frac{1}{\sqrt{2}}\right)=2\right)$$

由于 $\mathcal{A}\mathbf{x}^2\neq\mathbf{0}$，可以证明张量 $\mathcal{A}$ 的零特征值的几何重数不可能为 2，因此为 1. 通过计算，张量 $\mathcal{A}$ 的零特征值的特征簇为

$$V(0)=\mathbb{C}\{(1,0)\}\cup\mathbb{C}\{(0,1)\}$$

其有两个不可约部分. 同时，可见张量 $\mathcal{B}$ 的零特征值的代数重数是特征簇的不可约部分的个数，每个不可约部分是射影空间中的一个点，因此在仿射空间中具有维数 1.

一般情况下，由命题 3.16、一些例子和矩阵情形，可以猜测式(3.83)应该对特征值 λ 的特征簇的每个不可约部分 V_i 都成立

$$\mathrm{am}(\lambda)\geqslant\mathfrak{f}(\dim(V_i))\geqslant\dim(V_i)$$

因此，合起来得到

$$\mathrm{am}(\lambda)\geqslant\sum_{V_i\subset V(\lambda)\text{是一个不可约部分}}\mathfrak{f}(\dim(V_i)) \tag{3.84}$$

类似地，$\mathfrak{f}(\dim(V_i))$与张量空间的阶数 m 相关. 一旦(3.84)成立，就可以得到式(3.83). 这是因为

$$\mathrm{am}(\lambda)\geqslant \sum_{V_i\subset V(\lambda)\text{是一个不可约部分}} \mathfrak{f}(\dim(V_i))\geqslant \mathfrak{f}(\dim(V_*))\geqslant \mathrm{gm}(\lambda)$$

其中 $\dim(V_*)=\mathrm{gm}(\lambda)$. 在线性代数(即 $m=2$)中，$V(\lambda)$是连通的，并且

$$\mathfrak{f}(\dim(V(\lambda)))=\dim(V(\lambda))$$

那么，如下猜测成立

$$\mathfrak{f}(\dim(V_i))=\dim(V_i)(m-1)^{\dim(V_i)-1}$$

此式对上述例子成立. 下文中将证明其在很多情形下也成立.

综上，得到猜想 3.15. 在本书中，将不涉及关于不可约部分的个数的讨论，主要讨论 $\mathrm{am}(\lambda)$与 $\mathrm{gm}(\lambda)$的关系，即(3.79).

首先给出这个猜想成立的一个简单情形.

命题 3.17　假设 $\mathcal{I}\in\mathbb{T}(\mathbb{C}^n, m)$是单位张量. 那么对所有的 $\mu\in\mathbb{C}$，$\mu\mathcal{I}$ 的特征多项式为

$$\chi(\lambda)=(\lambda-\mu)^{n(m-1)^{n-1}}$$

对于张量 $\mu\mathcal{I}$，由定义 2.1，可得 $V(\mu)=\mathbb{C}^n$ 及 $\sigma(\mu\mathcal{I})=\{\mu\}$，因此 $\mathrm{gm}(\mu)=n$. 由命题 3.17 得 $\mathrm{am}(\mu)=n(m-1)^{n-1}=\mathrm{gm}(\mu)(m-1)^{\mathrm{gm}(\mu)-1}$.

3.8.2　低边界秩对称张量

本小节继续讨论猜想 3.15 在零特征值的情形. 所考虑的张量是具有低边界秩的对称张量.

对于给定的正整数，记 $\mathfrak{S}(m)$为 m 个元素的排列群. 对于给定张量 $\mathcal{T}\in\mathbb{T}(\mathbb{C}^n, m)$，如果对所有的 $\tau\in\mathfrak{S}(m)$，$t_{i_1\cdots i_m}=t_{i_{\tau(1)}\cdots i_{\tau(m)}}$ 都成立，则称其为对称张量. 记 $S^m(\mathbb{C}^n)\subset\mathbb{T}(\mathbb{C}^n, m)$为 m 阶 n 维对称张量构成的线性空间. 假设 $\mathcal{A}\in\mathrm{S}^m(\mathbb{C}^n)$.

每个给定的张量 $\mathcal{A}\in\mathrm{S}^m(\mathbb{C}^n)$可以引出一个线性映射 $L_{\mathcal{A}}:\mathrm{S}^{m-1}(\mathbb{C}^n)\to\mathbb{C}^n$，其将$\mathbf{x}^{\otimes(m-1)}$映射到 $\mathcal{A}\mathbf{x}^{m-1}$. 线性映射 $L_{\mathcal{A}}$ 的值域是张量 $\mathcal{A}$ 的边界空间，记为 $M_{\mathcal{A}}$. 线性映射 $L_{\mathcal{A}}$ 的矩阵表示的秩，或者边界空间 $M_{\mathcal{A}}$ 的维数，称为张量 $\mathcal{A}$的边界秩，记为 $\mathrm{mrank}(\mathcal{A})$. 假设 $\boldsymbol{P}\in\mathbb{C}^{n\times n}$ 是 $\mathbb{C}^n$ 到 $M_{\mathcal{A}}$ 的正交投影，那么 $\boldsymbol{P}\cdot\mathcal{A}=\mathcal{A}$成立.

每个张量 $\mathcal{A}\in\mathrm{S}^m(\mathbb{C}^n)$具有一个最小对称秩一分解. 该分解还可以满足如下形式

$$\mathcal{A}=\sum_{i=1}^{R}\mathbf{a}_i^{\otimes m},\ \mathbf{a}_i\in M_{\mathcal{A}},\ R\in\mathbb{N} \tag{3.85}$$

事实上，对任意张量的分解 $\mathcal{A}=\sum_{i=1}^{R}\mathbf{a}_i^{\otimes m}$，都可以得到形如式(3.85)的分解，方式如下

$$\mathcal{A}=\boldsymbol{P}\cdot\mathcal{A}=\sum_{i=1}^{R}(\boldsymbol{P}\mathbf{a}_i)^{\otimes m}$$

假设

$$\mathbf{A}=[\mathbf{a}_1,\cdots,\mathbf{a}_R],\ \mathbf{d}=((\mathbf{a}_1^{\mathrm{T}}\mathbf{x})^{m-1},\cdots,(\mathbf{a}_R^{\mathrm{T}}\mathbf{x})^{m-1})^{\mathrm{T}}$$

那么 $\mathcal{A}\mathbf{x}^{m-1}=\mathbf{A}\mathbf{d}$，因而 $\mathrm{range}(\mathbf{A})\subseteq M_{\mathcal{A}}\subseteq\mathrm{range}(\mathbf{A})$. 因此矩阵 $\mathbf{A}\in\mathbb{C}^{n\times R}$ 的秩即为张量 $\mathcal{A}$ 的边界秩，而矩阵 $\mathbf{A}$ 的列空间即为张量 $\mathcal{A}$ 的边界空间. 这也可以作为边界秩和边界空间的定

义. 显然，$\mathrm{mrank}(\mathcal{A})\leqslant n$，而通常来讲 $\mathrm{mrank}(\mathcal{A})<R$. 关于对称张量的进一步讨论，可以参阅文献[28]及[58]. 前文提到的“低边界秩对称张量”指的是边界秩不超过(严格小于) n 的对称张量.

通过对称张量的秩一分解，即式(3.85)，张量 $\mathcal{A}$ 的特征方程可以写成

$$\sum_{i=1}^{R}(\mathbf{a}_i^{\mathrm{T}}\mathbf{x})^{m-1}\mathbf{a}_i=\lambda\,\mathbf{x}^{[m-1]} \tag{3.86}$$

如果张量 $\mathcal{A}$ 的边界秩为 R，即矩阵 $\mathbf{A}$ 是满秩的，则称 $\mathcal{A}$ 是本质正交可分解的. 该条件蕴含 $\mathrm{mrank}(\mathcal{A})=R\leqslant n$. 同时，也可以得到张量的秩为 $\mathrm{mrank}(\mathcal{A})$（参考文献[58]中的引理 5.1). 在这种情况下，由于矩阵 $\mathbf{A}$ 的列向量线性无关，张量 $\mathcal{A}$ 可以被分解为 $\boldsymbol{P}\cdot\mathcal{B}$，其中 $\boldsymbol{P}\in\mathbb{GL}(n,\mathbb{C})$，而 $\mathcal{B}$ 是一个正交可分解张量，即具有秩一分解式(3.85)且矩阵 $\mathbf{A}$ 的列向量是正交的.

假设 $\mathrm{mrank}(\mathcal{A})=s<n$. (3.86)的一个直接推论就是张量 $\mathcal{A}$ 的特征簇 $V(0)$ 包含矩阵 $\mathbf{A}^{\mathrm{T}}$ 的核. 因此，$\mathrm{gm}(0)\geqslant n-s$.

命题 3.18 假设 $s\leqslant n$，如果 $\mathcal{A}\in\mathrm{S}^m(\mathbb{C}^n)$ 具有 $\mathrm{mrank}(\mathcal{A})\leqslant s$，且是一般选取的. 那么

$$V(0)=\ker(\boldsymbol{A}^{\mathrm{T}})$$

因此 $\mathrm{gm}(0)=n-s$.

证明 如果 $s=n$，那么结论显然成立. 接下来证明其他情况. 假设 $\boldsymbol{P}\in\mathbb{O}(n,\mathbb{C})$ 是非奇异矩阵使得 $\boldsymbol{P}\cdot\mathcal{A}$ 成为上块对角的结构 $\mathcal{B}$，其非零块是张量 $\mathcal{C}\in\mathrm{S}^m(\mathbb{C}^s)$，即

$$b_{i_1\cdots i_m}=\begin{cases}c_{i_1\cdots i_m} & i_1,\cdots,i_m\in\{1,\cdots,s\}\\ 0 & \text{其他}\end{cases}$$

那么，对某个 $\boldsymbol{B}\in\mathbb{C}^{s\times R}$，成立

$$\boldsymbol{PA}=\begin{bmatrix}\boldsymbol{B}\\ \mathbf{0}\end{bmatrix} \tag{3.87}$$

记

$$\boldsymbol{P}=[\boldsymbol{p}_1,\cdots,\boldsymbol{p}_n]^{\mathrm{T}}$$

使用坐标变换 $\mathbf{x}\mapsto\boldsymbol{P}^{\mathrm{T}}\mathbf{y}$. 在这个变换下，由式(3.82)可得方程

$$\boldsymbol{P}[\mathcal{A}\mathbf{x}^{m-1}]=\mathbf{0}$$

成为

$$\boldsymbol{P}[\mathcal{A}(\boldsymbol{P}^{\mathrm{T}}\mathbf{y})^{m-1}]=(\boldsymbol{P}\cdot\mathcal{A})(\mathbf{y})^{m-1}=\mathcal{B}\mathbf{y}^{m-1}=\mathbf{0}$$

或者等价地写成

$$\mathcal{C}\mathbf{z}^{m-1}=\mathbf{0} \tag{3.88}$$

其中 $\mathbf{y}=(\mathbf{z},\mathbf{w})$，$\mathbf{z}\in\mathbb{C}^s$. 可以看到

$$\mathbf{x}\in V_{\mathcal{A}}(0)\text{当且仅当}\boldsymbol{P}\mathbf{x}\in V_{\mathcal{B}}(0)\text{当且仅当}\boldsymbol{P}\mathbf{x}=(\mathbf{z},\mathbf{w})\text{，其中}\mathbf{z}\in V_{\mathcal{C}}(0)$$

注意，所有边界秩为 t 且 $t\leqslant s$ 的对称张量构成整个空间 $S^m(\mathbb{C}^n)$ 的一个代数簇，包含了边界秩为 $t=s$ 的张量. 边界秩为 $t=s$ 的张量构成了这个代数簇的非空 Zariski 开集. 注意，上述两个集合在群 $\mathbb{O}(n,\mathbb{C})$ 作用下是不变的. 因此，对于这个代数簇中一般选取的张量 $\mathcal{A}$，其具有最大的边界秩 s 且

$$\mathrm{Det}(\mathcal{C})\neq 0$$

这是因为张量$\begin{pmatrix}\mathcal{I}_s\\ \mathbf{0}\end{pmatrix}$具有边界秩 s 且 $\mathrm{Det}(\mathcal{I}_s)=1$[①]. 其中 $\mathcal{I}_s$是$\mathrm{S}^m(\mathbb{C}^s)$中的单位张量.

因此，对于一个一般选取的 $\mathcal{A}\in\mathrm{S}^m(\mathbb{C}^n)$且具有边界秩 s 的张量，式(3.88)的唯一解是 $\mathbf{z}=\mathbf{0}$. 因此，

$$\mathbf{x}\in V_{\mathcal{A}}(0)\text{当且仅当}\boldsymbol{P}\mathrm{x}=(\mathbf{0},\mathbf{w})\text{，其中 }\mathbf{w}\in\mathbb{C}^{n-s}$$

由 $\boldsymbol{PA}$ 的结构(参看式(3.87))，可得

$$V_{\mathcal{A}}(0)=\ker(\boldsymbol{A}^{\mathrm{T}})$$

结论证毕.

这里，对于术语“一般选取的张量”作一个简要说明. 以“一个一般选取的具有边界秩不超过 s 的对称张量具有性质 $V(0)=\mathrm{Ker}(\boldsymbol{A}^{\mathrm{T}})$”为例，它指的是，具有边界秩不超过 s，且满足 $V(0)=\mathrm{Ker}(\boldsymbol{A}^{\mathrm{T}})$的所有对称张量的集合包含一个在 Zariski 拓扑下，边界秩不超过 s 的所有对称张量的集合的稠密子集.

接下来的定理说明猜想 3.15 对具有固定边界秩的一般选取的对称张量的零特征值是成立的.

定理 3.16　假设 $\mathcal{A}\in\mathrm{S}^m(\mathbb{C}^n)$具有 $\mathrm{mrank}(\mathcal{A})=s\leqslant n$. 那么，张量 $\mathcal{A}$ 的非零特征值的个数 $\mathrm{nnz}(\mathcal{A})$满足

$$\mathrm{nnz}(\mathcal{A})\leqslant s\,(m-1)^{n-1}\tag{3.89}$$

且等号对于具有边界秩 $\mathrm{mrank}(\mathcal{A})=s$ 的一般选取的对称张量成立. 因此，在一般选取的情况下，

$$\mathrm{am}(0)\geqslant(n-s)(m-1)^{n-1}\geqslant\mathrm{gm}(0)\,(m-1)^{\mathrm{gm}(0)-1}$$

以及对于具有边界秩 s 的一般选取的张量 $\mathrm{am}(0)=(n-s)(m-1)^{n-1}$成立.

证明　类似于命题 3.18 的证明，记 $\boldsymbol{P}\in\mathbb{O}(n,\mathbb{C})$是使得 $\boldsymbol{P}\cdot\mathcal{A}$成为上对角块张量 $\mathcal{B}$ 的非奇异矩阵. 张量 $\mathcal{B}$ 的非零块是 $\mathcal{C}\in\mathrm{S}^m(\mathbb{C}^s)$，同时

$$\boldsymbol{P}=[\mathbf{p}_1,\cdots,\mathbf{p}_n]^{\mathrm{T}}$$

在坐标变换 $\mathbf{x}\mapsto\boldsymbol{P}^{\mathrm{T}}\mathbf{y}$ 下，方程

$$\boldsymbol{P}[\mathcal{A}\,\mathbf{x}^{m-1}-\lambda\,\mathbf{x}^{[m-1]}]=\mathbf{0}$$

变为(参见式(3.82))

$$\boldsymbol{P}[\mathcal{A}\,(\boldsymbol{P}^{\mathrm{T}}\mathbf{y})^{m-1}-\lambda\,(\boldsymbol{P}^{\mathrm{T}}\mathbf{y})^{[m-1]}]=\mathcal{B}\,\mathbf{y}^{m-1}-\lambda\boldsymbol{P}[(\boldsymbol{P}^{\mathrm{T}}\mathbf{y})^{[m-1]}]=\mathbf{0}$$

记 $\mathcal{D}\in\mathrm{S}^m(\mathbb{C}^n)$为与 $\boldsymbol{P}[(\boldsymbol{P}^{\mathrm{T}}\mathbf{y})^{[m-1]}]$相对应的对称张量，其划分为

---

① 假设 $t\leqslant s$, X 是具有边界秩 t 的对称张量的集合，$Y:=\{\mathcal{B}\in X:b_{i_1\cdots i_m}=c_{i_1\cdots i_m}$ 如果 $i_1,\cdots,i_m\in\{1,\cdots,s\}$，其他情况下 $b_{i},\cdots i_m=0\}$，即 Y 是 X 的子集，由块对角张量构成，其中非零块张量在空间$S^m(\mathbb{C}^s)$中选取. 记 $f:\mathbb{O}(n,\mathbb{C})\times Y\to X$ 是由 $f(\boldsymbol{P},\mathcal{B})=\boldsymbol{P}\cdot\mathcal{B}$给出的，其中$\boldsymbol{P}\in\mathbb{O}(n,\mathbb{C})$,$\mathcal{B}\in Y$. 那么 $\mathrm{image}(f)=X$，因此对任意 Zariski 开集 $U\subseteq Y$，有$\overline{f(\mathbb{O}(n,\mathbb{C}),U)}=X$. 由此可得，$f(\mathbb{O}(n,\mathbb{C}),U)$包含一个 Zariski 开集 $V\subseteq X$. 容易得到，边界秩与零特征值的几何重数(参看命题 3.16)在群$\mathbb{O}(n,\mathbb{C})$作用下是不变的. 那么如果能找到一个 Zariski 开集 $U\subseteq Y$ 使得 U 中所有的点都具有最大边界值且 $\mathrm{Det}(\mathcal{C})\neq0$，则最终的结论成立. 由于边界秩等于 s 的张量集合和 $\mathrm{Det}(\mathcal{C})\neq0$ 的张量集合都是 Y 中的 Zariski 开集(注意到行列式是一个多项式，因此其在 Zariski 拓扑下是连续的)，只需要证明这两个集合有一个非空的交集即可，这便退回到寻求一个点使得其具有最大的边界秩 s 且具有非零行列式.

$$\mathcal{D}=\begin{bmatrix}\mathcal{D}_1\\ \mathcal{D}_2\end{bmatrix}$$

其中$\mathcal{D}_1$对应$\mathcal{D}$的前s层，而$\mathcal{D}_2$对应剩下的. 由(3.82)可得$\mathcal{D}=\boldsymbol{P}\cdot\mathcal{I}$. 那么

$$\begin{aligned}\mathrm{Det}\ (\boldsymbol{P})^{m(m-1)^{n-1}}\mathrm{Det}(\lambda\mathcal{I}-\mathcal{A})&=\mathrm{Det}(\boldsymbol{P}\cdot(\lambda\mathbf{I}-\mathcal{A}))\\&=\mathrm{Det}(\lambda\mathcal{D}-\mathcal{B})\\&=\mathrm{Det}\left(\begin{bmatrix}\lambda\mathcal{D}_1-\mathcal{C}\\ \lambda\mathcal{D}_2\end{bmatrix}\right)\\&=\lambda^{(n-s)(m-1)^{n-1}}\mathrm{Det}\left(\begin{bmatrix}\lambda\mathcal{D}_1-\mathcal{C}\\ \mathcal{D}_2\end{bmatrix}\right)\end{aligned}$$

其中等式由文献[33]中的定理 3.3.5 及定理 3.3.3.1 得来. 因此，由 $\mathrm{Det}(\boldsymbol{P})\neq 0$，可得

$$\mathrm{Det}(\lambda\mathcal{I}-\mathcal{A})$$

具有因子λ^t，其中 $t\geqslant(n-s)(m-1)^{n-1}$. 从而，关于非零特征值的个数的界(3.89)就得到了.

由于 $\mathrm{Det}(\lambda\mathcal{I}-\mathcal{A})$是$\lambda$ 的次数为 $n(m-1)^{n-1}$的首一多项式，其常数项为 $\mathrm{Det}(-\mathcal{A})$，那么

$$\mathrm{Det}\left(\begin{bmatrix}\lambda\mathcal{D}_1-\mathcal{C}\\ \mathcal{D}_2\end{bmatrix}\right)=\mathrm{Det}(\boldsymbol{P})^{-m(m-1)^{n-1}}\ \lambda^{s(m-1)^{n-1}}+\text{低阶项}$$

更进一步地，$\mathrm{nnz}(\mathcal{A})$达到上界当且仅当

$$\mathrm{Det}\left(\begin{bmatrix}\mathcal{C}\\ \mathcal{D}_2\end{bmatrix}\right)\neq 0 \tag{3.90}$$

注意，对于一般选取的张量 $\mathcal{A}$，$\mathrm{Det}(\mathcal{C})\neq 0$(因为 $\mathcal{I}_s\in\mathrm{S}^m(\mathbb{C}^s)$的行列式为 1)，因此，在一般选取前提下，

$$\mathrm{Det}\left(\begin{bmatrix}\mathcal{C}\\ \mathcal{D}_2\end{bmatrix}\right)=0$$

当且仅当

$$\mathcal{D}_2\ \mathbf{y}^{m-1}=\mathbf{0}$$

在$\{\mathbf{y}\in\mathbb{C}^n:y_1=\cdots=y_s=0\}$中有非零解. 假设$\boldsymbol{P}^{\mathrm{T}}$ 相应地被划分为

$$\boldsymbol{P}^{\mathrm{T}}=[\boldsymbol{P}_l^{\mathrm{T}}\quad \boldsymbol{P}_r^{\mathrm{T}}]$$

那么

$$\mathcal{D}_2\ \mathbf{y}^{m-1}=\mathbf{0}$$

在$\{\mathbf{y}\in\mathbb{C}^n:y_1=\cdots=y_s=0\}$有非零解当且仅当

$$\boldsymbol{P}_r\ (\boldsymbol{P}_r^{\mathrm{T}}\mathbf{w})^{[m-1]}=\mathbf{0} \tag{3.91}$$

在$\mathbb{C}^{n-s}$有非零解. 由于$\boldsymbol{P}_r^{\mathrm{T}}$满秩，不妨假设$\boldsymbol{P}_r^{\mathrm{T}}$的前 $n-s$ 行满秩. 记此矩阵为$\boldsymbol{P}_0$. 那么，

$$\boldsymbol{P}_r^{\mathrm{T}}=\begin{bmatrix}\boldsymbol{P}_0\\ \boldsymbol{P}_1\end{bmatrix}$$

记 $\mathbf{z}=\boldsymbol{P}_0\mathbf{w}\in\mathbb{C}^{n-s}$. 可得，式(3.91)等价于

$$[\boldsymbol{P}_0^{\mathrm{T}},\ \boldsymbol{P}_1^{\mathrm{T}}]((\mathbf{z}^{[m-1]})^{\mathrm{T}},\ ((\boldsymbol{P}_1\ \boldsymbol{P}_0^{-1}\mathbf{z})^{[m-1]})^{\mathrm{T}})^{\mathrm{T}}=\mathbf{0}$$

它更进一步地等价于

$$[\boldsymbol{I}, (\boldsymbol{P}_0^{-1})^{\mathrm{T}} \boldsymbol{P}_1^{\mathrm{T}}]((\mathbf{z}^{[m-1]})^{\mathrm{T}}, ((\boldsymbol{P}_1\boldsymbol{P}_0^{-1}\mathbf{z})^{[m-1]})^{\mathrm{T}})^{\mathrm{T}} = \mathbf{0} \tag{3.92}$$

在 $\mathbf{z}\in\mathbb{C}^{n-s}$ 有非零解. 记 $\boldsymbol{M}=\boldsymbol{P}_1\boldsymbol{P}_0^{-1}$. 那么，式(3.92)可以等价写成

$$\mathbf{z}^{[m-1]} + \boldsymbol{M}^{\mathrm{T}} (\boldsymbol{M}\mathbf{z})^{[m-1]} = \mathbf{0}$$

由式(3.82)，可得

$$(\mathcal{I} + \boldsymbol{M}^{\mathrm{T}} \cdot \mathcal{I})\mathbf{z}^{m-1} = \mathbf{0}$$

对于一般选取的 $\boldsymbol{P}$，下面证明式(3.91)在 $\mathbb{C}^{n-s}$ 中只有零解. 为了证明这个结论，只需要找到一个矩阵 $\boldsymbol{P}$ 使得式(3.91)没有非平凡解①，这是因为具有 $n-s$ 个变量的 $n-s$ 个次数为 $m-1$ 的齐次多项式不具有非平凡解构成了一个 Zariski 开集. 记 $\boldsymbol{P}=[\mathbf{e}_n, \cdots, \mathbf{e}_1]$，其中 $\mathbf{e}_i\in\mathbb{C}^n$ 是第 i 个标准基向量. 那么，$\boldsymbol{P}_0=\boldsymbol{I}\in\mathbb{C}^{(n-s)\times(n-s)}$，$\boldsymbol{P}_1=\mathbf{0}\in\mathbb{C}^{s\times(n-s)}$. 对这个 $\boldsymbol{P}$，由于 $\boldsymbol{M}=\boldsymbol{P}_1\boldsymbol{P}_0^{-1}=\mathbf{0}$，上述重构可得出

$$\mathcal{I}\mathbf{z}^{m-1} = \mathbf{0}$$

因此，式(3.91)在一般选取情形下没有非平凡解. 这样一来，在一般选取情形下，结论(3.90)成立.

接下来的结论关于本质正交可分解张量，是在确切情形下的.

命题 3.19　假设 $\mathcal{A}\in\mathrm{S}^m(\mathbb{C}^n)$ 是使得(3.85)中矩阵 $\mathbf{A}$ 列满秩的张量，即 $R=\mathrm{mrank}(\mathcal{A})=s\leqslant n$. 那么，

$$\mathrm{gm}(0) = n-s$$

因此

$$\mathrm{am}(0) \geqslant (n-s)(m-1)^{n-1} \geqslant \mathrm{gm}(0)(m-1)^{\mathrm{gm}(0)-1}$$

证明　注意到 $\mathbf{d}$ 的如下定义：

$$\mathbf{d} = ((\mathbf{a}_1^{\mathrm{T}}\mathbf{x})^{m-1}, \cdots, (\mathbf{a}_R^{\mathrm{T}}\mathbf{x})^{m-1})^{\mathrm{T}}$$

由于矩阵 $\mathbf{A}$ 列满秩，由式(3.85)和式(3.86)可得，$\mathbf{x}\in V(0)$ 当且仅当

$$\mathbf{d} = \mathbf{0}$$

当且仅当

$$\mathbf{A}^{\mathrm{T}}\mathbf{x} = \mathbf{0}$$

因此，$V(0)$ 是矩阵 $\mathbf{A}^{\mathrm{T}}$ 的核. 注意到这是一个维数为 $n-s$ 的线性子空间，这样一来，结论自然成立.

3.8.3　特征子空间

由前文可知，矩阵情形的代数与几何重数的关系是可以化为当特征子空间是一个坐标子空间的情形的. 用到的一个重要结论是矩阵情形下，两种重数在正交群作用下是不变的. 由于张量的特征值代数重数在该群的作用下不再是不变量(参看命题 3.15)，本节讨论坐标子空间情形. 为了这个目标，首先讨论拟三角张量和对称化.

1. 拟三角张量

命题 3.20　假设 $\mathcal{T}=(t_{ii_2\cdots i_m})\in\mathbb{T}(\mathbb{C}^n, m)$. 假设存在某个 $k\in\{1, \cdots, n\}$ 使得对所有

---

① 假设 $X\subset\mathbb{C}^n$ 是一个代数簇，$Y\subset\mathbb{C}^n$ 是一个开集. 那么，当对一个非空开集 $Z\subseteq X$ 满足 $Y\cap Z\neq\varnothing$，则有 $Y\cap Z$ 是在 X 上导出的 Zariski 拓扑下的一个非空开集，自然是 X 的一个稠密子集.

$i>k$ 和 $\alpha\in\{0,\cdots,m-1\}^k\times\{0\}^{n-k}$ 都有 $\sum_{(i_2,\cdots,i_m)\in\mathbb{X}(\alpha)} t_{ii_2\cdots i_m}=0$. 记 $\mathcal{U}\in\mathbb{T}(\mathbb{C}^k,m)$ 为张量 $\mathcal{T}$ 对应指标集$\{1,\cdots,k\}$的子张量. 那么，对某个多项式 $p\in\mathbb{C}[\mathcal{T}]$，有

$$\mathrm{DET}(\mathcal{T})=\mathrm{DET}(\mathcal{U})p(\mathcal{T})$$

证明 记 $\mathcal{T}=(t_{ii_2\cdots i_m})\in\mathbb{T}(\mathbb{C}^n,m)$是满足假设的张量且对子张量$\mathcal{U}$满足 $\mathrm{Det}(\mathcal{U})=0$. 那么，由命题 3.2，可得存在向量 $\mathbf{y}\in\mathbb{C}^k\setminus\{\mathbf{0}\}$使得

$$\mathcal{U}\mathbf{y}^{m-1}=\mathbf{0}$$

定义 $\mathbf{x}\in\mathbb{C}^n$，其中 $\mathbf{x}=(\mathbf{y}^{\mathrm{T}},\mathbf{0}^{\mathrm{T}})^{\mathrm{T}}$. 那么 $\mathbf{x}\neq\mathbf{0}$，由 $\mathcal{T}$的假设，可得

$$\mathcal{T}\mathbf{x}^{m-1}=((\mathcal{U}\mathbf{y}^{m-1})^{\mathrm{T}},\mathbf{0}^{\mathrm{T}})^{\mathrm{T}}=\mathbf{0}$$

因此，由命题 3.2，可得 $\mathrm{Det}(\mathcal{T})=0$.

满足假设条件的全体张量构成空间 $\mathbb{T}(\mathbb{C}^n,m)$中的一个线性子空间 $\mathbb{L}$. 记 $\mathbb{M}$是 $\mathbb{L}$中的张量对应指标集$\{1,\cdots,k\}$的子张量构成的集合. 可得 $\mathbb{M}$其实就是 $\mathbb{T}(\mathbb{C}^k,m)$. 那么存在投影

$$\delta:\mathbb{T}(\mathbb{C}^n,m)\to\mathbb{T}(\mathbb{C}^k,m)$$

将 $\mathcal{T}\in\mathbb{T}(\mathbb{C}^n,m)$映射到其与指标集$\{1,\cdots,k\}$对应的子张量$\mathcal{U}\in\mathbb{T}(\mathbb{C}^k,m)$. 特别地，$\delta$ 将 $\mathbb{L}$射成 $\mathbb{M}$. 记$\delta^*:\mathbb{C}[\mathcal{U}]\to\mathbb{C}[\mathcal{T}]$为导出的态射.

因此，

$$\mathbb{L}\cap\mathbb{V}(\delta^*\mathrm{DET}(\mathcal{U}))\subseteq\mathbb{V}(\mathrm{DET}(\mathcal{T}))$$

可以推出，在线性子空间 $\mathbb{L}$上成立

$$\mathbb{V}(\delta^*\mathrm{DET}(\mathcal{U}))\subseteq\mathbb{V}(\mathrm{DET}(\mathcal{T}))$$

可以得到$\delta^*\mathrm{DET}(\mathcal{U})$是一个在 $\mathbb{L}$上的不可约多项式，因为 $\mathbb{L}$是拟三角张量的全体构成的线性子空间. 由 Hilbert 零点定理[33]（定理 2.5），可得对某个多项式 $p\in\mathbb{C}[\mathcal{T}]$，成立

$$\mathrm{DET}(\mathcal{T})=\mathrm{DET}(\mathcal{U})p(\mathcal{T})$$

结论证毕.

满足命题 3.20 的条件 $\mathbb{T}(\mathbb{C}^n,m)$中的张量称为拟三角张量. 这是比前文中引入的三角张量更广的一类张量. 当退回到矩阵时，拟三角张量退回到上三角矩阵.

2. 对称化

当讨论张量特征值时，一般来说，只与系统 $\mathcal{T}\mathbf{x}^{m-1}$相关. 对所有 $i=1,\cdots,n$，张量 $\mathcal{T}$ 的第 i 层 $\mathcal{T}_i:=(t_{ii_2\cdots i_m})_{1\leqslant i_2,\cdots,i_m\leqslant n}$是一个$(m-1)$阶 n 维的张量，且

$$(\mathcal{T}\mathbf{x}^{m-1})_i=\langle\mathrm{Sym}(\mathcal{T}_i),\mathbf{x}^{\otimes(m-1)}\rangle:=\sum_{i_2,\cdots,i_m=1}^{n}(\mathrm{Sym}(\mathcal{T}_i))_{i_2\cdots i_m}x_{i_2}\cdots x_{i_m},\ \forall\,\mathbf{x}\in\mathbb{C}^n$$

其中 $\mathrm{Sym}(\mathcal{T}_i)$是张量 $\mathcal{T}_i$ 的对称化，是一个使得上式成立的对称张量. 因此，对每个张量 $\mathcal{T}\in\mathbb{T}(\mathbb{C}^n,m)$，可以通过对称化它的层对应一个张量 $\mathrm{eSym}(\mathcal{T})\in\mathbb{TS}(\mathbb{C}^n,m):=\mathbb{C}^n\otimes\mathrm{S}^{m-1}(\mathbb{C}^n)$. 因此，

$$\mathcal{T}\mathbf{x}^{m-1}=\mathrm{eSym}(\mathcal{T})\mathbf{x}^{m-1},\ \forall\,\mathbf{x}\in\mathbb{C}^n$$

注意，上述映射的纤维中的所有张量都得到相同的特征方程.

命题 3.21 假设 $\mathcal{T}\in\mathbb{T}(\mathbb{C}^n,m)$. 那么

$$\mathrm{Det}(\mathcal{T}-\lambda\mathcal{I})=\mathrm{Det}(\mathrm{eSym}(\mathcal{T})-\lambda\mathcal{I})$$

证明　假设 $\mathcal{T}\in\mathbb{T}(\mathbb{C}^n,m)$ 具有符号变量元素，那么

$$\mathrm{Det}(\mathcal{T})=\mathrm{DET}$$

根据定义 2.3，可得

$$\mathrm{Det}(\mathcal{T})=\mathrm{Det}(\mathrm{eSym}(\mathcal{T}))$$

因此，最后的结论由 $\mathrm{eSym}(\mathcal{I})=\mathcal{I}$ 可以直接推出.

命题 3.22　从张量空间 $\mathbb{TS}(\mathbb{C}^n,m)$ 到 n 个变量的次数为 $m-1$ 的 n 个齐次多项式构成的系统有一个一一映射.

证明　这个一一对应是由给定张量 $\mathcal{T}\in\mathbb{TS}(\mathbb{C}^n,m)$ 定义的 $\mathcal{T}\mathbf{x}^{m-1}$ 所给出的.

3. 坐标子空间

显然，张量确定特征簇，然而，有时候从特征簇也可以推断出张量的信息.

命题 3.23　假设张量 $\mathcal{T}=(t_{ii_2\cdots i_m})\in\mathbb{TS}(\mathbb{C}^n,m)$. 如果存在某个特征值 λ 使得 $V(\lambda)=\mathbb{C}^n$，那么

$$\mathcal{T}=\lambda\mathcal{I}$$

证明　注意到 $V(\lambda)=\mathbb{C}^n$ 等价于多项式系统

$$(\mathcal{T}-\lambda\mathcal{I})\mathbf{x}^{m-1}\equiv\mathbf{0}$$

因此，每个多项式都满足 $((\mathcal{T}-\lambda\mathcal{I})\mathbf{x}^{m-1})_i\equiv 0$. 由命题 3.22 和 Hilbert 零点定理[33]（定理 2.5），可得该多项式的每个系数都为零，这样一来，$\mathcal{T}=\lambda\mathcal{I}$ 一定成立.

下面的结论是本节的主要定理之一.

定理 3.17　假设 $\mathcal{T}\in\mathbb{T}(\mathbb{C}^n,m)$. 如果对某个特征值 $\lambda\in\sigma(\mathcal{T})$，存在排列矩阵 $\boldsymbol{P}\in\mathbb{O}(\mathbb{C},n)$ 满足 $V(\lambda)\supseteq\boldsymbol{P}\{\mathbf{x}\in\mathbb{C}^n: x_{\mathrm{gm}(\lambda)+1}=\cdots=x_n=0\}$，那么

$$\mathrm{am}(\lambda)\geqslant\mathrm{gm}(\lambda)(m-1)^{\mathrm{gm}(\lambda)-1}$$

证明　假设 $\boldsymbol{P}\in\mathbb{O}(n,\mathbb{C})$ 是一个排列矩阵. 容易看到

$$\boldsymbol{P}\cdot\mathcal{I}=\mathcal{I}$$

因此

$$\mathrm{Det}(\lambda\mathcal{I}-\boldsymbol{P}\cdot\mathcal{A})=\mathrm{Det}(\boldsymbol{P}\cdot(\lambda\mathcal{I}-\mathcal{A}))=\mathrm{Det}(\lambda\mathcal{I}-\mathcal{A})$$

所以，下文不妨假设 $\boldsymbol{P}=I$ 是单位矩阵.

假设 $\mathcal{B}=\mathrm{eSym}(\mathcal{T})\in\mathbb{TS}(\mathbb{C}^n,m)$ 是与张量 $\mathcal{T}$ 相对应的张量. 由于张量 $\mathcal{B}$ 和张量 $\mathcal{T}$ 有相同的特征方程，因此它们有相同的特征值及特征向量. 假设 $\mathcal{U}\in\mathbb{T}(\mathbb{C}^{\mathrm{gm}(\lambda)},m)$ 和 $\mathcal{C}\in\mathbb{TS}(\mathbb{C}^{\mathrm{gm}(\lambda)},m)$ 分别是 $\mathcal{T}$ 和 $\mathcal{B}$ 相应于指标集 $\{1,\cdots,\mathrm{gm}(\lambda)\}$ 的子张量（参看定义 2.9），即

$$u_{i_1\cdots i_m}=t_{i_1\cdots i_m}\ \forall\, i_1,\cdots,i_m\in\{1,\cdots,\mathrm{gm}(\lambda)\}$$

容易得到 $\mathcal{C}=\mathrm{eSym}(\mathcal{U})$.

由假设条件，得

$$\mathcal{B}\mathbf{x}^{m-1}=\lambda\,\mathbf{x}^{[m-1]},\ \forall\,\mathbf{x}\in\{\mathbf{x}\in\mathbb{C}^n: x_{\mathrm{gm}(\lambda)+1}=\cdots=x_n=0\}$$

通过直接计算，可得

$$\mathcal{C}\mathbf{y}^{m-1}=\lambda\,\mathbf{y}^{[m-1]},\ \forall\,\mathbf{y}\in\mathbb{C}^{\mathrm{gm}(\lambda)}$$

因此，$\mathcal{C}$ 具有特征值 λ，相应特征向量为 $\mathbb{C}^{\mathrm{gm}(\lambda)}\setminus\{\mathbf{0}\}$. 那么，由命题 3.23，可得

$$\mathcal{C}=\lambda\mathcal{I}$$

由命题 3.17 和命题 3.21，可得

$$\mathrm{Det}(\mathcal{U}-\mu\mathcal{I})=\mathrm{Det}(\mathcal{C}-\mu\mathcal{I})=(\lambda-\mu)^{\mathrm{gm}(\lambda)(m-1)^{\mathrm{gm}(\lambda)-1}}$$

类似地，由假设，可得对所有的 $i>\mathrm{gm}(\lambda)$，成立

$$(\mathcal{B}\mathbf{x}^{m-1})_i=\sum_{i_2,\cdots,i_m}b_{ii_2\cdots i_m}x_{i_2}\cdots x_{i_m}=\lambda x_i^{m-1}=0$$

$$\forall\,\mathbf{x}\in\{\mathbf{x}\in\mathbb{C}^n:x_{\mathrm{gm}(\lambda)+1}=\cdots=x_n=0\}$$

因此，由命题 3.22，可得

$$b_{ii_2\cdots i_m}=0,\ \forall\, i>\mathrm{gm}(\lambda),\ i_2,\cdots,i_m\in\{1,\cdots,\mathrm{gm}(\lambda)\}$$

该结论等同于对所有的 $i>\mathrm{gm}(\lambda)$ 以及 $\alpha\in\{0,\cdots,m-1\}^{\mathrm{gm}(\lambda)}\times\{0\}^{n-\mathrm{gm}(\lambda)}$ 有

$$\sum_{(i_2,\cdots,i_m)\in\mathbb{X}(\alpha)}t_{ii_2\cdots i_m}=0$$

换句话说，$\mathcal{B}$ 和 $\mathcal{T}$ 都是拟三角张量，且相对应的指标集为 $\{1,\cdots,\mathrm{gm}(\lambda)\}$.

因此，容易得到 $\mathcal{T}-\mu\mathcal{I}$ 满足命题 3.20 的条件，其中 $k=\mathrm{gm}(\lambda)$. 那么，存在某个多项式 p，满足

$$\begin{aligned}\mathrm{Det}(\mathcal{T}-\mu\mathcal{I})&=\mathrm{Det}(\mathcal{U}-\mu\mathcal{I})p(\mathcal{T}-\mu\mathcal{I})\\&=(\lambda-\mu)^{\mathrm{gm}(\lambda)(m-1)^{\mathrm{gm}(\lambda)-1}}p(\mathcal{T}-\mu\mathcal{I})\end{aligned}$$

因此，λ 是 $\mathcal{T}$ 的特征值，且代数重数至少为 $\mathrm{gm}(\lambda)(m-1)^{\mathrm{gm}(\lambda)-1}$. 定理证毕.

3.8.4 一般选取的张量

这一节考察一般选取的张量的基本性质.

引理 3.17 假设张量 $\mathcal{T}\in\mathbb{T}(\mathbb{C}^n,m)$ 是一般选取的. 那么，对所有的特征值 $\lambda\in\sigma(\mathcal{T})$，下式成立

$$\mathrm{am}(\lambda)=1$$

证明 如果将 $\mathcal{T}$ 视为符号变量，那么多项式 $\mathrm{Det}(\lambda\mathcal{I}-\mathcal{T})$ 是首一的、不可约的. 因此，对于一般选取的张量 $\mathcal{T}$，特征多项式的每个根都是单根. 那么，由命题 3.2 得知，对于一般选取的张量 $\mathcal{T}$，每个特征值的代数重数为 1.

再次注意，“一般选取的张量”的说法是根据具体情形而定的. 此处“一般选取的张量的每个特征值具有代数重数 1”指的是：满足每个特征值的代数重数为 1 的所有张量在 Zariski 拓扑意义下包含 $\mathbb{T}(\mathbb{C}^n,m)$ 的一个稠密子集.

引理 3.18 假设张量 $\mathcal{T}\in\mathbb{T}(\mathbb{C}^n,m)$ 是一般选取的. 那么，对所有的特征值 $\lambda\in\sigma(\mathcal{T})$，下式成立

$$\mathrm{gm}(\lambda)=1$$

证明 给定 $(n+1)$ 个变量 $x_1,\cdots,x_n,\lambda$，次数为 m 的 n 个多项式 $p_1,\cdots,p_n$，下列代数簇的维数

$$V:=\{(\mathbf{x},\lambda)\in\mathbb{C}^{n+1}:p_1(\mathbf{x},\lambda)=\cdots=p_n(\mathbf{x},\lambda)=0\}$$

等于(参见文献[48])

$$n+1-\mathrm{rank}_V(D\mathbf{P})$$

其中 $\mathbf{P}=(p_1,\cdots,p_n)^{\mathrm{T}}:\mathbb{C}^{n+1}\to\mathbb{C}^n$，$D\mathbf{P}$ 是 $\mathbf{P}$ 的 Jacobian 映射，以及

$$\mathrm{rank}_V(D\mathbf{P}):=\max_{(\mathbf{x},\lambda)\in V}\mathrm{rank}(D\mathbf{P})(\mathbf{x},\lambda)$$

对于一般选取的 $\mathbf{P}$(在 $(n+1)$ 个变量，次数为 m 的 n 个多项式构成的系统全体中)，

$$\dim(V)=1$$

由于 $D\mathbf{P}:\mathbb{C}^{n+1}\to\mathbb{C}^{n\times(n+1)}$，可得 $\dim(V)=1$ 当且仅当存在点 $(\mathbf{x},\lambda)\in V$ 使得 $D\mathbf{P}(\mathbf{x},\lambda)$ 的极大子式不为零. 因此，根据 V 相对于 $\mathbf{P}$ 的连续性以及满秩矩阵在 $\mathbb{C}^{n\times(n+1)}$ 中构成一个 Zariski 开集，可得满足 $\dim(V)=1$ 的所有多项式系统构成一个 Zariski 开集.

给定张量 $\mathcal{T}\in\mathbb{T}(\mathbb{C}^n,m)$，其特征方程为

$$\mathcal{T}\boldsymbol{x}^{m-1}=\lambda\boldsymbol{x}^{[m-1]}$$

由 $\mathbb{T}(\mathbb{C}^n,m)$ 中张量构成的如上多项式系统得到了 $(n+1)$ 个变量 $x_1,\cdots,x_n,\lambda$，次数为 m 的 n 个多项式方程构成的系统中的一个代数簇. 记 Z 为上述系统所有的解，即

$$Z:=\{(x_1,\cdots,x_n,\lambda)\mid\mathcal{T}\boldsymbol{x}^{m-1}=\lambda\boldsymbol{x}^{[m-1]}\}$$

如果可以找到张量 $\mathcal{T}$ 使得相应的 Z 具有维数 1，那么可以得到对于一般选取的张量有 $\dim(Z)=1$. 为了证明这个结论，考虑张量 $\mathcal{T}$ 使得其特征方程 $\mathcal{T}\boldsymbol{x}^{m-1}=\lambda\boldsymbol{x}^{[m-1]}$ 为

$$i\,x_i^{m-1}=\lambda x_i^{m-1},\ i=1,2,\cdots,n$$

可以直接计算出此系统的解，其解的全体为

$$\{(t,0,0,\cdots,0,1):t\in\mathbb{C}\}\cup\{(0,t,0,\cdots,0,2):t\in\mathbb{C}\}\cup\cdots\cup\{(0,0,0,\cdots,t,n):t\in\mathbb{C}\}$$

那么，Z 是 n 条曲线的并，因此 $\dim(Z)=1$. 这样一来，对于一个一般选取的张量 $\mathcal{T}$，Z 的维数为 1，即为一条曲线.

由命题 3.13，得知 Z 是特征簇的不交并，即

$$Z=\bigcup_{\lambda\in\sigma(\mathcal{T})}V(\lambda)$$

由于 $\sigma(\mathcal{T})$ 是一个有限集合，那么对于一般选取的张量，每个 $V(\lambda)$ 具有维数 1.

接下来，讨论一般选取张量的特征向量，首先回顾 Shape 引理[55, 59].

命题 3.24　假设 I 是 $\mathbb{C}[x_1,\cdots,x_n]$ 中的一个零维的根理想，且使得其所有的 d 个复根具有不同的 x_n 值. 那么 I 的简化的 Gröbner 基在字典序下具有形式

$$\mathcal{G}=\{x_1-q_1(x_n),x_2-q_2(x_n),\cdots,x_{n-1}-q_{n-1}(x_n),r(x_n)\}$$

其中 r 是一个次数为 d 的多项式，q_i 是次数 $\leqslant d-1$ 的多项式.

引理 3.19　假设 $\mathcal{T}\in\mathbb{T}(\mathbb{C}^n,m)$ 是一般选取的. 那么对所有的特征值 $\lambda\in\sigma(\mathcal{T})$，$V(\lambda)$ 具有维数 1，且不可约，即 $\mathcal{T}$ 的每个特征值 $\lambda\in\sigma(\mathcal{T})$ 都有一个唯一的(在相差常数倍下)特征向量.

证明　记

$$I=\langle f_i(\mathbf{x},\lambda):=(\mathcal{T}\mathbf{x}^{m-1})_i-\lambda x_i^{m-1},\ i=1\cdots,n\rangle$$

为特征值-特征向量生成的理想. 接下来，关于齐次和非齐次的说法将交叉使用. 在一般选取的情形下，齐次理想 $I\subset\mathbb{C}[x_1,\cdots,x_n,\lambda]$ 是 1 维的. 首先对它进行去齐次化，得到一个零维的理想，从而使用 Shape 引理得到唯一性. 当回到齐次时，便能得到在相差常数倍下的唯一性.

定义 $t_i:=\dfrac{x_i}{x_n}$，其中 $i=1,\cdots,n-1$. 记

$$g_i(\mathbf{t},\lambda)=f_i((\mathbf{t},1),\lambda),\ \forall i=1,\cdots,n$$

和

$$\mathbb{V}_0=\mathbb{V}(g_1,\cdots,g_n)$$

那么，$\mathbb{V}_0$ 是 $\mathbb{V}(I)$ 和 $\{(\mathbf{x},\lambda):x_n=1\}$ 的交.

由于 $\mathcal{T}$ 是一般选取的，那么 $\mathbb{V}(I)$ 的维数为 1 且 $\sigma(\mathcal{T})$ 的个数为 $n(m-1)^{n-1}$，即其所有的特征值互不相同(参见引理 3.17). 因此，$\mathbb{V}_0$ 是零维的且有互异的 λ 值(注意 $\mathbb{V}_0$ 中的点具有坐标 $(x_1, \cdots, x_n, \lambda)$). 对每个理想 I，由于主要考虑 $\mathbb{V}_0$ 和 $\mathbb{V}(I)=\mathbb{V}(\sqrt{I})$，故可以假设理想 $(g_1, \cdots, g_n)$ 是根理想(如果 $(g_1, \cdots, g_n)$ 不是根理想，那么用它的根理想替换 $(g_1, \cdots, g_n)$). 因此，由命题 3.24，可得 $\langle g_1, \cdots, g_n\rangle$ 的简化的 Gröbner 基在字典序下具有形式

$$\mathcal{G}=\{t_1-q_1(\lambda), \cdots, t_{n-1}-q_{n-1}(\lambda), q_n(\lambda)\}$$

因此，对每个固定的 λ，由于 $\mathbf{t}$ 唯一确定，存在 $\mathbb{V}_0$ 中唯一的 $(\mathbf{t}, \lambda)$. 由命题 3.13，可得不同的 λ 应该具有不同的 $\mathbf{t}$. 从而可得 $\#(\mathbb{V}_0)=\deg(q_n)$.

如果 $\mathcal{T}$ 是一般选取的，那么 $\mathbb{V}(I)$ 是有限个维数为 1 的不可约部分和若干单点的并，而单点会被 $\mathbb{V}_0$ 切掉，因此，$\#(\mathbb{V}_0)=\deg(q_n)=n(m-1)^{n-1}$，$q_n(\lambda)=\chi(\lambda)$. 注意，$\chi(\lambda)$ 是张量 $\mathcal{T}$ 的特征多项式. 从而，$V(\lambda)$ 的维数为 1，且对每个 $\lambda\in\sigma(\mathcal{T})$ 都是不可约的，即具有在常数倍意义下的唯一特征向量.

总结出下面的结论.

定理 3.18 假设张量 $\mathcal{T}\in\mathbb{T}(\mathbb{C}^n, m)$ 是一般选取的. 那么，对所有的特征值 $\lambda\in\sigma(\mathcal{T})$，成立

$$\mathrm{am}(\lambda)=\mathrm{gm}(\lambda)=1$$

注意，在一般选取的情形下，下列关系成立

$$\mathrm{am}(\lambda)=\mathrm{gm}(\lambda)(m-1)^{\mathrm{gm}(\lambda)-1}$$

3.8.5 对偶理论

m 阶 n 维对称张量组成的空间是 m 阶 n 维张量的真子空间. 因此，3.8.4 小节中的结论不能够直接用于一般选取的对称张量. 这是这一小节讨论的主要对象.

本节考虑特征值理论的一个自然的对偶理论. 所考虑的空间是 m 阶 n 维对称张量空间 $\mathrm{S}^m(\mathbb{C}^n)$.

对于对称张量的特征值，可以从行列式曲面与 Veronese 代数簇的对偶理论进行研究. 基本的概念参见文献[28]、[37]、[48].

从 $\mathbb{C}^n$ 到 $\mathrm{S}^m(\mathbb{C}^n)$ 的 m 阶 Veronese 映射 v_m 定义为

$$v_m(\mathbf{x})=\mathbf{x}^{\otimes m}\quad \forall\, \mathbf{x}\in\mathbb{C}^n$$

$\mathbb{C}^n$ 在 v_m 作用下的像称为 Veronese 代数簇，记为 $v_m(\mathbb{C}^n)$. 这个映射自然地定义在射影空间 $\mathbb{PC}^{n-1}$ 上，其像在射影空间 $\mathbb{PS}^m(\mathbb{C}^n)$ 中. 这个代数簇 $v_m(\mathbb{PC}^{n-1})$ 是光滑的、非退化的、齐次的、不可约的，具有维数 $n-1$[28]，$v_m(\mathbb{PC}^{n-1})$ 在点 $[\mathbf{x}^{\otimes m}]$①的切空间为

$$T_{[\mathbf{x}^{\otimes m}]}v_m(\mathbb{PC}^{n-1})=\mathbb{P}\{\mathrm{Sym}(\mathbf{x}^{\otimes m-1}\otimes\mathbf{y}): \mathbf{y}\in\mathbb{C}^n\}$$

如果将 $\mathbb{PS}^m(\mathbb{C}^n)$ 的对偶与其自身作同构，且将点 $H\in\mathbb{PS}^m(\mathbb{C}^n)$ 作为其定义的超平面等价，那么 $v_m(\mathbb{PC}^{n-1})$ 的对偶代数簇为

---

① 对于线性空间 V 的射影空间中的代数簇 $X\subseteq\mathbb{P}V$，用 $[\mathbf{y}]$ 表示在 X 的仿射锥上的点 $\mathbf{y}$ 的等价类.

$$v_m(\mathbb{PC}^{n-1})^\vee := \{对某个[\mathbf{x}^{\otimes m}]成立 H \in \mathbb{PS}^m(\mathbb{C}^n): T_{[\mathbf{x}^{\otimes m}]}v_m(\mathbb{PC}^{n-1}) \subset H\}$$

记SDET为行列式DET在对称张量空间上的多项式. 其就是对称超行列式[5]，是对称张量空间上的超行列式的一个不可约因子[60]. 由行列式和对偶代数簇的定义，可得

$$v_m(\mathbb{PC}^{n-1})^\vee = \mathbb{V}(\mathrm{DET}) \cap \mathbb{PS}^m(\mathbb{C}^n) = \mathbb{V}(\mathrm{SDET}) \subset \mathbb{PS}^m(\mathbb{C}^n)$$

因此，从几何的角度看，非零张量$\mathcal{A} \in \mathrm{S}^m(\mathbb{C}^n)$以$\mathbf{x}$为零特征值的特征向量当且仅当行列式曲面$\mathbb{V}(\mathrm{SDET})$与代数簇$v_m(\mathbb{PC}^{n-1})$在点对$([\mathcal{A}], [\mathbf{x}^{\otimes m}])$处相切.

注意，$(\lambda, \mathbf{x})$是张量$\mathcal{A}$的特征对当且仅当$\mathbf{x}$是张量$\mathcal{A}-\lambda\mathcal{I}$关于特征值零的特征向量.

对每个张量$\mathcal{A} \in \mathrm{S}^m(\mathbb{C}^n)$，

$$l(\lambda) = [\mathcal{A} - \lambda\mathcal{I}]$$

定义了$\mathbb{P}\,\mathrm{S}^m(\mathbb{C}^n)$中的一条线.

那么，可以得到下面结论.

命题3.25　假设$\mathcal{A} \in \mathrm{S}^m(\mathbb{C}^n)$. 那么，$\lambda \in \sigma(\mathcal{A})$是张量$\mathcal{A}$的特征值当且仅当线$l(\gamma) = [\mathcal{A} - \gamma\mathcal{I}]$与行列式曲面$\mathbb{V}(\mathrm{SDET})$在$\gamma=\lambda$处相交.

超曲面$\mathbb{V}(\mathrm{SDET})$的次数为$n(m-1)^{n-1}$[5, 37]，在计算重数的意义下，线$l(\lambda)$与超曲面$\mathbb{V}(\mathrm{SDET})$的交正好是张量$\mathcal{A}$的特征值.

命题3.26　假设$\mathcal{A} \in \mathrm{S}^m(\mathbb{C}^n)$是一般选取的. 那么，其每个特征值的代数重数与几何重数均为1.

证明　对称超行列式SDET仍然是不可约的[5, 61]. 对于对称张量，其特征多项式$\mathrm{Det}(\mathcal{T} - \lambda\mathcal{I})$仍然是首一的. 因此，类似前文证明，可得对于一个一般选取的张量，其所有特征值的代数重数为1.

代数簇$v_m(\mathbb{PC}^{n-1})$的对偶是一个不可约的超曲面(参见文献[37]中的命题1.1.1.3)，因此在此超曲面上一个一般选取的点处(自然是一个光滑点)，相应的张量具有唯一的一个零特征向量(参见文献[37]中的定理1.1.1.5). 由于张量$\mathcal{T}$的特征值λ的特征向量恰好是张量$\mathcal{T} - \lambda\mathcal{I}$的零特征值的特征向量，那么结论可由命题3.25直接得到.

3.9　特征值反问题

注意到$\mathbb{T}(\mathbb{C}^n, m+1)$是$m+1$阶$n$维张量的全体的集合，张量的分量取值为复数. 当$m=1$时，即得到$n\times n$的复矩阵的全体. 矩阵$\mathbf{A} = (a_{ij}) \in \mathbb{T}(\mathbb{C}^n, 2)$的特征值是特征多项式

$$\mathrm{Det}(\lambda I - \mathbf{A}) = \lambda^n + c_{n-1}(\mathbf{A})\lambda^{n-1} + \cdots + c_1(\mathbf{A})\lambda + c_0(\mathbf{A})$$

的根，可以表示成矩阵分量a_{ij}的超几何级数[55]，这是因为对所有的$i=1,\cdots,n$，$c_i(\mathbf{A}) \in \mathbb{C}[\mathbf{A}]$是次数为$n-i$的齐次多项式. 可以将这$n$个超几何级数构成一个集值映射$\phi: \mathbb{T}(\mathbb{C}^n, 2) \to \mathbb{C}^n/\mathfrak{S}(n)$，其中$\mathfrak{S}(n)$是$n$个元素的排列群. 那么，$\phi(A)$是由矩阵$\mathbf{A}$的特征值构成的多重集. 集合$\mathbb{C}^n/\mathfrak{S}(n)$是$\mathbb{C}$的$n$阶对称乘积，可得[46]

$$\dim\left(\frac{\mathbb{C}^n}{\mathfrak{S}(n)}\right) = n$$

线性代数的经典结论[42]是该映射是一个满射，即

$$\mathrm{image}(\phi) = \frac{\mathbb{C}^n}{\mathfrak{S}(n)} \tag{3.93}$$

由此可得，对任意给定的 n 元复数组，都可以成为某个 $n\times n$ 矩阵的特征值.

由定理 3.7 可知，张量的特征多项式的余次为 i 的系数是一个次数为 i 的关于张量分量的齐次多项式. 因此，类似于矩阵的情形，可以定义张量特征值的集值映射 ϕ：$\mathbb{T}(\mathbb{C}^n, m+1)\to\mathbb{C}^{nm^{n-1}}/\mathfrak{S}(nm^{n-1})$. 对所有的 m 和 n，下文使用同一个记号 ϕ；其具体的阶数和维数可以从文中得到.

本节讨论如下问题：

张量特征值构成的集合具有什么性质?

该问题宽泛且较难回答，本节主要讨论给定了一个多重集合，是否存在张量使得其特征值即为该多重集合. 该问题退回到矩阵时，称为矩阵特征值反问题[52, 62]. 在张量情形下，可以称其为张量特征值反问题.

接下来，考虑式(3.93)对张量的情况. 下文中，除非额外提及，都是使用 Zariski 拓扑. 映射 ϕ 被称为一个主导映射，如果其像包含$\mathbb{C}^{nm^{n-1}}/\mathfrak{S}(nm^{n-1})$的一个开稠密子集(参见定义 3.1).

本节将证明如下结论.

定理 3.19 特征值映射 ϕ：$\mathbb{T}(\mathbb{C}^n, m+1)\to\mathbb{C}^{nm^{n-1}}/\mathfrak{S}(nm^{n-1})$是一个主导映射当且仅当 $m=1$，或者 $n=2$，或者$(n, m)=(3, 2)$，$(4, 2)$，$(3, 3)$.

证明 $m=1$ 的情形是矩阵，该结论显然成立. 对于其他情形，必要性由命题 3.28 得到；而充分性由命题 3.29、命题 3.33 和命题 3.34 得到.

由于 $\mathbb{C}^{nm^{n-1}}/\mathfrak{S}(nm^{n-1})$上考虑的是 Zariski 拓扑，$\phi$ 的像包含$\mathbb{C}^{nm^{n-1}}/\mathfrak{S}(nm^{n-1})$的稠密开子集意味着对 $\mathbb{C}^{nm^{n-1}}/\mathfrak{S}(nm^{n-1})$中的几乎所有的多重集 S，存在$\mathbb{T}(\mathbb{C}^n, m+1)$中的张量使得张量 $\mathcal{T}$的特征值恰好为S. 从另一个角度看，ϕ 的像包含$\mathbb{C}^{nm^{n-1}}/\mathfrak{S}(nm^{n-1})$的稠密开子集意味着对于一个按连续概率分布随机选取的多重集 S，它能成为 $\mathbb{T}(\mathbb{C}^n, m+1)$中某个张量的特征值的集合的概率为 1.

假设 μ 是张量 $\mathcal{T}$的特征值，$am(\mu)$是其代数重数. 记张量 $\mathcal{T}$的特征值的多重集为$\sigma(\mathcal{T})$. 严格地讲，其定义为(A, ψ)，其中 A 是张量 $\mathcal{T}$的特征值的集合，而 ψ 是代数重数的映射. 那么，$\sum\limits_{a\in A}\psi(a)$即为多重集$\sigma(\mathcal{T})$ 的总重数. 根据定理 3.7，可得$\sigma(\mathcal{T})$的总重数一定为 nm^{n-1}. 因此，对任意张量 $\mathcal{T}\in\mathbb{T}(\mathbb{C}^n, m+1)$，$\sigma(\mathcal{T})$可以看作$\mathbb{C}^{nm^{n-1}}/\mathfrak{S}(nm^{n-1})$中的一个点.

特征值的集值映射 ϕ：$\mathbb{T}(\mathbb{C}^n, m+1)\to\mathbb{C}^{nm^{n-1}}/\mathfrak{S}(nm^{n-1})$定义为

$$\phi(\mathcal{T})=\sigma(\mathcal{T})$$

根据前文，只需要考虑空间 $\mathbb{TS}(\mathbb{C}^n, m+1):=\mathbb{C}^n\otimes S^m(\mathbb{C}^n)$. 注意到

$$\phi(\mathbb{T}(\mathbb{C}^n, m+1))=\phi(\mathbb{TS}(\mathbb{C}^n, m+1))$$

对任意正整数 $d>0$，单变量多项式的根

$$t^d+p_{d-1}t^{d-1}+\cdots+p_1t+p_0=0$$

对其系数向量 $\mathbf{p}:=(p_{d-1}, \cdots, p_0)^{\mathrm{T}}$ 具有连续性[55]. 定义集值映射 q：$\mathbb{C}^d\to\mathbb{C}^d/\mathfrak{S}(d)$为

$$q(\mathbf{w}):=\{t^d+w_1t^{d-1}+\cdots+w_d=0\text{ 的(带有重数的) 根}\}\tag{3.94}$$

定义 3.1　对所有的 $i=0,\cdots,d-1$，假设 $\mathbf{y}=(y_1,\cdots,y_k)^{\mathrm{T}}\in\mathbb{C}^k$，$p_i(\mathbf{y})\in\mathbb{C}[\mathbf{y}]$是多项式，且 $p:\mathbb{C}^k\to\mathbb{C}^d$是如下定义的多项式映射

$$\mathbf{p}(\mathbf{y}):=(p_{d-1}(\mathbf{y}),\cdots,p_0(\mathbf{y}))^{\mathrm{T}}$$

如果 $\mathrm{image}(q\circ\mathbf{p})$包含$\mathbb{C}^d/\mathfrak{S}(d)$的一个 Zariski 稠密开子集，那么称映射 $q\circ\mathbf{p}:\mathbb{C}^k\to\mathbb{C}^d/\mathfrak{S}(d)$是一个主导映射.

定义 3.1 是主导态射的延伸，因为 $q\circ\mathbf{p}$ 不是一个态射.

引理 3.20　对任意给定正整数 $d>0$，假设 $\mathbf{p}:\mathbb{C}^k\to\mathbb{C}^d$是由定义 3.1 给出的多项式映射. 那么，

(1) 复合映射 $q\circ\mathbf{p}:\mathbb{C}^k\to\mathbb{C}^d/\mathfrak{S}(d)$是满射，即 $\mathrm{image}(q\circ\boldsymbol{p})=\mathbb{C}^d/\mathfrak{S}(d)$，当且仅当映射 $\mathbf{p}$ 是满射，即 $\mathrm{image}(\mathbf{p})=\mathbb{C}^d$.

(2) 复合映射 $q\circ\mathbf{p}:\mathbb{C}^k\to\mathbb{C}^d/\mathfrak{S}(d)$是主导映射，即 $\mathrm{image}(q\circ\mathbf{p})$包含$\mathbb{C}^d/\mathfrak{S}(d)$的稠密开子集，当且仅当映射 $\mathbf{p}$ 是主导映射，即$\overline{\mathrm{image}(\mathbf{p})}=\mathbb{C}^d$.

证明　注意到映射 $q:\mathbb{C}^d\to\mathbb{C}^d/\mathfrak{S}(d)$是双射. 事实上，对任意给定的向量 $\mathbf{w}$，单变量多项式的根完全由 $\mathbf{w}$ 决定(参见式(3.94)). 因此，q 是$\mathbb{C}^d$到$\mathbb{C}^d/\mathfrak{S}(d)$的单射. q 显然是满射，因为对任意给定的多重集，存在 $\mathbf{w}\in\mathbb{C}^d$使得其相应多项式的根为给定的多重集. 那么，$q\circ\mathbf{p}$ 是满射当且仅当 $\mathbf{p}$ 是满射.

考虑映射 $g:\mathbb{C}^d/\mathfrak{S}(d)\to\mathbb{C}^d$，它将一个多重集$\{\lambda_1,\cdots,\lambda_d\}$映射为由多项式$(t-\lambda_1)\cdots(t-\lambda_d)$的系数(除了首系数)按余次的升序组成的向量. 那么 g 是一个态射. 容易看到，g 是映射 $q:\mathbb{C}^d\to\mathbb{C}^d/\mathfrak{S}(d)$的逆映射.

如果 $q\circ\mathbf{p}$ 是主导映射，那么存在 $V\subseteq\mathrm{image}(q\circ\mathbf{p})$使得 V 是$\mathbb{C}^d/\mathfrak{S}(d)$的稠密开子集. 在欧氏度量下，$V$ 也是一个开集. 由于 q 是连续的，因此 $q^{-1}(V)=g(V)\subseteq\mathbf{p}(\mathbb{C}^k)$是一个欧氏开集. 如果 $q^{-1}(V)$不稠密，那么存在一个小的欧氏开球$\hat{V}\in\mathbb{C}^d$使得 $q^{-1}(V)\cap\hat{V}=\varnothing$. 由于 g 连续，$g^{-1}(\hat{V})$是$\mathbb{C}^d/\mathfrak{S}(d)$(其欧氏拓扑是从$\mathbb{C}^d$中导入的)中的欧氏开集. 由于 g 是双射，可得，$g^{-1}(\hat{V})\cap V=\varnothing$. 那么，得到一个与 V 选取的矛盾结论. 因此，$\mathbf{p}(\mathbb{C}^k)$含有$\mathbb{C}^d$的一个欧氏稠密开子集. 另一方面，$\mathbf{p}(\mathbb{C}^k)$的欧氏闭包包含于 $\mathbf{p}(\mathbb{C}^k)$的 Zariski 闭包. 因此，$\overline{\mathbf{p}(\mathbb{C}^k)}=\mathbb{C}^d$. 从而，$\mathbf{p}$ 是一个主导映射.

假设 $\mathbf{p}:\mathbb{C}^k\to\mathbb{C}^d$是一个主导态射. 由命题 2.1 得到 $\mathbf{p}(\mathbb{C}^k)$包含$\mathbb{C}^d$的一个稠密开子集 U. 由于 g 是态射，那么$g^{-1}(U)$是$\mathbb{C}^d/\mathfrak{S}(d)$的一个稠密开子集. 因此，$g^{-1}(U)=q(U)\subseteq q(\mathbf{p}(\mathbb{C}^k))\subseteq\mathbb{C}^d/\mathfrak{S}(d)$是一个稠密开子集. 由定义 3.1 可得 $q\circ\mathbf{p}$ 是一个主导映射.

3.9.1　必要条件

首先利用前文的结论得到特征值映射为主导映射的必要条件. 张量 $\mathcal{T}\in\mathbb{TS}(\mathbb{C}^n,m+1)$的特征多项式 $\chi(\lambda)$可以写成

$$\chi(\lambda)=\lambda^{nm^{n-1}}+c_{nm^{n-1}-1}(\mathcal{T})\lambda^{nm^{n-1}-1}+\cdots+c_1(\mathcal{T})\lambda+c_0(\mathcal{T})$$

根据定理 3.7，对 $i=0,\cdots,nm^{n-1}-1$，$c_i(\mathcal{T})\in\mathbb{C}[\mathcal{T}]$是一个以 $t_{ji_1\cdots i_m}$ 为变量，次数为 $nm^{n-1}-i$ 的齐次多项式. 定义系数映射 $\mathbf{c}:\mathbb{TS}(\mathbb{C}^n,m+1)\to\mathbb{C}^{nm^{n-1}}$ 为

$$\mathbf{c}(\mathcal{T}):=(c_{nm^{n-1}-1}(\mathcal{T}),\cdots,c_0(\mathcal{T}))^{\mathrm{T}},\ \forall\,\mathcal{T}\in\mathbb{TS}(\mathbb{C}^n,m+1)\qquad(3.95)$$

容易看到 $\mathbf{c}$ 是两个光滑代数簇间的态射. 可见 $\phi=q\circ\mathbf{c}$(参见定义 3.1). 结合引理 3.20, 可得如下结论.

命题 3.27 给定正整数 m 和 n,

(1) 特征值的集值映射 $\phi: \mathbb{TS}(\mathbb{C}^n, m+1)\to\mathbb{C}^{nm^{n-1}}/\mathfrak{S}_{(nm^{n-1})}$ 是满射当且仅当系数映射 $\mathbf{c}: \mathbb{TS}(\mathbb{C}^n, m+1)\to\mathbb{C}^{nm^{n-1}}$ 是满射.

(2) 特征值的集值映射 $\phi: \mathbb{TS}(\mathbb{C}^n, m+1)\to\mathbb{C}^{nm^{n-1}}/\mathfrak{S}_{(nm^{n-1})}$ 是主导映射当且仅当系数映射 $\mathbf{c}: \mathbb{TS}(\mathbb{C}^n, m+1)\to\mathbb{C}^{nm^{n-1}}$ 是主导态射.

引理 3.21 对所有的正整数 m, $n\geqslant 2$, 除非 $n=2$, 或者 $(n, m)=(3, 2)$, $(4, 2)$, $(3, 3)$ 都成立

$$\binom{n+m-1}{m}< m^{n-1} \tag{3.96}$$

证明 注意, 对给定的 $m\geqslant 2$, 如果(3.96)对某个 $n\geqslant 2$ 成立, 那么对 $n+1$ 也成立, 这是因为

$$\binom{n+m}{m}=\frac{n+m}{n}\binom{n+m-1}{m}< m\binom{n+m-1}{m}$$

其次, 对给定的 $n\geqslant 2$, 如果(3.96)对某个 $m\geqslant 2$ 成立, 那么对 $m+1$ 也成立, 这是因为

$$\frac{\binom{n+m-1}{m}}{m^{n-1}}=\frac{\left(1+\frac{n-1}{m}\right)\cdots\left(1+\frac{1}{m}\right)}{(n-1)!}$$

注意, 给出的例外情况是使得不等式(3.96)不成立的仅有的情形.

结论证毕.

下面结论给出了特征值集值映射是主导映射的必要条件. 该结论表明, 在绝大多数情况下, 特征值映射 ϕ 不是主导映射.

命题 3.28 给定整数 m, $n\geqslant 2$. 映射 $\phi: \mathbb{TS}(\mathbb{C}^n, m+1)\to\mathbb{C}^{nm^{n-1}}/\mathfrak{S}(nm^{n-1})$ 是主导映射的必要条件是: 要么 $n=2$, 要么 $(n, m)=(3, 2)$, $(4, 2)$, $(3, 3)$.

证明 由命题 3.27 可得, ϕ 是主导映射的必要条件是系数映射 $\mathbf{c}: \mathbb{TS}(\mathbb{C}^n, m+1)\to\mathbb{C}^{nm^{n-1}}$ 是主导态射. 由命题 2.2 可得, 系数映射 $\mathbf{c}$ 是主导态射的必要条件是张量空间的维数 $\mathbb{TS}(\mathbb{C}^n, m+1)$ 不小于 nm^{n-1}. 注意到张量空间 $\mathbb{TS}(\mathbb{C}^n, m+1)$ 的维数为

$$n\binom{n+m-1}{m}$$

那么, 由引理 3.21 可得上述条件只可能在列出的情形下成立.

结论证毕.

3.9.2 二维张量

1. 基本结论

下面讨论二维张量 $\mathbb{TS}(\mathbb{C}^2, m+1)$. 此时的特征值的集值映射为

$$\phi: \mathbb{TS}(\mathbb{C}^2, m+1)\to\mathbb{C}^{2m}/\mathfrak{S}(2m)$$

张量 $\mathcal{T}=(t_{i_0\cdots i_m})$的特征方程为(参见定义 2.1)

$$\begin{cases}a_0x^m+a_1x^{m-1}y+\cdots+a_my^m=\lambda x^m\\ b_0x^m+\cdots+b_{m-1}xy^{m-1}+b_my^m=\lambda y^m\end{cases}$$

其中张量 $\mathcal{T}$使用了参数化

$$a_0:=t_{1111\cdots1},\ a_1:=mt_{1211\cdots1},\ a_2=\frac{m(m-1)}{2}t_{1221\cdots1},\ \cdots,\ a_m=t_{1222\cdots2}$$

$$b_0=t_{2111\cdots1},\ \cdots,\ b_{m-2}=\frac{m(m-1)}{2}t_{2112\cdots2},\ b_{m-1}=mt_{2122\cdots2},\ b_m=t_{2222\cdots2}$$

由两个变量的齐次多项式的结式的 Sylvester 公式可得张量的特征多项式为 $\mathrm{Det}(\boldsymbol{M}-\lambda\boldsymbol{I})$，其中单位矩阵 $\boldsymbol{I}\in\mathbb{C}^{2m\times2m}$，矩阵 $\boldsymbol{M}\in\mathbb{C}^{2m\times2m}$为

$$\boldsymbol{M}=\begin{bmatrix}a_0 & a_1 & a_2 & \cdots & a_m & 0 & 0 & \cdots\\ 0 & a_0 & a_1 & a_2 & \cdots & a_m & 0 & \cdots\\ 0 & 0 & a_0 & a_1 & a_2 & \cdots & a_m & \cdots\\ & & & \cdots & & & & \\ 0 & \cdots & 0 & a_0 & a_1 & a_2 & \cdots & a_m\\ b_0 & b_1 & b_2 & \cdots & b_m & 0 & 0 & \cdots\\ 0 & b_0 & b_1 & b_2 & \cdots & b_m & 0 & \cdots\\ 0 & 0 & b_0 & b_1 & b_2 & \cdots & b_m & \cdots\\ & & & \cdots & & & & \\ 0 & \cdots & 0 & b_0 & b_1 & b_2 & \cdots & b_m\end{bmatrix} \tag{3.97}$$

对所有的 $k=1,\cdots,2m$，记 $M_k:=\{\boldsymbol{A}:\boldsymbol{A}$ 是 $\boldsymbol{M}$ 的 $k\times k$ 主子矩阵$\}$是矩阵 $\boldsymbol{M}$ 的所有 $k\times k$的主子矩阵的集合. 注意到

$$\mathrm{Det}(\boldsymbol{M}-\lambda\boldsymbol{I})=\sum_{k=0}^{2m}(-1)^k\Big(\sum_{\boldsymbol{A}\in m_{2m-k}}\mathrm{Det}(\boldsymbol{A})\Big)\lambda^k$$

其中 $m_0:=\varnothing$，而空集上的求和定义为 1. 记

$$c_k(\mathcal{T}):=(-1)^k\sum_{\boldsymbol{A}\in\boldsymbol{M}_{2m-k}}\mathrm{Det}(\boldsymbol{A}),\ \forall\,k=0,\cdots,2m \tag{3.98}$$

可得(参见命题 3.5)

$$c_0(\mathcal{T})=\mathrm{Det}(\mathcal{T})=\mathrm{Det}(\boldsymbol{M}),\ c_{2m-1}(\mathcal{T})=-m(a_0+b_m),\ c_{2m}(\mathcal{T})=1$$

对所有的 $i=0,\cdots,2m$，容易得到每个 $c_i(\mathcal{T})\in\mathbb{C}[\mathcal{T}]$是次数为 $2m-i$ 的齐次多项式，且容易看到 $c_{2m-1}(\mathcal{T}),\cdots,c_0(\mathcal{T})$是系数映射 $\mathbf{c}$(参见(3.95))的分量. 记 $\boldsymbol{H}\in\mathbb{C}^{2m\times(2m+2)}$为系数映射 $\mathbf{c}:=(c_{2m-1},\cdots,c_0)^{\mathrm{T}}:\mathbb{C}^{2m+2}\to\mathbb{C}^{2m}$ 相对于变量 $a_0,\cdots,a_m,b_0,\cdots,b_m$ 的Jacobian 矩阵：

$$h_{ij}:=\begin{cases}\dfrac{\partial c_{2m-i}}{\partial a_{j-1}} & j\leqslant m+1\\[2ex] \dfrac{\partial c_{2m-i}}{\partial b_{j-m-2}} & \text{其他}\end{cases}$$

下文使用 Matlab 的记号来书写子矩阵，即 $\boldsymbol{A}_{a:b,\,c:d}$表示矩阵 $\boldsymbol{A}\in\mathbb{C}^{p\times q}$的由行下标$\{a,a+1,\cdots,b\}$与列下标$\{c,c+1,\cdots,d\}$构成的子矩阵；$\boldsymbol{A}_{:,\,c:d}$表示行下标为整个$\{1,\cdots,p\}$，

等等. $\boldsymbol{H}$ 的子矩阵$\boldsymbol{H}_{:,1:2m}$记为 $\boldsymbol{K}$. 因此 $\boldsymbol{K}$ 是一个 $2m\times 2m$ 的矩阵，其元素取自 $\mathbb{C}[a_0,\cdots,a_m,b_0,\cdots,b_m]$. 更重要地，$\boldsymbol{K}$ 的第 i 行中的每个元素中的每一个单项式对于变量 $a_0,\cdots,a_m,b_0,\cdots,b_m$ 都具有相同的次数 $i-1$.

为了证明对 $\mathbb{TS}(\mathbb{C}^2,m+1)$，映射 ϕ 是一个主导映射(等同于证明映射 $\mathbf{c}$ 是主导映射，参见命题 3.27)，接下来的目标是找到一个张量 $\mathcal{T}$ 使得矩阵 $\boldsymbol{H}$ 是满秩的(参见命题 2.3)，这个结论可以被矩阵 $\boldsymbol{K}$ 在这个张量点是非奇异的得到. 事实上，下文将证明一个更强的结论：矩阵 $\boldsymbol{K}$ 的行列式是$\mathbb{C}[\mathcal{T}]$中的一个非零多项式，因此对于一般选取的张量，该矩阵都是非奇异的. 为了达到这个目的，只需要证明 Det($\boldsymbol{K}$)中存在含有非零常数 α 的单项式 $\alpha a_1^{\frac{m(m-1)}{2}}a_m^{m-1}b_{m-1}^{\frac{m(m+1)}{2}+(m-1)^2}$.

首先给出一个例子说明下文复杂的证明.

例 3.3 假设 $m=2$，那么 Sylvester 矩阵为

$$\boldsymbol{M}=\begin{bmatrix}a_0 & a_1 & a_2 & 0\\ 0 & a_0 & a_1 & a_2\\ b_0 & b_1 & b_2 & 0\\ 0 & b_0 & b_1 & b_2\end{bmatrix}$$

矩阵 $\boldsymbol{M}$ 的特征多项式的系数(等于张量的特征多项式的系数)为

$$c_4(\boldsymbol{M})=1$$

$$c_3(\boldsymbol{M})=-2(a_0+b_2)$$

$$c_2(\boldsymbol{M})=\operatorname{Det}\begin{bmatrix}a_0 & a_1\\ b_1 & b_2\end{bmatrix}+2\times 2\text{ 的不含 }b_1a_i\text{ 的主子式}$$

$$c_1(\boldsymbol{M})=-\operatorname{Det}\begin{bmatrix}a_0 & a_1 & a_2\\ b_1 & b_2 & 0\\ b_0 & b_1 & b_2\end{bmatrix}-3\times 3\text{ 的不含 }b_1^2a_i\text{ 的主子式}$$

$$c_0(\boldsymbol{M})=\operatorname{Det}(\boldsymbol{M})\text{，只有一项含有 }b_0b_1\text{，即 }a_1a_2b_0b_1$$

容易计算 $\boldsymbol{H}$ 为

$$\boldsymbol{H}=\begin{bmatrix}-2 & 0 & 0 & 0 & 0 & 2\\ \zeta & -b_1 & \zeta & \zeta & \kappa & \kappa\\ \eta & \eta & -b_1^2+\eta & \eta & \kappa & \kappa\\ \delta & \mu & \mu & -a_1a_2b_1+\mu & \kappa & \kappa\end{bmatrix}$$

其中 ζ 包含不含 b_1 的项，η 包含 b_1 的次数严格小于 2 的项，μ 包含不满足下列条件的项：要么有变量 b_1，要么只有变量 a_1、a_2 和 b_1.

由定义，$\boldsymbol{H}$ 的子矩阵 $\boldsymbol{K}$ 为

$$\boldsymbol{K}=\begin{bmatrix}-2 & 0 & 0 & 0\\ \zeta & -b_1 & \zeta & \zeta\\ \eta & \eta & -b_1^2+\eta & \eta\\ \delta & \mu & \mu & -a_1a_2b_1+\mu\end{bmatrix}$$

那么，在 Det($\boldsymbol{K}$)中得到 $a_1a_2b_1^4$ 的唯一方式是：取矩阵 $\boldsymbol{K}$ 的子矩阵$\boldsymbol{K}_{1:3,1:3}$的对角元(参见引

理 3.22①)以及矩阵 $\boldsymbol{K}$ 的子矩阵$\boldsymbol{K}_{4,4}$的次对角元(参见引理 3.23). 显然，$a_1a_2b_1^4$ 的系数不为零. 注意变量 b_1 能取的最大次数为 4(参见引理 3.24).

2. 详细证明

下面在例 3.3 的基础上给出映射 ϕ 在 $n=2$ 时的主导性的详细证明. 更确切地，下文将证明行列式 $\mathrm{Det}(\boldsymbol{K})$中存在非零项 $\alpha a_1^{\frac{m(m-1)}{2}}a_m^{m-1}b_{m-1}^{\frac{m(m+1)}{2}+(m-1)^2}$. 该单项式是只含有变量 a_1、a_m 和 b_{m-1}的所有单项式中 b_{m-1}的次数最大的单项式. 下面将简要介绍证明的思路：矩阵 $\boldsymbol{K}$ 的子矩阵$\boldsymbol{K}_{1:m+1;1:m+1}$将为目标单项式贡献因子 $b_{m-1}^{\frac{m(m+1)}{2}}$(此部分对应引理 3.22)，矩阵 $\boldsymbol{K}$ 的子矩阵 $\boldsymbol{K}_{m+2:2m;m+2:2m}$将为目标单项式贡献剩下部分因子(此部分对应引理 3.23). 引理 3.24 将证明由引理 3.22 和引理 3.23 构造的单项式确实是只含有变量 a_1、a_m 和 b_{m-1}的所有单项式中 b_{m-1}的次数最大的单项式. 命题 3.29 将把这些引理合成，给出最后的结论.

首先看矩阵 $\boldsymbol{K}$ 的子矩阵 $\boldsymbol{K}_{1:m+1;1:m+1}$的对角元.

引理 3.22　对每个 $i=1, \cdots, m+1$，在K_{ii}里存在非零单项式 b_{m-1}^{i-1}. 更进一步地，矩阵 $\boldsymbol{K}$ 的第 i 行存在唯一的一个元素包含单项式 b_{m-1}^{i-1}.

证明　矩阵 $\boldsymbol{M}$ 的子矩阵 $\boldsymbol{M}_{m-1:2m,\ m-1:2m}$ 为

$$\boldsymbol{P}=\begin{bmatrix} a_0 & a_1 & a_2 & a_3 & \cdots & a_m \\ b_{m-1} & b_m & 0 & 0 & \cdots & 0 \\ & b_{m-1} & b_m & & & \\ & & \ddots & \ddots & & \\ & & & b_{m-1} & b_m & 0 \\ & & & & b_{m-1} & b_m \end{bmatrix}$$

在 $i=1$ 的情形下，结论显然成立. 接下来考虑 $i>1$ 的情形. 容易看到，对所有的 $i=2, \cdots, m+1$，在 $\boldsymbol{P}$ 的 $i\times i$ 顺序主子式中存在单项式

$$(-1)^{i-1}a_{i-1}b_{m-1}^{i-1}$$

当 $i>1$ 时，矩阵 $\boldsymbol{M}$ 的其他任何 $i\times i$ 主子式不会含有单项式 $a_{i-1}b_{m-1}^{i-1}$，这是因为只有矩阵 $\boldsymbol{P}$ 的 $i\times i$ 主子矩阵含有 $i-1$ 个行具有变量 b_{m-1}以及一个行具有变量 $a's$，而只有上述确定的子式可以得到含有单项式 $a_{i-1}b_{m-1}^{i-1}$的非零项. 因此，从 Jacobian 矩阵的定义以及系数的公式可以得到，对每个 $i=1, \cdots, m+1$，K_{ii}处存在单项式 b_{m-1}^{i-1}.

下面证明唯一性. 由每个元素处的多项式都是齐次多项式，可得 $i=1$ 的情形下结论显然成立. 事实上，由命题 3.5 可得 $c_{2m-1}(\mathcal{T})=-m(a_0+b_m)$，由此可得对所有的 $j=2, \cdots, 2m$，都有$K_{1j}=0$.

给定 $i>1$. 首先，对 $j>m+1$，每个元素不可能含有单项式 b_{m-1}^{i-1}的非零项. 假设不成立，那么 c_{2m-i} 含有单项式 $b_{j-m-2}b_{m-1}^{i-1}$ 的非零项. 由矩阵 $\boldsymbol{M}$ 的结构可得该项由子矩阵 $\boldsymbol{M}_{m+1:2m,\ m+1:2m}$的一个 $i\times i$ 子式得来：

---

① 这个例子中选取单项式的方式是显然的，这里标出各个引理，主要是为了更清楚地对应“2. 详细证明”中相关引理的机理.

$$M_1 := \begin{bmatrix} b_m & 0 & 0 & \cdots & 0 \\ b_{m-1} & b_m & 0 & \cdots & 0 \\ b_{m-2} & b_{m-1} & b_m & \cdots & 0 \\ \cdots & \cdots & \cdots & \cdots & \cdots \\ b_1 & b_2 & b_3 & \cdots & b_m \end{bmatrix}$$

然而，该情形不可能出现，因为该矩阵的任何主子式中的任何项的单项式中都含有变量 b_m.

其次，对 $j\in\{1, \cdots, m+1\}$ 且 $j\neq i$，每个元素 K_{ij} 一定不含有单项式 b_{m-1}^{i-1} 的非零项. 同样，使用反证法，假设存在这样的项，那么 c_{2m-i} 包含单项式 $a_{j-1}b_{m-1}^{i-1}$ 的非零项. 该非零项由 $\boldsymbol{M}$ 的主子式得来. 记相应的主子矩阵为 $\boldsymbol{T}\in\mathbb{C}^{i\times i}$. 由假设条件，矩阵 $\boldsymbol{T}$ 必须是满足下面条件的主子矩阵：其 $(i-1)\times(i-1)$ 后主子矩阵由 $\boldsymbol{M}_1$ 的一个 $(i-1)\times(i-1)$ 主子矩阵得来，因为需要得到 $i-1$ 个 b_{m-1}. 注意，矩阵 $\boldsymbol{M}_1$ 的每个主子矩阵是一个下三角矩阵，且其最后一个对角元为 b_m. 因此，为了得到单项式 $a_{j-1}b_{m-1}^{i-1}$，矩阵 $\boldsymbol{T}$ 的 $(1, i)$ 元素一定是 a_{j-1}，且根据行列式的 Laplace 公式，对所有的 $s=2, \cdots, i$，矩阵 $\boldsymbol{T}$ 的 s 行中一定含有变量 b_{m-1}. 然而，这种情况只能在 $j=i$ 以及 $\boldsymbol{T}$ 是矩阵 $\boldsymbol{P}$ 的顺序主子矩阵的情形下才能发生. 这样就得到了一个矛盾.

总结：元素 K_{ii} 是矩阵 $\boldsymbol{K}$ 的第 i 行中含有单项式 b_{m-1}^{i-1} 的非零项的唯一元素.

接下来考查矩阵 $\boldsymbol{K}$ 的子矩阵 $\boldsymbol{K}_{m+2:2m;m+2:2m}$ 的次对角元.

引理 3.23 对每个 $i=m+2, \cdots, 2m$，矩阵 $\boldsymbol{K}$ 的 $(i, 3m-i+2)$ 元素存在单项式 $a_1^{i-m-1}b_{m-1}^{m-1}a_m$ 的非零项. 此外，上述项是矩阵 $\boldsymbol{K}$ 的对所有 $j=2, \cdots, 2m$ 的 (i, j) 元中只含有变量 a_1，b_{m-1}，a_m 的关于变量 b_{m-1} 取得最大次数 $m-1$ 的唯一项.

证明 显然，对所有的 $j=m+2, \cdots, 2m$ 和 $i=m+2, \cdots, 2m$，矩阵 $\boldsymbol{K}$ 的 (i, j) 元素不可能得到变量 b_{m-1} 的次数为 m 的非零项，这是因为矩阵 $\boldsymbol{M}$ 中只有 m 行含有变量 b. 可以从矩阵 $\boldsymbol{M}$ 的子矩阵 $\boldsymbol{M}_{2m-i+1:2m,\ 2m-i+1:2m}$ 的行列式中得到单项式

$$b_{2m-i}a_1^{i-m-1}b_{m-1}^{m-1}a_m$$

的非零项，这个行列式是一个 $i\times i$ 主子式. 可以证明，$M_{2m-i+1:2m,\ 2m-i+1:2m}$ 的行列式是系数 c_{2m-i}（参见式(3.98)）的定义中唯一一个具有单项式 $b_{2m-i}a_1^{i-m-1}b_{m-1}^{m-1}a_m$ 的非零项的 $i\times i$ 子式. 为了得到 $b_{2m-i}b_{m-1}^{m-1}$，对矩阵 $\boldsymbol{M}$ 的任意 $i\times i$ 的主子矩阵 $\boldsymbol{T}$，矩阵 $\boldsymbol{P}$（引理 3.22 的证明中定义的）必须是其主子矩阵，因为矩阵 $\boldsymbol{M}$ 中只有 m 行含有变量 b，所以必须全部取用.

首先，矩阵 $\boldsymbol{T}$ 的最后一列只包括变量 a_m、b_m 和 0，据此可知 a_m 必须被选取，这是因为对所有可能的 $i=m+2, \cdots, 2m$，$2m-i<m$ 成立. 其次，不可能从矩阵 $\boldsymbol{P}$ 的下三角部分中选取 b_{2m-i}，否则根据行列式的 Laplace 公式，最多只能得到 b_{m-1}^{m-2}. 再次，由上一条，可得，只能从矩阵 $\boldsymbol{T}$ 的前 $i-m-1$ 列中选取 b_{2m-i}. 同时，由于从矩阵 $\boldsymbol{M}$ 中选取主子矩阵，矩阵 $\boldsymbol{M}$ 的 $(1, 1)$ 元是 a_0，而第一列的其他元素是不同的 b_t. 因此，必须从第一列选取 b_{2m-i}. 此外，这是第一列中第一个不同于 a_0 的非零项. 由矩阵 $\boldsymbol{M}$ 的结构可得，唯一可能的主子矩阵为 $\boldsymbol{M}_{2m-i+1:2m,\ 2m-i+1:2m}$.

因此，由 Jacobian 矩阵的定义及系数的公式可得，对所有的 $i=m+2, \cdots, 2m$，矩阵 $\boldsymbol{K}$ 的 $(i, 3m-i+2)$ 元中存在单项式 $a_1^{i-m-1}b_{m-1}^{m-1}a_m$ 的非零项.

类似地，可以证明对所有的 $j\in\{m+2,\cdots,2m\}\backslash\{3m-i+2\}$ 和 $i=m+2,\cdots,2m$，矩阵 $\boldsymbol{K}$ 的 (i,j) 元中只含有变量 a_1、b_{m-1} 和 a_m，且 b_{m-1} 的次数为最大的 $m-1$ 的单项式的非零项不存在.

接下来证明，对 $i=m+2,\cdots,2m$，矩阵 $\boldsymbol{M}$ 的任何 $i\times i$ 主子式不存在单项式

$$a_r a_1^p b_{m-1}^{m-1} a_m^q$$

的非零项，其中整数满足 $p+q=i-m$ 及 $r=1,\cdots,m$. 注意到，因为 $i\geqslant m+2$，矩阵 $\boldsymbol{M}$ 的任意 $i\times i$ 主子矩阵的第一列具有下面形式

$$(a_0,0,\cdots,0,b_t,b_{t-1},\cdots)^{\mathrm{T}}$$

其中 $t<m-1$. 因此，子式中的每一项必须满足：要么包含变量 a_0，要么包含变量 b_s，其中 $s<m-1$. 注意，这两种情形都将不会得到只含有变量 a_1、a_r、a_m 和 b_{m-1} 的单项式的非零项，其中 $r=1,\cdots,m$. 那么，对所有 $i=m+2,\cdots,2m$ 和 $j=2,\cdots,m+1$，矩阵 $\boldsymbol{K}$ 的 (i,j) 元不会包含只含有 a_1、a_m 和 b_{m-1} 的项.

因此，对每个 $i=m+2,\cdots,2m$，单项式 $a_1^{i-m-1}b_{m-1}^{m-1}a_m$ 的非零项只会唯一地出现在矩阵 $\boldsymbol{K}$ 的 $(i,3m-i+2)$ 元.

引理 3.24　对所有的 $m=2,3,\cdots$，Jacobian 矩阵 $\boldsymbol{H}$ 的子矩阵 $\boldsymbol{K}$ 在张量空间 $\mathbb{T}(\mathbb{C}^2,m+1)$ 中满足一般选取是非奇异的性质.

证明　矩阵 $\boldsymbol{K}$ 的第一行为

$$(-m,0,\cdots,0)^{\mathrm{T}}\in\mathbb{C}^{2m}$$

因此可得 $\mathrm{Det}(\boldsymbol{K})=-m\mathrm{Det}(\boldsymbol{K}_{2:2m,2:2m})$.

接下来考虑行列式 $\mathrm{Det}(\boldsymbol{K})$ 中只含有变量 a_1、b_{m-1} 和 a_m 的单项式. 对于 $i=2,\cdots,2m$，矩阵 $\boldsymbol{K}$ 的第 i 行的每个元素都是变量 $a_0,\cdots,a_m,b_0,\cdots,b_m$ 的次数为 $i-1$ 的齐次多项式，而矩阵 $\boldsymbol{M}$ 中有 m 行含有变量 b_{m-1}. 根据该结论连同引理 3.22 和引理 3.23，推出在矩阵 $\boldsymbol{K}$ 的行列式中关于变量 b_{m-1} 的最大次数为

$$1+\cdots+m+(m-1)(m-1)=\frac{m(m+1)}{2}+(m-1)^2$$

由引理 3.22 和引理 3.23 再次可得这样的项是唯一的，且只有唯一的方法可以生成这样一项：即选择子矩阵 $\boldsymbol{K}_{1:m+1,1:m+1}$ 的对角元以及子矩阵 $\boldsymbol{K}_{m+2:2m,m+2:2m}$ 的次对角元. 此外，由这两个引理，可得矩阵 $\boldsymbol{K}$ 的行列式中单项式 $a_1^{\frac{m(m-1)}{2}}b_{m-1}^{\frac{2m^2-m+1}{2}}a_m^{m-1}$ 的项具有非零系数.

因此，矩阵 $\boldsymbol{K}$ 的行列式是多项式环 $\mathbb{C}[a_0,\cdots,a_m,b_0,\cdots,b_m]$ 中的一个非零多项式. 由 Hilbert 零点定理(定理 2.5)可得，Jacobian 矩阵的子矩阵 $\boldsymbol{K}$ 在张量空间中具有一般选取下的非奇异性.

命题 3.29　对任意正整数 $m\geqslant1$，特征值的集值映射 $\phi:\mathbb{TS}(\mathbb{C}^2,m+1)\to\mathbb{C}^{2m}/\mathfrak{S}(2m)$ 是主导的，即对于一个一般选取的多重集 $S\in\mathbb{C}^{2m}/\mathfrak{S}(2m)$，存在张量 $\mathcal{T}\in\mathbb{TS}(\mathbb{C}^2,m+1)$ 使得张量 $\mathcal{T}$ 的特征值集合为 S.

证明　由引理 3.24 可得，系数映射 $\mathbf{c}:\mathbb{TS}(\mathbb{C}^2,m+1)\to\mathbb{C}^{2m}$ 的 Jacobian 矩阵 $\boldsymbol{H}$ 在一般选取下是满秩的，这是因为在一个一般选取的张量处其有一个非奇异子矩阵. 结合命题 2.3，可以得到映射 $\mathbf{c}$ 是一个主导映射. 根据命题 3.27，由于 $\mathbf{c}$ 是主导映射可以得到映射 ϕ 是主导的，这样结论得以证明.

3. Sylvester 矩阵

此处对 Sylvester 矩阵进行简单介绍，后文将详细讨论其谱的对称性. Sylvester 矩阵是指具有如下形式的矩阵 $\boldsymbol{M}$(参见(3.97))：

$$\begin{bmatrix} a_0 & \cdots & a_p & 0 & 0 & \cdots \\ & & & \cdots & & \\ 0 & \cdots & 0 & a_0 & \cdots & a_p \\ b_0 & \cdots & b_q & 0 & 0 & \cdots \\ & & & \cdots & & \\ 0 & \cdots & 0 & b_0 & \cdots & b_q \end{bmatrix}$$

一般情况下，该矩阵具有 q 个 a 的行、p 个 b 的行，而 p、q 具有不同值. 因此，该矩阵属于空间 $\mathbb{C}^{(p+q)\times(p+q)}$. 在排列变换的情况下，不妨假设 $q\geqslant p$. 那么，类似于上文的证明，可以得到下面的结论.

命题 3.30 假设 $n\geqslant 2$ 是正整数. 对于一般选取的多重集 $S\in\mathbb{C}^n/\mathfrak{S}(n)$，存在 Sylvester 矩阵 $\boldsymbol{A}\in\mathbb{C}^{n\times n}$ 使得 $\boldsymbol{A}$ 的特征值恰好为 S.

4. 延伸

接下来继续讨论张量. 在矩阵情形下，给定了具有 n 个数的多重集，很容易构造矩阵(对角矩阵)使得该矩阵的特征值即为给定的这个集合. 对于 $n=2$ 的张量情形，前文的"2. 详细证明"部分证明了特征映射 ϕ 的主导性，但是还不能说明该映射是否为满射，以及如何找到张量使得其特征值为给定的多重集. 下面将初步讨论这些问题.

由 Pieri 公式(参见文献[63]第 73 页)，可以看到 $\mathbb{TS}(\mathbb{C}^n, m+1)$ 的一个 $\mathrm{GL}_n(\mathbb{C})$ 模分解：

$$\mathbb{TS}(\mathbb{C}^n, m+1)=\mathbb{C}^n\otimes \mathrm{S}^m(\mathbb{C}^n)=S^{m+1}\,\mathbb{C}^n\oplus S_{m,1}\,\mathbb{C}^n$$

特别地，当 $n=2$ 时，成立

$$\mathbb{TS}(\mathbb{C}^2, m+1)=S^{m+1}\,\mathbb{C}^2\oplus \mathrm{S}_{m,1}\,\mathbb{C}^2=\mathrm{S}^{m+1}\,\mathbb{C}^2\oplus(\wedge^2\,\mathbb{C}^2\otimes \mathrm{S}^{m-1}\,\mathbb{C}^2)$$

集合 $\mathrm{S}^{m+1}\mathbb{C}^2$ 中的张量即为对称张量，可以由 $m+2$ 个参数表示. 更具体地，对于对称张量 $\mathcal{T}$，齐次多项式 $\mathbf{z}^{\mathrm{T}}(\mathcal{T}\mathbf{z}^m)$(其中 $\mathbf{z}=(x,y)^{\mathrm{T}}$)可以通过变量 a 参数化为 $F(x,y)=a_{m+1}x^{m+1}+\cdots+a_0y^{m+1}\in\mathbb{C}[x, y]$.

引理 3.25 张量 $\mathcal{T}$ 的特征方程为

$$\frac{\partial F(x, y)}{\partial x}=\lambda x^m$$

$$\frac{\partial F(x, y)}{\partial y}=\lambda y^m$$

非零张量 $\mathcal{T}\in\mathrm{S}^{m+1}\mathbb{C}^2$ 的特征值具有如下刻画.

命题 3.31 假设 $p_1, \cdots, p_k$ 是 $F(x, y)$ 在 $\mathbb{P}^1$ 中的互异根，其重数分别为 $m_1, \cdots, m_k$. 假设 $\boldsymbol{L}_i$ 是在点 p_i 等于零的线性型. 张量 $\mathcal{T}$ 的特征值为 0，重数为 $\sum_{i=1}^{k}(m_i-1)$，$\lambda_j=\frac{\partial F}{\partial x}(\alpha_j, \beta_j)/\alpha_j^m$，$j=1, \cdots, m+k-1$，重数为 1，其中 (α_j, β_j) 是

$$\frac{y^m \dfrac{\partial F}{\partial x} - x^m \dfrac{\partial F}{\partial y}}{\prod\limits_{i=1}^{k} L_i^{m_i - 1}} = 0$$

的一个根.

证明　由引理 3.25 的方程得到

$$\lambda\left(y^m \frac{\partial F}{\partial x} - x^m \frac{\partial F}{\partial y}\right) = 0$$

假设 $\lambda \neq 0$ 是 $\mathcal{T}$ 的特征值，而 $(\alpha, \beta) \neq (0, 0)$ 是 λ 的一个特征向量. 那么，要么 $\frac{\partial F}{\partial x}(\alpha, \beta) \neq 0$，要么 $\frac{\partial F}{\partial y}(\alpha, \beta) \neq 0$，即 (α, β) 是

$$\frac{y^m \dfrac{\partial F}{\partial x} - x^m \dfrac{\partial F}{\partial y}}{\prod\limits_{i=1}^{k} L_i^{m_i - 1}} = 0$$

的一个根. 由于 $\mathcal{T}$ 有 $2m$ 个特征值，且 $\sum\limits_{i=1}^{k} m_i = m + 1$，那么这些特征值要么为 0，要么具有上述形式.

接下来，考虑 $\wedge^2 \mathbb{C}^2 \otimes \mathrm{S}^{m-1} \mathbb{C}^2$ 中张量的特征值.

引理 3.26　张量 $\mathcal{T} \in \wedge^2 \mathbb{C}^2 \otimes \mathrm{S}^{m-1} \mathbb{C}^2$ 的特征方程为

$$yf(x, y) = \lambda x^m$$
$$-xf(x, y) = \lambda y^m$$

其中 $f(x, y)$ 是次数为 $m-1$ 的齐次多项式.

证明　首先固定 $\mathbb{C}^2$ 的一个标准基 $\{\mathbf{e}_1, \mathbf{e}_2\}$，那么集合 $\wedge^2 \mathbb{C}^2 \otimes \mathrm{S}^{m-1} \mathbb{C}^2$ 中的一个元素为

$$\mathcal{T} = (\mathbf{e}_1 \wedge \mathbf{e}_2) \otimes f$$

其中 $f \in \mathrm{S}^{m-1} \mathbb{C}^2$. 将 $\mathrm{S}^{m-1} \mathbb{C}^2$ 与两个变量的系数为复数的次数为 $m-1$ 的齐次多项式空间所对应. 对 $\mathbf{e}_1 \wedge \mathbf{e}_2$ 进行展开，并将张量 $\mathcal{T}$ 的特征方程写出，即可得到最终结论.

给定 $\mathcal{T} \in \wedge^2 \mathbb{C}^2 \otimes \mathrm{S}^{m-1} \mathbb{C}^2$，下面刻画张量 $\mathcal{T}$ 的特征值.

命题 3.32　张量 $\mathcal{T}$ 的特征值为 0，重数为 $m-1$；$\omega_i f(1, \omega_i)$，$i=0, \cdots, m$，其中 ω_i 是 -1 的 $m+1$ 重根.

证明　如果 $\lambda \neq 0$ 是 $\mathcal{T}$ 的特征值，那么

$$yf(x, y) = \lambda x^m, \quad -xf(x, y) = \lambda y^m$$

因此，

$$\lambda(x^{m+1} + y^{m+1}) = 0$$

由于 $\lambda \neq 0$，那么

$$y = \omega_i x, \quad i = 0, \cdots, m$$

容易得到

$$\lambda = \frac{yf(x, y)}{x^m} = \omega_i f(1, \omega_i)$$

最后，由 Hilbert 零点定理，每个齐次多项式 $f(x, y)$ 在 $\mathbb{C}^2$ 一定有一个非平凡解，因此

0 也是张量 $\mathcal{T}$ 的特征值. 由于特征值的总个数为 $2m$，那么 0 的重数即为剩下的 $m-1$.

注意，命题 3.32 实际上给出了一个构造张量 $\mathcal{T}\in\wedge^2\mathbb{C}^2\otimes S^{m-1}\mathbb{C}^2$ 的算法，使得对给定的 $m+1$ 个数 $\lambda_0,\cdots,\lambda_m$，构造的张量 $\mathcal{T}$ 的特征值为 $\lambda_0,\cdots,\lambda_m$ 和 0. 构造的方法是通过求解一个线性系统. 具体来说，考虑如下的线性系统：

$$\begin{bmatrix}1 & 1 & \cdots & 1 & 1\\ \omega_1 & \omega_1^2 & \cdots & \omega_1^{m-1} & \omega_1^m\\ \vdots & \vdots & \ddots & \vdots & \vdots\\ \omega_m & \omega_m^2 & \cdots & \omega_m^{m-1} & \omega_m^m\end{bmatrix}\begin{bmatrix}a_0\\ a_1\\ \vdots\\ a_{m-1}\end{bmatrix}=\begin{bmatrix}\lambda_0\\ \lambda_1\\ \vdots\\ \lambda_m\end{bmatrix}$$

其中 ω_i 是 -1 的 $m+1$ 重根.

(1) 如果该超定线性系统没有解，那么不存在张量 $\mathcal{T}\in\wedge^2\mathbb{C}^2\otimes S^{m-1}\mathbb{C}^2$ 使得其特征值为预先给定的 $\{\lambda_0,\cdots,\lambda_m,0,\cdots,0\}$.

(2) 如果该超定线性系统有解，那么这个解给出了一个齐次多项式 $f(x,y)=\sum_{i=0}^{m-1}a_i x^{m-1-i}y^i$，该多项式进一步给出了所求解的张量 $\mathcal{T}$（参见引理 3.26).

3.9.3 例外情形

本节证明特征值映射 $\phi:\mathbb{TS}(\mathbb{C}^n,m+1)\to\mathbb{C}^{nm^{n-1}}/\mathfrak{S}(nm^{n-1})$ 在以下例外情况下也是主导映射：

$$(n,m)=(3,2),(4,2),(3,3)$$

本结论根据命题 2.3 和命题 3.27 来证明. 基本的思路依然是：寻求空间 $\mathbb{TS}(\mathbb{C}^n,m+1)$ 中的一个点，使得系数映射 $\mathbf{c}:\mathbb{TS}(\mathbb{C}^n,m+1)\to\mathbb{C}^{nm^{n-1}}$ 的微分在此点处具有最大秩 nm^{n-1}. 区别在于，不同于对 Jacobian 矩阵的一般选取情形下的性质进行证明，而是寻求到一个特定的点使得相应的 Jacobian 矩阵是满秩的.

1. 特征多项式的 Macaulay 公式

从前文关于行列式的讨论中可以得到一些相关的性质，本节将利用这些结论.

记 $d=nm-n+1$，以及 $S=\{x_1^d,x_1^{d-1}x_2,\cdots,x_n^d\}$ 是次数为 d、变量为 $x_1,\cdots,x_n$ 的所有单项式在字典序下排列的集合. 一个次数为 d 的单项式一般表达为 $\mathbf{x}^\alpha=x_1^{\alpha_1}\cdots x_n^{\alpha_n}$，其中 $\alpha\in\mathbb{N}^n$，$\alpha_1+\cdots+\alpha_n=d$. 集合 S 可以分成 n 个子集：

$$S_i:=\{\mathbf{x}^\alpha\in S:\alpha_i\geqslant m,\ \alpha_j<m\quad\forall j=1,\cdots,i-1\},\ \forall i=1,\cdots,n$$

容易看到 $\{S_1,\cdots,S_n\}$ 互不相交，且 $\bigcup_{i=1}^n S_i=S$. 注意到 S 的基数为

$$w=|S|=\binom{d+n-1}{d}$$

假设 $\mathcal{T}\in\mathbb{TS}(\mathbb{C}^n,m+1)$. 记

$$f_i(\mathbf{x}):=(\mathcal{T}\mathbf{x}^m-\lambda\,\mathbf{x}^{[m]})_i$$

为其特征方程的第 i 个定义多项式，其中 $i=1,\cdots,n$. 对这 n 个由 $\mathcal{T}$ 和 λ 为参数，$\mathbf{x}=(x_1,\cdots,x_n)$ 为变量的齐次多项式 $f_1(\mathbf{x}),\cdots,f_n(\mathbf{x})$，可以构造 w 个齐次多项式组成的系统

$$\mathbf{x}^{\alpha-me_i}\cdot f_i(\mathbf{x}),\ \forall\ \mathbf{x}^{\alpha}\in S_i,\ \forall i=1,\cdots,n \tag{3.99}$$

其中$\boldsymbol{e}_i\in\mathbb{R}^n$是第 i 个标准基向量．该系统的多项式自然地以$\mathbf{x}^{\alpha}\in S$进行了排序．相对于基 S，可以将系统(3.99)表示成一个矩阵$\boldsymbol{R}\in\mathbb{C}[\mathcal{T},\lambda]^{w\times w}$．单项式$\mathbf{x}^{\alpha}$称为是简化的，如果刚好存在一个 $i\in\{1,\cdots,n\}$使得$\alpha_i\geqslant m$．从矩阵 $\boldsymbol{R}$ 删去与简化的单项式对应的所有行和列，得到的子矩阵记为$\boldsymbol{R}'$．注意到矩阵 $\boldsymbol{R}$ 和 $\boldsymbol{R}'$中的元素均为变量 $t_{ji_1\cdots i_m}$ 和 λ 的线性形式．

由结式的 Macaulay 公式[38]可得张量 $\mathcal{T}$的特征多项式为

$$\operatorname{Det}(\mathcal{T}-\lambda\mathcal{I})=\pm\frac{\operatorname{Det}(\boldsymbol{R})}{\operatorname{Det}(\boldsymbol{R}')} \tag{3.100}$$

由特征多项式(3.100)，可以计算出系数映射 $\mathbf{c}:\mathbb{TS}(\mathbb{C}^n,m+1)\to\mathbb{C}^{nm^{n-1}}$ 及其 Jacobian 矩阵 $\boldsymbol{H}$．注意，可以将系数映射 $\mathbf{c}$ 限制在一个子空间 $V\subseteq\mathbb{TS}(\mathbb{C}^n,m+1)$上，只要满足 V 的维数不小于 nm^{n-1}(参见命题 2.2)，仍然可能按上述思想证明所要结论，而计算量将会减少许多．

2. 三阶三维张量

下面给出三阶三维张量的详细计算情况，即$(n,m)=(3,2)$．这些细节也是对前文“1. 特征多项式的 Macauly 公式”中理论的一个示例．主要的计算是通过 Macaulay2[57]以及 Matlab 完成的．

对于张量 $\mathcal{T}\in\mathbb{TS}(\mathbb{C}^3,3)$，其特征方程系统为

$$\begin{cases}\sum\limits_{j,k=1}^{3}t_{1jk}x_jx_k=\lambda x_1^2\\ \sum\limits_{j,k=1}^{3}t_{2jk}x_jx_k=\lambda x_2^2\\ \sum\limits_{j,k=1}^{3}t_{3jk}x_jx_k=\lambda x_3^2\end{cases}$$

此系统可以等价地参数化为

$$\begin{cases}f_1(\mathbf{A},\lambda,\mathbf{x}):=a_{11}x_1^2+a_{12}x_1x_2+a_{13}x_2^2+a_{14}x_1x_3+a_{15}x_2x_3+a_{16}x_3^2-\lambda x_1^2=0\\ f_2(\mathbf{A},\lambda,\mathbf{x}):=a_{21}x_1^2+a_{22}x_1x_2+a_{23}x_2^2+a_{24}x_1x_3+a_{25}x_2x_3+a_{26}x_3^2-\lambda x_2^2=0\\ f_3(\mathbf{A},\lambda,\mathbf{x}):=a_{31}x_1^2+a_{32}x_1x_2+a_{33}x_2^2+a_{34}x_1x_3+a_{35}x_2x_3+a_{36}x_3^2-\lambda x_3^2=0\end{cases}$$

记

$$S=\{x_1^4,x_1^3x_2,\cdots,x_2^4,\cdots,x_3^4\}$$

为变量为 x_1，x_2，x_3，次数为 4 的单项式全体在字典序下的排列．记

$$T_1=\{x_1^2,x_1x_2,x_1x_3,x_2^2,x_2x_3,x_3^2\}$$
$$T_2=\{x_1x_2,x_1x_3,x_2^2,x_2x_3,x_3^2\}$$
$$T_3=\{x_1x_2,x_1x_3,x_2x_3,x_3^2\}$$

那么 S 的基数为

$$|S|=\binom{3+4-1}{4}=15$$

可以得到 15 个多项式的系统为

$$f_ig_j^i=0,\ \forall g_j^i\in T_i,\ \forall i=1,2,3$$

对于$f_i g_j^i \in \mathbb{C}[\mathbf{A}, \lambda][\mathbf{x}]$，可以得到以下列多项式方程组的系数在标准基 S 下构成的方阵$\boldsymbol{M} \in (\mathbb{C}[\mathbf{A}, \lambda])^{15\times 15}$

$$f_1 g_1^1 = 0, \cdots, f_1 g_6^1 = 0, f_2 g_1^2 = 0, \cdots, f_2 g_5^2 = 0, f_3 g_1^3 = 0, \cdots, f_3 g_4^3 = 0$$

由式(3.100)可得张量 $\mathcal{T}$的特征多项式为

$$\mathrm{Det}(\mathcal{T} - \lambda\mathcal{I}) = \pm \frac{\det(\boldsymbol{M})}{(a_{11} - \lambda)^2 (a_{23} - \lambda)}$$

矩阵$\boldsymbol{M}$是

$$\begin{bmatrix}
a_{11} & a_{12} & a_{13} & a_{14} & a_{15} & a_{16} & 0 & 0 & 0 & 0 & 0 & 0 & 0 & 0 & 0 \\
0 & a_{11} & a_{12} & 0 & a_{14} & 0 & a_{13} & a_{15} & 0 & 0 & 0 & a_{16} & 0 & 0 & 0 \\
0 & 0 & a_{11} & 0 & 0 & 0 & a_{12} & a_{14} & a_{13} & a_{15} & a_{16} & 0 & 0 & 0 & 0 \\
0 & 0 & 0 & a_{11} & a_{12} & a_{14} & 0 & a_{13} & 0 & 0 & 0 & a_{15} & a_{16} & 0 & 0 \\
0 & 0 & 0 & 0 & a_{11} & 0 & 0 & a_{12} & 0 & a_{13} & a_{15} & a_{14} & 0 & a_{16} & 0 \\
0 & 0 & 0 & 0 & 0 & a_{11} & 0 & 0 & 0 & 0 & a_{13} & a_{12} & a_{14} & a_{15} & a_{16} \\
0 & a_{21} & a_{22} & 0 & a_{24} & 0 & a_{23} & a_{25} & 0 & 0 & 0 & a_{26} & 0 & 0 & 0 \\
0 & 0 & 0 & a_{21} & a_{22} & a_{24} & 0 & a_{23} & 0 & 0 & 0 & a_{25} & a_{26} & 0 & 0 \\
0 & 0 & a_{21} & 0 & 0 & 0 & a_{22} & a_{24} & a_{23} & a_{25} & a_{26} & 0 & 0 & 0 & 0 \\
0 & 0 & 0 & 0 & a_{21} & 0 & 0 & a_{22} & 0 & a_{23} & a_{25} & a_{24} & 0 & a_{26} & 0 \\
0 & 0 & 0 & 0 & 0 & a_{21} & 0 & 0 & 0 & 0 & a_{23} & a_{22} & a_{24} & a_{25} & a_{26} \\
0 & a_{31} & a_{32} & 0 & a_{34} & 0 & a_{33} & a_{35} & 0 & 0 & 0 & a_{36} & 0 & 0 & 0 \\
0 & 0 & 0 & a_{31} & a_{32} & a_{34} & 0 & a_{33} & 0 & 0 & 0 & a_{35} & a_{36} & 0 & 0 \\
0 & 0 & 0 & 0 & a_{31} & 0 & 0 & a_{32} & 0 & a_{33} & a_{35} & a_{34} & 0 & a_{36} & 0 \\
0 & 0 & 0 & 0 & 0 & a_{31} & 0 & 0 & 0 & 0 & a_{33} & a_{32} & a_{34} & a_{35} & a_{36}
\end{bmatrix} - \lambda\boldsymbol{I}$$

其中$\boldsymbol{I}$是具有相应维数的单位矩阵.

如果将张量空间进行限制，令 $a_{21} = a_{31} = a_{13} = a_{33} = 0$，那么可得

$$\mathrm{Det}(\mathcal{T} - \lambda\mathcal{I}) = \frac{\det(\boldsymbol{M})}{(a_{11} - \lambda)^2 (a_{23} - \lambda)} = \mathrm{Det}(\boldsymbol{M}')$$

其中

$$\boldsymbol{M}' = \begin{bmatrix}
a_{11} & 0 & 0 & 0 & a_{12} & a_{14} & a_{15} & a_{16} & 0 & 0 & 0 & 0 \\
0 & a_{11} & a_{12} & a_{14} & 0 & 0 & 0 & 0 & a_{15} & a_{16} & 0 & 0 \\
0 & 0 & a_{11} & 0 & 0 & a_{12} & 0 & a_{15} & a_{14} & 0 & a_{16} & 0 \\
0 & 0 & 0 & a_{11} & 0 & 0 & 0 & 0 & a_{12} & a_{14} & a_{15} & a_{16} \\
a_{22} & 0 & a_{24} & 0 & a_{23} & a_{25} & 0 & 0 & a_{26} & 0 & 0 & 0 \\
0 & 0 & a_{22} & a_{24} & 0 & a_{23} & 0 & 0 & a_{25} & a_{26} & 0 & 0 \\
0 & 0 & 0 & 0 & 0 & a_{22} & a_{23} & a_{25} & a_{24} & 0 & a_{26} & 0 \\
0 & 0 & 0 & 0 & 0 & 0 & 0 & a_{23} & a_{22} & a_{24} & a_{25} & a_{26} \\
a_{32} & 0 & a_{34} & 0 & 0 & a_{35} & 0 & 0 & a_{36} & 0 & 0 & 0 \\
0 & 0 & a_{32} & a_{34} & 0 & 0 & 0 & 0 & a_{35} & a_{36} & 0 & 0 \\
0 & 0 & 0 & 0 & 0 & a_{32} & 0 & a_{35} & a_{34} & 0 & a_{36} & 0 \\
0 & 0 & 0 & 0 & 0 & 0 & 0 & 0 & a_{32} & a_{34} & a_{35} & a_{36}
\end{bmatrix} - \lambda\boldsymbol{I}$$

注意，现在系数映射 $\mathbf{c}$ 被限制在了一个维数为 14 的线性空间 V 上. 使用 Macaulay2 计算 12×14 的 Jacobian 矩阵. 该矩阵在点

$$a_{11}=1,\ a_{12}=2,\ a_{14}=3,\ a_{15}=4,\ a_{16}=5$$
$$a_{22}=6,\ a_{23}=7,\ a_{24}=8,\ a_{25}=9,\ a_{26}=10$$
$$a_{32}=11,\ a_{34}=12,\ a_{35}=13,\ a_{36}=14$$

的取值为

$$\left[\begin{array}{ccccccc}
-4 & 0 & 0 & 0 & 0 & 0 & -4 \\
348 & -12 & -24 & 0 & 0 & -4 & 324 \\
-11948 & 528 & 1575 & -336 & -420 & 123 & -10190 \\
229449 & -6573 & -42450 & 9606 & 14460 & -435 & 178549 \\
-2841839 & 8007 & 669288 & -123924 & -254385 & -40559 & -1983021 \\
24015886 & 693225 & -6820251 & 716979 & 2947131 & 838271 & 14685692 \\
-141005226 & -8897502 & 46520475 & -55500 & -23636976 & -7517499 & -74200394 \\
577067743 & 52779339 & -214721160 & -19191762 & 128734014 & 37178105 & 258147039 \\
-1615274021 & -168212115 & 650003046 & 85305210 & -443297901 & -110199791 & -603940123 \\
2874026450 & 286931673 & -1165235823 & -145117011 & 852500403 & 194375103 & 876534196 \\
-2794768018 & -259796358 & 1046384496 & 111968790 & -778096974 & -179135234 & -672256468 \\
1066887388 & 96499788 & -356759172 & -33512052 & 261090648 & 64501920 & 202844400
\end{array}\right.$$

$$\left.\begin{array}{ccccccc}
0 & 0 & 0 & 0 & 0 & 0 & -4 \\
0 & -26 & 0 & 0 & -6 & -18 & 296 \\
-158 & 1685 & -382 & -223 & 156 & 652 & -8362 \\
4943 & -43158 & 16014 & 5650 & -1511 & -6084 & 129887 \\
-54113 & 607211 & -282327 & -46378 & -27079 & -23151 & -1258172 \\
150466 & -5348868 & 2845660 & -150997 & 963371 & 1047467 & 7850991 \\
170837 & 31218785 & -18669471 & 5370313 & -11890233 & -11634444 & -30119950 \\
-16953189 & -122285430 & 82279634 & -38993472 & 78057193 & 68998306 & 58177003 \\
64320415 & 313612725 & -232274827 & 133470656 & -288207851 & -225232919 & -1425840 \\
-125125090 & -487990298 & 384765126 & -232073969 & 569148965 & 386696721 & -187322475 \\
121312760 & 392623914 & -320537057 & 201649792 & -531624753 & -319797178 & 252532328 \\
-45364410 & -122396540 & 101857630 & -69231372 & 183581748 & 99950648 & -98555702
\end{array}\right]$$

使用 Matlab 或者 Macaulay2，可以验证上述矩阵具有满秩 12. 因此，可以得到下面结论.

命题 3.33　特征值映射 $\phi:\mathbb{TS}(\mathbb{C}^3,3)\to\mathbb{C}^{12}/\mathfrak{S}(12)$ 是一个主导映射.

3. 四阶三维与三阶四维张量

下面证明映射 $\phi:\mathbb{TS}(\mathbb{C}^3,4)\to\mathbb{C}^{27}/\mathfrak{S}(27)$ 以及映射 $\phi:\mathbb{TS}(\mathbb{C}^4,3)\to\mathbb{C}^{32}/\mathfrak{S}(32)$ 都是主导的. 注意，按符号计算，$\mathbb{TS}(\mathbb{C}^3,4)$ 和 $\mathbb{TS}(\mathbb{C}^4,3)$ 的张量行列式都是具有百万数量的单项式的多项式，事实上 $\mathbb{T}(\mathbb{C}^2,4)$ 的超行列式就是近 300 万项[64]. 因此，在这两种情况下，不可能使用 Macaulay2 通过符号运算计算出特征多项式 $\det(\mathcal{T}-\lambda\mathcal{I})$.

给定两个向量空间 V 和 W 之间的映射 $\mathbf{f}:V\to W$，如果点 $\mathbf{x}$ 处的微分 $\mathrm{d}_{\mathbf{x}}\mathbf{f}$ 存在，那么 $\mathbf{f}$ 在方向 $\mathbf{y}\in V$ 的方向导数为

$$\mathbf{f}'(\mathbf{x};\mathbf{y})=(\mathrm{d}_{\mathbf{x}}\mathbf{f})\mathbf{y} \tag{3.101}$$

假设 $\dim(V)\geqslant\dim(W)$. 作为 V 到 W 的线性映射，如果可以找到向量 $\{\mathbf{y}_1,\cdots,\mathbf{y}_k\}\subset V$，其中 $k\geqslant\dim(W)$，使得

$$\mathrm{rank}([(\mathrm{d}_{\mathbf{x}}\mathbf{f})\mathbf{y}_1,\cdots,(\mathrm{d}_{\mathbf{x}}\mathbf{f})\mathbf{y}_k])=\dim(W)$$

那么 $\mathrm{d}_{\mathbf{x}}\mathbf{f}$ 具有极大秩 $\dim(W)$. 注意此处需要处理的是系数映射 $\mathbf{c}$(参见(3.95)). V 要么是 $\mathbb{TS}(\mathbb{C}^3,4)$，要么是 $\mathbb{TS}(\mathbb{C}^4,3)$，对应地，$W$ 要么是 $\mathbb{C}^{27}$，要么是 $\mathbb{C}^{32}$. 在这两种情形下，都选取 $k=\dim(V)$. 对每个 $i=1,\cdots,k$，下文使用式(3.101)来计算 $(\mathrm{d}_{\mathbf{x}}\mathbf{f})\mathbf{y}_i$. 首先选择一个点 $\mathcal{T}\in V$ 以及一组方向 $\{\mathcal{T}_1,\cdots,\mathcal{T}_k\}$. 在这里选取为线性空间 V 的标准基. 那么，对所有的 $i=1,\cdots,k$，将计算出以参数为 t 的张量 $\mathcal{T}+t\mathcal{T}_i$ 的特征多项式

$$\mathrm{Det}(\mathcal{T}+t\mathcal{T}_i-\lambda\mathcal{I})$$

注意到现在有两个符号变量 λ 和 t. 记 $\mathrm{Det}(\mathcal{T}+t\mathcal{T}_i-\lambda\mathcal{I})$ 为

$$\mathrm{Det}(\mathcal{T}+t\mathcal{T}_i-\lambda\mathcal{I})=\sum_{s=0}^{N}c_s(t)\lambda^s$$

其中 N 的取值等于 27 或者 32. 注意到 $c_N(t)=\pm1$. 那么

$$\mathbf{c}'(\mathcal{T};\mathcal{T}_i)=(\mathrm{d}_{\mathcal{T}}\mathbf{c})\mathcal{T}_i=(c'_{N-1}(0),\cdots,c'_0(0))^{\mathrm{T}}$$

这样一来，可以试图找到张量 $\mathcal{T}\in V$ 使得下列矩阵满秩

$$[(\mathrm{d}_{\mathcal{T}}\mathbf{c})\mathcal{T}_1,\cdots,(\mathrm{d}_{\mathcal{T}}\mathbf{c})\mathcal{T}_k]$$

事实上，如果这样的张量成立，那么一般选取的张量也会成立. 对于 $V=\mathbb{TS}(\mathbb{C}^3,4)$，系数映射的微分在如下张量(只列出独立元素)

$$t_{1111}=1,\ t_{1112}=-\frac{1}{3},\ t_{1122}=\frac{2}{3},\ t_{1222}=-2,\ t_{1113}=1,\ t_{1123}=-\frac{1}{2},\ t_{1223}=\frac{4}{3},$$

$$t_{1133}=-\frac{4}{3},\ t_{1233}=\frac{5}{3},\ t_{1333}=-5,\ t_{2111}=6,\ t_{2112}=-2,\ t_{2122}=\frac{7}{3},\ t_{2222}=-7,$$

$$t_{2113}=\frac{8}{3},\ t_{2123}=-\frac{4}{3},\ t_{2223}=3,\ t_{2133}=-3,\ t_{2233}=\frac{1}{3},\ t_{2333}=2,\ t_{3111}=3,$$

$$t_{3112}=\frac{4}{3},\ t_{3122}=\frac{5}{3},\ t_{3222}=6,\ t_{3113}=0,\ t_{3123}=-\frac{1}{6},$$

$$t_{3223}=-\frac{2}{3},\ t_{3133}=-1,\ t_{3233}=-\frac{4}{3},\ t_{3333}=-5$$

具有满秩 27；而对于 $V=\mathbb{TS}(\mathbb{C}^4,3)$，系数映射的微分在如下张量(只列出独立元素)

$$t_{111}=1,\ t_{112}=-\frac{1}{2},\ t_{122}=2,\ t_{113}=-1,\ t_{123}=\frac{3}{2},\ t_{133}=-3,\ t_{114}=2,\ t_{124}=-2,$$

$$t_{134}=\frac{5}{2},\ t_{144}=-5,\ t_{211}=6,\ t_{212}=-3,\ t_{222}=7,\ t_{213}=-\frac{7}{2},\ t_{223}=4,$$

$$t_{233}=-8,\ t_{214}=\frac{9}{2},\ t_{224}=-\frac{9}{2},\ t_{234}=\frac{1}{2},\ t_{244}=2,\ t_{311}=3,\ t_{312}=2,$$

$$t_{322}=5,\ t_{313}=3,\ t_{323}=0,\ t_{333}=-1,\ t_{314}=-1,\ t_{324}=-\frac{3}{2},\ t_{334}=-2,\ t_{344}=-5,$$

$$t_{411}=1,\ t_{412}=1,\ t_{422}=\frac{3}{2},\ t_{413}=2,\ t_{423}=\frac{5}{2},\ t_{433}=6,$$

$$t_{414}=\frac{7}{2},\ t_{424}=4,\ t_{434}=\frac{9}{2},\ t_{444}=10$$

是满秩 32.

因此，由命题 2.3 和命题 3.27，可得下面结论.

命题 3.34 特征值映射 $\phi:\mathbb{TS}(\mathbb{C}^3,4)\to\mathbb{C}^{27}/\mathfrak{S}(27)$ 和 $\phi:\mathbb{TS}(\mathbb{C}^4,3)\to\mathbb{C}^{32}/\mathfrak{S}(32)$ 都是主导映射.

3.9.4 延伸

本节讨论了特征值映射的主导性. 对于一个 $m+1$ 阶 n 维的张量，一共有 nm^{n-1} 个特征值. 当 n 或者 m 较大时，这个数字是庞大的. 那么，需要深入研究如此多特征值之间的关系. 本节指出空间 $\mathbb{T}(\mathbb{C}^n,m+1)$ 的张量的特征值构成的多重集的全体通常是 $\mathbb{C}^{nm^{n-1}}/\mathfrak{S}(nm^{n-1})$ 的一个真子集，具有严格低的维数. 那么，这些特征值具有很丰富的结构，包括

几何与代数结构. 这些是建立特征值应用的必要前提.

下文是对前序研究结论的延伸，讨论如下问题：如何用给定的特征值构造出具有这些特征值的张量、特征映射像的维数、结构张量的特征值的情况(如对称张量).

1. 张量的重构

对特征值的集值映射的值域的研究是研究张量特征值构造的第一步.

命题 3.35　对任意整数 m，$n\geqslant 2$，存在集合 $W\subset\mathbb{C}^{nm^{n-1}}/\mathfrak{S}(nm^{n-1})$，其闭包的维数为 $2\left\lfloor\frac{n}{2}\right\rfloor m$，包含于像 $\phi(\mathbb{T}(\mathbb{C}^n, m+1))$ 的闭包中.

证明　对任意的 $n\geqslant 2$，可以取 $\left\lfloor\frac{n}{2}\right\rfloor$ 个张量 $\mathcal{A}_i\in\mathbb{T}(\mathbb{C}^2, m+1)$，以及可能的一个常数 α(当 n 是奇数时)作为子张量构成一个块对角张量 $\mathcal{T}\in\mathbb{T}(\mathbb{C}^n, m+1)$. 由命题 3.4 可得，对某些正整数 p、q，成立

$$\mathrm{Det}(\mathcal{T}-\lambda\mathcal{I})=(\alpha-\lambda)^q\prod_{i=1}^{\left\lfloor\frac{n}{2}\right\rfloor}[\mathrm{Det}(\mathcal{A}_i-\lambda\mathcal{I})]^p$$

因此，集合 $\phi(\mathbb{T}(\mathbb{C}^2, m+1))\times\cdots\times\phi(\mathbb{T}(\mathbb{C}^2, m+1))$(其中有 $\left\lfloor\frac{n}{2}\right\rfloor$ 个)可以被嵌入 $\phi(\mathbb{T}(\mathbb{C}^n, m+1))$. 由命题 3.29 可得，该集合的闭包具有维数 $2\left\lfloor\frac{n}{2}\right\rfloor m$.

类似地，可以利用命题 3.33 和命题 3.34 在某些情况下去改进张量块来得到具有更大维数的代数簇. 然而，在一般情况下，这与期望的维数相去甚远.

2. 映射 ϕ 像的维数

由定理 3.19 可得，对绝大多数的张量空间 $\mathbb{T}(\mathbb{C}^n, m+1)$，特征值的集值映射不是主导映射. 因此，有理由推测 $\phi(\mathbb{T}(\mathbb{C}^n, m+1))$ 的维数具有所期望的

$$\min\left\{n\binom{n+m-1}{m}, nm^{n-1}\right\}\tag{3.102}$$

这是因为 $\phi(\mathbb{T}(\mathbb{C}^n, m+1))=\phi(\mathbb{TS}(\mathbb{C}^n, m+1))$ 以及 $\dim(\mathbb{TS}(\mathbb{C}^n, m+1))=n\binom{n+m-1}{m}$. 然而，(3.102)有可能对某些 m，$n\geqslant 2$ 不成立. 使用类似于 3.9.3 节的方法，通过测试情形 $(n, m)=(3, 4)$. 注意，此时张量空间的维数为 45，而特征值的个数为 48. 然而，在如下两个张量(只列出独立元素)处的 Jacobian 矩阵具有相同的秩 43.

$t_{11111}=0$，$t_{11112}=\frac{3}{4}$，$t_{11122}=\frac{5}{6}$，$t_{11222}=\frac{1}{4}$，$t_{12222}=0$，$t_{11113}=-\frac{5}{4}$，

$t_{11123}=-\frac{1}{6}$，$t_{11223}=-\frac{1}{6}$，$t_{12223}=\frac{5}{4}$，$t_{11133}=-\frac{1}{2}$，$t_{11233}=-\frac{1}{3}$，$t_{12233}=-\frac{1}{6}$，

$t_{11333}=-1$，$t_{12333}=\frac{1}{2}$，$t_{13333}=4$，$t_{21111}=3$，$t_{21112}=\frac{5}{4}$，$t_{21122}=-\frac{1}{2}$，$t_{21222}=1$，

$t_{22222}=-2$，$t_{21113}=1$，$t_{21123}=\frac{1}{6}$，$t_{21223}=-\frac{5}{12}$，$t_{22223}=-1$，$t_{21133}=-\frac{1}{6}$，

$t_{21233}=0$，$t_{22233}=-\frac{1}{3}$，$t_{21333}=1$，$t_{22333}=-\frac{5}{4}$，$t_{23333}=-1$，$t_{31111}=-3$，

$$t_{31112}=-\frac{5}{4},\ t_{31122}=-\frac{1}{3},\ t_{31222}=-\frac{1}{2},\ t_{32222}=0,\ t_{31113}=\frac{3}{4},\ t_{31123}=\frac{1}{6},$$

$$t_{31223}=\frac{1}{3},\ t_{32223}=\frac{2}{3},\ t_{31133}=-\frac{2}{3},\ t_{31233}=-\frac{1}{6},$$

$$t_{32233}=\frac{1}{3},\ t_{31333}=1,\ t_{32333}=-1,\ t_{33333}=0$$

和

$$t_{11111}=7,\ t_{11112}=-\frac{3}{2},\ t_{11122}=-\frac{4}{3},\ t_{11222}=-\frac{9}{4},\ t_{12222}=8,\ t_{11113}=\frac{7}{4},$$

$$t_{11123}=\frac{3}{4},\ t_{11223}=\frac{7}{12},\ t_{12223}=-\frac{7}{6},\ t_{11133}=\frac{5}{6},\ t_{11233}=-\frac{1}{12},\ t_{12233}=\frac{5}{6},$$

$$t_{11333}=1,\ t_{12333}=\frac{9}{4},\ t_{13333}=0,\ t_{21111}=10,\ t_{21112}=-1,\ t_{21122}=0,\ t_{21222}=\frac{5}{4},$$

$$t_{22222}=-1,\ t_{21113}=\frac{7}{4},\ t_{21123}=\frac{7}{12},\ t_{21223}=0,\ t_{22223}=-\frac{7}{6},\ t_{21133}=-\frac{7}{6},$$

$$t_{21233}=-\frac{1}{4},\ t_{22233}=\frac{5}{6},\ t_{21333}=-\frac{5}{2},\ t_{22333}=1,\ t_{23333}=6,\ t_{31111}=8,$$

$$t_{31112}=-\frac{3}{2},\ t_{31122}=-\frac{1}{3},\ t_{31222}=-\frac{5}{4},\ t_{32222}=4,\ t_{31113}=\frac{9}{4},\ t_{31123}=\frac{3}{4},$$

$$t_{31223}=-\frac{1}{3},\ t_{32223}=-\frac{4}{3},\ t_{31133}=\frac{1}{6},\ t_{31233}=\frac{5}{6},\ t_{32233}=-1,$$

$$t_{31333}=\frac{3}{2},\ t_{32333}=\frac{5}{2},\ t_{33333}=6$$

然而，还是有充分的理由相信，除几种特殊情况外式(3.102)都成立. 类似的情况在张量中经常出现，例如著名的对称张量秩的 Alexander-Hirschowitz 定理[65].

3. 映射 ϕ 像的闭性

在命题 3.29 中，证明了对于一个一般选取的总重数为 $2m$ 的多重集，张量特征值反问题是可解的. 那么一个一般的问题是：该特征值反问题是否总是可解的？即对任意给定的具有重数 $2m$ 的多重集，总存在张量使得其特征值为给定的多重集，或者说映射 ϕ 是否为一个满射？当 $m=2$ 时，答案是肯定的. 证明这个结论需要下面的结论，这是定理 3.2 的一个特例.

命题 3.36 假设 $f=(f_1,\cdots,f_n):\mathbb{C}^n\to\mathbb{C}^n$ 是一个给定的多项式映射，其中每个 f_i 是齐次的. 如果 $f(x_1,\cdots,x_n)=0$ 只有零解 $(0,\cdots,0)$，那么对所有的 $\mathbf{y}\in\mathbb{C}^n$，$f(x_1,\cdots,x_n)=\mathbf{y}$ 可解.

命题 3.37 对任意的总重数为 4 的多重集 S，存在张量 $\mathcal{T}\in\mathbb{T}(\mathbb{C}^2,3)$ 使得张量 $\mathcal{T}$ 的特征值恰好为 S.

证明 类似前文，用 a_0,a_1,a_2,b_0,b_1,b_2 对张量 $\mathbb{TS}(\mathbb{C}^2,3)$ 空间进行参数化，注意，此时张量空间同构于 $\mathbb{C}^6$. 记 $\mathbf{c}:\mathbb{C}^6\to\mathbb{C}^4$ 是将 $(a_0,a_1,a_2,b_0,b_1,b_2)$ 映射成 (c_1,c_2,c_3,c_4) 的映射，其中 c_i 是由 $(a_0,a_1,a_2,b_0,b_1,b_2)$ 给出的张量的特征多项式的余次 i 的系数，$i=1,\cdots,4$. 那么 c_i 是次数为 $(4-i)$ 的齐次多项式. 由命题 3.36 和命题 3.27，只需要找到一个四维的线性子空间 $L\subset\mathbb{C}^6$ 使得 $\mathbf{c}^{-1}((0,0,0,0))\cap L$ 等于

(0, 0, 0, 0)即可. 考虑由下列方程定义的线性子空间 L:

$$a_1+b_1+b_2=0,\ a_2+b_0=0$$

容易验证, $L\cap \mathbf{c}^{-1}((0,0,0,0))$就是(0, 0, 0, 0).

注　在上面的证明中, 实际上是使用了 Macaulay2 去验证 $L\cap \mathbf{c}^{-1}((0,0,0,0))$等于(0, 0, 0, 0). 由于 n 个一般选取的齐次多项式只有零解, 在命题 3.37 的证明中, 存在 L 意味着$\mathbb{C}^6$中一般选取的四维子空间都能满足证明的需求.

可以尝试将命题 3.37 的证明进行延伸去证明在一般情况下映射 $\mathbf{c}$ 是一个满射. 但是, 一方面, 很难计算$\mathbf{c}^{-1}(\mathbf{0})$与一个一般选取的具有维数为 $2m$ 的线性空间的交. 另一方面, 当 $m=3$ 时, $\mathbf{c}^{-1}(\mathbf{0})$的维数为 3, 比预期的维数 2 要大. 从这点看来, $m=2$ 的证明方法对 $m=3$ 不太适用.

4. 结构张量的特征值

假设 $\mathbb{V}$是$\mathbb{T}(\mathbb{C}^n, m+1)$的一个子空间. 由定理 3.19 推出下列结论:

命题 3.38　如果特征值映射 $\phi: \mathbb{V}\to \mathbb{C}^{nm^{n-1}}/\mathfrak{S}(nm^{n-1})$是一个主导映射, 那么$(n, m)$必须是下列情况之一:

$$m=1,\ n=2,\ (n,m)=(3,2),\ (4,2),\ (3,3)$$

因此, 如果(n, m)不等于命题 3.38 中列出的五种例外情况之一, $\mathbb{C}^{nm^{n-1}}/\mathfrak{S}(nm^{n-1})$中的一个一般选取的点不可能是 $\mathbb{V}$中张量的特征值. 换句话说, 对绝大多数结构张量(如对称量、部分对称张量)而言, 它们的谱是不能够填满整个空间$\mathbb{C}^{nm^{n-1}}/\mathfrak{S}(nm^{n-1})$的.

第 4 章　非负张量及其剖分

4.1　非负张量基本性质

如果张量 $\mathcal{T}$ 的每个分量都是非负实数，那么称张量 $\mathcal{T}$ 为非负张量. 与非负张量 $\mathcal{T}$ 相应，可以定义函数 $F_{\mathcal{T}}: \mathbb{R}^n_+ \to \mathbb{R}^n_+$

$$(F_{\mathcal{T}})_i(\mathbf{x}) := \left(\sum_{i_2,\cdots,i_m=1}^{n} t_{ii_2\cdots i_m} x_{i_2}\cdots x_{i_m}\right)^{\frac{1}{m-1}} \tag{4.1}$$

其中 $i\in\{1, \cdots, n\}$，$\mathbf{x}\in\mathbb{R}^n_+$. 记 $\sigma(\mathcal{T})$ 和 $\rho(\mathcal{T}) := \max\{|\lambda| \mid \lambda\in\sigma(\mathcal{T})\}$ 分别为张量 $\mathcal{T}$ 的特征值集合(谱)和谱半径.

4.2　严格非负张量

引理 4.1　假设张量 $\mathcal{T}$ 是 m 阶 n 维的非负张量. 由其构成向量 $\boldsymbol{R}(\mathcal{T})$，其第 i 个分量为 $\sum_{i_2,\cdots,i_m=1}^{n} t_{ii_2\cdots i_m}$. 向量 $\boldsymbol{R}(\mathcal{T})$ 是一个正向量当且仅当张量 $\mathcal{T}$ 是严格非负张量.

证明　由定义 2.12 可得 $\mathcal{T}\mathbf{e}^{m-1} > \mathbf{0}$，其中 $\mathbf{e}$ 是全 1 向量. 因此，对所有的 $i\in\{1, \cdots, n\}$ 都有

$$(\mathcal{T}\mathbf{e}^{m-1})_i = \sum_{i_2,\cdots,i_m=1}^{n} t_{ii_2\cdots i_m} > 0$$

这样必要性就成立了.

接下来，假设 $\boldsymbol{R}(\mathcal{T}) > \mathbf{0}$. 那么，对每个 $i\in\{1, \cdots, n\}$，可以找到 $j_{2_i},\cdots,j_{m_i}$ 使得 $t_{ij_{2_i}\cdots j_{m_i}} > 0$. 那么，对任意的 $\mathbf{x} > \mathbf{0}$，有

$$(\mathcal{T}\mathbf{x}^{m-1})_i = \sum_{j_2,\cdots,j_m=1}^{n} t_{ij_2\cdots j_m} x_{j_2}\cdots x_{j_m} \geqslant t_{ij_2\cdots j_{m_i}} x_{j_{2_i}}\cdots x_{j_{m_i}} > 0$$

其中 $i\in\{1, \cdots, n\}$. 因此，充分性成立.

结论证毕.

推论 4.1　假设张量 $\mathcal{T}$ 是 m 阶 n 维的非负张量. 如果张量 $\mathcal{T}$ 是弱不可约的，那么张量 $\mathcal{T}$ 是严格非负的.

证明　假设张量 $\mathcal{T}$ 是弱不可约的. 由定义可得向量 $\boldsymbol{G}(\mathcal{T})\mathbf{e}$ 和向量 $\boldsymbol{R}(\mathcal{T})$ 具有相同的符号. 此外，由于张量 $\mathcal{T}$ 是弱不可约的，那么向量 $\boldsymbol{G}(\mathcal{T})\mathbf{e}$ 是一个正向量. 这是因为，如果该结论不成立，可以得到矩阵 $\boldsymbol{G}(\mathcal{T})$ 的一个零行，从而推出矩阵 $\boldsymbol{G}(\mathcal{T})$ 是可约的，这就得到了一个与定义 2.11 矛盾的结论. 因此，由引理 4.1 可知张量 $\mathcal{T}$ 是严格非负的.

推论 4.1 的逆命题不成立.

例 4.1　定义三阶二维张量 $\mathcal{T}$ 为

$$t_{122}=t_{222}=1\text{，对其余的 } i,j,k\in\{1,2\}\text{，有 } t_{ijk}=0$$

那么 $\boldsymbol{R}(\mathcal{T})=\begin{bmatrix}1\\1\end{bmatrix}>\mathbf{0}$. 因此，根据引理 4.1，张量 $\mathcal{T}$ 是严格非负的. 然而，矩阵 $\boldsymbol{G}(\mathcal{T})=\begin{bmatrix}0&1\\0&1\end{bmatrix}$ 是一个可约的非负矩阵，那么张量 $\mathcal{T}$ 是弱可约的.

命题 4.1　假设张量 $\mathcal{T}$ 是 m 阶 n 维的非负张量. 那么张量 $\mathcal{T}$ 严格非负当且仅当映射 $F_{\mathcal{T}}$ 严格增，即对任意的 $\mathbf{x}>\mathbf{y}\geqslant\mathbf{0}$，$F_{\mathcal{T}}(\mathbf{x})>F_{\mathcal{T}}(\mathbf{y})$ 成立.

证明　如果映射 $F_{\mathcal{T}}$ 是严格增的，那么对任意的 $\mathbf{x}>\mathbf{0}$，$\mathcal{T}\mathbf{x}^{m-1}>\mathcal{T}\mathbf{0}^{m-1}=\mathbf{0}$ 成立. 因此，张量 $\mathcal{T}$ 严格非负. 充分性得证.

假设 $\mathcal{T}$ 严格非负. 那么，由引理 4.1，$\boldsymbol{R}(\mathcal{T})>\mathbf{0}$. 因此，对每个 $i\in\{1,\cdots,n\}$，可以找到 $j_{2_i},\cdots,j_{m_i}$ 使得 $t_{ij_{2_i}\cdots j_{m_i}}>0$. 如果 $\mathbf{0}\leqslant\mathbf{x}<\mathbf{y}$，那么对任意 $i\in\{1,\cdots,n\}$，$x_{j_{2_i}}\cdots x_{j_{m_i}}<y_{j_{2_i}}\cdots y_{j_{m_i}}$ 成立. 这样一来，对所有的 $i\in\{1,\cdots,n\}$，有

$$\begin{aligned}(\mathcal{T}\mathbf{y}^{m-1})_i-(\mathcal{T}\mathbf{x}^{m-1})_i&=\sum_{j_2,\cdots,j_m=1}^{n}t_{ij_2\cdots j_m}(y_{j_2}\cdots y_{j_m}-x_{j_2}\cdots x_{j_m})\\&\geqslant t_{ij_{2_i}\cdots j_{m_i}}(y_{j_{2_i}}\cdots y_{j_{m_i}}-x_{j_{2_i}}\cdots x_{j_{m_i}})\\&>0\end{aligned}$$

因此，由式(4.1)可得必要性.

命题证毕.

接下来证明严格非负张量的谱半径是正的. 先介绍一些符号. 对任意 m 阶 n 维非负张量 $\mathcal{T}$ 和非空集合 $I\subseteq\{1,\cdots,n\}$，由 I 导出的张量 $\mathcal{T}_I$ 是 m 阶 $|I|$ 维张量 $\{t_{i_1\cdots i_m}\mid i_1,\cdots,i_m\in I\}$，注意 $|I|$ 是集合 I 的基数.

引理 4.2　对任意 m 阶 n 维非负张量 $\mathcal{T}$ 和非空集合 $I\subseteq\{1,\cdots,n\}$，$\rho(\mathcal{T})\geqslant\rho(\mathcal{T}_I)$ 成立.

证明　用 $\mathcal{K}$ 表示与 $\mathcal{T}$ 相同维数的非负张量，使得 $\mathcal{K}_I=\mathcal{T}_I$ 而其他元素为零. 那么，在分量上，$\mathcal{T}\geqslant\mathcal{K}\geqslant 0$ 且 $\rho(\mathcal{K})=\rho(\mathcal{T}_I)$. 由文献[66]中的引理 3.4，可得 $\rho(\mathcal{K})\leqslant\rho(\mathcal{T})$. 结论证毕.

定理 4.1　如果非负张量 $\mathcal{T}$ 严格非负，那么 $\rho(\mathcal{T})>0$.

证明　由引理 4.1，可得 $\boldsymbol{R}(\mathcal{T})>\mathbf{0}$，那么 $\boldsymbol{G}(\mathcal{T})\mathbf{e}>\mathbf{0}$. 下面分两种情形进行证明.

(1) 如果矩阵 $\boldsymbol{G}(\mathcal{T})$ 是不可约矩阵，那么由定义 2.11，可知张量 $\mathcal{T}$ 是弱不可约的. 由 Perron－Frobenius 定理[67]，存在 $\mathbf{x}>\mathbf{0}$ 使得 $\mathcal{T}\mathbf{x}^{m-1}=\rho(\mathcal{T})\mathbf{x}^{[m-1]}$. 因此，由引理 4.1，张量 $\mathcal{T}$ 是严格正的，可推出 $\rho(\mathcal{T})>0$.

(2) 如果矩阵 $\boldsymbol{G}(\mathcal{T})$ 是可约矩阵，那么由定义 2.11，张量 $\mathcal{T}$ 是弱可约的. $\mathcal{T}$ 可能不含有正的特征向量. 然而，可以找到非空集合 $I\subseteq\{1,\cdots,n\}$ 使得 $[\boldsymbol{G}(\mathcal{T})]_{ij}=0$ 对所有的 $i\in I$ 和 $j\notin I$ 都成立. 记 $\boldsymbol{K}$ 为矩阵 $\boldsymbol{G}(\mathcal{T})$ 由指标集 I 给定的子矩阵，张量 $\mathcal{T}'$ 是由指标集 I 导出的子张量. 由于 $\boldsymbol{G}(\mathcal{T})\mathbf{e}>\mathbf{0}$ 和 $[\boldsymbol{G}(\mathcal{T})]_{ij}=0$ 对所有的 $i\in I$ 和 $j\notin I$ 都成立，那么仍然有 $\boldsymbol{K}\mathbf{e}>\mathbf{0}$. 因此，由于 $\boldsymbol{G}(\mathcal{T}')=\boldsymbol{K}$ 以及 $\boldsymbol{K}\mathbf{e}>\mathbf{0}$，可得张量 $\mathcal{T}'$ 仍然是一个严格非负张量. 由引理 4.2 可得 $\rho(\mathcal{T})\geqslant\rho(\mathcal{T}')$.

通过归纳法，最后可以得到张量序列 $\mathcal{T},\mathcal{T}',\cdots,\mathcal{T}^*$（由于 n 有限）满足

$$\rho(\mathcal{T})\geqslant\rho(\mathcal{T}')\geqslant\cdots\geqslant\rho(\mathcal{T}^*)$$

此外，张量 $\mathcal{T}^*$ 要么是维数大于 1，此时为弱不可约的；要么是当维数为 1 时，由于张量 $\mathcal{T}^*$ 是严格正，所以此时是一个正数，在这两种情况下，通过(1)都有 $\rho(\mathcal{T}^*)>0$.

结论证毕.

例 4.2 三阶 2 维非负张量 $\mathcal{T}$ 定义如下：

$$t_{122}=1，对其他的 i, j, k\in\{1, 2\} 有 t_{ijk}=0$$

张量 $\mathcal{T}$ 的特征方程为

$$\begin{cases}x_2^2=\lambda x_1^2\\ 0=\lambda x_2^2\end{cases}$$

显然，$\rho(\mathcal{T})=0$. 因此，一个非零的非负张量的谱半径可以为零. 那么，定理 4.1 不是显然成立的.

非负张量的 Perron - Frobenius 定理可以总结如下.

定理 4.2 假设张量 $\mathcal{T}$ 是 m 阶 n 维的非负张量，下列结论成立：

· 谱半径 $\rho(\mathcal{T})$ 是张量 $\mathcal{T}$ 的特征值且有一个非负的特征向量；

· 如果 $\mathcal{T}$ 是严格非负的，那么 $\rho(\mathcal{T})>0$；

· 如果 $\mathcal{T}$ 是弱不可约的，那么 $\rho(\mathcal{T})$ 具有唯一的正向量；

· 如果 $\mathcal{T}$ 是不可约的且 λ 是具有非负向量的特征值，那么 $\lambda=\rho(\mathcal{T})$；

· 如果 $\mathcal{T}$ 是不可约的且 $\mathcal{T}$ 具有 k 个互异的模长都为 $\rho(\mathcal{T})$ 的特征值，那么这些特征值为 $\rho(\mathcal{T})\exp(i2\pi j/k)$，其中 $i^2=-1$, $j=0, \cdots, k-1$；

· 如果 $\mathcal{T}$ 是本原的，那么 $k=1$；

· 如果 $\mathcal{T}$ 是本质正的且 m 是偶数，那么 $\rho(\mathcal{T})$ 是实几何单的.

4.3 非负张量类的关系

在本节中，假设 $\mathcal{T}$ 是 m 阶 n 维的张量，$\mathcal{I}$ 表示 m 阶 n 维的单位张量.

对于不可约张量、本原张量、弱正张量以及本质正张量的关系可以总结如下[68]：

· 如果 $\mathcal{T}$ 是本质正的，那么 $\mathcal{T}$ 既是弱正的也是本原的，但反之不成立. 此外，存在弱正且本原的张量，但不是本质正的；

· 在弱正张量与本原张量之间不存在包含关系；

· 如果张量 $\mathcal{T}$ 是弱正的或者本原的，那么 $\mathcal{T}$ 是不可约的，但反之不成立。

在(弱)不可约与(弱)本原之间，弱正与本质正之间存在更多的联系.

定理 4.3 非负张量 $\mathcal{T}$ 是弱不可约的/不可约的/弱正的当且仅当 $\mathcal{T}+\mathcal{I}$ 是弱本原的/本原的/本质正的. 非负张量 $\mathcal{T}$ 是本质正的当且仅当它是弱正的，且所有对角元均为正数.

证明 下面进行分条证明：

(1) 弱不可约/弱本原.

容易得知非负表示矩阵 $\boldsymbol{G}(\mathcal{T})$ 是不可约的当且仅当矩阵 $\boldsymbol{G}(\mathcal{T}+\mathcal{I})$ 是本原的(参见文献[69]中的定理 2.1.3 和推论 2.4.8). 因此，由定义 2.11 可得张量 $\mathcal{T}$ 是弱不可约的当且仅当张量 $\mathcal{T}+\mathcal{I}$ 是弱本原的.

(2) 弱正/本质正.

由定义 2.10 和张量 $\mathcal{T}$ 的非负性得来.

(3) 不可约/本原.

首先，由文献[66]中的定理 6.6 可得，张量 $\mathcal{T}$是不可约的当且仅当对所有的非零 $\mathbf{x}\in\mathbb{R}^n_+$ 成立$F^{n-1}_{\mathcal{T}+\mathcal{I}}(\mathbf{x})>\mathbf{0}$；其次，如果 $\mathcal{T}+\mathcal{I}$是本原的，那么 $\mathcal{T}+\mathcal{I}$是不可约的. 可以证明对任意非零 $\mathbf{x}\in\mathbb{R}^n_+$，成立$F^{n-1}_{\mathcal{T}+\mathcal{I}}(\mathbf{x})>\mathbf{0}$，由上述结论可得 $\mathcal{T}$是不可约的张量. 事实上，记 $\mathcal{K}:=\mathcal{T}+\frac{1}{2}\mathcal{I}$，那么 $2\mathcal{K}$是一个非负且不可约的张量. 可得 $2(\mathcal{T}+\mathcal{I})=2\left(\mathcal{K}+\frac{1}{2}\mathcal{I}\right)=2\mathcal{K}+\mathcal{I}$，以及对任意非零 $\mathbf{x}\in\mathbb{R}^n_+$ 成立 $F^{n-1}_{2(\mathcal{T}+\mathcal{I})}(\mathbf{x})=F^{n-1}_{2\mathcal{K}+\mathcal{I}}(\mathbf{x})>\mathbf{0}$. 容易验证，对任意非零 $\mathbf{x}\in\mathbb{R}^n_+$ 成立 $F^{n-1}_{2(\mathcal{T}+\mathcal{I})}(\mathbf{x})=2^{\frac{n-1}{m-1}}F^{n-1}_{\mathcal{T}+\mathcal{I}}(\mathbf{x})$. 命题得证.

接下来，继续给出这些张量类的一些关系. 由定义 2.10 和定义 2.11 可得，如果张量 $\mathcal{T}$不可约，那么它是弱不可约的. 反之不成立.

例 4.3　三阶三维张量 $\mathcal{T}$定义如下：$t_{123}=t_{221}=t_{223}=t_{312}=t_{332}=1$，对其他的 i，j，$k\in\{1,2,3\}$有$t_{ijk}=0$. 那么，$\boldsymbol{G}(\mathcal{T})=\begin{bmatrix}0&1&1\\1&2&1\\1&2&1\end{bmatrix}$是不可约的，但是$t_{2ij}=0$ 对所有的 i，$j\in\{1,3\}$都成立. 那么，张量 $\mathcal{T}$是可约的.

由定义 2.11 可得，如果张量 $\mathcal{T}$是弱本原的，那么 t 是弱不可约的. 反之不成立.

例 4.4　三阶三维张量 $\mathcal{T}$定义如下：$t_{122}=t_{233}=t_{311}=1$，对其他的 i，j，$k\in\{1, 2, 3\}$有$t_{ijk}=0$. 那么，张量 $\mathcal{T}$不是弱本原的，这是因为其表示矩阵 $\boldsymbol{G}(\mathcal{T})=\begin{bmatrix}0&1&0\\0&0&1\\1&0&0\end{bmatrix}$不是本原的. 但这是一个不可约矩阵，因此由定义 2.11，张量 $\mathcal{T}$是弱不可约的.

下面给出本原张量和弱本原张量的关系.

引理 4.3　给定 m 阶 n 维非负张量 $\mathcal{T}$，如果主控矩阵 $\boldsymbol{M}(\mathcal{T})$是本原的，那么张量 $\mathcal{T}$是本原的；如果 $\mathcal{T}$是本原的，那么表示矩阵 $\boldsymbol{G}(\mathcal{T})$是本原的.

证明　如果 $\boldsymbol{M}(\mathcal{T})$是本原的，那么记 $K:=[M(\mathcal{T})]^k$，其中 $k:=n^2-2n+2$，可得对任意的 i，$j\in\{1, \cdots, n\}$有$K_{ij}>0$(参见文献[69]中的定理 2.4.14). 对任意非零 $\mathbf{x}\in\mathbb{R}^n_+$，假设 $x_j>0$. 那么，对任意 $i\in\{1, \cdots, n\}$，存在i_2，…，i_k使得 $M(\mathcal{T})_{ii_2}$，$M(\mathcal{T})_{i_2i_3}$，…，$M(\mathcal{T})_{i_kj}>0$. 因此，$t_{ii_2\cdots i_2}$，…，$t_{i_kj\cdots j}>0$. 那么，可得对任意的 $i\in\{1, \cdots, n\}$，$[F^k_{\mathcal{T}}(\mathbf{x})]_i>0$ 成立. 由于以上不等式对所有的非零 $\mathbf{x}\in\mathbb{R}^n_+$ 都成立，可得张量 $\mathcal{T}$是本原的.

如果张量 $\mathcal{T}$是本原的，那么存在整数 $k>0$，使得对所有的 $\mathbf{x}\in\mathbb{R}^n_+$，$F^k_{\mathcal{T}}(\mathbf{x})>\mathbf{0}$ 成立. 对任意的 $i\in\{1, \cdots, n\}$，记$\mathbf{e}_j$是 $n\times n$ 单位矩阵的第 j 列，其中 $j\in\{1, \cdots, n\}$. 因此，可得$[F^k_{\mathcal{T}}(\mathbf{e}_j)]_i>\mathbf{0}$. 那么，存在指标$\{i^2_2, \cdots, i^2_m\}$，$\{i^3_1, \cdots, i^3_m\}$，…，$\{i^{k-1}_1, \cdots, i^{k-1}_m\}$. i_k使得 $t_{ii^2_2\cdots i^2_m}$，$t_{i^3_1\cdots t^3_m}$，…，$t_{i^{k-1}_1\cdots i^{k-1}_m}$，$t_{i_kj\cdots j}>0$ 且对所有的 $l\in\{1, \cdots, k-1\}$有 $i^{l+1}\in\{i^l_2, \cdots, i^l_m\}$. 因此，如果记 $\boldsymbol{L}:=[\boldsymbol{G}(T)]^k$，可得对所有的 i，$j\in\{1, \cdots, n\}$，$L_{ij}>0$ 成立. 这样一来，$\boldsymbol{G}(\mathcal{T})$是本原的.

由引理 4.3 和定义 2.11 可得，如果张量 $\mathcal{T}$是本原的，那么张量 $\mathcal{T}$是弱本原的.

最后给出一些其他关系：

· 由例 4.3 可得，矩阵 $\boldsymbol{G}(\mathcal{T})$是本原的，但是张量 $\mathcal{T}$是可约的，这是由于对所有的 i，$j\in\{1, 3\}$，$t_{2ij}=0$成立. 因此，存在弱本原的非负张量但不是不可约的.

• 三阶二维张量 $\mathcal{T}$定义为：$t_{122}=t_{211}=1$，对其他的 i，j，$k\in\{1,2\}$有$t_{ijk}=0$. 那么，张量 $\mathcal{T}$是弱正的，因此是不可约的，但不是弱本原的.

• 三阶二维张量 $\mathcal{T}$定义为：$t_{122}=t_{211}=t_{212}=t_{121}=1$，对其他的 i，j，$k\in\{1,2\}$有$t_{ijk}=0$. 那么，张量 $\mathcal{T}$是弱正的但不是本原的，由于 $\mathcal{T}\mathbf{e}_1^2=\mathbf{e}_2$ 以及 $\mathcal{T}\mathbf{e}_2^2=\mathbf{e}_1$. 然而，它是弱本原的，由于$\boldsymbol{G}(\mathcal{T})=\begin{pmatrix}1 & 2\\ 2 & 1\end{pmatrix}$显然是本原的.

根据推论 4.1 和例 4.1，整个关系可以用图 4.1 表示.

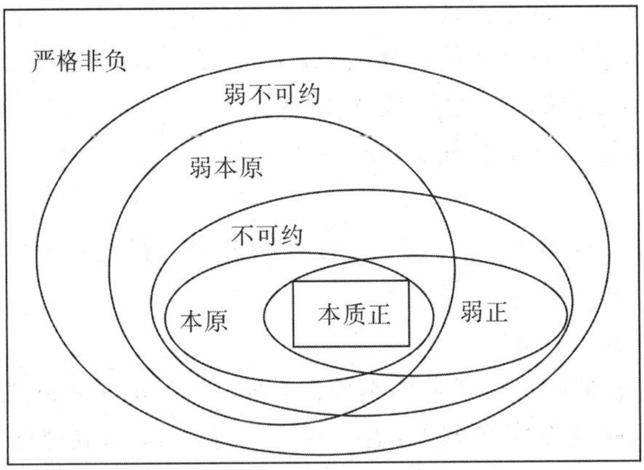

图 4.1　七类非负张量的关系

4.4　弱不可约非负张量的幂法的 R-线性收敛性

下面给出一个求解非负张量谱半径及其非负特征向量的幂方法.

如果所涉及的张量 $\mathcal{T}$是严格非负的，那么算法 1 是适定的，因为在这种情况下对任意的 $\mathbf{x}>\mathbf{0}$ 有 $\mathcal{T}\mathbf{x}^{m-1}>\mathbf{0}$ 成立. 因此，对弱不可约非负张量，算法 1 是适定的. 如果张量 $\mathcal{T}$是弱本原的，那么下面的定理给出算法 1 的收敛性，在证明的过程中，将要使用 Hilbert 投影度量[70]. 首先对这个概念进行回顾. 对任意的 $\mathbf{x}$，$\mathbf{y}\in\mathbb{R}_+^n\setminus\{\mathbf{0}\}$，如果存在 α，$\beta>0$ 使得 $\alpha\mathbf{x}\leqslant\mathbf{y}\leqslant\beta\mathbf{x}$，那么称 $\mathbf{x}$ 与 $\mathbf{y}$ 是相当的. 如果 $\mathbf{x}$ 和 $\mathbf{y}$ 相当，那么定义

$$m(\mathbf{y}/\mathbf{x}):=\sup\{\alpha>0\mid \alpha\mathbf{x}\leqslant\mathbf{y}\},\ M(\mathbf{y}/\mathbf{x}):=\inf\{\beta>0\mid \mathbf{y}\leqslant\beta\mathbf{x}\}$$

算法 1　高阶幂法(HOPM)

步 0　初始化：选取$\mathbf{x}^{(0)}\in\mathbb{R}_{++}^n$. 记 $k:=0$.

步 1　计算

$$\overline{\mathbf{x}}^{(k+1)}:=\mathcal{T}(\mathbf{x}^{(k)})^{m-1},\ \mathbf{x}^{(k+1)}:=\frac{(\overline{\mathbf{x}}^{(k+1)})^{\left[\frac{1}{m-1}\right]}}{\mathbf{e}^{\mathrm{T}}\left[(\overline{\mathbf{x}}^{(k+1)})^{\left[\frac{1}{m-1}\right]}\right]}$$

$$\alpha(\mathbf{x}^{(k+1)}):=\max_{1\leqslant i\leqslant n}\frac{(\mathcal{T}(\mathbf{x}^{(k)})^{m-1})_i}{(\mathbf{x}^{(k)})_i^{m-1}},\ \beta(\mathbf{x}^{(k+1)}):=\min_{1\leqslant i\leqslant n}\frac{(\mathcal{T}(\mathbf{x}^{(k)})^{m-1})_i}{(\mathbf{x}^{(k)})_i^{m-1}}$$

步 2　如果 $\alpha(\mathbf{x}^{(k+1)})=\beta(\mathbf{x}^{(k+1)})$，停止. 否则，记 $k:=k+1$，转到步 1.

这样一来，对任意的 $\mathbf{x}$，$\mathbf{y}\in\mathbb{R}_+^n\setminus\{\mathbf{0}\}$，Hilbert 投影度量 d 可以定义为

$$d(\mathbf{x},\mathbf{y}):=\begin{cases}\ln\left(\dfrac{M(\mathbf{y}/\mathbf{x})}{m(\mathbf{y}/\mathbf{x})}\right) & \mathbf{x}\text{ 和 }\mathbf{y}\text{ 相当}\\ +\infty & \text{其他}\end{cases}$$

注意，如果 $\mathbf{x},\mathbf{y}\in\Delta_n:=\{\mathbf{z}\in\mathbb{R}^n_{++}\mid \mathbf{e}^{\mathrm{T}}\mathbf{z}=1\}$，那么 $d(\mathbf{x},\mathbf{y})=0$ 当且仅当 $\mathbf{x}=\mathbf{y}$. 事实上，容易验证 d 在 Δ_n 上是一个度量.

定理 4.4 假设张量 $\mathcal{T}$ 是 m 阶 n 维的弱不可约非负张量. 那么，下列结论成立.

(1) 张量 $\mathcal{T}$ 有一个正特征对 $(\lambda,\mathbf{x})$，且 $\mathbf{x}$ 在相差常数倍下是唯一的.

(2) 记 $(\lambda_*,\mathbf{x}^*)$ 是张量 $\mathcal{T}$ 的唯一的正特征对，其中 $\sum_{i=1}^{n}(\mathbf{x}^*)_i=1$. 那么，

$$\min_{\mathbf{x}\in\mathbb{R}^n_{++}}\max_{1\leqslant i\leqslant n}\frac{(\mathcal{T}\mathbf{x}^{m-1})_i}{x_i^{m-1}}=\lambda_*=\max_{x\in\mathbb{R}^n_{++}}\min_{1\leqslant i\leqslant n}\frac{(\mathcal{T}\mathbf{x}^{m-1})_i}{x_i^{m-1}}$$

(3) 如果 $(v,\mathbf{v})$ 是 $\mathcal{T}$ 的一个特征对，那么 $|v|\leqslant\lambda_*$.

(4) 假设 $\mathcal{T}$ 是弱本原的，序列 $\{\mathbf{x}^{(k)}\}$ 由算法 1 生成. 那么，$\{\mathbf{x}^{(k)}\}$ 收敛到唯一的 $\mathbf{x}^*\in\mathbb{R}^n_{++}$ 且满足 $\mathcal{T}(\mathbf{x}^*)^{m-1}=\lambda_*(\mathbf{x}^*)^{[m-1]}$ 和 $\sum_{i=1}^{n}x_i^*=1$，此外，存在常数 $\theta\in(0,1)$ 和正整数 M 使得

$$d(\mathbf{x}^{(k)},\mathbf{x}^*)\leqslant\theta^{\frac{k}{M}}\frac{d(\mathbf{x}^{(0)},\mathbf{x}^*)}{\theta}\tag{4.2}$$

对所有的 $k\geqslant1$ 都成立.

证明 此处只证明式(4.2)中的结论，其余的通过非负张量的 Perron - Frobenius 定理容易得到，可以参阅文献[67]中的定理 4.1、推论 4.2、推论 4.3 和推论 5.1. 下面给出结论(4.2)的证明. 首先注意到以下事实：

- $\mathbb{R}^n_+$ 是 Banach 空间 $\mathbb{R}^n$ 中的正规锥[70]，这是由于 $\mathbf{y}\geqslant\mathbf{x}\geqslant\mathbf{0}$ 可以推出 $\|\mathbf{y}\|\geqslant\|\mathbf{x}\|$；
- $\mathbb{R}^n_+$ 具有非空内部 $\mathbb{R}^n_{++}$，是一个开锥，且 $F_{\mathcal{T}}:\mathbb{R}^n_{++}\to\mathbb{R}^n_{++}$ 是连续的，由推论 4.1 和张量 $\mathcal{T}$ 的非负性可知它是保序的；
- $F_{\mathcal{T}}$ 在 $\mathbb{R}^n_{++}$ 是 1 次正齐次的；
- 集合 Δ_n 是联通的且由定理 4.4 的结论(1)知道 $\mathcal{T}$ 在 Δ_n 中具有特征向量；
- 由(4.1)知道，由于 $\mathbf{x}^*>\mathbf{0}$，$F_{\mathcal{T}}$ 在 $\mathbf{x}^*$ 的一个开邻域内是连续可微的；
- 由定义 2.11 知道，$\boldsymbol{G}(\mathcal{T})$ 是本原的，因此存在整数 N 使得 $[\boldsymbol{G}(\mathcal{T})]^N>0$. 因此，存在某个非零 $\mathbf{x}\in\mathbb{R}^n_+$ 使得 $[\boldsymbol{G}(\mathcal{T})]^N\mathbf{x}$ 与 $\mathbf{x}^*$ 相当；
- $\boldsymbol{G}(\mathcal{T}):\mathbb{R}^n\to\mathbb{R}^n$ 是一个紧的线性算子，因此它的本质谱半径为零(参见文献[70]第 38 页)，由于它是一个本原矩阵，所以它的谱半径是正数[69].

因此，由文献[70]中的推论 2.5 及定理 2.7，可得存在常数 $\theta\in(0,1)$ 以及正整数 M 使得

$$d(\mathbf{x}^{(Mj)},\mathbf{x}^*)\leqslant\theta^j d(\mathbf{x}^{(0)},\mathbf{x}^*)\tag{4.3}$$

其中 d 是 $\mathbb{R}^n_+\backslash\{\mathbf{0}\}$ 上的 Hilbert 投影度量.

由文献[70]中的命题 1.5，可得对任意的 $\mathbf{x},\mathbf{y}\in\mathbb{R}^n_+$，有

$$d(F_{\mathcal{T}}(\mathbf{x}),F_{\mathcal{T}}(\mathbf{y}))\leqslant d(\mathbf{x},\mathbf{y})\tag{4.4}$$

由于 $\lambda_*>0$，由 Hilbert 投影度量 d 的性质(参见文献[70]第 13 页)，可得对任意的 k，成立

$$d(\mathbf{x}^{(k+1)}, \mathbf{x}^*) = d\left(\frac{F_{\mathcal{T}}(\mathbf{x}^{(k)})}{\mathbf{e}^{\mathrm{T}} F_{\mathcal{T}}(\mathbf{x}^{(k)})}, \mathbf{x}^*\right) = d\left(\frac{F_{\mathcal{T}}(\mathbf{x}^{(k)})}{\mathbf{e}^{\mathrm{T}} F_{\mathcal{T}}(\mathbf{x}^{(k)})}, \frac{1}{(\lambda_*)^{\frac{1}{m-1}}} F_{\mathcal{T}}(\mathbf{x}^*)\right)$$
$$= d(F_{\mathcal{T}}(\mathbf{x}^{(k)}), F_{\mathcal{T}}(\mathbf{x}^*)) \leqslant d(\mathbf{x}^{(k)}, \mathbf{x}^*)$$

因此，对任意的 $k \geqslant M$，可以找到最大的 j 使得 $k \geqslant Mj$ 以及 $M(j+1) \geqslant k$. 那么，

$$d(\mathbf{x}^{(k)}, \mathbf{x}^*) \leqslant d(\mathbf{x}^{(Mj)}, \mathbf{x}^*) \leqslant \theta^j d(\mathbf{x}^{(0)}, \mathbf{x}^*) \leqslant \theta^{\frac{k}{M}-1} d(\mathbf{x}^{(0)}, x^*)$$

即可得到(4.2)对所有的 $k \geqslant M$ 都成立. 当 $1 \leqslant k < M$ 时，由于 $\theta \in (0, 1)$，可得 $\theta^{\frac{k}{M}} > \theta$. 这样一来，对所有的 $k \geqslant 1$，(4.2)都成立.

结论证毕.

注意，$\mathbf{x}^{[p]}$ 为第 i 个分量 x_i^p 的向量.

由定理 4.3 和定理 4.4，可得下面结论.

定理 4.5 假设 $\mathcal{T}$ 是一个 m 阶 n 维的弱不可约的非负张量，序列 $\{\mathbf{x}^{(k)}\}$ 由算法 1 将 $\mathcal{T}$ 换成 $\mathcal{T}+\mathcal{I}$ 后产生. 那么，$\{\mathbf{x}^{(k)}\}$ 收敛到满足 $\mathcal{T}(\mathbf{x}^*)^{m-1} = \lambda_* (\mathbf{x}^*)^{[m-1]}$ 和 $\sum_{i=1}^{n} x_i^* = 1$ 的唯一向量 $\mathbf{x}^* \in \mathbb{R}_{++}^n$，且存在常数 $\theta \in (0, 1)$ 以及正整数 M，使得(4.2)对所有的 $k \geqslant 1$ 都成立.

定理 4.5 是求解一般非负张量的谱半径的基础.

4.5 一般非负张量的弱不可约划分

如果 m 阶 n 维非负张量 $\mathcal{T}$ 是弱不可约的，那么根据定理 4.5，可以使用算法 1 找到它的谱半径及其对应的正特征向量. 如果张量 $\mathcal{T}$ 不是弱不可约的，那么定理 4.5 并不能得到任何保证.

本节将讨论，如果张量 $\mathcal{T}$ 不是弱不可约的，那么存在指标集 $\{1, \cdots, n\}$ 的一个划分，使得由这些划分导出的张量都是弱不可约的，而且 $\mathcal{T}$ 的最大特征值可以由这些导出的张量的最大特征值得到. 这样一来，可以通过算法 1 计算这些导出的张量的谱半径，最后得到整个张量的谱半径. 这样的划分是不可以通过不可约性来得到的.

下面的结论是文献[66]中的定理 2.3.

定理 4.6 给定 m 阶 n 维非负张量 $\mathcal{T}$，那么 $\rho(\mathcal{T})$ 是一个特征值且有一个非负特征向量 $\mathbf{x} \in \mathbb{R}_+^n$.

为了简洁，一维的张量总是被认为是弱不可约的. 一维的正张量是本原的. 注意，算法 1 对一维的本原张量也是有效的. 但是一维的弱不可约非负张量可能具有零谱半径，但是其谱半径在 $n \geqslant 2$ 时一定是正的，参见定理 4.1. 下文中，假设 $n \geqslant 2$. 一维张量只是在划分中需要，其谱半径等的计算是显然的. 下文即将非负矩阵的划分结论推广到非负张量，关于矩阵的相关结论，可以参考文献[69].

定理 4.7 给定 m 阶 n 维非负张量 $\mathcal{T}$. 如果 $\mathcal{T}$ 是弱可约的，那么存在 $\{1, \cdots, n\}$ 的一个划分 $\{I_1, \cdots, I_k\}$，使得每个张量 $\{\mathcal{T}_{I_j} \mid j \in \{1, \cdots, k\}\}$ 都是弱不可约的.

证明 由于张量 $\mathcal{T}$ 是弱可约的，那么由定义 2.11 可得，矩阵 $\boldsymbol{G}(\mathcal{T})$ 是可约的. 因此，可以得到 $\{1, \cdots, n\}$ 的划分 $\{J_1, \cdots, J_l\}$ 使得

★ $\{[\boldsymbol{G}(\mathcal{T})]_{J_i} \mid i \in \{1, \cdots, l\}\}$ 中的每个矩阵是不可约的，且对所有的 $s \in J_p$ 和 $t \in J_q$

(其中 $p>q$)，$[\boldsymbol{G}(\mathcal{T})]_{st}=0$ 都成立.

事实上，由矩阵可约性的定义，可以找到$\{1, \cdots, n\}$的划分$\{J_1, J_2\}$使得$[\boldsymbol{G}(\mathcal{T})]_{st}=0$对所有的 $s\in J_2$ 和 $t\in J_1$ 都成立. 如果$[\boldsymbol{G}(\mathcal{T})]_{J_1}$和$[\boldsymbol{G}(\mathcal{T})]_{J_2}$都是不可约的，那么结论成立. 否则，可以对任何可约块重复上述过程. 这样一来，由于$\{1, \cdots, n\}$是一个有限集合，那么最后的结论★自然可得.

如果$\{\mathcal{T}_{J_i} \mid i\in\{1, \cdots, l\}\}$中的每个张量是弱不可约的，那么结论成立. 否则，可以对导出的弱可约的张量重复上述过程，最后得到张量 $\mathcal{T}$的一个划分. 由于$\{1, \cdots, n\}$是一个有限集合，这样的过程会在有限步终止.

这样一来，定理成立.

由定理 4.7 和定理 4.3，可得下面推论.

推论 4.2　给定 m 阶 n 维非负张量 $\mathcal{T}$. 如果 $\mathcal{T}$是弱不可约的，那么 $\mathcal{T}+\mathcal{I}$是弱本原的；否则存在$\{1, \cdots, n\}$的划分$\{I_1, \cdots, I_k\}$，使得$\{(\mathcal{T}+\mathcal{I})_{I_j} \mid j\in\{1, \cdots, k\}\}$中的每个张量是弱本原的.

给定$\{1, \cdots, n\}$的非空子集合 I 和 n 维向量 $\mathbf{x}$，记 $\mathbf{x}_I$为 n 维向量，当 $i\in I$ 时，其第 i 个分量为 x_i，其余分量为零；记 $\mathbf{x}(I)$为$|I|$维向量，是从 $\mathbf{x}$ 中删去 $j\notin I$ 对应的 x_j 得来的.

定理 4.8　假设 m 阶 n 维非负张量 $\mathcal{T}$是弱不可约的，且$\{I_1, \cdots, I_k\}$是$\{1, \cdots, n\}$的一个由定理 4.7 得到的划分. 那么，对某个 $p\in\{1, \cdots, k\}$，$\rho(\mathcal{T})=\rho(\mathcal{T}_{I_p})$成立.

证明　由定理 4.7 的证明，对于非负矩阵 $\boldsymbol{G}(\mathcal{T})$，可以找到$\{1, \cdots, n\}$的划分$\{J_1, \cdots, J_l\}$使得$\{[\boldsymbol{G}(\mathcal{T})]_{J_i} \mid i\in\{1, \cdots, l\}\}$中的每个矩阵是不可约的，且$[\boldsymbol{G}(\mathcal{T})]_{st}=0$对所有的 $s\in J_p$和 $t\in J_q$都成立，其中 $p>q$.

首先，由引理 4.2，可得 $\rho(\mathcal{T}_{J_i})\leqslant\rho(\mathcal{T})$对所有的 $i\in\{1, \cdots, l\}$都成立.

其次，记$(\rho(\mathcal{T}), \mathbf{x})$为张量 $\mathcal{T}$的非负特征对，存在性由定理 4.6 保证. 由于$[\boldsymbol{G}(\mathcal{T})]_{ij}=0$对任意的 $i\in J_l$ 和 $j\in\bigcup\limits_{s=1}^{l-1} J_s$ 都成立，那么可得

$$t_{ii_2\cdots i_m}=0 \quad \forall\, i\in J_l, \quad \forall\,\{i_2, \cdots, i_m\}\not\subseteq J_l \tag{4.5}$$

因此，对所有的 $i\in J_l$，都有

$$\begin{aligned}\rho(\mathcal{T})x_i^{m-1} &= (\mathcal{T}\mathbf{x}^{m-1})_i\\ &= \sum_{i_2, \cdots, i_m=1}^{n} t_{ii_2\cdots i_m}x_{i_2}\cdots x_{i_m}\\ &= \sum_{\{i_2, \cdots, i_m\}\subseteq J_l}^{n} t_{ii_2\cdots i_m}x_{i_2}\cdots x_{i_m}\\ &= \{\mathcal{T}_{J_l}(\mathbf{x}(J_l))^{m-1}\}_i\end{aligned}$$

其中第三个等式由式(4.5)得来. 如果 $\mathbf{x}(J_l)\neq\mathbf{0}$，那么$(\rho(\mathcal{T}), \mathbf{x}(J_l))$是张量$\mathcal{T}_{J_l}$的一个非负特征对.

如果 $\mathbf{x}(J_l)=\mathbf{0}$，那么

$$\mathcal{T}_{\bigcup\limits_{j=1}^{l-1}J_j}\Big(\mathbf{x}(\bigcup_{j=1}^{l-1}J_j)\Big)^{m-1}=\rho(\mathcal{T})\Big[\mathbf{x}(\bigcup_{j=1}^{l-1}J_j)\Big]^{[m-1]}$$

在这种情况下，将$\mathcal{T}_{\bigcup\limits_{j=1}^{l-1}J_j}$替换为 $\mathcal{T}$，重复上面的分析. 由于 $\mathbf{x}\neq\mathbf{0}$ 以及 l 是有限的，那么可以

找到某个 $t\in\{1,\cdots,l\}$，使得 $\mathbf{x}(J_t)\neq\mathbf{0}$ 以及 $(\rho(\mathcal{T}),\mathbf{x}(J_t))$ 是张量 $\mathcal{T}_{J_t}$ 的非负特征对.

如果张量 $\mathcal{T}_{J_t}$ 是弱不可约，由定理 4.7，对某个 $p\in\{1,\cdots,k\}$，成立 $J_t=I_p$，那么结论成立. 否则，将 $\mathcal{T}$ 和 $\mathbf{x}$ 分别用 $\mathcal{T}_{J_t}$ 和 $\mathbf{x}(J_t)$ 替换，重复上面的分析过程. 由于 n 有限，该过程也是有限终止的. 那么，总是存在弱不可约非负张量 $\mathcal{T}_{I_p}$，其中存在某个 p，$I_p\subseteq\{1,\cdots,n\}$，使得 $(\rho(\mathcal{T}),\mathbf{x}(I_p))$ 是张量 $\mathcal{T}_{I_p}$ 的一个非负特征对. 此外，$(\rho(\mathcal{T}),\mathbf{x}_S)$（其中 $S:=\bigcup\limits_{i=1}^{p}I_p$）是张量 $\mathcal{T}$ 的一个非负特征对.

结论证毕.

注意，如果张量 $\mathcal{T}$ 是对称的，那么存在 $\mathcal{T}$ 的一个块对角的表现形式，其对角块为 $\mathcal{T}_{I_i}$（如果需要，进行适当排列）. 那么，由推论 4.2 和定理 4.5、定理 4.7 和定理 4.8，可得下面的结论.

定理 4.9 假设 $\mathcal{T}$ 是 m 阶 n 维非负张量.

(1) 如果 $\mathcal{T}$ 是弱不可约的，那么由定理 4.3，$\mathcal{T}+\mathcal{I}$ 是弱本原的，因此，算法 1 中的 $\mathcal{T}$ 换成 $\mathcal{T}+\mathcal{I}$ 将收敛于 $\mathcal{T}+\mathcal{I}$ 的唯一正特征对 $(\rho(\mathcal{T}+\mathcal{I}),\mathbf{x})$. 此外，$(\rho(\mathcal{T}+\mathcal{I})-1,\mathbf{x})$ 是张量 $\mathcal{T}$ 的唯一正特征对.

(2) 如果 $\mathcal{T}$ 不是弱不可约的，那么由定理 4.7 可得弱不可约张量的集合 $\{\mathcal{T}_{I_j}\mid j=1,\cdots,k\}$，其中 $k>1$. 对每个 $j\in\{1,\cdots,k\}$，使用 (1) 找到张量 $\mathcal{T}_{I_j}$ 的唯一正特征对 $(\rho(\mathcal{T}_{I_j}),\mathbf{x}^j)$. 当 $|I_j|\geqslant 2$ 时，这由推论 4.2 保证，而当 $|I_j|=1$ 时，特征对为 $(\mathcal{T}_{I_j},1)$. 那么，由定理 4.8，可得 $\rho(\mathcal{T})=\max\limits_{j=1,\cdots,k}\rho(\mathcal{T}_{I_j})$. 如果 $\mathcal{T}$ 同时也是对称的，那么由 $\mathbf{x}(I_{j^*})=\mathbf{x}^{j^*}$ 构成的 $\mathbf{x}$ 是张量 $\mathcal{T}$ 的一个非负特征向量，其中 $j^*\in\underset{j=1,\cdots,k}{\operatorname{argmax}}\rho(\mathcal{T}_{I_j})$.

下面对不可约性的划分进行讨论.

定理 4.10 假设 $\mathcal{T}$ 是 m 阶 n 维非负张量. 如果张量 $\mathcal{T}$ 是可约的，那么存在 $\{1,2,\cdots,n\}$ 的划分 $\{I_1,\cdots,I_k\}$ 使得 $\{\mathcal{T}_{I_j}\mid j\in\{1,\cdots,k\}\}$ 中的张量都是不可约的，且

$$t_{st_2\cdots t_m}=0,\ \forall s\in I_p,\ \forall\{t_2,\cdots,t_m\}\subset I_q,\ \forall p>q$$

证明 由于 $\mathcal{T}$ 是可约的，那么由可约的定义，存在 $\{1,\cdots,n\}$ 的非空真子集 I_2 使得

$$t_{ii_2\cdots i_m}=0,\ \forall i\in I_2,\ \forall i_2,\cdots,i_m\in I_1:=\{1,\cdots,n\}\setminus I_2$$

如果 $\mathcal{T}_{I_1}$ 和 $\mathcal{T}_{I_2}$ 都是不可约的，那么结论成立. 不失一般性，假设 $\mathcal{T}_{I_1}$ 是不可约的，而 $\mathcal{T}_{I_2}$ 是可约的. 那么，由 $\mathcal{T}_{I_2}$ 的可约性，可得 I_2 的划分 $\{J_2,J_3\}$ 使得

$$t_{ii_2\cdots i_m}=0,\ \forall i\in J_3,\ \forall i_2,\cdots,i_m\in J_2:=I_2\setminus J_3$$

如果 $\mathcal{T}_{J_2}$ 和 $\mathcal{T}_{J_3}$ 都是不可约的，则结论成立，而 $\{I_1,J_2,J_3\}$ 即是所求的 $\{1,\cdots,n\}$ 的划分. 否则，重复上述过程，由于 n 有限，结论证毕.

例 4.5 三阶二维张量 $\mathcal{T}$ 定义如下

$$t_{111}=1,\ t_{112}=t_{121}=t_{211}=4,\ t_{122}=t_{212}=t_{221}=0,\ t_{222}=1$$

由于 $t_{122}=0$，那么张量 $\mathcal{T}$ 是可约的. 由定理 4.10，$t_{111}=t_{222}=1$ 是两个导出的张量的最大特征值. 然而张量 $\mathcal{T}$ 的非负特征对为

$$(1,(0,1)^{\mathrm{T}})\quad 和\quad (7.3496,(0.5575,0.4425)^{\mathrm{T}})$$

此例说明，用不可约性，不能由 $\rho(\mathcal{T}_{I_i})$ 得到 $\rho(\mathcal{T})$. 此外，弱不可约性的判断要比不可约性的判断简单，因为前者是通过非负矩阵的不可约性来判断的，而矩阵的相关理论和算

法是相当成熟的[69].

4.6　算法及算例

基于算法 1、定理 4.5 和上节的结论，本节给出计算一般张量谱半径的示例.

4.6.1　具体算法

本小节给出计算一个一般非负张量的谱半径的算法. 首先给出非负矩阵 $\boldsymbol{M}$ 不可约块的计算方法. 这里给出的方法不是最优的，是一个比较直观的算法，基于如下原理：非负矩阵 $\boldsymbol{M}$ 不可约当且仅当 $(\boldsymbol{M}+\boldsymbol{I})^{n-1}>0$[69].

算法 2　非负矩阵的不可约块

步 0　给定非负矩阵 $\boldsymbol{M}$，记 $k=1$，$\boldsymbol{C}^1:=\boldsymbol{M}+I$.

步 1　除非 $k=n-1$，重复 $\boldsymbol{C}^k:=\boldsymbol{C}^{k-1}(\boldsymbol{M}+I)$ 以及 $k:=k+1$.

步 2　将矩阵 $\boldsymbol{C}^{n-1}$ 的列的非零元素的个数按升序进行排列；接下来对矩阵 $\boldsymbol{C}^{n-1}$ 按照上述排序进行对称排列，得到矩阵 $\boldsymbol{K}$；将矩阵 $\boldsymbol{K}$ 的行的非零元的个数按降序排列，接下来使用对称排列将矩阵 $\boldsymbol{K}$ 按此排列序得到矩阵 $\boldsymbol{L}$. 记下此两个排序.

步 3　记 $i=1$，$j=1$ 以及 $s=1$，生成指标集 I_j 以及向量 ind，将 i 加入 I_j 且将其记为 I_j 中的第 s 个元素，记 ind(i) 为 1.

步 4　如果 $L(d, I_j(s))>0$，且对某个 ind$(d)\neq 1$ 的 $d\in\{1, \cdots, n\}$，满足 $L(I_j(s), d)>0$，其中 $I_j(s)$ 是 I_j 中的第 s 个元素，记 $s:=s+1$ 并且将 d 加入 I_j，记其为 I_j 中的第 s 个元素. 令 ind(d) 为 1，$i:=i+1$. 如果不存在这样的 d 或者 $i=n$，那么转向步 6；如果不存在这样的 d 但是 $i<n$，那么转向步 5.

步 5　令 $j:=j+1$ 以及 $s:=1$. 生成指标集 I_j，找到满足 ind$(d)\neq 1$ 的 d，将 d 加入 I_j 并记其为 I_j 中的第 s 个元素. 令 ind(d) 为 1，转到步 4.

步 6　利用步 2 中的两个排序和步 3～5 中的划分 $\{I_1, \cdots, I_k\}$，可以得到矩阵 $\boldsymbol{M}$ 的划分.

下面给出计算一般非负张量的谱半径的算法.

算法 3　非负张量的谱半径

步 0　记 $\mathbf{v}$ 是 n 维向量，其分量为零，记 $i=1$.

步 1　给定 m 阶 n 维非负张量 $\mathcal{T}$，由定义 2.11 计算其表示矩阵 $\boldsymbol{G}(\mathcal{T})$.

步 2　利用算法 2 计算出 $\{1, \cdots, n\}$ 的一个划分 $\{I_1, \cdots, I_k\}$，其中 $\boldsymbol{M}$ 用矩阵 $\boldsymbol{G}(\mathcal{T})$ 替换.

步 3　如果 $k=1$，利用算法 1 计算出张量 $\mathcal{T}$ 的谱半径 ρ，令 $v(i)=\rho$，以及 $i=i+1$. 否则，转到步 4.

步 4　对 $j=1, \cdots, k$，计算出导出张量 $\mathcal{T}_{I_j}$ 及其表示矩阵 $\boldsymbol{G}_j$，记 $\mathcal{T}$ 为 $\mathcal{T}_{I_j}$，矩阵 $\boldsymbol{G}(\mathcal{T})$ 为 $\boldsymbol{G}_j$，n 为 $|I_j|$，执行步 2～4.

步 5　张量 $\mathcal{T}$ 的谱半径为 $\max\limits_{1\leqslant i\leqslant n} v(i)$.

4.6.2　数值实例

本小节给出使用算法 3(连同算法 1)计算张量谱半径的几个实例.

首先是随机生成的三阶非负张量，其维数为 n，结果显示在表 4.1 中. 其每个分量都在

[0, 1]之间选取，稀疏度为 Den. 如果满足条件$|\alpha(x^{(k)})-\beta(x^{(k)})|\leqslant 10^{-6}$，则算法终止. 对每种情况，生成了 50 个例子，最后展示的都是平均数，其中谱半径 $\rho := \frac{\alpha(\mathbf{x}^{(k)})+\beta(\mathbf{x}^{(k)})}{2}$，算法 1 的迭代次数为 Ite，弱不可约块的个数为 Blks，2 范数下的残差 Res 为$\|\mathcal{T}\mathbf{x}^2-\rho\mathbf{x}^{[2]}\|$，其中$\rho$和$\mathbf{x}$分别是求得的谱半径及其向量. Per 表示 50 次中弱不可约张量的个数，TolCpu 表示在 CPU 主频为 3.4 GHz 以及 RAM 为 2.0 GB 的计算机上运行的总时间.

表 4.1　随机生成的张量

n	Den	ρ	Per	Ite	Blks	Res	TolCpu
3	0.10	0.148	0.00	6.88	2.88	2.0516e−008	0.30
3	0.20	0.409	14.00	17.88	2.52	1.3521e−007	0.38
3	0.30	0.671	36.00	25.32	2.06	6.2038e−008	0.44
3	0.40	0.787	44.00	27.6	1.9	1.4773e−006	0.41
3	0.50	1.113	66.00	31.06	1.38	8.1021e−008	0.42
3	0.60	1.032	72.00	33.76	1.44	9.8837e−008	0.44
3	0.70	1.196	78.00	31.4	1.34	8.6830e−008	0.47
3	0.80	1.244	80.00	37.82	1.28	7.3281e−007	0.50
3	0.90	1.528	86.00	33.26	1.22	2.1994e−006	0.44
4	0.10	0.368	14.00	19.56	3.26	3.5644e−008	0.47
4	0.20	0.554	24.00	27.04	2.74	7.1762e−008	0.48
4	0.40	1.060	62.00	42.28	1.64	1.6366e−006	0.50
4	0.80	1.945	90.00	35.76	1.1	6.5548e−008	0.47
10	0.05	0.466	14.00	51.6	5.72	1.8168e−006	0.94
10	0.10	1.214	56.00	49.44	2.34	5.5063e−007	1.05
10	0.15	2.363	78.00	40.96	1.26	1.5255e−008	0.98
10	0.20	3.124	88.00	31.44	1.2	1.2771e−008	0.95
20	0.05	2.537	56.00	39.54	2.08	4.8818e−009	3.58
20	0.10	5.606	86.00	31.34	1.14	4.7892e−009	3.28
30	0.05	6.103	80.00	31.84	1.28	2.9270e−009	9.42
30	0.10	12.173	84.00	27.06	1.16	2.6974e−009	8.02
40	0.05	10.698	82.00	28.18	1.26	1.8279e−009	18.02
50	0.05	16.740	94.00	27.2	1.06	1.3807e−009	36.80

例 4.6　三阶三维张量 $\mathcal{T}$ 定义如下：$t_{111}=t_{222}=1$，$t_{122}=3$，$t_{211}=5$，$t_{333}=4$，对其他的 i，j，$k\in\{1, 2, 3\}$，$t_{ijk}=0$ 成立. 那么特征方程为

$$\begin{cases} x_1^2+3x_2^2 &= \lambda x_1^2 \\ 5x_1^2+x_2^2 &= \lambda x_2^2 \\ 4x_3^2 &= \lambda x_3^2 \end{cases}$$

容易看到张量 $\mathcal{T}$ 不是弱不可约的，且其非负特征对为

$$(4, (0, 0, 1)^{\mathrm{T}}) \quad 和 \quad (4.8730, (0.4365, 0.5635, 0)^{\mathrm{T}})$$

那么，张量 $\mathcal{T}$ 的谱半径为 4.8730. 数值计算的结果列在表 4.2 中. 其中 Blk 表示弱不可约块，Ite 表示迭代指标，其他数据容易从算法 3 得到. 算法得到的划分 $\{I_1=\{1, 2\}, I_2=\{3\}\}$ 与理论值一样。

表 4.1 和表 4.2 中计算的初始点都是随机选取的，其分量在 (0, 1) 之间选取. 所有计算的张量都是严格非负的.

表 4.2　例 4.6 的计算结果

Blk	Ite	$\alpha(\mathbf{x}^{(k)})$	$\beta(\mathbf{x}^{(k)})$	$\alpha(\mathbf{x}^{(k)})-\beta(\mathbf{x}^{(k)})$	$\left\Vert \mathcal{T}(\mathbf{x}^{(k)})^2-\frac{\alpha(\mathbf{x}^{(k)})+\beta(\mathbf{x}^{(k)})}{2}(\mathbf{x}^{(k)})^{[2]}\right\Vert$
1	1	6.000	4.000	2.000e+000	1.414e+000
1	2	5.200	4.571	6.286e−001	1.134e−001
1	3	4.974	4.774	2.002e−001	3.573e−002
1	4	4.905	4.841	6.383e−002	1.143e−002
1	5	4.883	4.863	2.035e−002	3.641e−003
1	6	4.876	4.870	6.491e−003	1.162e−003
1	7	4.874	4.872	2.070e−003	3.704e−004
1	8	4.873	4.873	6.602e−004	1.181e−004
1	9	4.873	4.873	2.106e−004	3.767e−005
1	10	4.873	4.873	6.715e−005	1.201e−005
1	11	4.873	4.873	2.141e−005	3.832e−006
1	12	4.873	4.873	6.830e−006	1.222e−006
1	13	4.873	4.873	2.178e−006	3.897e−007
1	14	4.873	4.873	6.946e−007	1.243e−007
2	1	4.000	4.000	0.000e+000	0.000e+000

从表 4.1 和表 4.2 可得：

· 算法 3 能有效地求出一个非负张量的谱半径；

· 张量的非零元素越多，那么其成为弱不可约张量的概率越大. 注意到 Matlab 中 sprand 函数在密度参数为 1 时也不生成一个全非零的矩阵，因此在 Den=0.9 及 $n=3$ 时，

Per 并不靠近 100；

· 由定义 2.11 可知，矩阵 $G(\mathcal{T})$ 中的元素是张量 $\mathcal{T}$ 的很多元素的和. 因此，可能出现矩阵 $G(\mathcal{T})$ 是不可约矩阵，而张量 $\mathcal{T}$ 非常稀疏. 这可从表 4.1 的最后几行看出.

4.7 正 Perron 向量及剖分

1907 年，Oskar Perron 证明了正方阵具有一个唯一的最大正特征值，且有一个正特征向量(Perron 向量)[71]. 该结论被 Georg Frobenius 在 1912 年推广到了不可约矩阵上[72]；在不可约张量上的推广是在 2008 年完成的[73]，在弱不可约张量上的推广是在 2013 年完成的[67].

矩阵经典的 Perron - Frobenius 定理中的重要结论是：非负不可约矩阵的非负 Perron 向量是唯一的，即为正 Perron 向量. 因此，不可约性是正 Perron 向量存在的充分条件. 本节讨论正 Perron 向量存在的充分必要条件.

本节在阶数不小于 2 的张量情形下讨论该问题. 在矩阵情形下，相应结论是已知的(参见文献[74]第 10—11 页).

下文将证明如下结论.

定理 4.11 一个非负张量具有一个正 Perron 向量当且仅当它是强非负的.

定义 4.2 将给出强非负张量的定义，4.7.1 小节将给出矩阵情形作为示例. 同时，定理 4.11 也可以作为强非负张量的定义.

4.7.1 强非负矩阵

给定 $n\times n$ 非负矩阵 $\boldsymbol{A}$，可以将矩阵 $\boldsymbol{A}$ 划分为(存在某些排列)下列的上三角块矩阵(称为 Frobenius 标准型)：

$$\boldsymbol{A}=\begin{bmatrix} A_1 & A_{12} & \cdots & \cdots & \cdots & \cdots & \cdots & A_{1r} \\ & A_2 & A_{23} & \cdots & \cdots & \cdots & \cdots & A_{2r} \\ & & \ddots & \ddots & & & & \vdots \\ & & & A_s & A_{ss+1} & \cdots & \cdots & A_{sr} \\ & & & & A_{s+1} & 0 & \cdots & 0 \\ & & & & & & & \vdots \\ & & & & & \ddots & & \\ & & & & & & & A_r \end{bmatrix} \tag{4.6}$$

满足：

(1) 对所有的 $i\in\{1, \cdots, r\}$，每个对角块 A_i 是不可约的. 注意，对于数(零与否)，总是认为其是一维不可约的矩阵.

(2) 对每个 $i\in\{1, \cdots, s\}$，至少有 $j=i+1, \cdots, r$ 中的一个矩阵 $\boldsymbol{A}_{ij}$ 非零. 如果对所有的 $i\in\{1, \cdots, s\}$，有 $\rho(A_i)<\rho(A)$，对所有的 $i=s+1, \cdots, r$，有 $\rho(A_i)=\rho(A)$，那么称矩阵 $\boldsymbol{A}$ 是强非负的. 非负矩阵 $\boldsymbol{A}$ 是强非负的当且仅当

$$\boldsymbol{A}=\rho(A)\boldsymbol{DSD}^{-1}$$

其中 $\boldsymbol{S}$ 是随机矩阵，$\boldsymbol{D}$ 是正对角矩阵. 张量的相应情形将在 4.8 节中给出.

m 阶 n 维张量，如果其元素取于集合 S，整个集合记为 $T_{m,n}(S)$. 当 $S=\mathbb{C}$时，该集合记为$T_{m,n}$. 记 $N_{m,n}\subset T_{m,n}$为非负张量的集合. 因此，$N_{2,n}$表示所有 $n\times n$ 非负矩阵的集合.

对任意的 $j\in\{1, \cdots, n\}$，记

$$I(j):=\{(i_2, \cdots, i_m)\in\{1, \cdots, n\}^{m-1}: j\in\{i_2, \cdots, i_m\}\} \tag{4.7}$$

显然，$I(j)$与 m 相关. 例如，当 $m=2$ 时，$I(j)=\{j\}$. 为了简洁，对 m 的依赖性将不显式表达. 对每个 $\mathcal{A}\in N_{m,n}$，表示矩阵$\boldsymbol{M}_{\mathcal{A}}=(m_{ij})\in N_{2,n}$的定义是

$$m_{ij}=\sum_{(i_2, \cdots, i_m)\in I(j)} a_{ii_2\cdots i_m}$$

对任意非负矩阵 $\mathbf{A}\in N_{2,n}$，可以得到一个有向图 $G=(V, E)$，其中 $V=\{1, \cdots, n\}$，$(i, j)\in E$ 当且仅当 $a_{ij}>0$.

已知矩阵 $\mathbf{A}$ 不可约等价于上述定义的有向图是强连通的[42].

下面的结论是对 Perron - Frobenius 定理 4.2 的一个补充.

定理 4.12　假设 $\mathcal{A}\in N_{m,n}\backslash\{0\}$. 如果 $\mathcal{A}$ 有一个与特征值 λ 对应的正特征向量 $\mathbf{y}\in\mathbb{R}^n_{++}$，那么 $\lambda=\rho(\mathcal{A})$ 且

$$\min_{\mathbf{x}\in\mathbb{R}^n_{++}}\max_{1\leqslant i\leqslant n}\frac{(\mathcal{A}\mathbf{x}^{m-1})_i}{x_i^{m-1}}=\rho(\mathcal{A})=\max_{x\in\mathbb{R}^n_{++}}\min_{1\leqslant i\leqslant n}\frac{(\mathcal{A}\mathbf{x}^{m-1})_i}{x_i^{m-1}}$$

由定理 4.12 知道，对张量 $\mathcal{A}\in N_{m,n}$的任意特征对$(\lambda, \mathbf{x})$（即$\mathcal{A}\mathbf{x}^{m-1}=\lambda\mathbf{x}^{[m-1]}$），只要 $\mathbf{x}\in\mathbb{R}^n_{++}$，必有 $\lambda=\rho(\mathcal{A})$.

与张量 $\mathcal{A}\in N_{m,n}$相应$\rho(\mathcal{A})$的非负特征向量称为非负 Perron 向量，而正的特征向量称为正 Perron 向量. 因此，每个非负张量有一个非负 Perron 向量，而每一个弱不可约非负张量有唯一的正 Perron 向量.

定理 4.13　给定整数 $m\geqslant 2$ 和 $n\geqslant 2$. 对所有的 $i\in\{1, \cdots, n\}$，假设 $g_i\in\mathbb{R}_+[\mathbf{x}]$是以 $\mathbf{x}$ 为变量的非负系数多项式. 如果存在两个正向量 $\mathbf{y}, \mathbf{z}\in\mathbb{R}^n_{++}$使得

$$\mathbf{y}\leqslant\mathbf{z},\ g_i(\mathbf{y})\geqslant y_i^{m-1},\ g_i(\mathbf{z})\leqslant z_i^{m-1},\ \forall i\in\{1, \cdots, n\}$$

那么存在向量 $\mathbf{w}\in[\mathbf{y}, \mathbf{z}]:=\{\mathbf{x}: y_i\leqslant x_i\leqslant z_i, \forall i\in\{1, \cdots, n\}\}$使得

$$g_i(\mathbf{w})=w_i^{m-1},\ \forall i\in\{1, \cdots, n\}$$

此外，对任何初始点$\mathbf{x}_0\in[\mathbf{y}, \mathbf{z}]$，迭代

$$(\mathbf{x}_{k+1})_i:=[g_i(\mathbf{x}_k)]^{\frac{1}{m-1}},\ \forall i\in\{1, \cdots, n\}$$

满足：

(1) $\mathbf{x}_{k+1}\geqslant\mathbf{x}_k$；

(2) $\lim\limits_{k\to\infty}\mathbf{x}_k=\mathbf{x}_*$，其中$\mathbf{x}_*\in\mathbb{R}^n_{++}$使得对所有的 $i\in\{1, \cdots, n\}$，都有 $g_i(\mathbf{x}_*)=(\mathbf{x}_*)_i^{m-1}$.

证明　定义$f_i: \mathbb{R}^n_{++}\to\mathbb{R}_{++}$为

$$f_i(\mathbf{x}):=[g_i(\mathbf{x})]^{\frac{1}{m-1}},\ \forall i\in\{1, \cdots, n\}$$

由 $g_i(\mathbf{y})\geqslant y_i^{m-1}>0$ 可得，映射 $f:=(f_1, \cdots, f_n)^{\mathrm{T}}: \mathbb{R}^n_{++}\to\mathbb{R}^n_{++}$是适定的. 由于 g_i是非负系数的多项式，映射 f 在区间$[\mathbf{y}, \mathbf{z}]$是增的，即当$\mathbf{x}_1-\mathbf{x}_2\in\mathbb{R}^n_+$以及$\mathbf{x}_1, \mathbf{x}_2\in[\mathbf{y}, \mathbf{z}]$时，$f(\mathbf{x}_1)\geqslant f(\mathbf{x}_2)$；且在每个$[\mathbf{y}, \mathbf{z}]$的子区间上是紧的，即 f 连续且将子区间映射到紧集中. 注意，$f(\mathbf{y})\geqslant\mathbf{y}$，$f(\mathbf{z})\leqslant\mathbf{z}$. 由文献[75]中的定理 6.1 可得，存在 $\mathbf{w}\in[\mathbf{y}, \mathbf{z}]$使得 $f(\mathbf{w})=\mathbf{w}$. 那么定理的前半部分结论成立.

由前述结论，迭代序列的收敛性由文献[75]中定理 6.1 可以得到.

4.7.2 非负张量剖分

给定张量 $\mathcal{A}\in N_{m,n}$以及指标集 $I=\{j_1, \cdots, j_{|I|}\}\subseteq\{1, \cdots, n\}$，$\mathcal{A}_I\in N_{m,|I|}$是 $\mathcal{A}$ 的 m 阶$|I|$维主子张量，定义如下：

$$(\mathcal{A}_I)_{i_1\cdots i_m}=a_{j_{i_1}\cdots i_m},\ \forall\ i_j\in\{1, \cdots, |I|\}, j\in\{1, \cdots, m\}$$

特别地，$\mathbf{x}_I\in\mathbb{R}^{|I|}$是 $\mathbf{x}$ 由指标集 I 给定的子向量.

记 $\mathfrak{S}(n)$是 n 个元素的排列群，或者称为集合$\{1, \cdots, n\}$的对称群. 可以定义 $n_{m,n}$上的群 $\mathfrak{S}(n)$作用为

$$(\sigma\cdot\mathcal{A})_{i_1\cdots i_m}=a_{\sigma(i_1)\cdots\sigma(i_m)}，其中\ \sigma\in\mathfrak{S}(n),\ \mathcal{A}\in N_{m,n}$$

假设 $\mathcal{A}\mathbf{x}^{m-1}=\lambda\mathbf{x}^{[m-1]}$. 对任意的 $\sigma\in\mathfrak{S}(n)$，定义 $\mathbf{y}\in\mathbb{C}^n$，其中 $y_i=x_{\sigma(i)}$. 那么 $(\sigma\cdot\mathcal{A})\mathbf{y}^{m-1}=\lambda\mathbf{y}^{[m-1]}$. 因此，对任意的 $\mathcal{A}\in N_{m,n}$，轨道$\{\sigma\cdot\mathcal{A}: \sigma\in\mathfrak{S}(n)\}$中的张量具有相同的特征值. 特别地，

$$\rho(\sigma\cdot\mathcal{A})=\rho(\mathcal{A}),\ \forall\sigma\in\mathfrak{S}(n) \tag{4.8}$$

定理 4.7 和定理 4.8 可以总结成如下的非负张量剖分定理.

命题 4.2 对任意的 $\mathcal{A}\in N_{m,n}$，存在指标集$\{1, \cdots, n\}$的剖分：

$$I_1\cup\cdots\cup I_r=\{1, \cdots, n\}$$

使得对任意的 $j=1, \cdots, r$，以下结论成立：

$\mathcal{A}_{I_j}$是弱不可约的，且$a_{si_2\cdots i_m}=0, \forall s\in I_j$以及

$$(i_2, \cdots, i_m)\in I(t)\cap\left(\bigcup_{k=1}^{j}I_k\right)^{m-1},\ \forall t\in I_1\cup\cdots\cup I_{j-1} \tag{4.9}$$

注意，每个$\mathcal{A}_{I_j}$是 $\mathcal{A}$ 的弱不可约的主子张量. 不失一般性，假设

$$I_j=\{1, \cdots, s_j\}\backslash\{1, \cdots, s_{j-1}\}$$

其中$s_0=0$，$s_0<s_1<\cdots<s_r=n$.

在一般情况下，结论是：存在$\sigma\in\mathfrak{S}(n)$使得$\sigma\cdot\mathcal{A}$具有上述剖分. 然而，由(4.8)，可以不失一般性假设 $\sigma=\mathrm{id}$，群 $\mathfrak{S}(n)$中的单位元.

定义 4.1 $\mathcal{A}$ 的一个弱不可约的主子张量$\mathcal{A}_{I_j}$是本质的，如果

$$a_{si_2\cdots i_m}=0,\ \forall s\in I_j\ 以及(i_2, \cdots, i_m)\in I(t),\ \forall t\in\{1, \cdots, n\}\backslash I_j \tag{4.10}$$

在矩阵情形下，本质不可约主子张量对应基本类[74]. 注意，对每个张量 $\mathcal{A}\in N_{m,n}$，其总是有一个本质不可约主子张量，即(4.9)中的主子张量$\mathcal{A}_{I_r}$.

根据定义 4.1，可以对$I_1, \cdots, I_r$进行适当排列得到下面的标准非负张量剖分形式.

命题 4.3 假设 $\mathcal{A}\in N_{m,n}$. 指标集$\{1, \cdots, n\}$可以被划分成 $R\cup I_{s+1}\cup\cdots\cup I_r$，其中 $R=I_1\cup\cdots\cup I_s$，使得该剖分不但满足(4.9)，而且

(1) 对所有的 $j\in\{s+1, \cdots, r\}$，$\mathcal{A}_{I_j}$是一个本质弱不可约主子张量；

(2) 对每个 $t\in\{1, \cdots, s\}$，存在$p_t\in I_t$和$q_t\in I_{t+1}\cup\cdots\cup I_r$，使得

$$对某个(i_2, \cdots, i_m)\in I(q_t)满足a_{p_ti_2\cdots i_m}>0$$

此外，本质主子张量块$\mathcal{A}_{I_{s+1}}, \cdots, \mathcal{A}_{I_r}$在集合$\{I_{s+1}, \cdots, I_r\}$相差排列下是唯一的.

证明 假设张量 $\mathcal{A}$ 具有命题 4.2 中的剖分. 由定义 4.1，可得弱不可约主子张量$\mathcal{A}_{I_j}$是本质的当且仅当

$$(M_{\mathcal{A}})_{I_j} = M_{\mathcal{A}_{I_j}}\text{，即当} i_1 \in I_j \text{ 以及} \{i_2, \cdots, i_m\} \cap I_j^C \neq \varnothing \text{ 时有} a_{i_1 i_2 \cdots i_m} = 0$$

因此，本质弱不可约主子张量是唯一确定的，且可以将本质弱不可约主子张量放归在一起，不妨假设为$I_{s+1}, \cdots, I_r$. 这样的排序不会影响前面的或者后面的不是本质弱不可约的块.

对任意的$j \in \{1, \cdots, s\}$，由于$\mathcal{A}_{I_j}$不是一个本质弱不可约主子张量，则存在$p_j \in I_j$和$q_j \notin I_j$，使得对某个$(i_2', \cdots, i_m') \in I(q_j)$，以下结论成立：

$$a_{p_j i_2' \cdots i_m'} > 0$$

然而，根据(4.9)，对所有的$t \in I_1 \cup \cdots \cup I_{j-1}$，有

$$a_{s i_2 \cdots i_m} = 0 \quad \forall s \in I_j, (i_2, \cdots, i_m) \in I(t) \cap \left(\bigcup_{k=1}^{j} I_k\right)^{m-1}$$

那么下式一定成立：

$$\{i_2', \cdots, i_m'\} \cap (I_{j+1} \cup \cdots \cup I_r) \neq \varnothing$$

否则，$q_j \in I_1 \cup \cdots \cup I_{j-1}$和$(i_2', \cdots, i_m') \in \left(\bigcup_{k=1}^{j} I_k\right)^{m-1}$成立. 因此，$q_j$可以在$I_{j+1} \cup \cdots \cup I_r$中选取.

结论证毕.

容易得到$r \geqslant 1$以及$s \leqslant r-1$，这是因为总是存在一个本质弱不可约主子张量. 命题4.3中的张量$\mathcal{A} \in N_{m,n}$称为标准非负张量剖分. 由此可得，每个非负张量(相差在群$\mathfrak{S}(n)$作用下)可以被写成标准非负张量剖分的形式.

4.7.3　非平凡非负张量

记$\mathbf{e} \in \mathbb{R}^n$是全 1 向量. 分别记$\mathbf{x} \geqslant \mathbf{0}$($> \mathbf{0}$)为$\mathbf{x} \in \mathbb{R}^n_+$($\mathbb{R}^n_{++}$). 由定义 2.12 可知，张量$\mathcal{A} \in N_{m,n}$严格非负等价于对任何$\mathbf{x}$都有$\mathcal{A}\mathbf{x}^{m-1} > \mathbf{0}$.

由定义 2.12 和定理 4.12，可得下面结论.

命题 4.4　如果$\mathcal{A} \in N_{m,n}$是弱不可约的且$\rho(\mathcal{A}) > 0$，那么$\mathcal{A}$是严格非负张量.

定理 4.14　给定$\mathcal{A} \in N_{m,n}$，那么$\rho(\mathcal{A}) > 0$当且仅当$\mathcal{A}$是非平凡非负的.

证明　必要性：假设$\mathbf{x} \geqslant \mathbf{0}$是张量$\mathcal{A}$的特征向量使得(参见定理 4.12)

$$\mathcal{A}\mathbf{x}^{m-1} = \rho(\mathcal{A})\mathbf{x}^{[m-1]}$$

并且$\rho(\mathcal{A}) > 0$. 由 4.7.2 小节的结论，可得$\{1, \cdots, n\}$可以被剖分为$\{I_1, \cdots, I_r\}$使得每个$\mathcal{A}_{I_j}$是弱不可约的. 由定理 4.8 可得，对某个$j \in \{1, \cdots, r\}$，$\rho(\mathcal{A}_{I_j}) = \rho(\mathcal{A}) > 0$成立. 因此，由命题 4.4，主子张量$\mathcal{A}_{I_j}$是严格非负的. 由定义 2.13，张量$\mathcal{A}_I$是非平凡非负张量.

充分性：假设对某个$I \subseteq \{1, \cdots, n\}$，$\mathcal{A}_I$是严格非负的. 由定义 2.12 可得

$$\mathcal{A}_I \mathbf{e}_I^{m-1} > \mathbf{0}$$

可以推出

$$(\mathcal{A}\mathbf{y}^{m-1})_I \geqslant \mathcal{A}_I \mathbf{e}_I^{m-1} > \mathbf{0}$$

其中$\mathbf{y}_I = \mathbf{e}_I$，对$i \notin I$有$y_i = 0$. 由文献[66]中的定理 5.5 可得

$$\rho(\mathcal{A}) = \max_{\mathbf{x} \geqslant \mathbf{0}} \min_{x_i > 0} \frac{(\mathcal{A}\mathbf{x}^{m-1})_i}{x_i^{m-1}} \geqslant \min_{i \in I} (\mathcal{A}\mathbf{y}^{m-1})_i \geqslant \min_{i \in I} (\mathcal{A}_I \mathbf{e}_I^{m-1})_i > 0$$

因此，可得$\rho(\mathcal{A}) > 0$.

4.8 正 Perron 向量存在的充分必要条件

命题 4.5 假设 $\mathcal{A}=(a_{i_1\cdots i_m})\in N_{m,n}$ 有一个正特征向量. 那么这是一个正 Perron 向量，且张量 $\mathcal{A}$ 要么是零张量，要么是一个严格非负张量.

证明 假设张量 $\mathcal{A}$ 有正特征向量 $\mathbf{x}$，对应于特征值 λ. 那么由于张量 $\mathcal{A}$ 是非负张量，根据定理 4.12 得 $\lambda=\rho(\mathcal{A})$. 如果 $\lambda=0$，由特征方程可得张量 $\mathcal{A}$ 一定为零张量. 假设 $\lambda>0$. 根据 $\mathcal{A}\mathbf{x}^{m-1}>\mathbf{0}$ 是一个正向量，由定义 2.12 可得最终结论.

定义 4.2 假设 $\mathcal{A}\in N_{m,n}$ 有一个命题 4.3 给定的标准非负张量剖分. 如果以下结论成立：

$$\begin{cases}\rho(A_{I_j})=\rho(\mathcal{A}) & A_{I_j}\text{ 是本质弱不可约的}\\ \rho(A_{I_j})<\rho(\mathcal{A}) & \text{否则}\end{cases} \tag{4.11}$$

那么称张量 $\mathcal{A}$ 是强非负张量.

由定义 4.2，可得到下面结论.

定理 4.15 给定 $\mathcal{A}\in N_{m,n}$. 张量 $\mathcal{A}$ 具有正 Perron 向量当且仅当 $\mathcal{A}$ 是强非负的.

定理 4.15 的证明将在 4.8.3 小节给出，这里先进行一些必要的准备.

由定理 4.12、定理 4.15 以及命题 4.5 可得，弱不可约非负张量是强非负张量，而非零强非负张量是严格非负张量.

下面给出强非负张量与随机张量的一个联系.

如果 $\boldsymbol{D}=(d_{ij})\in N_{2,n}$ 是一个正定对角矩阵，那么定义 $\boldsymbol{D}^{m-1}\cdot\mathcal{A}\cdot\boldsymbol{D}^{1-m}\in N_{m,n}$ 为

$$(\boldsymbol{D}^{m-1}\cdot\mathcal{A}\cdot\boldsymbol{D}^{1-m})_{i_1i_2\cdots i_m}:=d_{i_1i_1}^{m-1}a_{i_1i_2\cdots i_m}d_{i_2i_2}^{-1}\cdots d_{i_mi_m}^{-1}\quad\forall\ i_1,\cdots,i_m\in\{1,\cdots,n\}$$

张量 $\mathcal{A}$ 和 $\boldsymbol{D}^{m-1}\cdot\mathcal{A}\cdot\boldsymbol{D}^{1-m}$ 可以被看成是对角相似. 当 $m=2$ 时，即退回为矩阵的对角相似.

命题 4.6 假设 $\mathcal{A}\in N_{m,n}$. 那么 $\mathcal{A}$ 是强非负的当且仅当 $\mathcal{A}$ 与 $\rho(\mathcal{A})\mathcal{S}$ 对角相似，其中 $\mathcal{S}\in N_{m,n}$ 是一个随机张量，即存在正定对角矩阵 $\boldsymbol{D}$ 使得

$$\mathcal{A}=\rho(\mathcal{A})\boldsymbol{D}^{m-1}\cdot\mathcal{S}\cdot\boldsymbol{D}^{1-m} \tag{4.12}$$

证明 假设 $\mathcal{A}=\rho(\mathcal{A})\boldsymbol{D}^{m-1}\cdot\mathcal{S}\cdot\boldsymbol{D}^{1-m}$ 成立. 显然，

$$(\mathcal{A}(\mathbf{De})^{m-1})_i=\rho(\mathcal{A})d_{ii}^{m-1},\ \forall i\in\{1,\cdots,n\}$$

这等同于 $\mathcal{A}\mathbf{x}^{m-1}=\rho(\mathcal{A})\mathbf{x}^{[m-1]}$，其中 $\mathbf{x}=\mathbf{De}>\mathbf{0}$. 因此，由定理 4.15 可知，$\mathcal{A}$ 是强非负的.

对另一边结论，假设 $\mathcal{A}\mathbf{x}^{m-1}=\rho(\mathcal{A})\mathbf{x}^{[m-1]}$ 对某个正 Perron 向量 $\mathbf{x}>\mathbf{0}$ 成立. 由对角矩阵 $\boldsymbol{D}\in N_{2,n}$，其中对 $i\in\{1,\cdots,n\}$ 有 $d_{ii}:=x_i$，而当 $\rho(\mathcal{A})>0$ 时，取 $\mathcal{S}:=\dfrac{1}{\rho(\mathcal{A})}(\boldsymbol{D}^{-1})^{m-1}\cdot\mathcal{A}\cdot(\boldsymbol{D}^{-1})^{1-m}$，当 $\rho(\mathcal{A})=0$ 时，取 $\mathcal{S}=\mathcal{I}$（$N_{m,n}$ 中的单位张量）；容易验证 $\mathcal{S}$ 是一个随机张量. 如果 $\rho(\mathcal{A})>0$，那么式(4.12)显然成立. 如果 $\rho(\mathcal{A})=0$，那么 $\mathcal{A}$ 是零张量，式(4.12)也成立.

4.8.1 特征方程系统

接下来，总是假设张量 $\mathcal{A}\in N_{m,n}$ 具有标准非负张量剖分形式(参见命题 4.3). 注意，

$\{1, \cdots, n\}=R\cup I_{s+1}\cdots\cup I_r$，其中 $R=I_1\cup\cdots\cup I_s$.

对任意的 $j\in\{1, \cdots, r\}$，如果记 $K_j :=\{1, \cdots, n\}\backslash I_j$，那么

$$(\mathcal{A}\mathbf{x}^{m-1})_{I_j} = \mathcal{A}_{I_j}\mathbf{x}_{I_j}^{m-1} + \sum_{u=1}^{m-1}\mathcal{A}_{j,u}(\mathbf{x}_{K_j})\mathbf{x}_{I_j}^{u-1} \tag{4.13}$$

对某些张量 $\mathcal{A}_{j,u}(\mathbf{x}_{K_j})\in T_{u,|I_j|}(\mathbb{R}_+[\mathbf{x}_{K_j}])$成立，其中 $u=1, \cdots, m-1$. 即 $\mathcal{A}_{j,u}(\mathbf{x}_{K_j})$是一个 u 阶 $|I_j|$ 维张量，其元素为多项式，而这些多项式的变量为 $\mathbf{x}_{K_j}$，系数取自 $\mathbb{R}_+$.

此外，由多项式系统(4.13)可得，$\mathcal{A}_{j,u}(\mathbf{x}_{K_j})$的每个元素要么是零，要么是一个次数为 $m-u$ 的齐次多项式. 注意，满足系统(4.13)的张量 $\mathcal{A}_{j,u}(\mathbf{x}_{K_j})\in T_{u,|I_j|}(\mathbb{R}_+[\mathbf{x}_{K_j}])$的选择不一定是唯一的，这类似于存在若干张量 $\mathcal{T}\in T_{m,n}$得到同一个多项式系统 $\mathcal{T}\mathbf{x}^{m-1}$. 然而，由张量 $\mathcal{A}$ 可以唯一确定多项式系统$\mathcal{A}_{j,u}(\mathbf{x}_{K_j})\mathbf{x}_{I_j}^{u-1}$，从这个角度讲，这是适定的. 如果多项式系统满足 $\mathcal{A}_{j,u}(\mathbf{x}_{K_j})\mathbf{x}_{I_j}^{u-1}=\mathbf{0}$，那么张量$\mathcal{A}_{j,u}(\mathbf{x}_{K_j})\in T_{u,|I_j|}(\mathbb{R}_+[\mathbf{x}_{K_j}])$是唯一的，为零张量.

引理 4.4　遵从上述符号. 那么，$\mathcal{A}$ 的一个弱不可约主子张量$\mathcal{A}_{I_j}$是本质的当且仅当

$$\sum_{u=1}^{m-1}\mathcal{A}_{j,u}(\mathbf{e}_{K_j})\mathbf{e}_{I_j}^{u-1} = \mathbf{0} \tag{4.14}$$

这又等价于对所有的 $u\in\{1, \cdots, m-1\}$，每个张量 $\mathcal{A}_{j,u}(\mathbf{x}_{K_j})$是零张量.

证明　由式(4.10)可得，一个弱不可约主子张量 $\mathcal{A}_{I_j}$是本质的当且仅当(4.13)式右端的以 $\mathbf{x}$ 为变量的多项式只含有变量$\{x_t: t\in I_j\}$. 这等价于对所有的 $u=1, \cdots, m-1$，以及(4.13)中的任何选择 $\mathcal{A}_{j,u}(\mathbf{x}_{K_j})$，都有 $\mathcal{A}_{j,u}(\mathbf{x}_{K_j})=0$.

由如下事实：张量 $\mathcal{A}_{j,u}(\mathbf{x}_{K_j})$的元素都是非负系数的多项式，且 $\mathcal{A}_{j,u}(\mathbf{x}_{K_j})\mathbf{x}_{I_j}^{u-1}$是唯一确定的，可得上述零多项式的条件等价于每个张量 $\mathcal{A}_{j,u}(\mathbf{x}_{K_j})$的所有元素都为零. 这又等价于

$$\sum_{u=1}^{m-1}\mathcal{A}_{j,u}(\mathbf{e}_{K_j})\mathbf{e}_{I_j}^{u-1} = \mathbf{0}$$

结论证毕.

对所有的 $j\in\{1, \cdots, s-1\}$，记 $L_j=R\backslash I_j$. 由式(4.9)，对所有的 $j\in\{1, \cdots, s\}$，可以将$\mathcal{A}_{j,u}(\mathbf{x}_{K_j})$进一步剖分成两部分：

$$\mathcal{A}_{j,u}(\mathbf{x}_{K_j})= \mathcal{H}_{j,u}(\mathbf{x}_{L_j})+\mathcal{B}_{j,u}(\mathbf{x}_{K_j}),\ \forall u\in\{1, \cdots, m-1\} \tag{4.15}$$

其中$\mathcal{H}_{j,u}(\mathbf{x}_{L_j})\in T_{u,|I_j|}(\mathbb{R}_+[\mathbf{x}_{L_j}])$的每个元素要么是零，要么是次数为 $m-u$、变量为$\mathbf{x}_{L_j}$的齐次多项式；$\mathcal{B}_{j,u}(\mathbf{x}_{Kj})\in T_{u,|I_j|}(\mathbb{R}_+[\mathbf{x}_{K_j}][\mathbf{x}_{L_j}])$的每个元素要么为零，要么为对于变量$\mathbf{x}_{L_j}$的次数严格小于 $m-u$ 的多项式.

命题 4.7　遵从上述符号. 那么，

(1) 对每个 $j\in\{1, \cdots, s\}$，$\sum_{u=1}^{m-1}\mathcal{H}_{j,u}(\mathbf{y}_{L_j})\mathbf{e}_{I_j}^{u-1} = \mathbf{0}$ 成立，其中对 $t\in\{1, \cdots, j-1\}$，$\mathbf{y}_{I_t} = \mathbf{e}_{I_t}$，对其他的 $t\in\{1, \cdots, s\}\backslash\{j\}$，$\mathbf{y}_{I_t} = \mathbf{0}$.

(2) $\sum_{u=1}^{m-1}\mathcal{B}_{s,u}(\mathbf{e}_{K_s})\mathbf{e}_{I_s}^{u-1} \neq \mathbf{0}$.

(3) 对每个 $j\in\{1, \cdots, s-1\}$，要么 $\sum_{u=1}^{m-1}\mathcal{B}_{s,u}(\mathbf{e}_{K_s})\mathbf{e}_{I_s}^{u-1}\neq\mathbf{0}$，要么 $\sum_{u=1}^{m-1}\mathcal{H}_{j,u}(\mathbf{e}_{L_j})\mathbf{e}_{I_j}^{u-1}\neq\mathbf{0}$.

证明　结论(1)由式(4.9)可得，此外，对所有的 $u\in\{1, \cdots, m-1\}$，$\mathcal{H}_{s,u}(\mathbf{y}_{L_s})=\mathbf{0}$ 成

立. 结论(2)和结论(3)由命题 4.3 得到. 由该命题可得，对每个 $j\in\{1, \cdots, s\}$，存在 $p_j\in I_j$ 和 $q_j\in I_{j+1}\cup\cdots\cup I_r$ 使得对某个 $(i_2, \cdots, i_m)\in I(q_j)$，以下结论成立：

$$a_{p_j i_2\cdots i_m}>0$$

根据该结论和引理 4.4 可得

$$\sum_{u=1}^{m-1}\mathcal{A}_{j,u}(\mathbf{e}_{K_j})\mathbf{e}_{I_j}^{u-1}\neq\mathbf{0}$$

结论证毕.

4.8.2 多项式系统的可解性

本小节的记号不同于上文.

引理 4.5 假设 $\mathcal{A}\in N_{m,n}$. 对任意的 $\epsilon>0$，存在正向量 $\mathbf{x}\in\mathbb{R}_{++}^n$ 使得

$$\mathcal{A}\mathbf{x}^{m-1}\leqslant(\rho(\mathcal{A})+\epsilon)\mathbf{x}^{[m-1]}$$

证明 假设 $\mathcal{A}$ 是弱可约的，否则结论由定理 4.12 可得. 因此，假设 $I_1\cup\cdots\cup I_r=\{1, \cdots, n\}$ 是 $\mathcal{A}$ 按命题 4.2 得到的剖分(参见式(4.9)).

结论是根据分块数 r 的归纳进行证明的. $r=1$ 的情形由定理 4.12 可得. 假设对某个 $s\geqslant 2$，结论对 $r=s-1$ 成立. 接下来，假设 $r=s$. 记 $\kappa=\frac{1}{2}\epsilon$. 记 $\mathcal{C}=\mathcal{A}_{I_1\cup\cdots\cup I_{r-1}}\in N_{m,n-|I_r|}$ 为 $\mathcal{A}$ 的主子张量. 容易看到 $I_1\cup\cdots\cup I_{r-1}$ 是 $\mathcal{C}$ 根据命题 4.2 得到的一个剖分. 因此，由归纳假设，可以找到向量 $\mathbf{y}\in\mathbb{R}_{++}^{|I_1|+\cdots+|I_{r-1}|}$ 使得

$$\mathcal{C}\mathbf{y}^{m-1}\leqslant(\rho(\mathcal{C})+\kappa)\mathbf{y}^{[m-1]}\leqslant(\rho(\mathcal{A})+\kappa)\mathbf{y}^{[m-1]}$$

其中最后一个不等式由

$$\rho(\mathcal{C})=\max\{\rho(\mathcal{A}_{I_j}): j\in[r-1]\}\leqslant\max\{\rho(\mathcal{A}_{I_j}): j\in\{1, \cdots, r\}\}=\rho(\mathcal{A})$$

根据定理 4.8 得来. 同时，存在 $\mathbf{z}\in\mathbb{R}_{++}^{|I_r|}$ 使得

$$\mathcal{A}_{I_r}\mathbf{z}^{m-1}\leqslant(\rho(\mathcal{A}_{I_r})+\kappa)\mathbf{z}^{[m-1]}$$

由命题 4.2 可知，对 $u\in\{1, \cdots, m-1\}$，存在张量 $\mathcal{C}_u(\mathbf{z})\in T_{u,n-|I_r|}(\mathbb{R}_+[\mathbf{z}])$ 使得

$$(\mathcal{A}\mathbf{w}^{m-1})_{I_1\cup\cdots\cup I_{r-1}}=\beta^{m-1}\mathcal{C}\mathbf{y}^{m-1}+\sum_{u=1}^{m-1}\beta^{u-1}\mathcal{C}_u(\mathbf{z})\mathbf{y}^{u-1}$$
$$(\mathcal{A}\mathbf{w}^{m-1})_{I_r}=\mathcal{A}_{I_r}\mathbf{z}^{m-1}$$

其中 $\mathbf{w}:=(\beta\mathbf{y}^{\mathrm{T}}, \mathbf{z}^{\mathrm{T}})^{\mathrm{T}}\in\mathbb{R}^n$. 那么，当 $\beta>0$ 充分大时，可得

$$\begin{aligned}(\mathcal{A}\mathbf{w}^{m-1})_{I_1\cup\cdots\cup I_{r-1}}&\leqslant\beta^{m-1}(\rho(\mathcal{A})+2\kappa)\mathbf{y}^{[m-1]}\\&=(\rho(\mathcal{A})+2\kappa)\mathbf{w}_{I_1\cup\cdots\cup I_{r-1}}^{[m-1]}\\&=(\rho(\mathcal{A})+\epsilon)\mathbf{w}_{I_1\cup\cdots\cup I_{r-1}}^{[m-1]}\\(\mathcal{A}\mathbf{w}^{m-1})_{I_r}&=\mathcal{A}_{I_r}\mathbf{z}^{m-1}\leqslant(\rho(\mathcal{A}_{I_r})+\kappa)\mathbf{z}^{[m-1]}\\&\leqslant(\rho(\mathcal{A}_{I_r})+\epsilon)\mathbf{w}_{I_r}^{[m-1]}\leqslant(\rho(\mathcal{A})+\epsilon)\mathbf{w}_{I_r}^{[m-1]}\end{aligned}$$

结论证毕.

引理 4.6 给定 $\lambda>0$，整数 $n, s>0$ 和剖分 $I_1\cup\cdots\cup I_s=\{1, \cdots, n\}$. 假设对所有的 $j\in\{1, \cdots, s\}$，$\mathcal{A}_{I_j}\in N_{m,|I_j|}$ 是弱不可约的，且 $\rho(\mathcal{A}_{I_j})<\lambda$，以及对 $u=1, \cdots, m-1$，存在 $\mathcal{A}_{j,u}(\mathbf{x})\in T_{u,|I_j|}(\mathbb{R}_+[\mathbf{x}_{\{1,\cdots,n\}\setminus I_j}])$ 使得

(1) $\mathcal{A}_{j,u}(\mathbf{x})$每个元素的次数不大于$m-u$.

(2) 如果记$\mathcal{B}_{j,u}(\mathbf{x})\in T_{u,|I_j|}(\mathbb{R}_+[\mathbf{x}_{\{1,\cdots,n\}\setminus I_j}])$为删去$\mathcal{A}_{j,u}(\mathbf{x})$中每个元素的次数为$m-u$的多项式得到的张量，以及对所有的$u\in\{1, \cdots, m-1\}$和$j\in\{1, \cdots, s\}$，$\mathcal{H}_{j,u}(\mathbf{x})=\mathcal{A}_{j,u}(\mathbf{x})-\mathcal{B}_{j,u}(\mathbf{x})$，那么，对所有的$u\in\{1,\cdots,m-1\}$和$j\in\{1,\cdots,s\}$，$\mathcal{H}_{j,u}(\mathbf{w}^{(j)})\mathbf{e}_{I_j}^{u-1}=\mathbf{0}$，其中$\mathbf{w}^{(j)}_{I_1\cup\cdots\cup I_{j-1}}=\mathbf{e}_{I_1\cup\cdots\cup I_{j-1}}$，$\mathbf{w}^{(j)}_{I_j\cup\cdots\cup I_s}=\mathbf{0}$.

(3) 以下结论成立.

$$\sum_{u=1}^{m-1}\mathcal{B}_{s,u}(\mathbf{e})\mathbf{e}_{I_s}^{u-1}\neq\mathbf{0}\tag{4.16}$$

令$\mathbf{y}=\mathbf{e}_{I_1\cup\cdots\cup I_j}+t\mathbf{e}_{I_{j+1}\cup\cdots\cup I_s}$，对所有的$j\in\{1, \cdots, s-1\}$，以下结论成立：

$$\sum_{u=1}^{m-1}\mathcal{B}_{j,u}(\mathbf{e})\mathbf{e}_{I_j}^{u-1}\neq\mathbf{0}\text{，或者}\quad\lim_{t\to\infty}\left\|\sum_{u=1}^{m-1}\mathcal{A}_{j,u}(\mathbf{y})\mathbf{e}_{I_j}^{u-1}\right\|\to\infty\tag{4.17}$$

那么，存在正向量$\mathbf{x}\in\mathbb{R}^n_{++}$满足

$$\mathcal{A}_{I_j}\mathbf{x}_{I_j}^{m-1}+\sum_{u=1}^{m-1}\mathcal{A}_{j,u}(\mathbf{x})\mathbf{x}_{I_j}^{u-1}=\lambda\mathbf{x}_{I_j}^{[m-1]},\ \forall j\in\{1, \cdots, s\}\tag{4.18}$$

证明　证明被分成三个部分.

第Ⅰ部分：记$f:=(f_{I_1}, \cdots, f_{I_s}):\mathbb{R}^n_{++}\to\mathbb{R}^n_{++}$，其中

$$f_{I_j}(\mathbf{x}):=\left[\frac{1}{\lambda}\left(\mathcal{A}_{I_j}\mathbf{x}_{I_j}^{m-1}+\sum_{u=1}^{m-1}\mathcal{A}_{j,u}(\mathbf{x})\mathbf{x}_{I_j}^{u-1}\right)\right]^{\frac{1}{m-1}}$$

由于$\mathcal{A}_{I_j}$是弱不可约的，且$\mathcal{A}_{j,u}(\mathbf{x})$是元素为非负系数多项式的张量，那么当$|I_j|>1$或者当$|I_j|=1$、$\mathcal{A}_{I_j}>0$时，$f_{I_j}:\mathbb{R}^n_{++}\to\mathbb{R}^{|I_j|}_{++}$是适定的. 当$|I_j|=1$、$\mathcal{A}_{I_j}=0$时，该情形也是适定的，这是因为由式(4.17)可推出存在正的分量. 因此，映射$f:\mathbb{R}^n_{++}\to\mathbb{R}^n_{++}$是适定的.

第Ⅱ部分：假设张量$\mathcal{A}\in N_{m,n}$具有主子张量$\mathcal{A}_{I_j}$(其中$j\in\{1, \cdots, s\}$)，且使得其满足下面的多项式系统：

$$(\mathcal{A}\mathbf{x}^{m-1})_{I_j}=\mathcal{A}_{I_j}\mathbf{x}_{I_j}^{m-1}+\sum_{u=1}^{m-1}\mathcal{H}_{j,u}(\mathbf{x})\mathbf{x}_{I_j}^{u-1},\ \forall j\in\{1, \cdots, s\}$$

由第二个假设条件和命题 4.2 可得，$I_1\cup\cdots\cup I_s=\{1, \cdots, n\}$构成张量$\mathcal{A}$的一个剖分. 由定理 4.8 可得，$\rho(\mathcal{A})=\max\{\rho(\mathcal{A}_{I_j}):j\in\{1, \cdots, s\}\}<\lambda$.

由于$\lambda>\rho(\mathcal{A})$，由引理 4.5 可得，存在向量$\mathbf{y}>\mathbf{0}$使得

$$\mathcal{A}\mathbf{y}^{m-1}<\lambda\mathbf{y}^{[m-1]}\tag{4.19}$$

因此，通过$\beta>0$可得$\beta\mathbf{y}>\mathbf{0}$，并且

$$\begin{aligned}f_{I_j}(\beta\mathbf{y})&=\beta\left[\frac{1}{\lambda}\left(\mathcal{A}_{I_j}\mathbf{y}_{I_j}^{m-1}+\sum_{u=1}^{m-1}\beta^{u-m}\mathcal{A}_{j,u}(\beta\mathbf{y})\mathbf{y}_{I_j}^{u-1}\right)\right]^{\frac{1}{m-1}}\\&=\beta\left[\frac{1}{\lambda}\left(\mathcal{A}_{I_j}\mathbf{y}_{I_j}^{m-1}+\sum_{u=1}^{m-1}\beta^{u-m}\mathcal{H}_{j,u}(\beta\mathbf{y})\mathbf{y}_{I_j}^{u-1}+\sum_{u=1}^{m-1}\beta^{u-m}\mathcal{B}_{j,u}(\beta\mathbf{y})\mathbf{y}_{I_j}^{u-1}\right)\right]^{\frac{1}{m-1}}\\&=\beta\left[\frac{1}{\lambda}\left((\mathcal{A}\mathbf{y}^{m-1})_{I_j}+\sum_{u=1}^{m-1}\beta^{u-m}\mathcal{B}_{j,u}(\beta\mathbf{y})\mathbf{y}_{I_j}^{u-1}\right)\right]^{\frac{1}{m-1}}\\&\leqslant\beta\mathbf{y}_{I_j}\end{aligned}$$

对充分大的$\beta>0$成立. 那么，根据式(4.19)以及对所有的$u\in\{1, \cdots, m-1\}$，每个张量

$\mathcal{B}_{j,u}(\mathbf{y})$中的元素的多项式的最大次数为 $m-u-1$，可以得到上面的不等式. 由于只有有限个 j，对充分大的 β，$f(\beta\mathbf{y})\leqslant\beta\mathbf{y}$ 成立.

第Ⅲ部分：注意，$\mathcal{B}_{j,u}(\mathbf{x})\in T_{u,|I_j|}(\mathbb{R}_+[\mathbf{x}_{\{1,\cdots,n\}\setminus I_j}])$是通过删去张量$\mathcal{A}_{j,u}(\mathbf{x})$的每个元素中的次数为 $m-u$ 的多项式得到的，其中 $u\in\{1,\cdots,m-1\}$，$j\in\{1,\cdots,s\}$. 记

$$P_j := \mathrm{supp}\left(\sum_{u=1}^{m-1}\mathcal{B}_{j,u}(\mathbf{e})\mathbf{e}_{I_j}^{i-1}\right)\subseteq I_j \tag{4.20}$$

其中 $j\in\{1,\cdots,s\}$，以及对所有的 $j\in\{1,\cdots,s-1\}$，记

$$Q_j := \left\{z\in I_j:\lim_{t\to\infty}\sum_{w\in I_{j+1}\cup\cdots\cup I_s}\left(\sum_{u=1}^{m-1}\mathcal{A}_{j,u}(\mathbf{x}_w)\mathbf{e}_{I_j}^{u-1}\right)_z\to\infty\right.$$

满足$(\mathbf{x}_w)_w=t$，其中向量 $\mathbf{x}_w$ 对其他的 v 有$(\mathbf{x}_w)_v=1\}$. (4.21)

由(4.16)可得$P_s\neq\varnothing$，由(4.17)可得$P_j\cup Q_j\neq\varnothing$，其中 $j\in\{1,\cdots,s-1\}$. 记$Q_s=\varnothing$. 对每个 $j\in\{1,\cdots,s\}$，记$W_j:=Q_j\setminus P_j$.

对每个 $j\in\{1,\cdots,s\}$，记张量 $\mathcal{A}_{I_j}$ 的表示矩阵为$\mathbf{M}_j\in\mathbb{R}_+^{|I_j|\times|I_j|}$. 由弱不可约可得由$\mathbf{M}_j$给定的有向图$G_j=(V_j=I_j,E_j)$是强连通的，其中 $j\in\{1,\cdots,s\}$. 因此，对任意非空真子集$K_j\subset I_j$和$t\in I_j\setminus K_j$，存在从 t 到某个 $w\in K_j$ 的有向路径，且这条路径的中间点全部来自集合$I_j\setminus K_j$. 接下来，将通过算法 4 生成一个森林(树的并)$T=(I_1\cup\cdots\cup I_s,F)$.

算法 4　森林生成算法

输入为有向图 G_j 以及集合P_j和 W_j，其中 $j\in\{1,\cdots,s\}$.

步 0　记 $F=\varnothing$，$j=s$.

步 1　如果 $j=0$，终止；否则记$J_j=P_j\cup W_j$. 对每个 $v\in W_j$，选取一个 $w\in I_{j+1}\cup\cdots\cup I_s$使得

$$\lim_{t\to\infty}\left(\sum_{u=1}^{m-1}\mathcal{A}_{j,u}(\mathbf{x}_w)\mathbf{e}_{I_j}^{u-1}\right)_v\to\infty,$$ 将(v,w)加入 F. 转到步 2.

步 2　记$K_j=I_j\setminus J_j$，$S_j=\varnothing$. 如果 $K_j=\varnothing$，转到步 4；否则，转到步 3.

步 3　选取一个顶点 $v\in K_j\setminus S_j$，向 T 加入 G_j 中的一条从 v 到某个 $w\in J_j$ 的有向路径，其每个中间顶点互不相同且在 K_j 中，将这条路径中 K_j 的所有顶点加入 S_j 中，转到步 4.

步 4　如果$S_j=K_j$，转到步 6；否则，转到步 5.

步 5　如果存在 $v\in K_j\setminus S_j$使得对某个 $w\in S_j$有$(v,w)\in E_j$，将 v 加入S_j并将(v,w)加入 F，转到步 4；否则转到步 3.

步 6　记 $j=j-1$，转到步 1.

首先说明上述算法是适定的.

- 步 1 是适定的，这是因为$W_j\subseteq Q_j$和 Q_j 由式(4.21)定义.
- 注意到对所有的 $j\in\{1,\cdots,s\}$，有$P_j\cup W_j=P_j\cup Q_j\neq\varnothing$.
- 由算法 4 之前的分析和步 5 可知，步 3 是适定的.

由于对所有的 $j\in\{1,\cdots,s\}$，G_j是强连通的，上述算法将在有限步终止. 注意，所生成的森林可能不是唯一的. 对每条边$(v,w)\in F$，顶点 v 是顶点 w 的后代，而 w 是顶点 v 的父母. 没有后代的顶点称为叶，没有父母的顶点称为根. 孤立的顶点既是叶也是根. 从上述算法可知，每个根都是 $\bigcup_{j=1}^{s}P_j$ 中的顶点，反之亦然. 同时，从每个顶点沿有向边可以得到唯一的根. 因此，可以定义一个顶点的高度为从该顶点到其根的有向路径的长度. 因此，一个根具有高度 1. 一棵树中顶点的最大高度称为这棵树的高度，而一个森林中的树的最

大高度称为这个森林的高度. 记 $h(T)$ 为由算法 4 生成的森林 $T=(I_1\cup\cdots\cup I_s, F)$ 的高度.

假设 $\mathbf{x}$ 是一个正向量，$\gamma>0$，$(v, w)\in F$. 显然，v 不是一个根. 假设 $v\in I_j$. 如果 $w\in I_j$，那么 $(v, w)\in E_j$，并且

$$(f_{I_j}(\gamma\mathbf{x}))_v=\gamma\left[\frac{1}{\lambda}\left(\sum_{i_2,\cdots,i_m\in I_j}a_{vi_2\cdots i_m}x_{i_2}\cdots x_{i_m}+\left(\sum_{p=1}^{m-1}\gamma^{p-m}\mathcal{A}_{j,p}(\gamma\mathbf{x})\mathbf{x}_{I_j}^{p-1}\right)_v\right)\right]^{\frac{1}{m-1}}$$

$$\geqslant\gamma\left(\frac{1}{\lambda}a_{vi'_2\cdots i'_m}x_{i'_2}\cdots x_{i'_m}\right)^{\frac{1}{m-1}} \tag{4.22}$$

对某个满足下面条件的 $\{i'_2, \cdots, i'_m\}\in I_j^{m-1}$ 成立

$$a_{vi'_2\cdots i'_m}>0 \text{ 和 } w\in\{i'_2, \cdots, i'_m\}$$

这是因为 $(v, w)\in F\cap I_j^2\subseteq E_j$. 因此，当 x_w 充分大时，$(f_{I_j}(\gamma\mathbf{x}))_v\geqslant\gamma x_v$. 如果 $w\notin I_j$，那么 $w\in I_{j+1}\cup\cdots\cup I_s$ 满足(参见算法 4)：

$$\lim_{t\to\infty}\left(\sum_{u=1}^{m-1}\mathcal{A}_{j,u}(\mathbf{y})\,\mathbf{e}_{I_j}^{u-1}\right)_v\to\infty$$

其中向量 $\mathbf{y}$ 满足 $y_w=t$，其他 $p\in\{1, \cdots, n\}\setminus\{w\}$ 满足 $y_p=1$.

此外，可得 $v\in W_j$(参见算法 4)，那么

$$\left(\sum_{u=1}^{m-1}\mathcal{B}_{j,u}(\mathbf{e})\mathbf{e}_{I_j}^{u-1}\right)_v=0$$

因此

$$\left(\sum_{u=1}^{m-1}\mathcal{A}_{j,u}(\mathbf{x})\mathbf{x}_{I_j}^{u-1}\right)_v=\left(\sum_{u=1}^{m-1}\mathcal{H}_{j,u}(\mathbf{x})\mathbf{x}_{I_j}^{u-1}\right)_v$$

是次数为 $m-1$ 的齐次多项式. 这样一来，如果 x_w 充分大，那么

$$\begin{aligned}(f_{I_j}(\gamma\mathbf{x}))_v&=\gamma\left[\frac{1}{\lambda}\left(\sum_{i_2,\cdots,i_m\in I_j}a_{vi_2\cdots i_m}x_{i_2}\cdots x_{i_m}+\left(\sum_{p=1}^{m-1}\gamma^{p-m}\mathcal{A}_{j,p}(\gamma\mathbf{x})\mathbf{x}_{I_j}^{p-1}\right)_v\right)\right]^{\frac{1}{m-1}}\\&=\gamma\left[\frac{1}{\lambda}\left(\sum_{i_2,\cdots,i_m\in I_j}a_{vi_2\cdots i_m}x_{i_2}\cdots x_{i_m}+\left(\sum_{p=1}^{m-1}\mathcal{H}_{j,p}(\mathbf{x})\,\mathbf{x}_{I_j}^{p-1}\right)_v\right)\right]^{\frac{1}{m-1}}\\&\geqslant\gamma\left(\frac{1}{\lambda}\left(\sum_{p=1}^{m-1}\mathcal{H}_{j,p}(\mathbf{x})\mathbf{x}_{I_j}^{p-1}\right)_v\right)^{\frac{1}{m-1}}\\&\geqslant\gamma x_v\end{aligned}$$

为了获得使得 $f(\mathbf{x})\geqslant\mathbf{x}$ 成立的向量 $\mathbf{x}\in\mathbb{R}_{++}^n$，可以从向量 $\mathbf{x}=\mathbf{e}$ 以及高度为 $h(T)$ 的叶出发. 当 $h(T)=1$ 时，结论显然成立. 下面假设 $h(T)\geqslant 2$，$L\subset(I_1\cup\cdots\cup I_s)\setminus(P_1\cup\cdots\cup P_s)$ 是高度为 $h(T)$ 的叶的集合. 那么，可以将这些叶的父母设定为充分大的数，以使得

$$(f(\gamma\mathbf{x}))_v\geqslant\gamma x_v,\ \forall v\in L \tag{4.23}$$

其次，如果 $h(T)>2$，那么考虑高度为 $h(T)-1$ 的点的集合 L'，该集合涵盖 L 的父母顶点的集合. L' 中的点不是根. 如果将 L' 中的点的父母的集合 P' 设定为充分大的数，那么

$$(f(\gamma\mathbf{x}))_p\geqslant\gamma x_p,\ \forall p\in L'$$

从上述分析可以看到，如果有必要，当增加所有的$p'\in P'$对应的$x_{p'}$，(4.23)仍然成立. 接下来，如果$h(T)>3$，那么要考虑高度为$h(T)-2$的点的集合L''，它包含了L'的父母的集合. 按照这种方式，逐步从高度为$h(T)$到高度为2，通过增加父母点到充分大的数，所有的后代点$v\in(I_1\cup\cdots\cup I_s)\backslash(P_1\cup\cdots\cup P_s)$都将满足$(f(\gamma\mathbf{x}))_v\geqslant\gamma x_v$. 由于构造的森林结构，以及对任意的$v\in(I_1\cup\cdots\cup I_s)\backslash(P_1\cup\cdots\cup P_s)$，其都是某个父母点$w\in I_1\cup\cdots\cup I_s$的后代，上述过程将在$h(T)-1$步内终止，因此可得，对某个正向量$\mathbf{x}$，成立

$$(f(\gamma\mathbf{x}))_v\geqslant\gamma x_v,\ \forall v\in(I_1\cup\cdots\cup I_s)\backslash(P_1\cup\cdots\cup P_s)$$

注意，$\gamma>0$的数值仍然是可以调整的.

如果$w\in P_j\subset P_1\cup\cdots\cup P_s$是一个根，那么由定义，有

$$\left(\sum_{u=1}^{m-1}\mathcal{B}_{j,u}(\mathbf{e})\,\mathbf{e}_{I_j}^{i-1}\right)_w>0 \tag{4.24}$$

因此

$$\begin{aligned}(f_{I_j}(\gamma\mathbf{x}))_w&=\gamma\left[\frac{1}{\lambda}\left(\sum_{i_2,\cdots,i_m\in I_j}a_{wi_2\cdots i_m}x_{i_2}\cdots x_{i_m}+\left(\sum_{p=1}^{m-1}\gamma^{p-m}\mathcal{A}_{j,p}(\gamma\mathbf{x})\mathbf{x}_{I_j}^{p-1}\right)_w\right)\right]^{\frac{1}{m-1}}\\&=\gamma\left[\frac{1}{\lambda}\left(\sum_{i_2,\cdots,i_m\in I_j}a_{wi_2\cdots i_m}x_{i_2}\cdots x_{i_m}\right.\right.\\&\qquad\left.\left.+\left(\sum_{p=1}^{m-1}\mathcal{H}_{j,p}(\mathbf{x})\mathbf{x}_{I_j}^{p-1}+\sum_{p=1}^{m-1}\gamma^{p-m}\mathcal{B}_{j,p}(\gamma\mathbf{x})\mathbf{x}_{I_j}^{p-1}\right)_w\right)\right]^{\frac{1}{m-1}}\\&\geqslant\gamma\left(\frac{1}{\lambda}\left(\sum_{p=1}^{m-1}\gamma^{p-m}\mathcal{B}_{j,p}(\gamma\mathbf{x})\mathbf{x}_{I_j}^{p-1}\right)_w\right)^{\frac{1}{m-1}}\end{aligned} \tag{4.25}$$

注意，对所有的$p\in\{1,\cdots,m-1\}$，$\mathcal{B}_{j,p}(\mathbf{x})$中的元素的最高次数不超过$m-p-1$. 再结合式(4.24)，可以得到

$$\left(\sum_{p=1}^{m-1}\gamma^{p-m}\mathcal{B}_{j,p}(\gamma\mathbf{x})\mathbf{x}_{I_j}^{p-1}\right)_w$$

的首项是形式为$\frac{1}{\gamma^u}$的具有正系数的项，其中$u>0$是某个整数. 因此，如果$\gamma>0$充分小，那么

$$(f_{I_j}(\gamma\mathbf{x}))_w\geqslant\gamma x_w$$

成立. 因为只有有限多个根，那么

$$(f(\gamma\mathbf{x}))_w\geqslant\gamma x_w,\ \forall w\in P_1\cup\cdots\cup P_s$$

这样一来，可以找到$\mathbf{x}$以及$\gamma>0$，使得$f(\gamma\mathbf{x})\geqslant\gamma\mathbf{x}$和$\gamma\mathbf{x}\leqslant\beta\mathbf{y}$(参见第Ⅱ部分中的$\beta\mathbf{y}$). 那么，以下结论成立：

$$f(\gamma\mathbf{x})\geqslant\gamma\mathbf{x},\ f(\beta\mathbf{y})\leqslant\beta\mathbf{y}$$

由定理4.13可得，存在正向量$\mathbf{w}\in[\gamma\mathbf{x},\beta\mathbf{y}]$使得

$$f(\mathbf{w})=\mathbf{w}$$

显然，这就是式(4.18)的一个正向量$\mathbf{w}$解.

引理4.7 假设$\mathcal{A}\in N_{m,n}$是弱不可约的，且$\mathcal{A}_i\in N_{i,n}$，其中$i=1,\cdots,m-1$，使得

$$\sum_{i=1}^{m-1}\mathcal{A}_i\mathbf{e}^{i-1}\neq\mathbf{0}$$

如果对某个$\lambda>0$，存在正向量解$\mathbf{x}\in\mathbb{R}_{++}^n$使得下式成立

$$\mathcal{A}\mathbf{x}^{m-1}+\sum_{i=1}^{m-1}\mathcal{A}_i\mathbf{x}^{i-1}=\lambda\,\mathbf{x}^{[m-1]}$$

那么 $\rho(\mathcal{A})<\lambda$.

证明　不失一般性，假设对某个 $r\leqslant n$, 以下结论成立

$$I:=\{1,\cdots,r\}:=\mathrm{supp}\Big(\sum_{i=1}^{m-1}\mathcal{A}_i\mathbf{e}^{i-1}\Big)$$

由假设条件，可得

$$(\mathcal{A}\mathbf{x}^{m-1})_i<\lambda x_i^{m-1},\ \forall\, i=1,\cdots,r \tag{4.26}$$

如果 $r=n$, 那么结论由定理 4.12 直接可得.

下面假设 $r<n$. 由 $\mathcal{A}_i$ 的假设可得 $r>0$. 那么，

$$(\mathcal{A}\mathbf{x}^{m-1})_j=\lambda x_j^{m-1},\ \forall\, j=r+1,\cdots,n$$

由弱不可约性可得，存在 $j\in J:=\{1,\cdots,n\}\setminus I$ 以及 $i\in I$, 使得对某个多重集 $\{i_2,\cdots,i_m\}\ni i$ 成立

$$a_{ji_2\cdots i_m}>0$$

因此，$\sum\limits_{i_2,\cdots,i_m=1}^{n}a_{ji_2\cdots i_m}x_{i_2}\cdots x_{i_m}$ 中存在非零项含有变量 x_i. 通过些微减少 x_i, 可以定义一个新的正向量，仍然记为 $\mathbf{x}$. 由 $\mathcal{A}$ 的非负性，可得

$$(\mathcal{A}\mathbf{x}^{m-1})_j<\lambda x_j^{m-1} \tag{4.27}$$

由连续性知道，当 x_i 只减少足够小的时候，仍然满足式(4.26)以及式(4.27). 但是，现在有 $r+1$ 个严格不等式. 按照这个方法进行归纳，可以找到正向量 $\mathbf{x}$ 使得

$$\mathcal{A}\mathbf{x}^{m-1}<\lambda\mathbf{x}^{[m-1]}$$

结论现在可以从定理 4.12 得到.

4.8.3　定理 4.15 的证明

证明　遵从 4.8.1 小节的所有符号. 首先证明充分性.

对任意的 $j=s+1,\cdots,r$, 可得

$$(\mathcal{A}\mathbf{x}^{m-1})_{I_j}=\mathcal{A}_{I_j}\mathbf{x}_{I_j}^{m-1},\ \forall\,\mathbf{x}\in\mathbb{C}^n \tag{4.28}$$

由定理 4.12 可得，存在正向量 $\mathbf{y}_j\in\mathbb{R}_{++}^{|I_j|}$ 使得 $\mathcal{A}_{I_j}\mathbf{y}_j^{m-1}=\rho(\mathcal{A}_{I_j})\mathbf{y}_j^{[m-1]}=\rho(\mathcal{A})\mathbf{y}_j^{[m-1]}$ 对所有的 $j=s+1,\cdots,r$ 都成立.

记 $\mathbf{x}$ 是一个 n 维向量，对所有的 $j=s+1,\cdots,r$ 有 $\mathbf{x}_{I_j}=\mathbf{y}_j$, 而 $\mathbf{x}_{I_1\cup\cdots\cup I_s}$ 是待确定的未知量. 只需要证明下列多项式系统在 $\mathbb{R}_{++}^{|I_1|+\cdots+|I_s|}$ 中存在正解即可：

$$\mathcal{A}_{I_j}\mathbf{x}_{I_j}^{m-1}+\sum_{u=1}^{m-1}\mathcal{A}_{j,u}(\mathbf{x}_{K_j})\mathbf{x}_{I_j}^{u-1}=\rho(\mathcal{A})\mathbf{x}_{I_j}^{[m-1]},\ \forall\, j\in\{1,\cdots,s\} \tag{4.29}$$

其中 $\mathcal{A}_{j,u}(\mathbf{x}_{K_j})$ 具有根据(4.15)所得到的剖分.

注意，对 $j=s+1,\cdots,r$, $\mathbf{x}_{I_j}$ 是给定的正向量. 未知变量是 $\mathbf{x}_{I_j}$, 其中 $j\in\{1,\cdots,s\}$. 因此，对所有的 $u\in\{1,\cdots,m-1\}$ 和 $j\in\{1,\cdots,s\}$, 由 $\mathcal{A}_{j,u}(\mathbf{x}_{K_j})$ 中次数为 $m-u$ 的多项式构成的张量为 $\mathcal{H}_{j,u}(\mathbf{x}_{L_j})$. 如果对某个 $j\in\{1,\cdots,m-1\}$, $\sum\limits_{u=1}^{m-1}\mathcal{B}_{j,u}(\mathbf{e}_{K_j})\mathbf{e}_{I_j}^{u-1}=\mathbf{0}$ 成立，那么由命题 4.7 的结论(3) 可得，$\sum\limits_{u=1}^{m-1}\mathcal{H}_{j,u}(\mathbf{e}_{L_j})\mathbf{e}_{I_j}^{u-1}\neq\mathbf{0}$. 由命题 4.7 的结论(1) 可得 $\sum\limits_{u=1}^{m-1}\mathcal{H}_{j,u}(\mathbf{h}_{L_j})\mathbf{e}_{I_j}^{u-1}=\mathbf{0}$,

其中对 $t\in\{1,\cdots,j-1\}$ 有 $\mathbf{h}_{I_t}=\mathbf{e}_{I_t}$，而对其余的有 $\mathbf{h}_{I_t}=\mathbf{0}$. 因此，对某个 $u\in\{1,\cdots,m-1\}$，一个具有 $I_{j+1}\cup\cdots\cup I_s$ 中指标对应的变量的非零项在张量 $\mathcal{H}_{j,u}(\mathbf{x}_{L_j})$ 的某个元素中出现.

这样一来，由命题 4.7 可得(4.16)和(4.17)，并且引理 4.6 的第二个假设对于系统(4.29)是满足的. 那么，由引理 4.6 可得，存在(4.29)的一个解 $\mathbf{z}\in\mathbb{R}_{++}^{|I_1|+\cdots+|I_s|}$. 因此，按照当 $j\in\{1,\cdots,s\}$ 时有 $\mathbf{x}_{I_j}=\mathbf{z}_{I_j}$，而当 $j=s+1,\cdots,r$ 时有 $\mathbf{x}_{I_j}=\mathbf{y}_j$ 定义的向量 $\mathbf{x}$ 是张量 $\mathcal{A}$ 的一个正 Perron 向量.

下面证明必要性，假设 $\mathcal{A}\mathbf{x}^{m-1}=\lambda\mathbf{x}^{[m-1]}$，其中 $\mathbf{x}\in\mathbb{R}^n_{++}$ 是一个正特征向量，而对应的特征值为 $\lambda\geqslant 0$. 由定理 4.12 可得 $\lambda=\rho(\mathcal{A})$. $\rho(\mathcal{A})=0$ 的情形是显然的. 接下来，假设 $\rho(\mathcal{A})>0$. 对每个 I_j，成立

$$(\mathcal{A}\mathbf{x}^{m-1})_{I_j}=\rho(\mathcal{A})\mathbf{x}_{I_j}^{[m-1]}$$

如果 $\mathcal{A}_{I_j}$ 是 $\mathcal{A}$ 的本质弱不可约主子张量，由命题 4.3 可得

$$\mathcal{A}_{I_j}\mathbf{x}_{I_j}^{m-1}=\rho(\mathcal{A})\mathbf{x}_{I_j}^{[m-1]}$$

而由定理 4.12 可得 $\rho(\mathcal{A}_{I_j})=\rho(\mathcal{A})$.

如果 $\mathcal{A}_{I_j}$ 不是 $\mathcal{A}$ 的本质弱不可约主子张量，由命题 4.3 可得

$$\mathcal{A}_{I_j}\mathbf{x}_{I_j}^{m-1}+\sum_{u=1}^{m-1}\mathcal{A}_{j,u}(\mathbf{x}_{K_j})\mathbf{x}_{I_j}^{u-1}=\rho(\mathcal{A})\mathbf{x}_{I_j}^{[m-1]}$$

以及 $\sum\limits_{u=1}^{m-1}\mathcal{A}_{j,u}(\mathbf{e}_{K_j})\mathbf{e}_{I_j}^{u-1}\neq\mathbf{0}$；而由引理 4.7 可得 $\rho(\mathcal{A}_{I_j})<\rho(\mathcal{A})$. 定理证毕.

4.9 算法示例

为了得到非负张量的如命题 4.3 所给的标准非负张量剖分，需要对该非负张量的表示矩阵及其主子张量的表示矩阵进行递归剖分.

4.9.1 表示矩阵

引理 4.8 假设 $M_{\mathcal{A}}=(m_{ij})$ 是 $\mathcal{A}\in N_{m,n}$ 的表示矩阵. 如果存在某个非空真子集 $I\subset\{1,\cdots,n\}$ 使得 $m_{ij}=0$ 对所有的 $i\in I$ 和 $j\in I^C$ 都成立，那么

$$M_{\mathcal{A}_i}=(M_{\mathcal{A}})_I \tag{4.30}$$

证明 不妨假设对某个正数 $p<n$，$I^C=\{1,\cdots,p\}$ 成立. 由 $m_{ij}=0$ 对所有的 $i>p$ 和 $j\in\{1,\cdots,p\}$ 都成立，可得

$$a_{ii_2\cdots i_m}=0\quad\forall i>p,\ (i_2,\cdots,i_m)\in I(1)\cup\cdots\cup I(p)$$

注意，对任意的 $i'\in I$，成立

$$m_{ii'}=\sum_{(i_2,\cdots,i_m)\in I(i')}a_{ii_2\cdots i_m}=\sum_{\substack{(i_2,\cdots,i_m)\in I(i')\\ \{i_2,\cdots,i_m\}\cap\{1,\cdots,p\}=\varnothing}}a_{ii_2\cdots i_m}$$

其中最右侧式子只含有指标 $\{i_2,\cdots,i_m\}\subseteq I$. 由非负张量的表示矩阵的定义，可得式(4.30).

一般来讲，不能同时得到 $M_{\mathcal{A}_i}=(\mathrm{M}_{\mathcal{A}})_I$ 和 $M_{\mathcal{A}_{I^C}}=(\mathrm{M}_{\mathcal{A}})_{I^C}$.

例 4.7 给定 $\mathcal{A}\in N_{3,3}$，其元素为

$$a_{123}=a_{213}=a_{333}=1\text{，对其余的有}a_{ijk}=0$$

记 $I=\{3\}=\{1,2\}^{C}$，那么

$$\boldsymbol{M}_{\mathcal{A}}=\begin{bmatrix}0&1&1\\1&0&1\\0&0&1\end{bmatrix},\ \boldsymbol{M}_{\mathcal{A}_{\{3\}}}=[1]=(\boldsymbol{M}_{\mathcal{A}})_{\{3\}}$$

$$\boldsymbol{M}_{\mathcal{A}_{\{1,2\}}}=\begin{bmatrix}0&0\\0&0\end{bmatrix}\neq(\boldsymbol{M}_{\mathcal{A}})_{\{1,2\}}=\begin{bmatrix}0&1\\1&0\end{bmatrix}$$

如果对所有的 $j\in\{1,\cdots,s\}$，以下结论成立：对某个 $j_1,\cdots,j_i\in\{1,\cdots,r\}$ 有

$$J_j=I_{j_1}\cup\cdots\cup I_{j_i}$$

则称 $\{1,\cdots,n\}$ 的剖分 $I_1,\cdots,I_r$ 是 $\{1,\cdots,n\}$ 的剖分 $J_1,\cdots,J_s$ 的更细剖分.

推论 4.3　假设 $\boldsymbol{M}_{\mathcal{A}}=(m_{ij})$ 是 $\mathcal{A}\in N_{m,n}$ 的表示矩阵. 如果 $\mathcal{A}$ 具有一个标准非负张量剖分 $\{I_1,\cdots,I_r\}$，那么 $\boldsymbol{M}_{\mathcal{A}}$ 具有一个块上三角的结构，其对角块为 $\{J_1,\cdots,J_s\}$，其为 $\{I_1,\cdots,I_r\}$ 的一个更细剖分.

利用推论 4.3，可以得到张量 $\mathcal{A}\in N_{m,n}$ 的一个标准非负张量剖分. 方式为首先将其表示矩阵 $\boldsymbol{M}_{\mathcal{A}}$ 剖分成块上三角结构(在相差排列的情况下)，每个对角块是不可约的. 接下来对每个对角块所导出的主子张量进行上述剖分. 这是前文剖分的改进.

4.9.2　算法

用算法 P 将一个非负张量化成命题 4.3 所给的标准非负张量剖分，比如，可以通过算法 2 配合上述的改进算法来实现. 假设 $I_1\cup\cdots\cup I_r=\{1,\cdots,n\}$ 是已经得到的满足命题 4.3 的剖分. 假设 $I_{s+1},\cdots,I_r$ 是本质弱不可约张量块，以及 $R=I_1\cup\cdots\cup I_s$.

对于弱不可约张量的谱半径及其正 Perron 向量的求解算法，参看算法 1. 下面给出判定一个非负张量 $\mathcal{A}\in N_{m,n}$ 是否为强非负张量的方法，如果是，那么求解出其一个正 Perron 向量. 详细可见算法 5.

算法 5　正 Perron 向量算法

输入为非负张量 $\mathcal{A}\in N_{m,n}$.

步 0　记 γ 是一个给定的足够小的正数. 用算法 P 找到张量 $\mathcal{A}$ 的一个标准非负张量剖分，其本质弱不可约张量块为 $I_{s+1},\cdots,I_r$，以及 $R:=I_1\cup\cdots\cup I_s$.

步 1　对每个 $j=1,\cdots,r$，通过算法 1 找到正向量 $\mathbf{x}_j\in\mathbb{R}_{++}^{|I_j|}$ 使得 $\mathcal{A}_{I_j}\mathbf{x}_j^{m-1}=\rho(\mathcal{A}_{I_j})\mathbf{x}_j^{[m-1]}$. 如果 $|I_j|=1$ 且 $\mathcal{A}_{I_j}=0$，那么令 $\rho(\mathcal{A}_{I_j})=0$ 以及 $\mathbf{x}_j=1$.

步 2　如果 $\max\{\rho(\mathcal{A}_{I_j}):j=s+1,\cdots,r\}\neq\min\{\rho(\mathcal{A}_{I_j}):j=s+1,\cdots,r\}$，则 $\mathcal{A}$ 不是强非负的，不存在正 Perron 向量，算法终止；否则，记 $\lambda:=\max\{\rho(\mathcal{A}_{I_j}):j=s+1,\cdots,r\}$.

步 3　如果 $\max\{\rho(\mathcal{A}_{I_j}):j\in\{1,\cdots,s\}\}\geqslant\lambda$，则 $\mathcal{A}$ 不是强非负的，不存在正 Perron 向量，算法终止；否则，记 $\mathbf{y}\in\mathbb{R}_{++}^{n}$，其中 $\mathbf{y}_{I_j}=\mathbf{x}_j\ \forall j=s+1,\cdots,r$.

步 4　记 $\mathbf{w}_0:=\gamma(\mathbf{x}_1^{\mathrm{T}},\cdots,\mathbf{x}_s^{\mathrm{T}})^{\mathrm{T}}$，$\mathbf{z}_0:=(\mathbf{w}_0^{\mathrm{T}},\mathbf{y}_{R^C}^{\mathrm{T}})^{\mathrm{T}}$ 和 $k=1$.

步 5　计算 $\mathbf{w}_k:=\left(\dfrac{(\mathcal{A}\mathbf{z}_{k-1}^{m-1})_R}{\lambda}\right)^{\frac{1}{m-1}}$ 和 $\mathbf{z}_k:=(\mathbf{w}_k^{\mathrm{T}},\mathbf{y}_{R^C}^{\mathrm{T}})^{\mathrm{T}}$.

步 6　如果 $\mathbf{w}_k=\mathbf{w}_{k-1}$ 或者 $\|\mathbf{w}_k-\mathbf{w}_{k-1}\|_2$ 满足一个终止条件，则算法终止. 否则，记 $k:=k+1$，转到步 5.

由定理 4.8 容易看到 $\lambda=\rho(\mathcal{A})$.

命题 4.8 对任意 $\mathcal{A}\in N_{m,n}$，如果 γ 足够小，那么算法 5 满足

(i) 要么在步 2 或者步 3 终止，得到张量 $\mathcal{A}$ 不是强非负的，不存在正 Perron 向量.

(ii) 要么产生序列 $\{\mathbf{z}_k\}$ 使得 $\mathbf{z}_{k+1}\geqslant\mathbf{z}_k$ 和 $\lim\limits_{k\to\infty}\mathbf{z}_k=\mathbf{z}_*$，其中 $\mathbf{z}_*$ 是 $\mathcal{A}$ 的正 Perron 向量（即 $\mathcal{A}\mathbf{z}_*^{m-1}=\rho(\mathcal{A})\mathbf{z}_*^{[m-1]}$）.

证明 如果算法在步 2 或者步 3 终止，那么相应结论由定理 4.15 可得.

假设 $\rho(\mathcal{A}_{I_j})<\rho(\mathcal{A})$ 对 $j\in\{1,\cdots,s\}$ 成立，且 $\rho(\mathcal{A}_{I_j})=\rho(\mathcal{A})$ 对所有的 $j=s+1,\cdots,r$ 成立. 那么算法 5 将执行步 4～步 6. 由引理 4.6 的证明可得，存在正向量 $\mathbf{x}$ 和 $\mathbf{z}$，以及充分小的 κ 和充分大的 β 使得

$$\left(\frac{(\mathcal{A}\mathbf{u}^{m-1})_R}{\lambda}\right)^{\frac{1}{\lceil m-1\rceil}}\geqslant\kappa\mathbf{x},\quad\left(\frac{(\mathcal{A}\mathbf{v}^{m-1})_R}{\lambda}\right)^{\frac{1}{\lceil m-1\rceil}}\leqslant\beta\mathbf{z}$$

其中 $\mathbf{u}:=(\kappa\mathbf{x}^{\mathrm{T}},\mathbf{y}_{R^{\mathrm{C}}}^{\mathrm{T}})^{\mathrm{T}}$，$\mathbf{v}=(\beta\mathbf{z}^{\mathrm{T}},\mathbf{y}_{R^{\mathrm{C}}}^{\mathrm{T}})^{\mathrm{T}}$ 和 $\mathbf{y}$ 由步 3 定义. 同时，从引理 4.6 的证明可得，如果 κ 满足上述不等式，那么每个正数 $\tau\leqslant\kappa$ 也满足. 因此，对充分小的 $\gamma>0$，可以选取 κ 使得 $\mathbf{w}_0\in[\kappa\mathbf{x},\beta\mathbf{z}]$. 收敛性结论就可以从定理 4.13 得到.

4.9.3 数值示例

本节的数值计算是在 CPU 主频是 2.5 GHz，RAM 为 4 GB 的电脑上使用 Matlab 完成的.

使用三阶强非负张量对算法 5 进行测试. 详细数据由例 4.8、例 4.9 以及例 4.10 给出. 算法 5 在下列条件下终止

$$\|\mathcal{A}\mathbf{z}_k^2-\lambda\mathbf{z}_k^{[2]}\|_2<10^{-6}\ \text{和}\ \|\mathbf{w}_k-\mathbf{w}_{k-1}\|_2<10^{-6}\tag{4.31}$$

对于每一种情况，算法 5 都成功计算出一个满足条件(4.31)的正向量.

例 4.8 给定的张量 $\mathcal{A}\in N_{8,2}$ 具有剖分

$$I_1:=\{1,2\},\ I_2:=\{3,4\},\ I_3:=\{5,6\},\ I_4:=\{7,8\}$$

和唯一的本质弱不可约块 $\mathcal{A}_4$. 将 $\mathcal{A}_{I_j}$ 简记为 $\mathcal{A}_j$，其中 $j\in\{1,2,3,4\}$. 弱不可约主子张量如下：

$$\mathcal{A}_1(:,:,1)=\begin{bmatrix}0.4423 & 0.3309\\ 0.0196 & 0.4243\end{bmatrix},\ \mathcal{A}_1(:,:,2)=\begin{bmatrix}0.2703 & 0.8217\\ 0.1971 & 0.4299\end{bmatrix}$$

$$\mathcal{A}_2(:,:,1)=\begin{bmatrix}0.3185 & 0.0900\\ 0.5341 & 0.1117\end{bmatrix},\ \mathcal{A}_2(:,:,2)=\begin{bmatrix}0.1363 & 0.4952\\ 0.6787 & 0.1897\end{bmatrix}$$

$$\mathcal{A}_3(:,:,1)=\begin{bmatrix}0.6664 & 0.6260\\ 0.0835 & 0.6609\end{bmatrix},\ \mathcal{A}_3(:,:,2)=\begin{bmatrix}0.7298 & 0.9823\\ 0.8908 & 0.7690\end{bmatrix}$$

$$\mathcal{A}_4(:,:,1)=\begin{bmatrix}0.3642 & 1.0317\\ 0.6636 & 0.5388\end{bmatrix},\ \mathcal{A}_4(:,:,2)=\begin{bmatrix}1.1045 & 1.0251\\ 0.5921 & 1.0561\end{bmatrix}$$

张量 $\mathcal{A}$ 的其余非零部分由下列方程给出：

$$\begin{aligned}(\mathcal{A}\mathbf{x})_{I_1}&=\mathcal{A}_1\mathbf{x}_{I_1}^2+\begin{bmatrix}0.8085x_1x_7\\ 0.7551x_2x_6\end{bmatrix}\\ &\quad+\begin{bmatrix}0.5880x_6x_7+0.1548x_3x_8+0.1999x_4x_8+0.4070x_8^2\\ 0.7487x_3x_4+0.8256x_3x_6+x_4x_8\end{bmatrix}\end{aligned}$$

$$(\mathcal{A}\mathbf{x})_{I_2}=\mathcal{A}_2\mathbf{x}_{I_2}^2+\begin{bmatrix}0.5606x_3x_5+0.9296x_4x_7\\0\end{bmatrix}$$

$$+\begin{bmatrix}0.9009x_2x_5\\0.5747x_5x_8+0.8452x_1x_6+0.7386x_6x_7+0.5860x_7^2+0.2467x_8^2\end{bmatrix}$$

$$(\mathcal{A}\mathbf{x})_{I_3}=\mathcal{A}_3\mathbf{x}_{I_3}^2+\begin{bmatrix}0\\0.5801x_6x_8\end{bmatrix}+\begin{bmatrix}0.1465x_3x_8+0.1891x_4x_7\\0.2819x_4x_7\end{bmatrix}$$

张量$\mathcal{A}_1$、$\mathcal{A}_2$、$\mathcal{A}_3$和$\mathcal{A}_4$的谱半径分别为(通过算法 1 计算)

$$\rho(\mathcal{A}_1)=1.3183,\ \rho(\mathcal{A}_2)=1.2581,\ \rho(\mathcal{A}_3)=2.6317,\ \rho(\mathcal{A}_4)=3.1253$$

因此，由定理 4.8 可得 $\rho(\mathcal{A})=\rho(\mathcal{A}_4)=3.1253$. 由算法 1 可计算出$\mathcal{A}_i$的正 Perron 向量为$\mathbf{x}_i$(1 -范数为 1)，接下来使用$\mathbf{w}_0:=0.5(\mathbf{x}_1^{\mathrm{T}},\mathbf{x}_2^{\mathrm{T}},\mathbf{x}_3^{\mathrm{T}})^{\mathrm{T}}$(即算法 5 中 $\gamma=0.5$)为初始点启动不动点迭代(即算法 5 中的步 5 和步 6). 用 0.65 秒经过 52 步计算出 $\mathcal{A}$ 的正 Perron 向量：

$$\mathbf{x}=(0.4462,0.4143,0.3808,0.4446,0.2943,0.3055,0.5257,0.4743)^{\mathrm{T}}$$

相应的特征值为 $\rho(\mathcal{A})=3.1253$. 特征方程的最后残差为$\|\mathcal{A}\mathbf{x}^2-3.1253\,\mathbf{x}^{[2]}\|_2=9.2323\times10^{-7}$. 图 4.2 给出特征方程残差的数据以及前后两个迭代点$\mathbf{w}_k$和$\mathbf{w}_{k-1}$的距离的数据. 尺度是用对数表示的. 可以看到，收敛速度是次线性的，这也是不动点迭代一般的收敛速度.

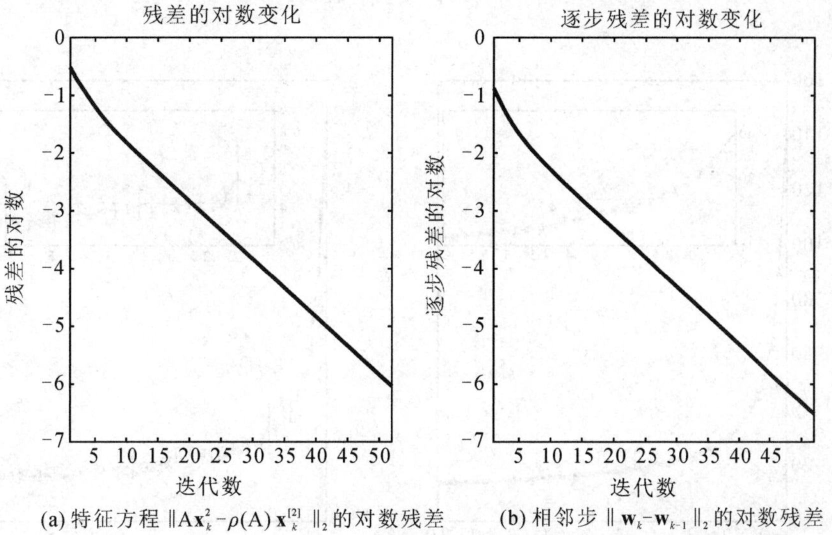

(a) 特征方程 $\|A\mathbf{x}_k^2-\rho(A)\,\mathbf{x}_k^{[2]}\|_2$ 的对数残差　　(b) 相邻步 $\|\mathbf{w}_k-\mathbf{w}_{k-1}\|_2$ 的对数残差

图 4.2　特征方程的残差

例 4.9　本例测试随机生成的非负张量，每个张量的标准非负张量剖分为

$$I_1\cup I_2\cup I_3\cup I_4$$

且具有唯一的本质弱不可约块I_4. 基数$|I_4|$为 10. 测试I_1、I_2 和I_3的两组数据如下.

组Ⅰ：$|I_1|=8$，$|I_2|=9$，$|I_3|=10$

组Ⅱ：$|I_1|=30$，$|I_2|=30$，$|I_3|=30$

张量按如下方式生成：

(1) 对所有的 $i\in\{1,\cdots,4\}$，随机生成 $\mathcal{A}_i\in N_{3,|I_i|}$. 生成的张量的每个元素都是正的，因此是弱不可约的.

(2) 利用算法 1 计算出上述张量的谱半径，记最大的为 λ_0.

(3) 记参数 Rt>1，定义 $\lambda:=\lambda_0 Rt$.

(4) 生成剩下的部分满足命题 4.3 的条件，对所有的 $j\in\{1,2,3\}$，随机生成每个多项式系统 $(\mathcal{A}\mathbf{x}^2)_{I_j}$ 对应要生成的部分，且稠密度 den=10%.

接下来，利用算法 5 计算张量 $\mathcal{A}$ 的正 Perron 向量，其中 $\mathcal{A}_{I_4}$ 用 $\dfrac{\lambda}{\rho(\mathcal{A}_4)}\mathcal{A}_4$ 替代. 因此，$\mathcal{A}$ 是强非负张量，那么定理 4.15 的条件满足. 按照如下法则，测试两组 Rt：

组Ⅰ：对所有的 $i\in\{1,\cdots,50\}$，$\mathrm{Rt}(i):=1.1+0.2i$

组Ⅱ：对所有的 $i\in\{1,\cdots,50\}$，$\mathrm{Rt}(i):=2+0.2i$

下文使用 Rt 作为谱半径的比值的度量. 对这两种情形，算法 5 中 γ 的选取如下

$$\gamma:=10^{-5}(1/\mathrm{Rt}(i)),\ \forall i\in\{1,\cdots,50\}$$

对每种情况及每个 $i\in\{1,\cdots,50\}$ 进行 10 次测试，记录迭代次数和 CPU 时间的均值和标准差. 图 4.3 为组Ⅰ的信息，图 4.4 为组Ⅱ的信息. 每个图中有一个子窗口，显示整个曲线被放大的一部分. 从图中可以看出，当谱半径具有更大的比值时，计算正 Perron 向量 $\mathbf{x}$ 更加有效. 这是因为，当 Rt 更大时，$\max\{|x_i|:i\in I_1\cup I_2\cup I_3\}$ 更小. 因此，$\mathbf{x}$ 与初始点更接近.

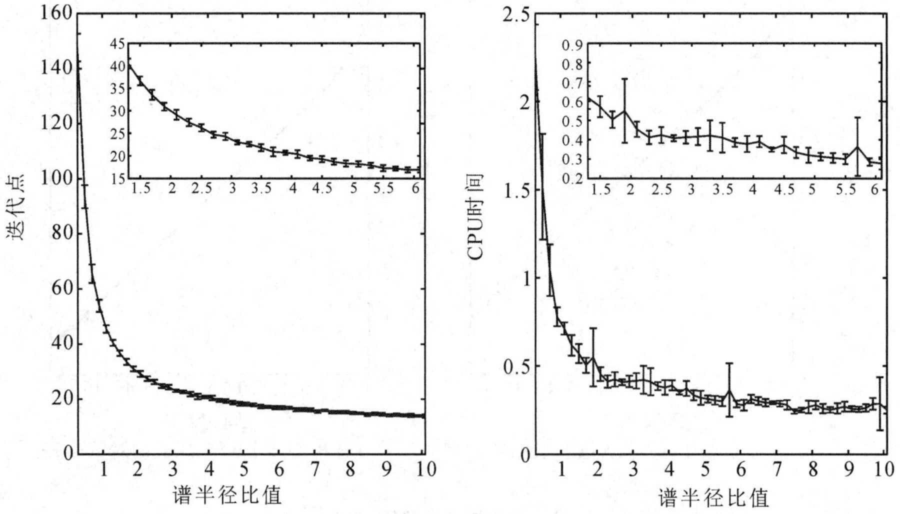

图 4.3 迭代点(左)和 CPU 时间(右)根据谱半径比值的变化(组Ⅰ)

例 4.10 本例中的张量类似于例 4.9 中的张量，区别在于剖分为

$$|I_1|=\cdots=|I_i|=2,\ |I_{i+1}|=10\quad \forall i\in\{1,\cdots,10\}$$

同样只有唯一的本质弱不可约块 I_{i+1}. 参数选取如下

$$\mathrm{Rt}=2,\ \gamma=0.5\times 10^{-4}i\quad \forall i\in\{1,\cdots,10\}$$

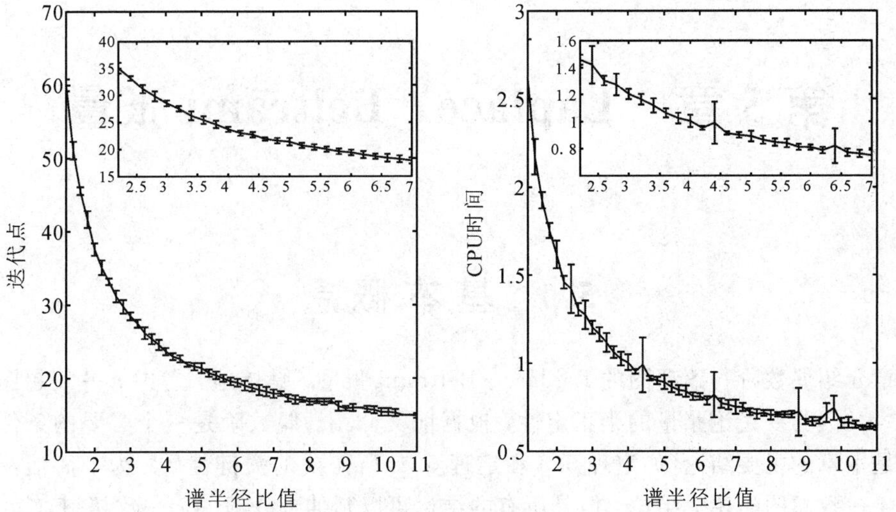

图 4.4　迭代点(左)和 CPU 时间(右)根据谱半径比值的变化(组Ⅱ)

具体信息记录在图 4.5. 尺度是用对数表示的. 注意，算法的 CPU 运行时间随着块数的增加呈现指数上升.

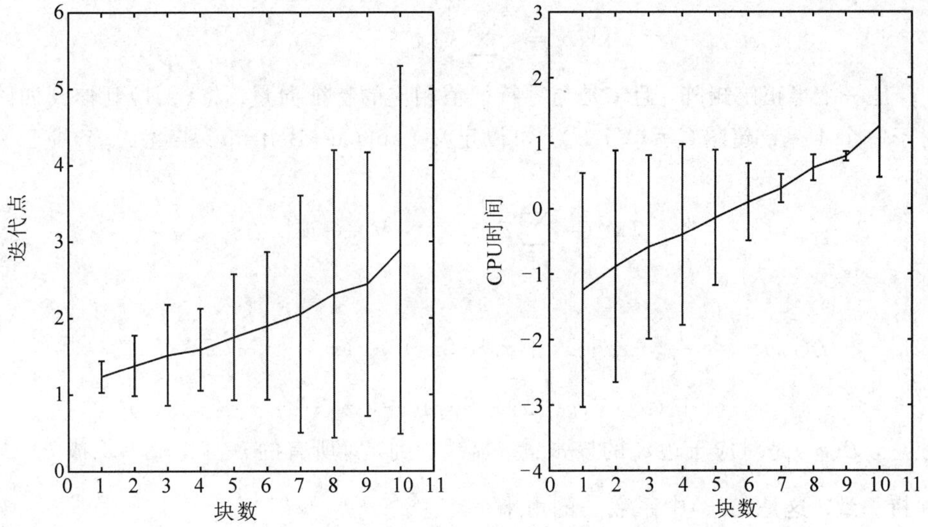

图 4.5　迭代点(左)和 CPU 时间(右)根据块数的变化

总的来说，算法 5 是有效的. 算法 5 的初始点的选择在很大程度上决定了算法的计算效率.

第5章 Laplace - Beltrami 张量

5.1 基本概念

本章介绍偶数阶一致超图的 Laplace - Beltrami 张量. 具体地，考虑 r 一致超图，其中偶数 $r\geqslant 4$. 因为要讨论张量的半正定性，根据前文介绍，偶数阶是一个必要的条件. 半正定性也是本章的主要结论(如定理 5.3 和定理 5.4)所需要的关键性质. 为了简洁，本章只给出了 4 一致超图的相关结论，但是所有的结论可以延伸到一般的 r 一致超图，其中$r\geqslant 6$.

首先进行简要回顾. 本文所指的 4 一致超图(在不引起歧义的情况下，下文将简称为图)指的是超图 $G=(V, E)$，其中顶点集为 $V=\{1, \cdots, n\}$，满足基数 $n\geqslant 4$ 以及边的集合 $E=\{e_1, \cdots, e_m\}$具有基数 m，以及对任意的 $i\in\{1, \cdots, m\}$都有$|e_i|=4$.

记 2 一致图 $G=(V, E)$的 Laplacian 矩阵为 $\boldsymbol{L}$，那么对任意的 $\mathbf{x}\in\mathbb{R}^n$ 成立[76]

$$\mathbf{x}^{\mathrm{T}}\boldsymbol{L}\mathbf{x}=\sum_{\{i, j\}\in E}(x_i-x_j)^2 \tag{5.1}$$

因此，$\boldsymbol{L}$ 是一个半正定矩阵，且 $\mathbf{e}$ 是与零特征值相应的特征向量. 将(5.1)延伸到四阶的情况：对于一个 4 一致超图 $G=(V, E)$，可以定义 Laplace - Beltrami 张量 $\mathcal{T}$，对应于下列的四次型：

$$\mathcal{T}\mathbf{x}^4:=\sum_{e_p\in E}\mathcal{L}(e_p)\mathbf{x}^4,\ \forall\,\mathbf{x}\in\mathbb{R}^4 \tag{5.2}$$

其中

$$\begin{aligned}\mathcal{L}(e_p)\mathbf{x}^4=&\frac{1}{84}[(x_i+x_j+x_k-3x_l)^4+(x_i+x_j+x_l-3x_k)^4\\&+(x_i+x_k+x_l-3x_j)^4+(x_j+x_k+x_l-3x_i)^4]\end{aligned} \tag{5.3}$$

注意，$\mathcal{L}(e_p)$是对应于边e_p的核张量. 容易看到，对所有的 $i\in V$，$t_{iiii}=d_i$成立，与 2 一致图保持一致. 这是(5.3)中系数$\frac{1}{84}$的由来.

5.2 代数连通性

本节介绍图的代数连通性并讨论其相关性质.

引理 5.1 对任意的$e_p=\{i, j, k, l\}$，其中 $1\leqslant i, j, k, l\leqslant n$，记 $\mathcal{L}(e_p)$是e_p对应的核张量，以及 $\mathbf{x}\in\mathbb{R}^n$. 那么

$$\mathcal{L}(e_p)=\frac{1}{84}\sum_{s=1}^{4}\mathbf{u}_{e_p}^s\otimes\mathbf{u}_{e_p}^s\otimes\mathbf{u}_{e_p}^s\otimes\mathbf{u}_{e_p}^s \tag{5.4}$$

其中$\mathbf{u}_{e_p}^1:=\mathbf{e}_i+\mathbf{e}_j+\mathbf{e}_k-3\mathbf{e}_l$，$\mathbf{u}_{e_p}^2:=\mathbf{e}_i+\mathbf{e}_j+\mathbf{e}_l-3\mathbf{e}_k$，$\mathbf{u}_{e_p}^3:=\mathbf{e}_i+\mathbf{e}_k+\mathbf{e}_l-3\mathbf{e}_j$，$\mathbf{u}_{e_p}^4:=\mathbf{e}_j+\mathbf{e}_k+\mathbf{e}_l$

$-3\mathbf{e}_i$. 这里，对任意的 $t\in\{i, j, k, l\}$，$\mathbf{e}_t$ 是第 t 个标准基向量. 那么，张量 $\mathcal{L}(e_p)$ 是半正定的.

证明　容易从式(5.3)和定义 2.20 直接推出式(5.4). 而 $\mathcal{L}(e_p)$ 的半正定性由式(5.3)得来.

命题 5.1　对任意的图 $G=(V, E)$，其相应的 Laplace - Beltrami 张量 $\mathcal{T}$ 是对称的、半正定的，对称秩不超过 $4m$，其中 $m=|E|$.

证明　由定义 2.20 和定义 2.21 可得，图的核张量 $\mathcal{L}$ 和度张量 $\mathcal{K}$ 都是对称的，那么它们的 Hadamard 乘积 $\mathcal{T}$ 也是对称的. 事实上，由定义 2.20 和定义 2.21 可得

$$\mathcal{T}=\mathcal{K}*\mathcal{L}=\sum_{e_p\in E}\mathcal{L}(e_p) \tag{5.5}$$

那么，对所有的 $\mathbf{x}\in\mathbb{R}^n$，

$$\begin{aligned}\mathcal{T}\mathbf{x}^4 &= \sum_{e_p\in E}\mathcal{L}(e_p)\mathbf{x}^4\\ &= \frac{1}{84}\sum_{e_p\in E}\sum_{s=1}^{4}(\mathbf{u}_{e_p}^s\cdot\mathbf{x})^4\\ &\geqslant 0\end{aligned}$$

其中 $\mathbf{u}_{e_p}^s$ 是由式(5.4)定义的，$\cdot$ 是 $\mathbb{R}^n$ 中的标准内积. 因此，张量 $\mathcal{T}$ 是半正定的.

由表达式(5.5)和(5.4)可以直接得到秩的估计.

由定义 2.7，以及当 $\mathcal{T}$ 对称时 $\mathcal{T}\mathbf{x}^4$ 相对 $\mathbf{x}$ 的梯度为 $4\mathcal{T}\mathbf{x}^3$，可得下面的结论.

定理 5.1　对称张量 $\mathcal{T}$ 的 Z-特征向量与下列优化问题的稳定点有一一对应关系：

$$\begin{cases}\min \mathcal{T}\mathbf{x}^4\\ \text{s. t.}\ \ \|\mathbf{x}\|_2=1,\ \mathbf{x}\in\mathbb{R}^n\end{cases} \tag{5.6}$$

其中 $\|\cdot\|_2$ 是 $\mathbb{R}^n$ 中的 2-范数. 此外，如果 $\mathbf{x}$ 是张量 $\mathcal{T}$ 的 Z-特征向量，那么相应的 Z-特征值是 $\mathcal{T}\mathbf{x}^4$.

优化问题(5.6)是在紧集上极小化一个连续函数，那么一定存在至少一个稳定点. 因此，对称张量至少存在一个 Z-特征对.

定理 5.2　对任意图 $G=(V, E)$，记 $\mathcal{T}$ 为其 Laplace - Beltrami 张量. 那么，$\dfrac{\mathbf{e}}{\|\mathbf{e}\|_2}$ 是 $\mathcal{T}$ 的零 Z-特征值的一个 Z-特征向量.

证明　对任意的 $\{i, j, k, l\}=e_p\in E$，由引理 5.1 可得

$$\mathcal{L}(e_p)\mathbf{e}^4=\mathcal{L}(e_p)(\mathbf{e}_i+\mathbf{e}_j+\mathbf{e}_k+\mathbf{e}_l)^4=0$$

因此

$$\mathcal{T}\mathbf{e}^4=\sum_{e_p\in E}\mathcal{L}(e_p)\mathbf{e}^4=\sum_{\{i, j, k, l\}=e_p\in E}\mathcal{L}(e_p)(\mathbf{e}_i+\mathbf{e}_j+\mathbf{e}_k+\mathbf{e}_l)^4=0$$

根据上述结论以及命题 5.1，可得 $\dfrac{\mathbf{e}}{\|\mathbf{e}\|_2}$ 是问题(5.6)的一个全局最优解. 由定理 5.1 可得，$\dfrac{\mathbf{e}}{\|\mathbf{e}\|_2}$ 是 $\mathcal{T}$ 的 Z-特征值为零的 Z-特征向量.

引理 5.2　给定 $\{i, j, k, l\}=e_p\in E$，那么 $\mathcal{L}(e_p)\mathbf{x}^4=0$ 当且仅当 $x_i=x_j=x_k=x_l$.

证明　由引理 5.1，可得 $\mathcal{L}(e_p)\mathbf{x}^4=0$ 当且仅当

$$x_i+x_j+x_k=3x_l,\ x_i+x_j+x_l=3x_k,\ x_i+x_k+x_l=3x_j,\ x_k+x_j+x_l=3x_i$$

容易看到上述条件等价于 $x_i=x_j=x_k=x_l$.

定理 5.3 给定图 $G=(V, E)$，记 $\mathcal{T}$ 为其 Laplace - Beltrami 张量. 记

$$\mathbb{S}_0 := \left\{ \mathbf{x} \in \mathbb{R}^n \backslash \{\mathbf{0}\} \mid \frac{\mathbf{x}}{\|\mathbf{x}\|_2} \text{是}\ \mathcal{T}\ \text{的 Z- 特征值为零的一个 Z- 特征向量} \right\} \cup \{\mathbf{0}\}$$

那么，$\mathbb{S}_0$ 是 $\mathbb{R}^n$ 的一个线性子空间，且图 G 刚好有 $\mathrm{Dim}(\mathbb{S}_0)$ 个连通的部分.

证明 假设 $\{I_1, \cdots, I_q\}$ 是图 G 的连通的部分. 对任意的 $\mathbf{x}\in\mathbb{R}^n$，$s\in\{1, \cdots, q\}$，记 $\mathbf{x}_{I_s}\in\mathbb{R}^n$ 是一个向量，当 $r\in I_s$ 时，其第 r 个元素为 x_r；其余为零.

对每个 $\mathbf{y}:=\mathbf{e}_{I_s}$，由引理 5.1 和(5.5)可得 $\mathcal{T}\mathbf{y}^4=0$. 因此，由定理 5.1 和命题 5.1 可得，$\frac{\mathbf{e}_{I_s}}{\|\mathbf{e}_{I_s}\|_2}$ 是 $\mathcal{T}$ 的 Z-特征值为零的 Z-特征向量. 因此，对每个 $s\in\{1, \cdots, q\}$，$\mathbf{e}_{I_s}\in\mathbb{S}_0$. 显然，向量集合 $\{\mathbf{c}_{I_1}, \cdots, \mathbf{c}_{I_q}\}$ 是线性独立的. 由定理 5.1 和引理 5.2，$\{\mathbf{e}_{I_1}, \cdots, \mathbf{e}_{I_q}\}$ 的每个非零线性组合属于集合 $\mathbb{S}_0\backslash\{\mathbf{0}\}$.

对任意的 $\mathbf{x}\in\mathbb{S}_0\backslash\{\mathbf{0}\}$，由定理 5.1，可得

$$0=\mathcal{T}\mathbf{x}^4=\sum_{e_p\in E}\mathcal{L}(e_p)\mathbf{x}^4$$

由引理 5.1，每个 $\mathcal{L}(e_p)$ 是半正定的. 因此，对每个 $e_p\in E$，$\mathcal{L}(e_p)\mathbf{x}^4=0$ 成立. 那么，由引理 5.2，对每个 $s\in\{1, \cdots, q\}$，对所有的 $i\in I_s$，x_i 都是一个常数. 连同 $\mathbf{x}\neq\mathbf{0}$，可以得到，存在某个 $\boldsymbol{\alpha}\in\mathbb{R}^q$ 使得 $\mathbf{x}=\alpha_1\mathbf{e}_{I_1}+\cdots+\alpha_q\mathbf{e}_{I_q}$ 满足 $\sum\limits_{i=1}^{q}\alpha_i^2>0$.

因此，$\mathbb{S}_0$ 是一个 q 维的线性空间，即 $\mathrm{Dim}(\mathbb{S}_0)=q$. 这恰好是图 G 的连通部分的个数.

类似于线性代数，$\mathrm{Dim}(\mathbb{S}_0)$ 称为张量 $\mathcal{T}$ 的零 Z-特征值的几何重数. 由定理 5.2 和定理 5.3，可得如下结论.

推论 5.1 图 $G=(V, E)$ 是连通的当且仅当其 Laplace - Beltrami 张量的零 Z-特征值的几何重数为 1.

由命题 5.1，图 G 的 Laplace - Beltrami 张量 $\mathcal{T}$ 是半正定的. 由文献[5]中的定理 5 可知，张量 $\mathcal{T}$ 是半正定的当且仅当它的所有 Z-特征值是非负的. 综合上述结论及定理 5.2，可以将张量 $\mathcal{T}$ 的所有 Z-特征值(按照重数)排序为

$$0=\lambda_0\leqslant\lambda_1\leqslant\cdots\leqslant\lambda_b$$

容易由定理 5.1 得到

$$\begin{cases}\lambda_b=\max\mathcal{T}\mathbf{x}^4\\ \qquad \text{s.t.}\ \ \|\mathbf{x}\|_2=1\end{cases}\tag{5.7}$$

这是由于式(5.6)和式(5.7)有相同的稳定点. 由文献[61]、[77]，可得

$$1\leqslant b\leqslant\frac{3^n-1}{2}$$

因此，λ_1 总是存在的.

类似于图论中的代数连通性的理论[2, 78]，下面给出超图的代数连通性的定义.

定义 5.1 称 λ_1 为图 $G=(V, E)$ 的代数连通度，记为 $\alpha(G)$.

推论 5.2 给定图 $G=(V, E)$，$\alpha(G)>0$ 当且仅当 $\mathrm{Dim}(\mathbb{S}_0)=1$.

下面给出 $\alpha(G)$ 的一个变分表示.

定理 5.4 给定图 $G=(V, E)$，成立

$$\begin{cases}\alpha(G) := \lambda_1 = \min \mathcal{T}\mathbf{x}^4 \\ \qquad\qquad \text{s. t.} \ \ \|\mathbf{x}\|_2 = 1, \ \mathbf{e}^{\mathrm{T}}\mathbf{x} = 0\end{cases} \tag{5.8}$$

证明　如果图 G 不是连通的，那么结论自然成立. 这是由于由推论 5.2 可得 $\alpha(G)=0$. 记 $X\subset V$ 是图 G 的其中一个连通部分，以及 $\mathbf{y} := \sum_{i\in X}\mathbf{e}_i$. 那么 $\mathbf{y}$ 有一个正交分解 $\mathbf{y}=\beta\mathbf{e}+\mathbf{x}$ 使得 $\mathbf{e}^T\mathbf{x}=0$. 事实上，$\beta=\frac{|X|}{n}$，$\mathbf{x}=\left(\sum_{i\in X}\frac{n-|X|}{n}\mathbf{e}_i-\sum_{i\notin X}\frac{|X|}{n}\mathbf{e}_i\right)$. 这样一来，由引理 5.1 和引理 5.2，可得 $\mathcal{T}\mathbf{x}^4=\mathcal{T}\mathbf{y}^4=0$，利用该结论连同张量 $\mathcal{T}$ 的半正定性(参见命题 5.1)，可得优化问题(5.8)的最优值即为 $\alpha(G)=0$.

在下文中，假设图 G 是连通的.

首先证明优化问题(5.8)的一个全局最优解 $\mathbf{x}$ 确实是张量 $\mathcal{T}$ 的一个 Z-特征向量. 由一阶必要性条件，(5.8)的最优解 $\mathbf{x}$ 满足 $\|\mathbf{x}\|_2=1$ 和

$$\mathcal{T}\mathbf{x}^3 = \kappa\mathbf{x} + v\mathbf{e}$$

其中 $\kappa\in\mathbb{R}$，$v\in\mathbb{R}$. 对上式两端同时与向量 $\mathbf{e}$ 取内积，可得

$$\begin{aligned} nv = \kappa\mathbf{x}\cdot\mathbf{e}+v\mathbf{e}\cdot\mathbf{e} = \mathbf{e}\cdot\mathcal{T}\mathbf{x}^3 &= \mathbf{e}\cdot\Big[\sum_{e_p\in E}\mathcal{L}(e_p)\mathbf{x}^3\Big] \\ &= \mathbf{e}\cdot\Big[\frac{1}{84}\sum_{e_p\in E}\sum_{s=1}^{4}(\mathbf{u}_{e_p}^s\cdot\mathbf{x})^3\,\mathbf{u}_{e_p}^s\Big] \\ &= \frac{1}{84}\sum_{e_p\in E}\sum_{s=1}^{4}(\mathbf{u}_{e_p}^s\cdot\mathbf{x})^3(\mathbf{u}_{e_p}^s\cdot\mathbf{e}) \\ &= 0 \end{aligned}$$

这里第一个等式由 $\mathbf{x}\cdot\mathbf{e}=0$ 得来，第四个等式从引理 5.1 得来，最后一个等式从引理 5.1 中 $\mathbf{u}_{e_p}^s$ 的定义得出的 $\mathbf{u}_{e_p}^s\cdot\mathbf{e}=0$ 得来. 因此，$v=0$，$\mathcal{T}\mathbf{x}^3=\kappa\mathbf{x}$. 那么，$\mathbf{x}$ 是张量 $\mathcal{T}$ 的 Z-特征值 $\kappa=p^*$ 对应的 Z-特征向量. 这里，记 p^* 是优化问题(5.8)的最优值. 此外，由假设知图 G 是连通的，根据定理 5.2 和推论 5.1，可得 $p^*>0$.

接下来，将证明如果满足 $\mathbf{y}^{\mathrm{T}}\mathbf{y}=1$ 的 $\mathbf{y}\in\mathbb{R}^n$ 是 $\mathcal{T}$ 的 Z-特征值 $\lambda>0$ 的 Z-特征向量，那么 $\lambda\geqslant p^*$. 因此，由图 G 的代数连通性的定义，可得 $\alpha(G)=\lambda_1=p^*$.

假设 $\mathbf{y}\in\mathbb{R}^n$ 是 $\mathcal{T}$ 的 Z-特征值 $\lambda>0$ 的 Z-特征向量且 $\mathbf{y}^{\mathrm{T}}\mathbf{y}=1$. 那么对某个 $\beta\in\mathbb{R}$ 和 $\mathbf{x}\in\mathbb{R}^n$ 有 $\mathbf{y}$ 的正交分解 $\mathbf{y}=\beta\mathbf{e}+\mathbf{x}$，其中由推论 5.1 和假设 $\lambda>0$，可得 $\mathbf{x}^{\mathrm{T}}\mathbf{e}=0$ 和 $\mathbf{x}\neq 0$. 此外，还有

$$\begin{aligned} \mathcal{T}\mathbf{y}^3 = \sum_{e_p\in E}\mathcal{L}(e_p)\mathbf{y}^3 &= \sum_{e_p\in E}\sum_{s=1}^{4}(\mathbf{u}_{e_p}^s\otimes\mathbf{u}_{e_p}^s\otimes\mathbf{u}_{e_p}^s\otimes\mathbf{u}_{e_p}^s)\mathbf{y}^3 \\ &= \sum_{e_p\in E}\sum_{s=1}^{4}(\mathbf{u}_{e_p}^s\cdot\mathbf{y})^3\,\mathbf{u}_{e_p}^s \\ &= \sum_{e_p\in E}\sum_{s=1}^{4}(\mathbf{u}_{e_p}^s\cdot\mathbf{x})^3\,\mathbf{u}_{e_p}^s \end{aligned}$$

以及 $\mathcal{T}\mathbf{y}^3=\lambda(\beta\mathbf{e}+\mathbf{x})$. 用 $\mathbf{e}$ 在两端取内积，由引理 5.1 中 $\mathbf{u}_{e_p}^s$ 的定义可得 $\mathbf{u}_{e_p}^s\cdot\mathbf{e}=0$，因此 $0=\lambda\beta n+0$. 这样一来，由于 $\lambda>0$，所以 $\beta=0$. 因此，$\mathbf{y}=\mathbf{x}$，$\mathbf{x}^{\mathrm{T}}\mathbf{e}=0$. 即 $\mathbf{y}$ 是优化问题(5.8)的可行解. 由 $\lambda=\mathcal{T}\mathbf{y}^4$，可得 $\lambda\geqslant p^*$.

作如下必要说明：

· 类似于定理 5.4 的结论对 Laplacian 矩阵总是成立的，这就是 Courant-Fischer 定

理[42]．然而，定理 5.4 对于一般张量(甚至是半正定张量)不成立．定理 5.4 成立的一个原因是 Z-特征值(见式(2.2))具有正交不变性[79]．注意，前文的特征值不具有这种正交不变性．由此，再一次看出矩阵谱理论和张量谱理论的本质区别．

· 对于一般的 2 图，由定理 5.4 可推出[2]

$$\alpha(G)=\inf_{\mathbf{x}\perp\mathbf{e},\ \mathbf{x}\neq 0}\frac{\boldsymbol{M}\mathbf{x}^2}{\|\mathbf{x}\|_2^2}=\inf_{\mathbf{x}\perp\mathbf{e},\ \mathbf{x}\neq 0}\frac{\sum\limits_{\{i,\ j\}=e_p\in E}(x_i-x_j)^2}{\sum\limits_{i=1}^{n}x_i^2} \tag{5.9}$$

其中 $M=D(G)-A(G)$ 是 Laplacian 矩阵[76]，而 $\boldsymbol{M}\mathbf{x}^2:=\mathbf{x}^{\mathrm{T}}\boldsymbol{M}\mathbf{x}$，这与 Riemannian 流形中的 Laplace - Beltrami 算子的特征值问题相对应，具体的形式是

$$\lambda_M:=\inf\frac{\int_M|\nabla h|^2}{\int_M|h|^2} \tag{5.10}$$

其中 h 取自满足 $\int_M h=0$ 的所有函数．这里，边 $e_p\in E$ 和顶点 $i\in V$ 的度量都为 1．等价地，

$$\lambda_M:=\inf\int_M|\nabla h|^2$$

其中 h 取自满足 $\int_M h=0$ 和 $\int_M|h|^2=1$ 的所有函数．其到四阶的一个自然延伸为

$$\lambda_{\mathcal{T}}:=\inf\int_{\mathcal{T}}|\nabla h|^4$$

其中 h 取自满足 $\int_{\mathcal{T}}h=0$ 和 $\int_{\mathcal{T}}|h|^2=1$ 的所有函数．将上述离散化，所得到的问题刚好是(5.8)．这是定义 2.20 中核张量的出发点之一．

· 如果将约束 $\int_{\mathcal{T}}|h|^2=1$ 换成 $\int_{\mathcal{T}}|h|^4=1$，所得的特征值问题为前文引入的特征值在实数情形的样式：点对$(\lambda,\mathbf{x})$是张量 $\mathcal{T}$ 的 H- 特征对，如果满足

$$\begin{cases}\mathcal{T}\mathbf{x}^3=\lambda\,\mathbf{x}^{[3]}\\ \lambda\in\mathbb{R},\ \mathbf{x}\in\mathbb{R}^n\backslash\{\mathbf{0}\}\end{cases} \tag{5.11}$$

λ 是 H-特征值，而 $\mathbf{x}$ 是相应的 H-特征向量．

· 类似于(5.9)与 Riemannian 流形中的 Laplace - Beltrami 算子相关，(5.11)与 Finsler几何中的性质更相关．

引理 5.3 假设 $\mathcal{T}$ 是图 $G=(V,E)$ 的 Laplace - Beltrami 张量，$\alpha(G)$ 是图 G 的代数连通度．那么，

$$\alpha(G)\leqslant\frac{2n^2}{n^2-2}\min_{1\leqslant i\leqslant n}d_i \tag{5.12}$$

证明 记(5.8)的可行解集合为 $F:=\{\mathbf{x}\in\mathbb{R}^n\mid\|\mathbf{x}\|_2=1,\ \mathbf{e}^{\mathrm{T}}\mathbf{x}=0\}$．那么，对任意的 $\mathbf{y}\in\mathbb{S}^{n-1}:=\{\mathbf{y}\in\mathbb{R}^n\mid\|\mathbf{y}\|_2=1\}$，可得 $\mathbf{y}$ 的分解为 $\mathbf{y}=c_1\mathbf{e}+c_2\mathbf{x}$，其中 $c_1,c_2\in\mathbb{R}$，$\mathbf{x}\in F$．那么，对任意的 $\boldsymbol{y}\in\mathbb{S}^{n-1}$，

$$\begin{aligned}&\left[2\mathcal{T}-\alpha(G)\left(I\otimes I-\frac{2}{n^2}\mathbf{e}\otimes\mathbf{e}\otimes\mathbf{e}\otimes\mathbf{e}\right)\right]\mathbf{y}^4\\&=2\mathcal{T}(c_2\mathbf{x})^4-\alpha(G)\left[(nc_1^2+c_2^2\|\mathbf{x}\|_2^2)^2-2c_1^4n^2\right]\end{aligned}$$

$$\begin{aligned}&\geqslant 2\mathcal{T}(c_2\mathbf{x})^4-\alpha(G)\left[2(n^2c_1^4+c_2^4\|\mathbf{x}\|_2^4)-2c_1^4n^2\right]\\&=2\mathcal{T}(c_2\mathbf{x})^4-2c_2^4\alpha(G)\\&\geqslant 0\end{aligned}$$

其中第一个不等式由 $\alpha(G)\geqslant 0$ 和 $(a+b)^2\leqslant 2(a^2+b^2)$ 对 $a,b\in\mathbb{R}$ 都成立得来，第二个不等式由 $\mathbf{x}\in F$ 和定理 5.4 得来. 因此，张量 $\mathcal{W}:=2\mathcal{T}-\alpha(G)\left(I\otimes I-\frac{2}{n^2}\mathbf{e}\otimes\mathbf{e}\otimes\mathbf{e}\otimes\mathbf{e}\right)$ 是半正定的. 特别地，张量 $\mathcal{W}$ 的对角元都是非负的. 那么

$$\min_{1\leqslant i\leqslant n} w_{iiii}=2\min_{1\leqslant i\leqslant n} t_{iiii}-\alpha(G)\left(1-\frac{2}{n^2}\right)\geqslant 0$$

该结论连同定义 2.19，可以推出式(5.12).

引理 5.4　假设 $G=(V,E)$ 是给定的图，假设 G' 是从图 G 中去除一个顶点以及所有相连接的边得到的图. 那么

$$\alpha(G')\geqslant\alpha(G)-\frac{11(|V|-1)^2}{18}\tag{5.13}$$

证明　记 G_1 是向图 G' 添加一个顶点以及所有可能的连接的边得到的图. 那么 G 是 G_1 的一个子图. 对 $p\geqslant 4$，记 $F(p):=\{\mathbf{x}\in\mathbb{R}^p\mid\|\mathbf{x}\|_2=1,\ \mathbf{e}^{\mathrm{T}}\mathbf{x}=0\}$. 记 $\mathcal{W}$ 是图 G_1 的 Laplace - Beltrami 张量，$\mathcal{A}$ 是图 G 的 Laplace - Beltrami 张量. 记 $\overline{E}$ 是图 G_1 的边的集合. 那么，由图 G_1 的构造可得 $E\subseteq\overline{E}$. 因此，由定理 5.4，可得 $\alpha(G)=\min\{\mathcal{A}\mathbf{x}^4\mid\mathbf{x}\in F(|V(G)|)\}$，和 $\alpha(G_1)=\min\{\mathcal{W}\mathbf{x}^4\mid\mathbf{x}\in F(|V(G)|)\}$. 同时，

$$\mathcal{A}\mathbf{x}^4=\sum_{e_p\in E}\mathcal{L}(e_p)\mathbf{x}^4$$

$$\mathcal{W}\mathbf{x}^4=\sum_{e_p\in\overline{E}}\mathcal{L}(e_p)\mathbf{x}^4=\sum_{e_p\in E}\mathcal{L}(e_p)\mathbf{x}^4+\sum_{e_p\in\overline{E}\setminus E}\mathcal{L}(e_p)\mathbf{x}^4$$

那么，对任意的 $\mathbf{x}\in F(|V(G)|)$，由引理 5.1 知每个 $\mathcal{L}(e_p)$ 都是半正定的，那么 $\mathcal{A}\mathbf{x}^4\leqslant\mathcal{W}\mathbf{x}^4$. 因此，

$$\alpha(G_1)\geqslant\alpha(G)\tag{5.14}$$

接下来，假设 $\mathcal{T}$ 是图 G' 的 Laplace - Beltrami 张量. 那么，由定理 5.4 可得，对某个 $\mathbf{x}\in F(|V(G)|-1)$，有 $\alpha(G')=\mathcal{T}\mathbf{x}^4$. 记 $l\in V(G)$ 是去掉的顶点，并且 $\mathbf{y}\in\mathbb{R}^{|V(G)|}$ 满足 $\mathbf{y}_{V(G)-\{l\}}=\mathbf{x}$ 和 $y_l=0$，那么

$$\mathcal{W}\mathbf{y}^4=\mathcal{T}\mathbf{x}^4+\sum_{e_p\in M}\mathcal{L}(e_p)\mathbf{y}^4$$

其中 $M=\{e_p\mid e_p=\{i,j,k,l\},\ i,j,k\in V(G')\}$.

对任意 $\{i,j,k,l\}=e_p\in M$，成立

$$\begin{aligned}\mathcal{L}(e_p)\mathbf{y}^4&=\frac{1}{84}\left[(x_i+x_j+x_k)^4+(x_i+x_j-3x_k)^4+(x_i+x_k-3x_j)^4+(x_j+x_k-3x_i)^4\right]\\&=\frac{1}{84}\left[84(x_i^4+x_j^4+x_k^4)-112(x_i^3x_j+x_i^3x_k+x_j^3x_i+x_j^3x_k+x_k^3x_i+x_k^3x_j)+\right.\\&\quad\left.120(x_i^2x_j^2+x_j^2x_k^2+x_k^2x_i^2)+48(x_i^2x_jx_k+x_j^2x_ix_k+x_k^2x_ix_j)\right]\end{aligned}$$

记 $q:=|V(G')|=|V(G)|-1\geqslant 3$，可得 $|M|=\binom{q}{3}$ 和

$$
\begin{aligned}
\sum_{e_p\in M}\mathcal{L}(e_p)\mathbf{y}^4 &= 3\binom{q}{3}\frac{1}{q}\sum_{i=1}^{q}x_i^4-\binom{q-2}{1}\frac{112}{84}\sum_{i=1}^{q}x_i^3\Big(\sum_{j\neq i}x_j\Big)\\
&\quad+\frac{1}{2}\binom{q-2}{1}\frac{120}{84}\sum_{i=1}^{q}x_i^2\Big(\sum_{j\neq i}x_j^2\Big)+\frac{1}{2}\frac{48}{84}\sum_{i\neq j}x_ix_j\sum_{k\neq i,\,k\neq j}x_k^2\\
&=3\binom{q}{3}\frac{1}{q}\sum_{i=1}^{q}x_i^4+\binom{q-2}{1}\frac{112}{84}\sum_{i=1}^{q}x_i^3x_i\\
&\quad+\binom{q-2}{1}\frac{60}{84}\sum_{i=1}^{q}x_i^2(1-x_i^2)+\frac{24}{84}\sum_{i\neq j}x_ix_j(1-x_i^2-x_j^2)\\
&=3\binom{q}{3}\frac{1}{q}\sum_{i=1}^{q}x_i^4+(q-2)\frac{112}{84}\sum_{i=1}^{q}x_i^3x_i\\
&\quad-(q-2)\frac{60}{84}\sum_{i=1}^{q}x_i^4+(q-2)\frac{60}{84}+\frac{24}{84}\sum_{i\neq j}(x_ix_j-x_i^3x_j-x_ix_j^3)\\
&=3\binom{q}{3}\frac{1}{q}\sum_{i=1}^{q}x_i^4+(q-2)\frac{112}{84}\sum_{i=1}^{q}x_i^3x_i\\
&\quad-(q-2)\frac{60}{84}\sum_{i=1}^{q}x_i^4+(q-2)\frac{60}{84}-\frac{24}{84}\sum_{i=1}^{q}x_i^2+2\,\frac{24}{84}\sum_{i=1}^{q}x_i^4\\
&=\Big(\frac{3(q-1)(q-2)}{6}+\frac{112(q-2)-60(q-2)+48}{84}\Big)\sum_{i=1}^{q}x_i^4\\
&\quad+\frac{60(q-2)-24}{84}\\
&\leqslant\frac{3(q-1)(q-2)}{6}+\frac{112(q-2)-60(q-2)+48+60(q-2)-24}{84}\\
&=\frac{3(q-1)(q-2)}{6}+\frac{112(q-2)+24}{84}=\frac{q^2}{2}-\frac{q}{6}+\frac{29}{21}\leqslant\frac{11q^2}{18}
\end{aligned}
$$

其中第二和第四个等式由 $\|\mathbf{x}\|_2=1$ 和 $\mathbf{x}^T\mathbf{e}=0$ 得来，第一个不等式由 $\|\mathbf{x}\|_4\leqslant\|\mathbf{x}\|_2$ 和 $\|\mathbf{x}\|_2=1$ 得来，而最后一个不等式由 $q\geqslant3$ 得来.

因此，由 $\|\mathbf{y}\|_2=\|\mathbf{x}\|_2$，$\sum_{i\in V(G)}y_i=\mathbf{e}^{\mathrm{T}}\mathbf{x}=0$ 和定理 5.4，可得

$$
\alpha(G_1)\leqslant\mathcal{W}\mathbf{y}^4\leqslant\alpha(G')+\frac{11q^3}{18} \tag{5.15}
$$

从而，根据(5.15)和(5.14)可得(5.13).

由引理 5.4 可得下面结论.

推论 5.3 假设 $G=(V,E)$ 是一个给定的图，记 G' 是从 G 移除 $k\leqslant n:=|V(G)|$ 个顶点以及相应的连接边得到的图. 那么，

$$
\alpha(G')\geqslant\alpha(G)-\frac{11k}{18}(n-1)^3
$$

5.3 简单应用

本节给出代数连通性的一些简单应用. 给定图 $G=(V,E)$. 边割指的是：给定一个非空真子集 $X\subset V$，集合 X 的边割是下列边的集合：

$$E_X := \{e_p \in E \mid \exists i \in X, \exists j \notin X, \text{s.t. } \{i, j\} \subset e_p\}$$

图 G 的边连通性记为 $e(G)$，定义为在所有的非空真子集 $X \subset V$ 中，使得剩余的图是不连通的 E_X 的最小基数的子集.

引理 5.5　给定图 $G=(V, E)$，记 $\mathcal{T}$ 是其 Laplace - Beltrami 张量，$\alpha(G)$ 是其代数连通度，λ_b 是 $\mathcal{T}$ 的最大 Z-特征值. 那么，对所有的 $X \subset V$，成立

$$\frac{|X|^2 (n-|X|)^2}{n^2}\alpha(G) \leqslant |E_X| \leqslant \frac{21|X|^2(n-|X|)^2}{16n^2}\lambda_b \tag{5.16}$$

证明　记 X 是 V 的非空真子集以及 E_X 是相应的边割. 记 $\boldsymbol{x} := \sum_{i \in X} \mathbf{e}_i$，那么可以得到 $\mathbf{x}$ 的一个正交分解 $\mathbf{x} = \beta \mathbf{e} + \mathbf{g}$ 满足 $\mathbf{e}^{\mathrm{T}}\mathbf{g} = 0$. 事实上，

$$\beta = \frac{|X|}{n},\ \mathbf{g} = \left(\sum_{i \in X} \frac{n-|X|}{n}\mathbf{e}_i - \sum_{i \notin X}\frac{|X|}{n}\mathbf{e}_i\right)$$

因此

$$\begin{aligned}\mathcal{T}\mathbf{g}^4 = \mathcal{T}\mathbf{x}^4 = \sum_{\{i,j,k,l\}=e_p \in E_x} \frac{1}{84}[&(x_i+x_j+x_k-3x_l)^4 + (x_i+x_j+x_l-3x_k)^4 \\ &+ (x_i+x_k+x_l-3x_j)^4 + (x_j+x_k+x_l-3x_i)^4]\end{aligned}$$

对任意的 $\{i, j, k, l\} = e_p \in E_X$，存在三种情况：

- $\{x_i, x_j, x_k, x_l\}$ 中的三个为零，剩余的为 1.
- $\{x_i, x_j, x_k, x_l\}$ 中的两个为零，两个为 1.
- $\{x_i, x_j, x_k, x_l\}$ 中的一个为零，其余为 1.

那么，通过对上述三种情况的直接计算，可得

$$\frac{16}{21} \leqslant \mathcal{L}(e_p)\mathbf{x}^4 \leqslant 1$$

因此

$$\frac{16|E_X|}{21} \leqslant \mathcal{T}\mathbf{g}^4 \leqslant |E_X|$$

这样一来，由式(5.7)、定理 5.4 和 $\|\mathbf{g}\|_2^2 = \frac{|X|(n-|X|)}{n}$，可得

$$\frac{16|E_X|}{21} \leqslant \frac{|X|^2(n-|X|)^2}{n^2}\lambda_b,\ \frac{|X|^2(n-|X|)^2}{n^2}\alpha(G) \leqslant |E_X| \tag{5.17}$$

由式(5.17)可以推出式(5.16).

下面给出引理 5.5 中下界的一个例子.

例 5.1　给定图 $G=(V, E)$，其顶点集合为 $V=\{1, 2, 3, 4, 5\}$，边集为

$$E=\{\{1, 2, 3, 4\}, \{1, 2, 4, 5\}, \{1, 3, 4, 5\}, \{1, 2, 3, 5\}, \{2, 3, 4, 5\}\}$$

对任意图，当 $|X|=1$ 时，很容易计算 $|E_X|$. 下面考虑非平凡的情况. 当 $|X|=2$ 时，由引理 5.5 给出的下界 $|E_X|$ 是 $\frac{36}{25}\alpha(G)$. 容易计算出 $|X|=2$ 时，$|E_x|=5$. 然而，不容易求解优化问题(5.8). 因此，通过随机选取(5.8)的可行解中的 100 000 个可行解得到一个近似值 $\alpha(G)=2.98$. 计算出的下界为 4.29. 由于 $|E_X|$ 是一个整数，所以计算出的下界是紧的.

由引理 5.5 可以得到下面的推论.

定理 5.5 给定图 $G=(V, E)$，记 $\mathcal{T}$是其 Laplace - Beltrami 张量，$\alpha(G)$是 G 的代数连通度，λ_b 是 $\mathcal{T}$的最大 Z-特征值，$e(G)$是 G 的边连通度. 那么

$$\frac{(n-1)^2}{n^2}\alpha(G) \leqslant e(G) \leqslant \begin{cases} \dfrac{21n^2}{256}\lambda_b & n \text{ 是偶数} \\ \dfrac{21(n^2-1)^2}{256n^2}\lambda_b & n \text{ 是奇数} \end{cases}$$

图 G 的顶点连通度记为 $v(G)$，定义为所有的子集 $X \subset V$ 中使得去除 X 中的顶点及其所有相连的边使得余下的图不连通的具有最小基数的子集. 对应的集合称为点割.

定理 5.6 给定图 $G=(V, E)$，$\alpha(G)$是图 G 的代数连通度，$v(G)$是图 G 的顶点连通度. 那么

$$\alpha(G) \leqslant v(G)\frac{11(n-1)^3}{18}$$

证明 假设 X 是顶点的一个子集使得 X 是将图 G 变成不连通图的点割. 那么 $|X| = v(G)$，而得到的图是不连通的. 因此，由推论 5.1 和 5.2 可知相应的代数连通度为零. 那么，结论由推论 5.3 直接得来.

第 6 章　正则 Laplacian 张量

在本章中，张量一般指 k 阶张量.

6.1 基本概念

在下文中，特征向量 $\mathbf{x}$ 总是通过这样的方式正则化：

$$\frac{\mathbf{x}}{\sqrt[k]{\sum_{i\in\{1,\cdots,n\}} |x_i|^k}}$$

因此，当 $\mathbf{x}\in\mathbb{R}_+^n$ 时，$\mathbf{x}$ 总是满足 $\sum_{i=1}^{n} x_i^k = 1$.

引理 6.1　假设 $\mathcal{T}$ 是 k 阶 n 维实张量，使得存在整数 $s\in\{1,\cdots,n-1\}$，使得对所有的 $i_1\in\{s+1,\cdots,n\}$ 及满足 $\{i_2,\cdots,i_k\}\cap\{1,\cdots,s\}\neq\varnothing$ 的指标 $i_2,\cdots,i_k$，$t_{i_1i_2\cdots i_k}\equiv 0$ 都成立. 记 $\mathcal{U}$ 和 $\mathcal{V}$ 分别为 $\mathcal{T}$ 对应 $\{1,\cdots,s\}$ 和 $\{s+1,\cdots,n\}$ 的子张量. 那么，成立

$$\sigma(\mathcal{T})=\sigma(\mathcal{U})\cup\sigma(\mathcal{V})$$

此外，如果 $\lambda\in\sigma(\mathcal{U})$ 是张量 $\mathcal{U}$ 的代数重数为 r 的特征值，那么它是张量 $\mathcal{T}$ 的代数重数为 $r(k-1)^{n-s}$ 的特征值，如果 $\lambda\in\sigma(\mathcal{V})$ 是张量 $\mathcal{V}$ 的代数重数为 p 的特征值，那么它是张量 $\mathcal{T}$ 的代数重数为 $p(k-1)^s$ 的特征值.

6.1.1 对称非负张量

本节考虑对称非负张量的基本性质. 根据文献[80]，超图与弱不可约非负张量相联系.

根据定义 2.5，Perron - Frobenius 定理可以更简洁地整理如下.

引理 6.2　假设 $\mathcal{T}$ 是一个非负张量. 则以下结论成立：

(1) $\rho(\mathcal{T})$ 是 $\mathcal{T}$ 的一个 H^+ -特征值.

(2) 如果 $\mathcal{T}$ 弱不可约，那么 $\rho(\mathcal{T})$ 是张量 $\mathcal{T}$ 的唯一的 H^{++} -特征值.

下面的结论是十分重要的.

引理 6.3　假设 $\mathcal{B}$ 和 $\mathcal{C}$ 是两个非负张量，如果按分量有 $\mathcal{B}\geqslant\mathcal{C}$. 此外，如果 $\mathcal{B}$ 是弱不可约的且 $\mathcal{B}\neq\mathcal{C}$，那么 $\rho(\mathcal{B})>\rho(\mathcal{C})$. 如果 $\mathbf{x}\in\mathbb{R}_+^n$ 是 $\mathcal{B}$ 对应 $\rho(\mathcal{B})$ 的特征向量，那么 $\mathbf{x}\in\mathbb{R}_{++}^n$ 是一个正向量.

证明　由文献[81]中的定理 3.6、$\rho(\mathcal{B})\geqslant\rho(\mathcal{C})$ 以及等式成立可以推出 $|\mathcal{C}|=\mathcal{B}$. 由于 $\mathcal{C}$ 是非负的且 $\mathcal{B}\neq\mathcal{C}$，所以严格不等式成立.

引理 6.3 的第二个结论是定理 4.2 的另一种表述.

引理 6.3 的第二个结论等价于：对 $\mathcal{B}$ 的任意子张量 $\mathcal{S}$，$\rho(\mathcal{S})<\rho(\mathcal{B})$ 成立，例外情形是 $\mathcal{S}=\mathcal{B}$. 根据第 4 章的结论，如果不具有弱不可约的条件，那么很容易给出例子使得引理6.3

中的严格不等式不成立.

对于一个对称非负张量 $\mathcal{T}$，以下结论成立[41]

$$\rho(\mathcal{T})=\max\left\{\mathcal{T}\mathbf{x}^k := \mathbf{x}^T(\mathcal{T}\mathbf{x}^{k-1}) \mid \mathbf{x}\in\mathbb{R}_+^n, \sum_{i\in\{1,\cdots,n\}} x_i^k=1\right\} \tag{6.1}$$

那么，可以得到如下结论.

定理 6.1 假设 $\mathcal{T}$是一个对称非负的 k 阶 n 维张量. 那么存在$\{1,\cdots,n\}$的一个剖分$\{S_1,\cdots,S_r\}$使得每个张量 $\mathcal{T}(S_j)$是弱不可约的. 此外，下列结论成立：

(1) 对任意 $\mathbf{x}\in\mathbb{C}^n$，成立

$$\mathcal{T}\mathbf{x}^k=\sum_{j\in\{1,\cdots,r\}}\mathcal{T}(S_j)\mathbf{x}(S_j)^k,\ \rho(\mathcal{T})=\max_{j\in\{1,\cdots,r\}}\rho(\mathcal{T}(S_j))$$

(2) λ 是张量 $\mathcal{T}$ 的具有特征向量 $\mathbf{x}$ 的特征值当且仅当 $\mathbf{x}(S_i)\neq\mathbf{0}$ 时，λ 是 $\mathcal{T}(S_i)$ 的特征值且有特征向量 $\dfrac{\mathbf{x}(S_i)}{\sqrt[k]{\sum_{j\in S_i}|x_j|^k}}$.

(3) $\rho(\mathcal{T})=\max\{\mathcal{T}\mathbf{x}^k \mid \mathbf{x}\in\mathbb{R}_+^n, \sum_{i\in\{1,\cdots,n\}} x_i^k=1\}$. 此外，$\mathbf{x}\in\mathbb{R}_+^n$ 是张量 $\mathcal{T}$对应 $\rho(\mathcal{T})$ 的特征向量当且仅当它是优化问题(6.1)的最优解.

证明 (1) 根据前文结论，存在$\{1,\cdots,n\}$的剖分$\{S_1,\cdots,S_r\}$使得每个张量 $\mathcal{T}(S_j)$是弱不可约的. 此外，由于张量 $\mathcal{T}$是对称的，那么$\{\mathcal{T}(S_j), j\in\{1,\cdots,r\}\}$包含了张量 $\mathcal{T}$的所有非零元. 对指标集进行重新排序，那么可以得到张量 $\mathcal{T}$的对角块表示. 因此，$\mathcal{T}\mathbf{x}^k=\sum_{j\in\{1,\cdots,r\}}\mathcal{T}(S_j)\mathbf{x}(S_j)^k$ 对每个 $\mathbf{x}\in\mathbb{C}^n$ 都成立. 谱半径的刻画是定理 4.8 的结论.

(2) 根据剖分可以直接得到.

(3) 假设 $\mathbf{x}\in\mathbb{R}_+^n$ 是张量 $\mathcal{T}$对应 $\rho(\mathcal{T})$ 的特征向量，那么 $\rho(\mathcal{T})=\mathbf{x}^T(\mathcal{T}\mathbf{x}^{k-1})$. 因此，$\mathbf{x}$ 是问题(6.1)的一个最优解.

另一方面，假设 $\mathbf{x}$ 是问题(6.1)的一个最优解. 那么，由结论(1)，可得

$$\rho(\mathcal{T})=\mathcal{T}\mathbf{x}^k=\mathcal{T}(S_1)\mathbf{x}(S_1)^k+\cdots+\mathcal{T}(S_r)\mathbf{x}(S_r)^k$$

当 $\mathbf{x}(S_i)\neq\mathbf{0}$ 时，$\rho(\mathcal{T})\left(\sum_{j\in S_i}(x(S_i))_j^k\right)=\mathcal{T}(S_i)\mathbf{x}(S_i)^k$ 成立，因为由(6.1)可得

$$\rho(\mathcal{T})\left(\sum_{j\in S_i}(\mathbf{y}(S_i))_j^k\right)\geqslant\mathcal{T}(S_i)\mathbf{y}(S_i)^k$$

对所有的 $\mathbf{y}\in\mathbb{R}_+^n$ 都成立. 那么，$\rho(\mathcal{T}(S_i))=\rho(\mathcal{T})$. 由引理 6.3、(6.1)以及 $\mathcal{T}(S_i)$的弱不可约性，可得当 $\mathbf{x}(S_i)\neq\mathbf{0}$ 时，$\mathbf{x}(S_i)$是一个正向量. 否则，$\rho([\mathcal{T}(S_i)](\sup(\mathbf{x}(S_i))))=\rho(\mathcal{T}(S_i))$，其中 $\mathbf{x}(S_i)$的支撑集为 $\sup(\mathbf{x}(S_i))$，这是一个矛盾. 因此，

$$\max\left\{\mathcal{T}(S_i)\mathbf{z}^k \mid \mathbf{z}\in\mathbb{R}_+^{|S_i|}, \sum_{i\in S_i} z_i^k=1\right\}$$

在$\mathbb{R}_{++}^{|S_i|}$ 中有一个最优解 $\mathbf{x}(S_i)$. 根据优化理论[54]，$(\mathcal{T}(S_i)-\rho(\mathcal{T})\mathcal{I})\mathbf{x}(S_i)^{k-1}=\mathbf{0}$ 一定成立. 因此，由结论(2)可得，$\mathbf{x}$ 是张量 $\mathcal{T}$的特征向量.

6.1.2 一致超图的基本概念

为了简洁，本章下文中，正则 Laplacian 张量 $\mathcal{L}$ 和正则邻接张量 $\mathcal{A}$ 将分别简记为 Laplacian 和邻接张量.

由定义 2.11，类似于文献[80]中引理 3.1 的证明，可以得到下面的结论.

引理 6.4　假设 G 是一个 k 图，其顶点集合为 V，边集为 E. 那么，G 是连通的当且仅当 $\mathcal{A}$ 是弱不可约的.

给定图 $G=(V, E)$，可以将其剖分成连通的部分 $V=V_1\cup\cdots\cup V_r$，其中 $r\geqslant 1$. 如果有必要，对指标进行重排，那么 $\mathcal{L}$ 可以写成一个块对角的结构，对应于V_1，…，V_r. 由定义 2.5，$\mathcal{L}$ 的谱在重排指标时是不发生改变的. 因此，在下文中，假设 $\mathcal{L}$ 具有块对角的结构，其第 i 个块张量是 $\mathcal{L}$ 对应于V_i的子张量，其中 $i\in\{1, \cdots, r\}$. 由定义 2.27，容易看到 $\mathcal{L}(V_i)$是子图 G_{V_i} 的 Laplacian，其中 $i\in\{1, \cdots, r\}$. 对于邻接张量 $\mathcal{A}$，也作类似的假设.

6.2　图　的　谱

本节给出图谱的基本性质.

6.2.1　邻接张量

本节给出邻接张量的谱的基本性质.

由定义 2.5，张量 $\mathcal{A}$ 的 H^+-特征值是非负的，这是因为张量 $\mathcal{A}$ 是非负的. 假设图 G 是连通的，下面的引理指出张量 $\mathcal{A}$ 的最小H^+-特征值等于零. 此外，也给出了图 G 的花心与张量 $\mathcal{A}$ 的零特征值的非负特征向量之间的关系.

引理 6.5　假设 G 是连通的 k 图. 那么零是张量 $\mathcal{A}$ 的最小 H^+-特征值. 此外，非零向量 $\mathbf{x}\in\mathbb{R}^n_+$ 是 $\mathcal{A}$ 对应零特征值的特征向量当且仅当$[\sup(\mathbf{x})]^c$ 是 G 的一个花心.

证明　记 $\mathbf{x}$ 是第 i 个分量为 1、其余分量为零的向量. 那么，由定义 2.27，可得

$$\mathcal{A}\mathbf{x}^{k-1}=\mathbf{0}$$

因此，由定义 2.5，零是张量 $\mathcal{A}$ 的 H^+-特征值. 而最小性是根据张量 $\mathcal{A}$ 的H^+-特征值的非负性得来的.

对于引理第二个结论的必要性，假设 $\mathbf{x}\in\mathbb{R}^n_+$ 是张量 $\mathcal{A}$ 对应零特征值的特征向量. 由 $\mathcal{A}\mathbf{x}^k=0$，$G$ 是连通的，以及 $n\geqslant k$，可得 $\sup(\mathbf{x})$是$\{1, \cdots, n\}$的一个真子集. 因此，$[\sup(\mathbf{x})]^c$ 是非空的. 记$\widetilde{\mathbf{d}}\in\mathbb{R}^n$ 是 n 维向量，对所有的 $i\in\{1, \cdots, n\}$，其第 i 个分量为 $\sqrt[k]{d_i}$. 那么，由定义 2.27，对所有的 $i\in[\sup(\mathbf{x})]^c$，成立

$$\begin{aligned}0=(\mathcal{A}\mathbf{x}^{k-1})_i&=\sum_{e\in E([\sup(\mathbf{x})]^c),\ i\in e}\frac{\mathbf{x}^{e\setminus\{i\}}}{\widetilde{\mathbf{d}}^e}+\sum_{e\in E(\sup(\mathbf{x}),\ [\sup(\mathbf{x})]^c),\ i\in e}\frac{\mathbf{x}^{e\setminus\{i\}}}{\widetilde{\mathbf{d}}^e}\\&=\sum_{e\in E(\sup(\mathbf{x}),\ [\sup(\mathbf{x})]^c),\ i\in e}\frac{\mathbf{x}^{e\setminus\{i\}}}{\widetilde{\mathbf{d}}^e}\end{aligned}$$

因此，对所有的 $e\in\{e\mid e\in E(\sup(\mathbf{x}), [\sup(\mathbf{x})]^c), i\in e\}$(当其非空时)，可得$\mathbf{x}^{e\setminus\{i\}}=0$. 因此，边割 $E(\sup(\mathbf{x}), [\sup(\mathbf{x})]^c)$一定成立：要么它是空集，要么它割$[\sup(\mathbf{x})]^c$ 在深度至少为 2. 这样一来，由定义 2.25，可得 $\sup(\mathbf{x})$是一个谱部分.

对于其余的 $i\in\sup(\mathbf{x})$，成立

$$0=(\mathcal{A}\mathbf{x}^{k-1})_i=\sum_{e\in E(\sup(\mathbf{x})),\ i\in e}\frac{\mathbf{x}^{e\setminus\{i\}}}{\widetilde{\mathbf{d}}^e}+\sum_{e\in E(\sup(\mathbf{x}),\ [\sup(\mathbf{x})]^c),\ i\in e}\frac{\mathbf{x}^{e\setminus\{i\}}}{\widetilde{\mathbf{d}}^e}=\sum_{e\in E(\sup(\mathbf{x})),\ i\in e}\frac{\mathbf{x}^{e\setminus\{i\}}}{\widetilde{\mathbf{d}}^e}$$

因此，$E(\sup(\mathbf{x}))$是空集. 连同前文结论以及定义 2.26 可得$[\sup(\mathbf{x})]^c$ 是一个花心.

下面证明充分性. 假设存在一个非零的非负向量 $\mathbf{x}$ 使得 $[\sup(\mathbf{x})]^c$ 是 G 的一个花心. 将上述分析过程反转，容易看到 $\mathcal{A}\mathbf{x}^{k-1}=\mathbf{0}$. 因此，$\mathbf{x}\in\mathbb{R}_+^n$ 是张量 $\mathcal{A}$ 的零特征值对应的一个特征向量.

结论证毕.

由引理 6.2，$\rho(\mathcal{A})$ 是张量 $\mathcal{A}$ 的最大的 H^+-特征值. 下面引理说明 $\rho(\mathcal{A})=1$ 当且仅当 $|E|>0$，$\rho(\mathcal{A})=0$ 当且仅当 $|E|=0$.

引理 6.6 假设 G 是一个 k 图. 那么 $\mathcal{A}$ 是一个对称非负张量，且 $\rho(\mathcal{A})$ 是张量 $\mathcal{A}$ 的最大的 H^+-特征值. 此外，如果 $E=\varnothing$，那么 $\mathcal{A}=0$，因此 $\rho(\mathcal{A})=0$；如果 G 存在至少一条边，那么 $\rho(\mathcal{A})=1$.

证明 前半部分结论直接由引理 6.2 和定义 2.27 得来.

$E=\varnothing$ 的情形是显然的. 接下来，假设 $E\neq\varnothing$ 并证明此时 $\rho(\mathcal{A})=1$. 假设 $\mathbf{x}$ 是一个非零的非负向量. 那么，成立

$$\begin{aligned}\mathcal{A}\mathbf{x}^k &= \sum_{e\in E}k\prod_{i\in e}\frac{x_i}{\sqrt[k]{d_i}}\leqslant\sum_{e\in E}k\left(\frac{1}{k}\sum_{i\in e}\left(\frac{x_i}{\sqrt[k]{d_i}}\right)^k\right)\\&=\sum_{e\in E}\sum_{i\in e}\frac{x_i^k}{d_i}=\sum_{i\in\{1,\cdots,n\},\,d_i>0}\ \sum_{e\in E_i}\frac{x_i^k}{d_i}\\&=\sum_{i\in\{1,\cdots,n\},\,d_i>0}x_i^k\end{aligned}$$

由定理 6.1 的结论(3)可得 $\rho(\mathcal{A})\leqslant 1$.

记 $\tilde{\mathbf{d}}\in\mathbb{R}^n$ 是一个 n 维向量，对所有的 $i\in\{1,\cdots,n\}$，其第 i 个分量为 $\sqrt[k]{d_i}$. 那么，由定义 2.27，可得

$$\mathcal{A}\tilde{\mathbf{d}}^k=\sum_{e\in E}k\tilde{\mathbf{d}}^e\prod_{i\in e}\frac{1}{\sqrt[k]{d_i}}=\sum_{e\in E}k\tilde{\mathbf{d}}^e\frac{1}{\tilde{\mathbf{d}}^e}=\sum_{e\in E}k=k|E|=\sum_{i\in\{1,\cdots,n\}}d_i>0$$

因此，$\mathcal{A}\left(\frac{\tilde{\mathbf{d}}}{\sqrt[k]{\sum_{i\in\{1,\cdots,n\}}d_i}}\right)^k=1$. 连同 $\rho(\mathcal{A})\leqslant 1$ 以及定理 6.1 的结论(3)，可得 $\rho(\mathcal{A})=1$.

下面的引理是引理 6.1、引理 6.5、引理 6.6 以及定义 2.27 的直接推论.

引理 6.7 假设 G 是一个 k 图. 假设 G 有 $s\geqslant 0$ 个孤立顶点 $\{i_1,\cdots,i_s\}$ 和 $r\geqslant 0$ 个连通的部分 $V_1,\cdots,V_r$ 且对所有的 $i\in\{1,\cdots,r\}$ 满足 $|V_i|>1$. 那么，下述结论成立.

(1) 作为集合，

$$\sigma(\mathcal{A})=\sigma(\mathcal{A}_1)\cup\sigma(\mathcal{A}_2)\cup\cdots\cup\sigma(\mathcal{A}_r)\tag{6.2}$$

其中对所有的 $i\in\{1,\cdots,r\}$，$\mathcal{A}_i$ 是张量 $\mathcal{A}$ 对应 V_i 的子张量，且当 $r=0$ 时，(6.2)的右端视为 $\{0\}$.

(2) 对所有的 $i\in\{1,\cdots,r\}$，上述定义的 $\mathcal{A}_i$ 是 G 由 V_i 导出的子图 G_i 的邻接张量. 因此，$\rho(\mathcal{A}_i)=1$.

(3) 假设 $m_i(\lambda)$ 是 λ 作为 $\mathcal{A}_i$ 的特征值的代数重数. 作为多重集，零作为张量 $\mathcal{A}$ 的特征值具有代数重数

$$s(k-1)^{n-1}+\sum_{i\in\{1,\cdots,r\}}m_i(0)(k-1)^{n-|V_i|}$$

而 $\lambda \in \sigma(\mathcal{A}_i) \backslash \{0\}$ 是张量 $\mathcal{A}$ 的特征值具有代数重数

$$\sum_{i \in \{1, \cdots, r\}} m_i(\lambda)(k-1)^{n-|V_i|}$$

下述推论从引理 6.2、引理 6.4、引理 6.7 和定理 6.1 的结论(2)得来.

推论 6.1　假设 G 是 k 图. 那么，1 是张量 $\mathcal{A}$ 的唯一 H^{++}-特征值当且仅当 G 没有孤立点.

6.2.2 正则 Laplacian 张量

本节讨论图的 Laplacian 的特征值的基本性质.

定理 6.2　假设 G 是一个 k 图. 那么，下面结论成立.

(1) 如果 G 有至少一个边，那么 $\lambda \in \sigma(\mathcal{L})$ 当且仅当 $1-\lambda \in \sigma(\mathcal{A})$. 否则 $\sigma(\mathcal{L})=\sigma(\mathcal{A})=\{0\}$.

(2) 如果 $\lambda \in \sigma(\mathcal{L})$，那么 $\mathrm{Re}(\lambda) \geqslant 0$ 且等式成立当且仅当 $\lambda=0$，$2 \geqslant \mathrm{Re}(\lambda)$ 且等式成立当且仅当 $\lambda=2$.

证明　假设 G 有 $s \geqslant 0$ 个孤立顶点 $\{i_1, \cdots, i_s\}$ 和 $r \geqslant 0$ 个连通部分 $V_1, \cdots, V_r$，且对所有的 $i \in \{1, \cdots, r\}$ 满足 $|V_i|>1$. 记 $\mathcal{A}_i$ 是图 G 由 V_i 导出的子图 G_{V_i} 的邻接张量，$\mathcal{L}_i$ 是相应的 Laplacian，其中 $i \in \{1, \cdots, r\}$.

先证明结论(1). 如果 $s=n$，那么 $\mathcal{L}=\mathcal{A}=0$，因此，$\sigma(\mathcal{L})=\sigma(\mathcal{A})=\{0\}$. 如果 $s=0$，那么由定义 2.27，可得 $\mathcal{L}=\mathcal{I}-\mathcal{A}$. 由定义 2.5，可得结论(1). 接下来，假设 G 有至少一条边且 $s \geqslant 1$，那么，$r \geqslant 1$. 由引理 6.1、定理 6.1 和定义 2.27，$\mathcal{L}$ 具有对角块结构，其对角块是由子张量 $\{0, \mathcal{L}_1, \cdots, \mathcal{L}_r\}$ 构成的，此外

$$\sigma(\mathcal{L})=\{0\} \cup \sigma(\mathcal{L}_1) \cup \cdots \cup \sigma(\mathcal{L}_r)$$

由于每个 G_{V_i} 是连通的，由建立的结论，可得对所有的 $i \in \{1, \cdots, r\}$，$\lambda \in \sigma(\mathcal{L}_i)$ 当且仅当 $1-\lambda \in \sigma(\mathcal{A}_i)$. 由引理 6.6 和引理 6.7，可得对所有的 $i \in \{1, \cdots, r\}$，$\rho(\mathcal{A}_i)=1$. 因此，对所有的 $i \in \{1, \cdots, r\}$，$\{0\} \subset \sigma(\mathcal{L}_i)$ 成立. 综合这些结论，结论(1)成立.

接下来证明结论(2). 如果 G 没有边，那么结论显然成立. 接下来，假设 $s<n$. 如果 $\lambda \in \sigma(\mathcal{L})$，那么由结论(1)和引理 6.7，存在某个 $\mathcal{A}_i$ 成立 $1-\lambda \in \sigma(\mathcal{A}_i)$. 因此，由谱半径的定义，可得 $|1-\lambda| \leqslant \rho(\mathcal{A}_i)=1$. 那么，可得 $0 \leqslant \mathrm{Re}(\lambda) \leqslant 2$. 根据同样的原理，可以得到充分和必要的刻画条件，这是因为当等式成立时，可得 $\mathrm{Im}(\lambda)=0$.

在 6.5 节中，将证明如果 k 是奇数，那么 $\mathrm{Re}(\lambda)<2$，即当 k 是奇数时，$\lambda=2$ 不可能是张量 $\mathcal{L}$ 的特征值. 当 k 是偶数时，$\lambda=2$ 是张量 $\mathcal{L}$ 的特征值的充分和必要条件将被给出.

下面的推论说明张量 $\mathcal{L}$ 的 H^{+}-特征值比其他特征值具有更好的表现形式.

推论 6.2　假设 G 是一个 k 图. 那么，下面结论成立.

(1) 零是张量 $\mathcal{L}$ 的唯一 H^{++}-特征值. $\mathcal{L}$ 的最小 H-特征值为零.

(2) 张量 $\mathcal{L}$ 的所有 H^{+}-特征值都在区间 $[0, 1]$. 张量 $\mathcal{L}$ 的最大 H^{+}-特征值为 1 当且仅当 $|E|>0$，其为零当且仅当 $|E|=0$.

(3) 张量 $\mathcal{L}$ 的所有 H-特征值都是非负的. 如果 k 是偶数，那么 $\mathcal{L}$ 是半正定的(即 $\mathcal{L}\mathbf{x}^k \geqslant 0$ 对所有的 $\mathbf{x} \in \mathbb{R}^n$ 都成立)，且 $\mathcal{L}\mathbf{x}^k$ 可以被写成 SOS 的形式(即存在某个整数 r 和多项式 p_i 使得 $\mathcal{L}\mathbf{x}^k = \sum_{i \in \{1, \cdots, r\}} p_i(\mathbf{x})^2$).

证明　证明结论(1). 由定义 2.5、引理 6.2 和引理 6.6 以及定理 6.2 的结论(1)得到

零是一个H^{++}-特征值. 唯一性由引理 6.2、推论 6.1 和定理 6.2 的结论(1)得到，这是因为 1 是有多于一个顶点的连通部分的唯一的H^{++}-特征值，而孤立顶点的谱具有相同的谱集合$\{0\}$. 最后，最小性由定理 6.2 的结论(2)可得，因为所有的 H-特征值都是实数.

证明结论(2). 由定理 6.2 的结论(2)可得，张量$\mathcal{L}$的所有H^{+}-特征值都在区间$[0, 2]$. 假设$\lambda>1$是张量$\mathcal{L}$的一个H^{+}-特征值. 那么，由定义 2.5、定理 6.1、定理 6.2 以及引理 6.7，$1-\lambda<0$是G的某个连通部分的H^{+}-特征值. 这与引理 6.5 相矛盾. 因此，$\lambda\in[0, 1]$. 剩余的结论由定理 6.2 的结论(1)、引理 6.5 和引理 6.7 直接得到.

由定理 6.2 的结论(2)，张量$\mathcal{L}$的所有 H-特征值都是非负的. 当k是偶数时，可得其等价于张量$\mathcal{L}$是半正定的. 因此，结论(3)的前两个论断成立. 这些连同文献[82]中的推论 2.8，可得结论(3)的最后一个论断成立.

而与图论不同的是，不太可能将$\mathcal{L}\mathbf{x}^k$写成线性型的幂次和的形式.

下面的结论刻画张量$\mathcal{L}$的最小 H-特征值对应的 H-特征向量.

引理 6.8 假设G是k图. 如果G有连通的部分$V_1, \cdots, V_r$，那么有如下结论.

(1) 假设$L\subseteq\mathbb{R}^n$是由张量$\mathcal{L}$的对应于零 H-特征值的 H-特征向量构成的线性子空间. 假设$\mathcal{L}_i$是图G_{V_i}的 Laplacian. 记$\widetilde{L}_i$为由张量$\mathcal{L}_i$的对应于零 H-特征值的 H-特征向量构成的线性子空间，而L_i是$\widetilde{L}_i$在$\mathbb{R}^n$中对应V_i的标准嵌入. 那么，L具有直和形式：

$$L=L_1\oplus\cdots\oplus L_r \tag{6.3}$$

(2) 假设$M\subseteq\mathbb{R}^n$是由张量$\mathcal{L}$的对应于零 H-特征值的非负 H-特征向量构成的线性子空间. 假设$\widetilde{M}_i$和M_i是类似定义的. 那么，$M=M_1\oplus\cdots\oplus M_r$，且对所有的$i\in\{1, \cdots, r\}$有$\dim(M_i)=1$，因此$\dim(M)=r$.

证明 对所有的$i\in\{1, \cdots, r\}$，假设$\mathcal{A}_i$是G由V_i导出的子图G_{V_i}的邻接张量. 当V_i是一个单点时，$\mathcal{A}_i$是数零. 当$|V_i|>1$时，由引理 6.4，可得$\mathcal{A}_i$是一个弱不可约非零张量.

证明结论(1). 假设$\mathbf{x}\in\mathbb{R}^n$是张量$\mathcal{L}$对应零特征值的一个 H-特征向量. 由定义 2.5、理 6.1 的结论(2)和定理 6.2 的结论(1)，当$\mathbf{x}(V_i)\neq\mathbf{0}$时，$\mathbf{x}(V_i)$是$\mathcal{L}_i$的零特征值对应的一个 H-特征向量. 因此，对所有的$i\in\{1, \cdots, r\}$，$\mathbf{x}(V_i)\in\widetilde{L}_i$成立. 反过来，以下结论也成立：如果$\mathbf{0}\neq\mathbf{z}\in\mathbb{R}^{|V_i|}$是张量$\mathcal{L}_i$对应零特征值的一个 H-特征向量，那么其在$\mathbb{R}^n$中的嵌入为张量$\mathcal{L}$的一个 H-特征向量.

假设$\mathbf{y}\in L$非零且对某个正整数s，$\mathbf{y}=\sum\limits_{i\in\{1, \cdots, s\}}\mathbf{x}_i$，其中$\mathbf{x}_i$是$\mathcal{L}$对应特征值零的一个 H-特征向量. 那么，对所有的$j\in\{1, \cdots, r\}$和$i\in\{1, \cdots, s\}$，由前序分析，可得$\mathbf{x}_i(V_j)\in\widetilde{L}_j$. 因此，

$$\mathbf{y}=\sum_{i\in\{1, \cdots, s\}}\mathbf{x}_i(V_1)\oplus\cdots\oplus\sum_{i\in\{1, \cdots, s\}}\mathbf{x}_i(V_r)\in L_1\oplus\cdots\oplus L_r$$

这里，对$\mathbf{x}_i(V_j)\in\mathbb{R}^{|V_j|}$和其在$\mathbb{R}^n$中的嵌入，使用同样的记号$\mathbf{x}_i(V_j)$.

相反地，假设对所有的$i\in\{1, \cdots, r\}$，$\mathbf{y}_i\in L_i$不为零. 那么，可得对某个正整数s_i以及$\mathcal{L}_i$的 H-特征向量$\mathbf{x}_{i,j}(V_i)$，$\mathbf{y}_i=\sum\limits_{j\in\{1, \cdots, s_i\}}\mathbf{x}_{i,j}$成立. 此外，由$L_i$的定义可得，当$l\neq i$时，$\mathbf{x}_{i,j}(V_l)=\mathbf{0}$. 因此，由前文分析，可得$\mathbf{x}_{i,j}\in L$. 那么，

$$\mathbf{y}=\mathbf{y}_1\oplus\cdots\oplus\mathbf{y}_r=\sum_{j\in[1,\cdots,1_j]}\mathbf{x}_{1,j}\oplus\cdots\oplus\sum_{j\in[r_j]}\mathbf{x}_{r,j}=\sum_{i\in\{1,\cdots,r\}}\sum_{j\in\{1,\cdots,s_i\}}\mathbf{x}_{i,j}\in L$$

综合这些结论，直和分解(6.3)立即可得.

证明结论(2). 注意到$\widetilde{M}_i$是由张量$\mathcal{L}_i$的零特征值的非负特征向量生成的线性空间. 如果$|V_i|=1$，那么$\widetilde{M}_i=\mathbb{R}$. 当$|V_i|>1$时，由引理 6.2、引理 6.3 和引理 6.4，张量$\mathcal{A}_i$对应于特征值$\rho(\mathcal{A}_i)=1$的非负特征向量是正的、唯一的. 因此，由定理 6.2 的结论(1)，可得张量$\mathcal{L}_i$对应于零特征值的非负特征向量是正的、唯一的. 那么，$\dim(\widetilde{M}_i)=\dim(M_i)=1$. 类似于结论(1)的证明可得$M=M_1\oplus\cdots\oplus M_r$，因此$\dim(M)=\sum_{i\in\{1,\cdots,r\}}\dim(M_i)=r$.

引理 6.8 给出 Laplacian 的零特征值的非负特征向量生成的线性空间的维数刚好是图的连通部分的个数. 由推论 6.13 可知，当 k 是奇数时，对所有的 $i\in\{1,\cdots,r\}$，可得 $\dim(L_i)=1$，那么 $\dim(L)=r$.

下面命题给出 Laplacian 的特征值所要满足的等式.

命题 6.1　假设 G 是一个 k 图. 下面的结论成立.

(1) 假设$\lambda\in\sigma(\mathcal{L})$的代数重数为$m(\lambda)$，$c(n,k)=n(k-1)^{n-1}$. 那么，

$$\sum_{\lambda\in\sigma(\mathcal{L})}m(\lambda)\lambda\leqslant c(n,k)$$

且等式成立当且仅当 G 没有孤立顶点.

(2) 假设 G 没有孤立顶点. 记$\{\lambda_0,\lambda_1,\cdots,\lambda_h\}$是张量 $\mathcal{L}$ 的 H-特征值，按升序在代数重数下进行排列：$\left\{\alpha_i\pm\sqrt{-1}\beta_i,\ i\in\{1,\cdots,w\}\right\}$是 $\mathcal{L}$ 的剩余的特征值(计算重数)①. 那么，

$$\sum_{j\in\{1,\cdots,h\}}\lambda_j+2\sum_{j\in\{1,\cdots,w\}}\alpha_j=c(n,k)\tag{6.4}$$

和

$$\sum_{j\in\{1,\cdots,h\}}\lambda_j^2+2\sum_{j\in\{1,\cdots,w\}}\alpha_j^2-2\sum_{j\in\{1,\cdots,w\}}\beta_j^2=c(n,k)\tag{6.5}$$

如果 $k\geqslant4$，那么可得

$$\sum_{j\in\{1,\cdots,h\}}\lambda_j^3+2\sum_{j\in\{1,\cdots,w\}}\alpha_j^3-6\sum_{j\in\{1,\cdots,w\}}\alpha_j\beta_j^2=c(n,k)\tag{6.6}$$

证明　结论(1)由定义 2.27 和推论 3.5 的结论(1)得来，这些结论说明特征值的和为$(k-1)^{n-1}$乘以张量 $\mathcal{L}$ 的对角元的和.

证明结论(2). 首先由推论 6.2 的结论(1)得到$\lambda_0=0$. 其次，由定理 3.7，特征多项式$\chi_T(\lambda)$的次数为 $c(n,k)$. 因此，$\sum_{\lambda\in\sigma(\mathcal{L})}m(\lambda)=c(n,k)$. 再次，由定义 2.27 以及文献[83]中的推论 3.14，对所有的 $h\in\{1,\cdots,k-1\}$，可得张量 $\mathcal{A}$ 的 h 阶迹都为零. 定理 3.8 表明，对所有的 $h\leqslant c(n,k)$，张量 $\mathcal{A}$ 的所有特征值的 h 次幂的和等于张量 $\mathcal{A}$ 的 h 阶迹. 因此，由定理 6.2 的结论(1)和定理 3.8，可得

$$\sum_{\lambda\in\sigma(\mathcal{L})}m(\lambda)(1-\lambda)^h=0,\ \forall h\in\{1,\cdots,k-1\}$$

---

① 由文献[5]1315 页的讨论，这些特征值将以复共轭对的形式出现. 这些特征值称为 N-特征值.

那么，(6.4)、(6.5)和(6.6)是相应结论对 $h=1$，2 和 3 的相应展开.

对其余的 $h\in\{1,\cdots,k-1\}$，也可以推导类似的结论.

6.3 Laplacian 的H$^+$-特征值

本节讨论 Laplacian 的H$^+$-特征值. 记$\sigma^+(\mathcal{L})$为张量 $\mathcal{L}$ 的所有H$^+$-特征值构成的集合. 由推论 6.2 可得这是一个非空集合. 本节通过谱部分和 G 的花心(见 6.3.1 小节)来刻画所有的H$^+$-特征值和相应的非负特征向量. 在本节中，将引入张量 $\mathcal{L}$ 的H$^+$-特征值的H$^+$-几何重数并讨论第二小的H$^+$-特征值.

6.3.1 刻画

下面的引理刻画张量 $\mathcal{L}$ 的所有H$^+$-特征值.

引理 6.9 假设 G 是一个 k 图. 如果存在正整数 r 使得 G 有连通的部分V_1，…，V_r，记$\mathcal{L}_i$是图 G 的由集合V_i导出的子图 G_i的 Laplacian. 那么，下面的结论成立.

(1) $\lambda=0$ 是张量 $\mathcal{L}$ 的H$^+$-特征值，具有非负特征向量 $\mathbf{x}$ 当且仅当在 $\mathbf{x}(V_i)\neq\mathbf{0}$ 时，$\mathbf{x}(V_i)$是$\mathcal{L}_i$的唯一正的特征向量.

(2) $1>\lambda>0$ 是张量 $\mathcal{L}$ 的H$^+$-特征值，具有非负特征向量 $\mathbf{x}$ 当且仅当在 $|V_i|=1$ 时，$\mathbf{x}(V_i)=\mathbf{0}$；在 $|V_i|>1$ 且 $\mathbf{x}(V_i)\neq\mathbf{0}$ 时，$1-\lambda$ 是$\mathcal{A}_i$的H$^+$-特征值，具有特征向量 $\mathbf{x}(V_i)$.

(3) $\lambda=1$ 是张量 $\mathcal{L}$ 的H$^+$-特征值，具有非负特征向量 $\mathbf{x}$ 当且仅当在 $|V_i|=1$ 时，$\mathbf{x}(V_i)=0$；在 $|V_i|>1$ 且 $\mathbf{x}(V_i)\neq\mathbf{0}$ 时，$[\sup(\mathbf{x}(V_i))]^c$ 是 G_i的一个花心.

证明 证明结论(1). 由定义 2.5 和定理 6.1，可得 $\lambda=0$ 是张量 $\mathcal{L}$ 的H$^+$-特征值，具有非负特征向量 $\mathbf{x}$ 当且仅当在 $\mathbf{x}(V_i)\neq\mathbf{0}$ 时，$\mathbf{x}(V_i)$是$\mathcal{L}_i$的一个非负特征向量. 在这种情况下，当$|V_i|=1$时，$\mathbf{x}(V_i)>0$ 是一个数；当$|V_i|>1$时，$\mathbf{x}(V_i)$是连通子图 G_i的邻接张量对应于谱半径 1 的一个非负特征向量. 由引理 6.3、引理 6.4 以及定理 6.2，可得 $\mathbf{x}(V_i)$是张量$\mathcal{L}_i$的唯一正特征向量. 反过来结论也成立.

结论(2)由定义 2.5、定义 2.27 以及定理 6.2 直接得来.

结论(3)由定义 2.5、定义 2.27、引理 6.5 和定理 6.2 得来.

由引理 6.9 的结论(1)和结论(3)，张量 $\mathcal{L}$ 的零H$^+$-特征值和 H$^+$-特征值 1 及其相应的非负特征向量非常清晰. 下文中，不失一般性，由引理 6.9 的结论(2)，考虑连通的图 G.

下述引理连同定理 6.1 指出图 G 的谱部分对应的张量 $\mathcal{A}$ 的子张量的谱半径 λ 对应于张量 $\mathcal{L}$ 的一个H$^+$-特征值 $1-\lambda$.

引理 6.10 假设 G 是一个 k 图. 假设 $S\subseteq\{1,\cdots,n\}$是一个非空子集. 假设 S 是图 G 的一个谱部分. 记

$$\lambda=\max\left\{\mathcal{A}\mathbf{y}^k \mid \mathbf{y}\in\mathbb{R}_+^n,\ \sum_{i\in\{1,\cdots,n\}}y_i^k=1,\ y_i=0,\ \forall i\in S^{\mathrm{C}}\right\} \tag{6.7}$$

那么，$1\geqslant\lambda\geqslant0$，而 $1-\lambda$ 是张量 $\mathcal{L}$ 的一个H$^+$-特征值. 此外，(6.7)的最优解与张量 $\mathcal{L}$ 的H$^+$-特征值 $1-\lambda$(其支撑包含在 S 集合中)的非负特征向量一一对应.

证明 如果$S=V$，那么由定理 6.1 和引理 6.6，可得 $\lambda=\rho(\mathcal{A})=1$. 由推论 6.2 的结论(1)，$1-\lambda=0$ 是张量 $\mathcal{L}$ 的一个H$^+$-特征值. 特征向量的对应结论由定理 6.1 的结论(3)

推出.

接下来，假设 $S\neq V$ 是一个真子集. 记 $\mathcal{B}$ 是 $\mathcal{A}$ 对应子集 S 的 k 阶 $|S|$ 维子张量. 那么，可得

$$\begin{aligned}\lambda &= \max\left\{\mathcal{A}\mathbf{y}^k \;\middle|\; \mathbf{y}\in\mathbb{R}_+^n,\ \sum_{i\in\{1,\cdots,n\}} y_i^k = 1,\ y_i = 0,\ \forall i\in S^c\right\}\\ &= \max\left\{\mathcal{B}\mathbf{z}^k \;\middle|\; \mathbf{z}\in\mathbb{R}_+^{|S|},\ \sum_{i\in\{1,\cdots,|S|\}} z_i^k = 1\right\}\end{aligned}$$

由定理 6.1，$\lambda=\rho(\mathcal{B})$. 假设 $\mathbf{y}$ 是(6.7)的最优解，具有最优值 λ. 那么，由定理 6.1 的结论(3)，$\mathbf{y}$ 的对应于集合 S 的子向量 $\mathbf{z}$ 是 $\mathcal{B}$ 的对应于特征值 λ 的特征向量. 因此，可得

$$\mathcal{B}\mathbf{z}^{k-1} = \lambda\,\mathbf{z}^{[k-1]}$$

其中 $\mathbf{z}^{[k-1]}$ 是一个向量，其第 i 个分量为 z_i^{k-1}. 对任意的 $i\in S^c$，可得

$$\begin{aligned}(\mathcal{A}\mathbf{y}^{k-1})_i &= \sum_{\{i,i_2,\cdots,i_k\}\in E_i} \frac{1}{\sqrt[k]{d_i}}\prod_{j=2}^{k}\frac{y_{i_j}}{\sqrt[k]{d_{i_j}}}\\ &= \sum_{\{i,i_2,\cdots,i_k\}\in E_i\cap E(S,S^c)} \frac{1}{\sqrt[k]{d_i}}\prod_{j=2}^{k}\frac{y_{i_j}}{\sqrt[k]{d_{i_j}}} = 0\end{aligned}$$

因为 S 是一个谱部分，所以可以推出对每个 $\{i,i_2,\cdots,i_k\}\in E(S,S^c)$ 成立 $\{i_2,\cdots,i_k\}\cap S^c\neq\varnothing$. 对每个 $i\in S$，可得

$$\begin{aligned}(\mathcal{A}\mathbf{y}^{k-1})_i &= \sum_{\{i,i_2,\cdots,i_k\}\in E_i} \frac{1}{\sqrt[k]{d_i}}\prod_{j=2}^{k}\frac{y_{i_j}}{\sqrt[k]{d_{i_j}}}\\ &= \sum_{\{i,i_2,\cdots,i_k\}\in E_i\cap E(S)} \frac{1}{\sqrt[k]{d_i}}\prod_{j=2}^{k}\frac{y_{i_j}}{\sqrt[k]{d_{ij}}} = (\mathcal{B}\mathbf{z}^{k-1})_i = \lambda\, y_i^{k-1}\end{aligned}$$

因此，λ 是张量 $\mathcal{A}$ 的一个 H^+-特征值，具有特征向量 $\mathbf{y}$. 那么，$1-\lambda$ 是张量 $\mathcal{L}$ 的一个 H^+-特征值，具有特征向量 $\mathbf{y}$，其支撑包含于集合 S.

张量 $\mathcal{L}$ 的对应于特征值 $1-\lambda$ 的支撑包含在 S 中的非负特征向量是(6.7)的最优解这个结论可以直接得到.

下面的引理说明引理 6.10 反过来也成立.

引理 6.11　假设 G 是一个 k 图. 如果 $\mathbf{x}\in\mathbb{R}_+^n$ 是张量 $\mathcal{L}$ 对应一个 H^+-特征值 λ 的特征向量，那么 $\sup(\mathbf{x})$ 是 G 的一个谱部分，且 $1-\lambda$ 是张量 $\mathcal{A}$ 对应于集合 $\sup(\mathbf{x})$ 的子张量的谱半径.

证明　记 $S:=\sup(\mathbf{x})$，而 S^c 是其补. 如果 $S=V$，那么由引理 6.9 的结论(1)，可得 $\lambda=0$，而 $1=1-\lambda$ 是张量 $\mathcal{A}$ 的谱半径. 显然，由定义 2.25，V 是图 G 的一个谱部分.

如果 S 是 V 的一个真子集，那么 $\{e\in E \mid e\cap S^c\neq\varnothing\}$ 是非空的，这是因为 G 是连通的. 由推论 6.2，可得 $1\geqslant\lambda\geqslant0$. 由假设，对所有的 $i\in S^c$，有 $(\mathcal{L}\mathbf{x}^{k-1})_i=0$，因此

$$\sum_{\{i,i_2,\cdots,i_k\}\in E_i} \frac{1}{\sqrt[k]{d_i}}\prod_{j=2}^{k}\frac{x_{i_j}}{\sqrt[k]{d_{i_j}}} = \sum_{\{i,i_2,\cdots,i_k\}\in E_i\cap E(S,S^c)} \frac{1}{\sqrt[k]{d_i}}\prod_{j=2}^{k}\frac{x_{i_j}}{\sqrt[k]{d_{i_j}}} = 0$$

那么，对每个 $e\in E(S,S^c)$，$|e\cap S^c|\geqslant2$ 成立. 因此，S 是图 G 的一个谱部分. 记 $\mathcal{B}$ 是张量 $\mathcal{A}$ 对应集合 S 的子张量，而 $\mathbf{y}$ 是向量 $\mathbf{x}$ 对应集合 S 的子向量. 那么，对所有的 $i\in S$，成立

$$(1-\lambda)y_i^{k-1}=(1-\lambda)x_i^{k-1}=(\mathcal{A}\mathbf{x}^{k-1})_i=\sum_{\{i,i_2,\cdots,i_k\}\in E_i}\frac{1}{\sqrt[k]{d_i}}\prod_{j=2}^{k}\frac{x_{i_j}}{\sqrt[k]{d_{i_j}}}$$
$$=\sum_{\{i,i_2,\cdots,i_k\}\in E_i\cap E(S)}\frac{1}{\sqrt[k]{d_i}}\prod_{j=2}^{k}\frac{x_{i_j}}{\sqrt[k]{d_{i_j}}}=(\mathcal{B}\mathbf{y}^{k-1})_i$$

因此，$\mathbf{y}$ 是张量 $\mathcal{B}$ 的一个正特征向量. 那么，$1-\lambda$ 是张量 $\mathcal{B}$ 的一个 H^{++}-特征值. 由引理6.2的结论(2)，定理6.1的结论(1)和(2)，可得一个对称非负张量最多具有一个 H^{++}-特征值. 如果有一个，那么这一定是这个张量的谱半径. 因此，$1-\lambda=\rho(\mathcal{B})$ 成立.

由引理6.9、引理6.10和引理6.11，可得下面的张量 $\mathcal{L}$ 的非负特征向量的刻画.

定理 6.3 假设 G 是一个 k 图. 假设 G 有 $r\geqslant 1$ 个连通的部分 $V_1,\cdots,V_r$. 记 $\mathcal{L}_i$ 和 $\mathcal{A}_i$ 分别为 G 由 V_i 导出的子图 G_i 的 Laplacian 和邻接张量. 那么 $\mathbf{x}\in\mathbb{R}_+^n$ 是张量 $\mathcal{L}$ 对应 H^+-特征值 λ 的特征向量当且仅当

(1) 如果 $\lambda=0$，那么当 $\mathbf{x}(V_i)\neq\mathbf{0}$ 时，$\mathbf{x}(V_i)$ 是张量 $\mathcal{L}_i$ 的唯一正特征向量.

(2) 如果 $1>\lambda>0$，那么在 $|V_i|=1$ 时，$\mathbf{x}(V_i)=0$；在 $\mathbf{x}(V_i)\neq\mathbf{0}$ 和 $|V_i|>1$ 时，$\sup(\mathbf{x}(V_i))$ 是 G_i 的一个谱部分，$1-\lambda$ 是对应于 $\sup(\mathbf{x}(V_i))$ 的子张量 $\mathcal{A}_i$ 的谱半径.

(3) 如果 $\lambda=1$，那么在 $|V_i|=1$ 时，$\mathbf{x}(V_i)=0$；在 $\mathbf{x}(V_i)\neq\mathbf{0}$ 和 $|V_i|>1$ 时，$[\sup(\mathbf{x}(V_i))]^{\mathrm{c}}$ 是 G_i 的一个花心.

由定理6.3，所有的 H^+-特征值都可以计算得到，这是因为它们对应特定非负张量的谱半径. 因此，上面章节的结论可以利用.

由定理6.3，当 G 没有孤立点时，如果 μ 是对应谱部分 S 的子张量 $\mathcal{A}$ 的谱半径，那么

$$1-\max\left\{\mathcal{A}\mathbf{y}^k \mid \mathbf{y}\in\mathbb{R}_+^n,\ \sum_{i\in\{1,\cdots,n\}}y_i^k=1,\ y_i=0,\ \forall i\in S^{\mathrm{c}}\right\}=1-\mu\in\sigma^+(\mathcal{L})$$

等价地，可得

$$1-\mu=1+\min\left\{-\mathcal{A}\mathbf{y}^k \mid \mathbf{y}\in\mathbb{R}_+^n,\ \sum_{i\in\{1,\cdots,n\}}y_i^k=1,\ y_i=0,\ \forall i\in S^{\mathrm{c}}\right\}$$
$$=\min\left\{\mathcal{L}\mathbf{y}^k \mid \mathbf{y}\in\mathbb{R}_+^n,\ \sum_{i\in\{1,\cdots,n\}}y_i^k=1,\ y_i=0,\ \forall i\in S^{\mathrm{c}}\right\} \tag{6.8}$$

定义

$$\sigma_s(\mathcal{L}):=\left\{\lambda \mid \lambda=\min\left\{\mathcal{L}\mathbf{y}^k \mid \sum_{i=1}^{n}y_i^k=1,\ \mathbf{y}\in\mathbb{R}_+^n,\ y_i=0,\forall i\in A^{\mathrm{c}}\right\},A\in 2^V\backslash\{\varnothing\}\right\} \tag{6.9}$$

那么，由定理6.3和定理6.2可得 $\sigma^+(\mathcal{L})\subseteq\sigma_s(\mathcal{L})$. 下面讨论这两个集合的关系. 下面的命题说明引理6.10中的条件是相等的一个必要条件，即如果 S 不是一个谱部分，那么式(6.8)的最优值可能不是张量 $\mathcal{L}$ 的一个 H^+-特征值. 集合 $\sigma_s(\mathcal{L})$ 的更多性质将在6.4节中讨论.

如果 E 包含了所有可能的边，那么称图 $G=(V,E)$ 是完全图.

命题 6.2 假设 G 是一个 k 完全图，且 $n>k$. 那么，

$$\sigma^+(\mathcal{L})\neq\sigma_s(\mathcal{L}) \tag{6.10}$$

证明 由于 G 是完全的，容易得到 $\mathcal{A}$ 的对应于相同基数的集合的子张量是一样的. 因此，集合 $\sigma_s(\mathcal{L})$ 中最多有 n 个数. 由引理6.2和引理6.3以及 G 是一个完全图，可以得到，对于基数比 $k-1$ 大的集合，其值是严格小于1的，且不同的基数对应于不同的值；对于基数小于 $k-1$ 的集合其值为1，因为此时的子张量都是相应维数的单位张量. 因此，$\sigma_s(\mathcal{L})$

中刚好有 $n-k+2$ 个值.

由于 G 是完全的，每个满足 $|A|\geqslant k-1$ 的集合 A 不可能是一个谱部分. 因此，对每个 i，由定理 6.3，与 $\{i\}^c$ 对应的值不可能属于集合 $\sigma^+(\mathcal{L})$. 否则，该值可以表示为某个谱部分对应的值. 由前序分析，这个值应该是 1. 由引理 6.3 和定理 6.1，这将与 $\rho(\mathcal{A}(\{i\}^c))>0$ (推出 $1-\rho(\mathcal{A}(\{i\}^c))<1$) 矛盾，因为 $\mathcal{A}(\{i\}^c)$ 是非零张量.

因此，结论(6.10)成立. 结论证毕.

事实上，由 6.3.2 节中的命题 6.4 和推论 6.4 可得，对于完全图，$\sigma^+(\mathcal{L})=\{0, 1\}$ 成立. 而由引理 6.6 的证明，通过计算可得 $\sigma_s(\mathcal{L})=\left\{1-\frac{d(s)}{d(n)}, s\in\{k-1, \cdots, n\}\right\}$，其中 $d(s):=\binom{s-1}{k-1}$.

6.3.2 H$^+$-几何重数

本节讨论 Laplacian 的第二小的 H$^+$-特征值. 首先，需要对 H$^+$-特征值进行排序. 根据前文研究，知道张量特征值的特征向量不构成 $\mathbb{C}^n$ 的线性子空间，这与矩阵情形不同，因而定义几何重数需要格外小心. 然而，根据定理 6.3 以及一个图的谱部分的个数总是有限的，可按如下的方式定义张量 $\mathcal{L}$ 的 H$^+$-特征值的 H$^+$-几何重数.

定义 6.1　假设 G 是一个 k 图. 假设 μ 是张量 $\mathcal{L}$ 的一个 H$^+$-特征值. H$^+$-特征值 μ 的 H$^+$-几何重数定义为与 μ 相应的非负特征向量(在相差常数倍下)的个数.

给定图 G，用 $n(G)$ 表示张量 $\mathcal{L}$ 的 H$^+$-特征值的个数(在 H$^+$-几何重数下). 由推论 6.2的结论(1)，$\mathcal{L}$ 总是有 H$^+$-特征值零，因此 $n(G)\geqslant 1$. 当 $|E|>0$ 时，由引理 6.5 和定理 6.2，1 是张量 $\mathcal{L}$ 的一个 H$^+$-特征值. 那么，在这种情况下 $n(G)\geqslant 2$. 由定义 6.1 和推论 6.2的结论(2)，可以将张量 $\mathcal{L}$ 的所有 H$^+$-特征值(在 H$^+$-几何重数下)按升序排列为

$$0=\mu_0\leqslant\mu_1\leqslant\cdots\leqslant\mu_{n(G)-1}\leqslant 1 \tag{6.11}$$

下面的引理给出图 G 的连通部分的个数与零特征值 H$^+$-几何重数的关系.

引理 6.12　假设 G 是一个 k 图. 假设 G 有 r 个连通的部分. 那么，张量 $\mathcal{L}$ 的 H$^+$-特征值零的 H$^+$-几何重数 $c(G, 0)$ 是 $c(G, 0)=2^r-1$.

证明　假设 $\{V_1, \cdots, V_r\}$ 是 G 的连通部分. 对所有的 $i\in\{1, \cdots, r\}$，记 $\mathcal{L}_i$ 是 G 的由集合 V_i 导出的子图 G_i 的 Laplacian. 对任意选取的 G 的 s ($1\leqslant s\leqslant r$) 个连通部分 $\{V_{i_1}, \cdots, V_{i_s}\}$，由定理 6.3 的结论(1)，记 $\mathbf{x}(V_{i_j})$ 是张量 $\mathcal{L}_{i_j}$ 的唯一的正特征向量. 对其余的 V_i，令 $\mathbf{x}(V_i)=\mathbf{0}$. 由定理 6.3 的结论(1)，由 $\mathbf{x}(V_i)$ 构成的向量 $\mathbf{x}$ 是张量 $\mathcal{L}$ 对应零特征值的非负特征向量. 由定理 6.3 的结论(1)，G 的连通部分的选取与张量 $\mathcal{L}$ 对应零特征值的非负特征向量的对应关系是一一对应. 因此，由定义 6.1，张量 $\mathcal{L}$ 的 H$^+$-特征值零的 H$^+$-几何重数 $c(G, 0)$ 是 $\sum_{s\in\{1, \cdots, r\}}\binom{r}{s}=2^r-1$.

下面的推论是引理 6.12 的直接结论.

推论 6.3　假设 G 是一个 k 图. 那么，$\mu_{i-2}=0$ 且 $\mu_{i-1}>0$ 当且仅当 $\log_2 i$ 是一个正整数且 G 刚好有 $\log_2 i$ 个连通部分. 特别地，$\mu_1>0$ 当且仅当 G 是连通的.

下面的命题给出张量 $\mathcal{L}$ 的 H$^+$-特征值 1 的 H$^+$-几何重数.

命题 6.3 假设 G 是一个 k 图且 $|E|>0$. 假设 G 具有 $r\geqslant 0$ 个连通的部分 $\{V_1, \cdots, V_r\}$ 且 $|V_i|>1$. 记 G_i 是 G 由 V_i 导出的子图. 假设 G_i 具有 $t_i\geqslant 0$ 个花心, 其中 $i\in\{1, \cdots, r\}$. 那么, 张量 $\mathcal{L}$ 的 H^+-特征值 1 的 H^+-几何重数 $c(G, 1)$ 为

$$c(G, 1)=\sum_{i\in\{1, \cdots, r\}} s_i(t_1, \cdots, t_r)$$

其中 $s_i(t_1, \cdots, t_r)$ 是关于变量 $\{t_1, \cdots, t_r\}$ 的次数为 i 的初等对称多项式, 而空集的求和定义为零.

证明 由假设可得 $s_i(t_1, \cdots, t_r)=\sum_{1\leqslant j_1<\cdots<j_i\leqslant r} t_{j_1}\cdots t_{j_i}$. 由定理 6.3 的结论(3), 采用与引理 6.12 的证明类似的方法可得结论.

命题 6.3 表明 $c(G, 1)$ 与图 G 的孤立点的个数无关. 对其余的 H^+-特征值, 由定理 6.3, 它们的 H^+-几何重数由连通部分的个数、每个连通部分的谱部分共同决定. 类似地, 这些相应的 H^+-几何重数与图的孤立顶点个数无关.

下面命题给出 $\mu_1=\mu_{n(G)-1}=1$ 的充分和必要条件. 由推论 6.3, 这样的图一定是连通的.

命题 6.4 假设 G 是一个连通的 k 图. 那么, $\mu_1=1$ 当且仅当所有的是真子集的谱部分的补都是花心. 此时, 可得 $\sigma^+(\mathcal{L})=\{0, 1\}$.

证明 前半部分结论由定理 6.3 直接可得. 在这种情况下, $\sigma^+(\mathcal{L})=\{0, 1\}$ 由当 $|E|>0$ 时 $\mu_{n(G)-1}=1$ 得来.

下面的推论补充命题 6.2 的结论.

推论 6.4 假设 G 是一个完全的 k 图. 那么, $\sigma^+(\mathcal{L})=\{0, 1\}$.

证明 假设 $A\neq V$ 是 $\{1, \cdots, n\}$ 的一个非空集合. 由于 G 是完全的, 那么 A 是一个谱部分当且仅当 $|A|\leqslant k-2$. 另一方面, 当 $|A|\leqslant k-2$ 时, 可得 $E(A)=\varnothing$. 因此, 由定义 2.26, A^c 是一个花心. 那么, 结论从命题 6.4 可得.

6.4.1 节将给出 μ_1 的下界的估计.

6.4 Laplacian 子张量的最小 H^+-特征值

假设 G 是一个 k 图, 不具有孤立点. 由定理 6.3 可知, 如果 λ 是张量 $\mathcal{L}$ 的一个 H^+-特征值, 那么存在 G 的谱部分使得 λ 具有刻画(6.8). 然而, 命题 6.2 指出一般情况下 $\sigma^+(\mathcal{L})\neq\sigma_s(\mathcal{L})$. 在本节, 将证明 $\lambda\in\sigma_s(\mathcal{L})$ 是 $\mathcal{L}$ 的某个子张量的最小 H^+-特征值. 这是 $\sigma_s(\mathcal{L})$ 中下标"s"的含义. 接下来将讨论这些 H^+-特征值与 μ_1 的关系, 以及与边连通性与边扩展的关系.

6.4.1 刻画

下面给出 $\mathcal{L}$ 的子张量的最小 H^+-特征值与 $\sigma_s(\mathcal{L})$ 的等价性. 假设 $S\subseteq\{1, \cdots, n\}$ 是非空集合, 而 $\kappa(S)$ 是 $\mathcal{L}(S)$ 的最小 H^+-特征值.

下面的引理表明 $\{\kappa(S) \mid S\in 2^V\backslash\{\varnothing\}\}=\sigma_s(\mathcal{L})$.

引理 6.13 假设 G 是一个不含有孤立点的 k 图, 而 $S\subseteq\{1, \cdots, n\}$ 是非空的. 那么 $\kappa(S)=1-\rho(\mathcal{A}(S))\in[0, 1]$ 成立, 以及

$$\kappa(S)=\min\left\{\mathcal{L}\mathbf{y}^k \mid \mathbf{y}\in\mathbb{R}_+^n,\ \sum_{i\in\{1,\cdots,n\}} y_i^k=1,\ y_i=0,\ \forall i\in S^c\right\} \tag{6.12}$$

证明　注意到 $\mathcal{L}(S)=\mathcal{I}-\mathcal{A}(S)$. 那么，$\lambda$ 是 $\mathcal{L}(S)$ 的一个 H^+-特征值当且仅当 $1-\lambda$ 是 $\mathcal{A}(S)$ 的一个 H^+-特征值. 因此，由引理 6.2、引理 6.3 和引理 6.6，可得 $\kappa(S)=1-\rho(\mathcal{A}(S))\in[0,1]$. 这些连同定理 6.1 可进一步推出

$$\begin{aligned}\kappa(S)&=1-\max\left\{\mathcal{A}(S)\mathbf{y}^k \mid \mathbf{y}\in\mathbb{R}_+^{|S|},\ \sum_{i\in\{1,\cdots,|S|\}} y_i^k=1\right\}\\&=1-\max\left\{\mathcal{A}\mathbf{y}^k \mid \mathbf{y}\in\mathbb{R}_+^n,\ \sum_{i\in\{1,\cdots,n\}} y_i^k=1,\ y_i=0,\ \forall i\in S^c\right\}\\&=1+\min\left\{-\mathcal{A}\mathbf{y}^k \mid \mathbf{y}\in\mathbb{R}_+^n,\ \sum_{i\in\{1,\cdots,n\}} y_i^k=1,\ y_i=0,\ \forall i\in S^c\right\}\\&=\min\left\{1-\mathcal{A}\mathbf{y}^k \mid \mathbf{y}\in\mathbb{R}_+^n,\ \sum_{i\in\{1,\cdots,n\}} y_i^k=1,\ y_i=0,\ \forall i\in S^c\right\}\\&=\min\left\{\mathcal{L}\mathbf{y}^k \mid \mathbf{y}\in\mathbb{R}_+^n,\ \sum_{i\in\{1,\cdots,n\}} y_i^k=1,\ y_i=0,\ \forall i\in S^c\right\}\end{aligned}$$

因此，结论(6.12)成立. 引理得证.

下面的推论是引理 6.13 的直接推论.

推论 6.5　假设 G 是一个不含有孤立点的 k 图，且 $S,T\subseteq\{1,\cdots,n\}$ 是非空集合满足 $S\subset T$. 那么，$\kappa(T)\leqslant\kappa(S)$.

推论 6.6　假设 G 是一个不含有孤立点的 k 图. 那么，$\mu_1=\min\{\kappa(S)\mid S$ 是一个真子集谱部分$\}$.

证明　首先证明存在图 G 的一个真子集谱部分 S 使得 $\mu_1=\kappa(S)$. 那么，最小性由定理 6.3 和(6.11)直接得来.

由定理 6.3 和引理 6.13，存在 G 的一个谱部分使得 $\kappa(S)=\mu_1$. 如果 G 是连通的，那么由推论 6.3，可得 $\mu_1>0$. 然而，由引理 6.6 和引理 6.13，可得 $\kappa(V)=0$. 因此，$S\neq V$. 如果 G 具有至少两个连通部分 V_1 和 V_2，那么 V_1 是一个真子集谱部分且由引理 6.13 和引理 6.6 可得 $\kappa(V_1)=0$. 由推论 6.3，可得 $\mu_1=0$，因此可以选择 V_1 为 S.

注意到 d_i 是顶点 i 的度. 定义 $d_{\min}:=\min\limits_{i\in\{1,\cdots,n\}} d_i$ 和 $d_{\max}:=\max\limits_{i\in\{1,\cdots,n\}} d_i$. 给定非空集合 $S\subset V$，定义 $\mathrm{vol}(S):=\sum\limits_{i\in S} d_i$ 为集合 S 的容量. 图的容量 $\mathrm{vol}(\{1,\cdots,n\})$ 简记为 d_{vol}.

命题 6.5　假设 G 是一个不含有孤立顶点的 k 图. 对任意的非空子集 $S\subseteq V$，成立

$$\kappa(S)\leqslant\frac{(k-1)\mathrm{vol}(S^c)}{\mathrm{vol}(S)} \tag{6.13}$$

其中记 $\mathrm{vol}(\varnothing)=0$. 特别地，对 $i\in\{1,\cdots,n\}$，成立

$$\kappa(\{i\}^c)\leqslant\frac{(k-1)d_{\max}}{d_{\mathrm{vol}}-d_{\max}} \tag{6.14}$$

证明　当 $S=V$ 时，由(6.12)和引理 6.6，可得 $\kappa(S)=\kappa(V)=0$. 因此，结论成立. 接下来，假设 $S\neq V$. 记 $\tilde{\mathbf{d}}\in\mathbb{R}^n$ 是 n 维向量，对所有的 $i\in\{1,\cdots,n\}$，其第 i 个分量为 $\sqrt[k]{d_i}$. 记 $\mathbf{y}$ 为一个向量，当 $j\in S$ 时，其第 j 个分量为 $\dfrac{\tilde{d}_j}{\sqrt[k]{\mathrm{vol}(S)}}$，当 $j\in S^c$ 时，有 $y_j=0$. 那么，由引理 6.13，可得

$$\kappa(S) \leqslant \mathcal{L}\mathbf{y}^k = 1 - k\sum_{e\in E\setminus E_{S^c}} \frac{\mathbf{y}^e}{\widetilde{\mathbf{d}}^e} = 1 - k\sum_{e\in E\setminus E_{S^c}} \frac{1}{\mathrm{vol}(S)} = 1 - \frac{k|E| - k|E_{S^c}|}{\mathrm{vol}(S)}$$

$$= \frac{\mathrm{vol}(S) + k|E_{S^c}| - d_{\mathrm{vol}}}{\mathrm{vol}(S)} = \frac{k|E_{S^c}| - \mathrm{vol}(S^c)}{\mathrm{vol}(S)} \leqslant \frac{(k-1)\mathrm{vol}(S^c)}{\mathrm{vol}(S)}$$

其中，第四个等式由 $k|E| = d_{\mathrm{vol}}$ 得来，而最后一个不等式由对任意的 $e \in E_{S^c}$，e 对 $\mathrm{vol}(S^c)$ 的贡献至少为 1 得来. 因此，E_{S^c} 中的边最多为 $\mathrm{vol}(S^c)$. 所以，$k|E_{S^c}| \leqslant k\mathrm{vol}(S^c)$.

(6.14)由对任意的 $i \in \{1, \cdots, n\}$，$d_i \leqslant d_{\max}$ 得来.

注意到(6.13)只有在 $\mathrm{vol}(S) > (k-1)\mathrm{vol}(S^c)$ 才是非平凡的，而这个界是紧的.

如果对所有的 $i \in \{1, \cdots, n\}$，$d_i = d \geqslant 0$ 成立，称图是 d-正则的. 下面的推论直接由命题 6.5 推导而来.

推论 6.7 假设 G 是一个 k 图，且对某个 $d > 0$，图 G 是 d-正则的. 对任意的 $i \in \{1, \cdots, n\}$，成立

$$\kappa(\{i\}^c) \leqslant \frac{k-1}{n-1}$$

由命题 6.5 的证明，如果 $d_i = d_{\min}$，那么 $\kappa(\{i\}^c) \leqslant \frac{k-1}{n-1}$，这是因为 $d_{\mathrm{vol}} - d_{\min} \geqslant (n-1)d_{\min}$. 由此，有下面的结论.

推论 6.8 假设 G 是一个不含有孤立点的 k 图. 那么成立

$$\min_{i\in\{1, \cdots, n\}} \kappa(\{i\}^c) \leqslant \frac{k-1}{n-1}$$

下面的命题用 $\kappa(\{i\}^c)$ 给出 μ_1 的下界.

命题 6.6 假设 G 是一个不含有孤立点的 k 图. 那么对任意的 G 的真子集谱部分 S 满足 $\mu_1 = \kappa(S)$，成立

$$\mu_1 \geqslant \max_{i\in S^c} \kappa(\{i\}^c) \geqslant \min_{i\in\{1, \cdots, n\}} \kappa(\{i\}^c) \tag{6.15}$$

证明 该结论由定理 6.3、引理 6.13、推论 6.5 及推论 6.6 得来.

在下一小节中，将建立 $\min\limits_{i\in\{1, \cdots, n\}} \kappa(\{i\}^c)$ 与边连通性的联系.

6.4.2 边连通性

在本小节中，将讨论 $\mathcal{L}$ 的子张量的最小 H^+-特征值与边连通性的关系. 注意到，具有最小基数的边割对应的非空真子集称为图 G 的边连通性，记其为 $e(G)$. 注意到 G 是不连通的当且仅当 $e(G) = 0$. 同时容易看到 $e(G) \leqslant d_{\min}$.

命题 6.7 假设 G 是一个不含有孤立点的 k 图. 那么成立

$$\min_{i\in\{1, \cdots, n\}} \kappa(\{i\}^c) \leqslant \frac{k}{d_{\mathrm{vol}}} e(G) \tag{6.16}$$

证明 记 $\widetilde{\mathbf{d}} \in \mathbb{R}^n$ 是 n 维向量，对 $i \in \{1, \cdots, n\}$，其第 i 个分量为 $\sqrt[k]{d_i}$. 记 S 是 $\{1, \cdots, n\}$ 的非空真子集. 记 $\mathbf{y}$ 是 n 维向量，当 $j \in S$ 时，第 j 个分量为 $\dfrac{\widetilde{d}_j}{\sqrt[k]{\sum_{i\in S} d_i}}$；当 $j \in S^c$ 时，第 j 个分量为 $y_j = 0$. 因此，由引理 6.13，可得

$$\kappa(S)\leqslant \mathcal{L}\mathbf{y}^k = 1-k\sum_{e\in E(S)}\frac{\mathbf{y}^e}{\tilde{\mathbf{d}}^e} = 1-k\sum_{e\in E(S)}\frac{1}{\mathrm{vol}(S)} = 1-\frac{k|E(S)|}{\mathrm{vol}(S)}$$

类似地，$\kappa(S^c)\leqslant 1-\dfrac{k|E(S^c)|}{\mathrm{vol}(S^c)}$成立. 那么

$$\begin{aligned}\mathrm{vol}(S)\kappa(S)+\mathrm{vol}(S^c)\kappa(S^c) &\leqslant \mathrm{vol}(S)+\mathrm{vol}(S^c)-k(|E(S)|+|E(S^c)|)\\ &= d_{\mathrm{vol}}-k(|E|-|E(S,S^c)|)\\ &= k|E(S,S^c)|\end{aligned}$$

由于 S 和S^c 都是非空的，因此分别存在某个 r 和 s 使得 $S\subseteq\{r\}^c$ 和$S^c\subseteq\{s\}^c$ 成立. 由推论 6.5，可得

$$\begin{aligned}d_{\mathrm{vol}}\min_{i\in\{1,\cdots,n\}}\kappa(\{i\}^c) &\leqslant d_{\mathrm{vol}}\min\{\kappa(\{r\}^c),\kappa(\{s\}^c)\}\\ &\leqslant \sum_{i\in S}d_i\kappa(S)+\sum_{i\in S^c}d_i\kappa(S^c)\\ &\leqslant k|E(S,S^c)|\end{aligned}$$

这样一来，(6.16)成立.

6.4.3 边扩展

本小节将讨论图的边扩展.

下面的命题用 μ_1 给出 $h_2(G)$的界的估计.

命题 6.8 假设 G 是一个不含有孤立点的 k 图，$r\in\{1,\cdots,k-1\}$. 那么对任何的谱部分 S，$\kappa(S)\leqslant\dfrac{(k-2)|E(S,S^c)|}{\mathrm{vol}(S)}$成立. 因此，

$$\mu_1\leqslant(k-2)h_2(G)$$

证明 记$\tilde{\mathbf{d}}\in\mathbb{R}^n$ 是n 维向量，对所有的 $i\in\{1,\cdots,n\}$，其第 i 个分量为$\sqrt[k]{d_i}$. 假设 S 是一个谱部分，那么要么 $E(S,S^c)$是空集，要么它割S^c 在深度至少为 2. 空集的情形是显然成立的，下面假设 $E(S,S^c)$是非空的. 记 $\mathbf{y}$ 是一个向量，对 $j\in S$，其第 j 个分量为 $\dfrac{\tilde{d}_j}{\sqrt[k]{\mathrm{vol}(S)}}$；对 $j\in S^c$，其第 j 个分量为$y_j=0$. 由引理 6.13，可得

$$\begin{aligned}\kappa(S) &= \min\Big\{\mathcal{L}\mathbf{z}^k \;\Big|\; \mathbf{z}\in\mathbb{R}^n_+,\ \sum_{i\in\{1,\cdots,n\}}z_i^k=1,\ z_i=0,\ \forall i\in S^c\Big\}\\ &\leqslant \mathcal{L}\mathbf{y}^k\\ &= 1-k\sum_{e\in E(S)}\frac{\mathbf{y}^e}{\tilde{\mathbf{d}}^e}\\ &= 1-k\sum_{e\in E(S)}\frac{1}{\mathrm{vol}(S)}\\ &= 1-\frac{k|E(S)|}{\mathrm{vol}(S)}\\ &\leqslant \frac{(k-2)|E(S,S^c)|}{\mathrm{vol}(S)}\end{aligned}$$

最后一个不等式由 $k|E(S)|\geqslant\mathrm{vol}(S)-(k-2)|E(S,S^c)|$得到，这是因为 $E(S,S^c)$割 S^c 在深度至少为 2. 那么，第一个结论成立. 以上推导连同定义 2.28 和推论

6.6，得到

$$\mu_1 \leqslant (k-2)h_2(G)$$

因为 $d_{\text{vol}} > \left\lceil \frac{d_{\text{vol}}}{2} \right\rceil$ 推出式(2.12)的最小值只涉及真子集.

由命题 6.6 和命题 6.8 的类似证明，以及 $\min\limits_{i\in\{1,\cdots,n\}} \kappa(\{i\}^c) \leqslant \kappa(S)$ 对任意非空真子集 S 都成立，可以得到下面的命题.

命题 6.9 假设 G 是一个不含有孤立点的 k 图. 对所有的 $r\in\{1,\cdots,k-1\}$，对任意的非空子集 S，要么 $E(S,S^c)$ 是空集，要么它割 S^c 在深度至少为 r，$\kappa(S) \leqslant \frac{(k-r)|E(S,S^c)|}{\text{vol}(S)}$ 都成立. 特别地，

$$\min_{i\in\{1,\cdots,n\}} \kappa(\{i\}^c) \leqslant (k-r)h_r(G) \tag{6.17}$$

注意，对任意的非空集合 S，由定义 2.25 可知，如果要么 $E(S,S^c)$ 是空集，要么它割 S^c 在深度至少为 r(其中 $r\geqslant 2$)，则 S 是一个谱部分. 再结合推论 6.6 和命题 6.9，可以推出下面的推论.

推论 6.9 假设 G 是一个不含有孤立点的 k 图. 对任意满足 $2\leqslant r\leqslant k-1$ 的 r，$\mu_1 \leqslant (k-r)h_r(G)$ 成立.

6.5 Laplacian 的最大 H-特征值

由定理 6.2 可知，如果 λ 是张量 $\mathcal{L}$ 的一个 H-特征值，那么 $\lambda\leqslant 2$. 由引理 6.7 可知，只需要考察连通的图. 注意，当 $\lambda=2$ 时，-1 是邻接张量 $\mathcal{A}$ 的一个特征值.

6.5.1 邻接张量的谱环上的特征值的特征向量

由于 $\rho(\mathcal{A})=1$，那么所有模长为 1 的复数构成邻接张量的谱环. 根据文献[81]中的定理 3.9，如果张量 $\mathcal{A}$ 有 $r\geqslant 1$ 个模长为 1 的特征值，那么这些特征值在谱环上均匀分布，即它们具有形式 $\exp\left(\frac{2s\pi\sqrt{-1}}{r}\right)$，其中 $s\in\{1,\cdots,r\}$. 在本节，将建立一个非零向量成为谱环上特征值对应的特征向量的充分和必要条件. 关于谱的对称性的问题，将在后面的章节详细讨论.

首先给出下面的引理.

引理 6.14 假设 G 是一个连通的 k 图. 如果 $\mathbf{x}\in\mathbb{C}^n$ 是 $\mathcal{A}$ 的对应特征值 $\exp(\sqrt{-1}\theta)$ 的特征向量，那么存在 $\theta_i\in\mathbb{R}$ 使得

$$x_i = \exp(\sqrt{-1}\,\theta_i)\frac{\sqrt[k]{d_i}}{\sqrt[k]{d_{\text{vol}}}},\ \forall i\in\{1,\cdots,n\} \tag{6.18}$$

并且对任意的 $i\in\{1,\cdots,n\}$，存在 $\gamma_i\in\mathbb{C}$ 使得

$$\exp(\sqrt{-1}\,\theta_{i_2})\cdots\exp(\sqrt{-1}\,\theta_{i_k}) = \gamma_i,\ \forall e=\{i,i_2,\cdots,i_k\}\in E_i \tag{6.19}$$

证明 记 $\widetilde{\mathbf{d}}\in\mathbb{R}^n$ 是 n 维向量，对任意的 $i\in\{1,\cdots,n\}$，其第 i 个分量为 $\sqrt[k]{d_i}$. 那么

$$\sum_{i\in\{1,\cdots,n\}}|x_i||(\mathcal{A}\mathbf{x}^{k-1})_i| = \sum_{i\in\{1,\cdots,n\}}|x_i|\left|\sum_{e\in E_i}\frac{1}{\sqrt[k]{d_i}}\prod_{j\in e\setminus\{i\}}\frac{x_j}{\sqrt[k]{d_j}}\right|$$
$$\leqslant \sum_{e\in E}k\prod_{i\in e}\frac{|x_i|}{\sqrt[k]{d_i}} \leqslant \sum_{e\in E}k\left(\frac{1}{k}\sum_{i\in e}\left(\frac{|x_i|}{\sqrt[k]{d_i}}\right)^k\right)$$
$$= \sum_{e\in E}\sum_{i\in e}\frac{|x_i|^k}{d_i} = \sum_{i\in\{1,\cdots,n\}}\sum_{e\in E_i}\frac{|x_i|^k}{d_i}$$
$$= \sum_{i\in\{1,\cdots,n\}}|x_i|^k$$

根据这个结论和假设 $\sum_{i\in\{1,\cdots,n\}}|x_i||(\mathcal{A}\mathbf{x}^{k-1})_i| = \sum_{i\in\{1,\cdots,n\}}|x_i|^k$，可以推出上述的所有不等式都为等式.

由上面的第二个(代数-几何均值)不等式是等式，可得对某个 $\alpha>0$，对所有的 $i\in\{1,\cdots,n\}$都有 $|x_i|=\alpha\left|\sqrt[k]{d_i}\right|$，这是因为 G 是连通的. 对向量 $\mathbf{x}$ 和 $\tilde{\mathbf{d}}$ 进行正规化，可得(6.18).

由第一个不等式为等式，可得(6.19).

记 $\mathbb{Z}$ 为整数构成的环. 对每个正整数 k，记 $\langle k\rangle$ 为 k 在 $\mathbb{Z}$ 中生成的理想. 记 $\mathbb{K}:=\{\overline{0},\overline{1},\cdots,\overline{k-1}\}$ 为商环 $\mathbb{Z}/\langle k\rangle$. $\alpha\in\mathbb{Z}$ 在自然同态 $\mathbb{Z}\to\mathbb{K}$ 下的像记为 $\overline{\alpha}$. 更多的基本符号可以参考文献[33]、[45].

下面的结论给出 $\exp(\sqrt{-1}\theta)$ 成为张量 $\mathcal{A}$ 的特征值的充分和必要条件.

定理 6.4　假设 G 是一个连通的 k 图. 那么，$\exp(\sqrt{-1}\theta)$ 是 $\mathcal{A}$ 的一个特征值当且仅当对某个整数 α，$\theta=\frac{2\alpha\pi}{k}$ 成立，以及对 $i\in\{1,\cdots,n\}$ 存在整数 α_i，使得

$$\sum_{j\in e}\overline{\alpha}_j = \overline{\alpha},\ \forall e\in E \tag{6.20}$$

证明　假设 $\exp(\sqrt{-1}\theta)$ 是张量 $\mathcal{A}$ 的特征值，具有特征向量 $\mathbf{x}$. 由引理 6.14，对所有的 $i\in\{1,\cdots,n\}$，存在 $\theta_i\in\mathbb{R}$ 使得 $x_i=\exp(\sqrt{-1}\theta_i)\frac{\sqrt[k]{d_i}}{\sqrt[k]{d_{\text{vol}}}}$，以及对某个 $\gamma_i\in\mathbb{C}$，成立

$$\exp(\sqrt{-1}\,\theta_{i_2})\cdots\exp(\sqrt{-1}\,\theta_{i_k})=\gamma_i,\ \forall e=\{i,i_2,\cdots,i_k\}\in E_i$$

记 $\tilde{\mathbf{d}}\in\mathbb{R}^n$ 是 n 维向量，对 $i\in\{1,\cdots,n\}$，其第 i 个分量为 $\sqrt[k]{d_i}$. 因为

$$\exp(\sqrt{-1}\theta)x_i^{k-1} = (\mathcal{A}\mathbf{x}^{k-1})_i = \gamma_i\frac{(\mathcal{A}\tilde{\mathbf{d}}^{k-1})_i}{(\sqrt[k]{d_{\text{vol}}})^{k-1}} = \gamma_i\left(\frac{\sqrt[k]{d_i}}{\sqrt[k]{d_{\text{vol}}}}\right)^{k-1}$$

所以，对所有的 $i\in\{1,\cdots,n\}$，有

$$\exp(\sqrt{-1}\,\theta_{i_2})\cdots\exp(\sqrt{-1}\,\theta_{i_k})$$
$$=\exp(\sqrt{-1}\theta)\left[\exp(\sqrt{-1}\,\theta_i)\right]^{k-1},\ \forall e=\{i,i_2,\cdots,i_k\}\in E_i$$

因此，可得对某个整数 $\alpha_{i,e}$，成立

$$\sum_{j\in e}\theta_j=\theta+k\theta_i+2\alpha_{i,e}\pi,\ \forall i\in e,\ \forall e\in E \tag{6.21}$$

由于特征方程是齐次的，不失一般性，可以对 $\mathbf{x}$ 进行尺度化以使得 $\theta_1=0$. 那么，

$$\theta+k\theta_i+2\alpha_{i,e}\pi=\sum_{j\in e}\theta_j=\theta+2\alpha_{1,e}\pi,\ \forall i\in e,\ \forall e\in E_1$$

因此，对每个 $i\in V(1)$(与顶点 1 有共同边的顶点的集合)，$\theta_i=\alpha_i\frac{2\pi}{k}$ 对某个整数 α_i 成立. 由

于G是连通的，通过一个类似的证明，可以证明对所有的$i\in\{1, \cdots, n\}$，存在整数α_i使得$\theta_i=\alpha_i\frac{2\pi}{k}$成立. 因此，可得

$$\theta+2\alpha_{1,e}\pi=\sum_{j\in e}\theta_j=\left(\sum_{j\in e}\alpha_j\right)\frac{2\pi}{k}, \ \forall e\in E_1$$

那么，对某个整数α，$\theta=\alpha\frac{2\pi}{k}$成立. 综上，可以将(6.21)写为

$$\left(\sum_{j\in e}\alpha_j\right)\frac{2\pi}{k}=\alpha\frac{2\pi}{k}+2(\alpha_i+\alpha_{i,e})\pi, \ \forall i\in e, \ \forall e\in E$$

等价地，有

$$\sum_{j\in e}\bar{\alpha}_j=\bar{\alpha}, \ \forall e\in E$$

对上述证明进行反向分析，可得反过来的结论也是正确的.

存在某个整数α使得$\theta=\frac{2\alpha\pi}{k}$不是偶然的. 张量$\mathcal{A}$的具有模长$\rho(\mathcal{A})=1$的特征值在谱环$\{\lambda\,|\,|\lambda|=1\}$上均匀分布. 称谱环上特征值的个数为张量$\mathcal{A}$的本原指数.

如果$\exp\left(\frac{2\alpha\pi}{k}\sqrt{-1}\right)$是张量$\mathcal{A}$的一个特征值，那么对所有的$i\in\{1, \cdots, n\}$存在整数$\alpha_i$使得对所有的$e\in E$，$\sum_{j\in e}\bar{\alpha}_j=\bar{\alpha}$. 容易看到，对所有的$s\in\{1, \cdots, k\}$，$\sum_{j\in e}\overline{s\alpha_j}=\overline{s\alpha}$对所有的$e\in E$都成立. 那么，由定理6.4，对所有的$s\in\{1, \cdots, k\}$，$\exp\left(\frac{2s\alpha\pi}{k}\sqrt{-1}\right)$是张量$\mathcal{A}$的一个特征值. 因此，本原指数一定是$k$的一个因子. 这个结论将记录在下述推论中. 注意，(r, s)表示给定的两个整数r和s的最大公因子.

推论 6.10 假设G是一个连通的k图. 如果$\alpha\in\{1, \cdots, k\}$是最小的正整数使得$\exp\left(\frac{2\alpha\pi}{k}\sqrt{-1}\right)$是$\mathcal{A}$的特征值，那么$\mathcal{A}$的本原指数为$\frac{k}{k, \alpha}$. 因此，$\mathcal{A}$的本原指数是$k$的一个因子. 当$k$是一个素数时，要么1是$\mathcal{A}$在谱环上的唯一的特征值，要么对所有的$j\in\{1, \cdots, k\}$，$\exp\left(j\frac{2\pi}{k}\sqrt{-1}\right)$都是张量$\mathcal{A}$的一个特征值.

由下面的推论连同定理6.2，推出当k是奇数时，$\mathcal{L}$不具有特征值2.

推论 6.11 假设G是一个连通的k图，且k是一个奇数. 那么，对任意的$\lambda\in\sigma(\mathcal{L})$，$\mathrm{Re}(\lambda)<2$成立.

证明 由定理6.2的结论(2)，可得$\mathrm{Re}(\lambda)\leqslant 2$且等式成立当且仅当$\lambda=2$. 如果等式成立，那么$-1$是张量$\mathcal{A}$的特征值. 然而，因为$k$是一个奇数，定理6.4表明$-1$不可能是张量$\mathcal{A}$的特征值. 因此，结论成立.

下面的推论表明，如果$s\geqslant 1$是$\mathcal{A}$的本原指数，那么对所有的$j\in\{1, \cdots, s\}$，邻接张量的谱再乘以$\exp\left(\frac{2j\pi}{s}\sqrt{-1}\right)$是不变的.

推论 6.12 假设G是一个连通的k图，其邻接张量$\mathcal{A}$的本原指数为$s\geqslant 1$. 记$(\alpha_1, \cdots, \alpha_n)$是满足方程(6.20)在$\alpha=\frac{k}{s}$时的整数解. 如果$\lambda$是$\mathcal{A}$的特征值，具有特征向量

$\mathbf{x}$，那么 $\exp\left(\frac{2\pi}{s}\sqrt{-1}\right)\lambda$ 也是张量 $\mathcal{A}$ 的特征值，具有特征向量 $\mathbf{z}$，其中对所有的 $i\in\{1, \cdots, n\}$，$z_i := \exp\left(\frac{2\alpha_i\pi}{k}\sqrt{-1}\right)x_i$.

证明　假设 λ 是张量 $\mathcal{A}$ 的特征值，具有特征向量 $\mathbf{x}\in\mathbb{C}^n$. 那么，$\mathcal{A}\mathbf{x}^{k-1}=\lambda\,\mathbf{x}^{[k-1]}$ 成立. 由假设可得

$$\sum_{j\in e}\bar{\alpha}_j=\overline{\left(\frac{k}{s}\right)},\ \forall e\in E \tag{6.22}$$

记 $\mathbf{z}\in\mathbb{C}^n$ 是 n 维向量，其中对所有的 $i\in\{1, \cdots, n\}$，有 $z_i := \exp\left(\frac{2\alpha_i\pi}{k}\sqrt{-1}\right)x_i$. 那么，对所有的 $i\in\{1, \cdots, n\}$，成立

$$\begin{aligned}
(\mathcal{A}\mathbf{z}^{k-1})_i &:= \sum_{e\in E_i}\frac{1}{\sqrt[k]{d_i}}\prod_{j\in e\setminus\{i\}}\frac{z_j}{\sqrt[k]{d_j}} \\
&= \sum_{e\in E_i}\frac{\exp\left(\frac{2\pi}{s}\sqrt{-1}\right)}{\exp\left(\frac{2\alpha_i\pi}{k}\sqrt{-1}\right)}\frac{1}{\sqrt[k]{d_i}}\prod_{j\in e\setminus\{i\}}\frac{x_j}{\sqrt[k]{d_j}} \\
&= \frac{\exp\left(\frac{2\pi}{s}\sqrt{-1}\right)}{\exp\left(\frac{2\alpha_i\pi}{k}\sqrt{-1}\right)}\lambda x_i^{k-1} \\
&= \frac{\exp\left(\frac{2\pi}{s}\sqrt{-1}\right)}{\exp\left(\left[\frac{2\alpha_i\pi}{k}+(k-1)\frac{2\alpha_i\pi}{k}\right]\sqrt{-1}\right)}\lambda z_i^{k-1} \\
&= \exp\left(\frac{2\pi}{s}\sqrt{-1}\right)\lambda z_i^{k-1}
\end{aligned}$$

其中第二个等式由式(6.22)得来. 因此，$\exp\left(\frac{2\pi}{s}\sqrt{-1}\right)\lambda$ 是张量 $\mathcal{A}$ 的特征值，具有特征向量 $\mathbf{z}$. 结论证毕.

推论 6.12 中特征值乘以 $\exp\left(\frac{2j\pi}{s}\sqrt{-1}\right)$ 后不变的性质很重要，将在第 10 章中更为详细地讨论. 上述证明同时也揭示了特征向量之间的关联.

由定理 6.4 的证明，事实上可以得到下面的结论，它刻画了 $\mathcal{A}$ 的谱环上的所有特征值的特征向量.

定理 6.5　假设 G 是一个连通的 k 图，$\alpha\in\{1, \cdots, k\}$. 那么，非零向量 $\mathbf{x}$ 是张量 $\mathcal{A}$ 对应特征值 $\exp\left(\frac{2\alpha\pi}{k}\sqrt{-1}\right)$ 的特征向量当且仅当存在 θ 和对所有的 $i\in\{1, \cdots, n\}$ 有整数 α_i，使得 $x_i=\exp(\sqrt{-1}\theta)\exp\left(\frac{2\alpha_i\pi}{k}\sqrt{-1}\right)\frac{\sqrt[k]{d_i}}{\sqrt[k]{d_{\mathrm{vol}}}}$ 以及 $\sum_{j\in e}\bar{\alpha}_j=\bar{\alpha}$，$\forall e\in E$.

下面的推论说明，当 k 是奇数时，张量 $\mathcal{A}$ 的谱半径的 H-特征向量在相差常数倍下是唯一的.

推论 6.13　假设 G 是连通的 k 图，k 是奇数. 如果 $\mathbf{x}\in\mathbb{R}^n$ 是张量 $\mathcal{A}$ 对应特征值 1 的特

征向量，那么 **x** 或者 −**x** 是唯一的正特征向量.

证明 由定理 6.5，实向量 **x** 是张量 $\mathcal{A}$ 对应特征值 1 的特征向量必须满足

$$\exp(\sqrt{-1}\theta)\exp\left(\frac{2\alpha_i\pi}{k}\sqrt{-1}\right)=\pm 1,\ \forall i\in\{1,\cdots,n\}$$

这些约束条件表明对所有的 $i\in\{1,\cdots,n\}$，存在整数 β_i 使得 $\theta+\frac{2\alpha_i\pi}{k}=\beta_i\pi$. 因此，对所有的 $i,j\in\{1,\cdots,n\}$，$\frac{2(\alpha_i-\alpha_j)\pi}{k}=(\beta_i-\beta_j)\pi$ 成立. 因为 k 是奇数，那么 $\beta_i-\beta_j\in\langle 2\rangle\subset\mathbb{Z}$. 这样一来，对所有的 $i\in\{1,\cdots,n\}$，$\exp(\sqrt{-1}\theta)\exp\left(\frac{2\alpha_i\pi}{k}\sqrt{-1}\right)=1$ 成立，或者对所有的 $i\in\{1,\cdots,n\}$，$\exp(\sqrt{-1}\theta)\exp\left(\frac{2\alpha_i\pi}{k}\sqrt{-1}\right)=-1$ 成立，这是因为对所有的 $i,j\in\{1,\cdots,n\}$，$\exp(\beta_i\pi)=\exp(\beta_j\pi)$ 成立. 结论证毕.

下面的推论给出 2 是张量 $\mathcal{L}$ 的 H-特征值的充分和必要条件.

推论 6.14 假设 G 是一个连通的 k 图，k 是偶数. 那么，2 是张量 $\mathcal{L}$ 的 H-特征值当且仅当存在集合 $V=V_1\cup V_2$（其中 $V_1\neq\varnothing$）的一个不交的剖分，使得对每个边 $e\in E$，$|e\cap V_1|$ 是一个奇数.

证明 充分性是显然的：记 $\theta=0$ 以及当 $i\in V_1$ 时 $\alpha_i:=\frac{k}{2}$，当 $i\in V_2$ 时 $\alpha_i=0$. 由此一来，对所有的 $e\in E$，$\sum_{j\in e}\bar{\alpha}_j=\frac{\bar{k}}{2}$，由定理 6.5 可得，−1 是张量 $\mathcal{A}$ 的一个 H-特征值. 因此，2 是张量 $\mathcal{L}$ 的一个 H-特征值.

下面证明必要性. 假设 −1 是张量 $\mathcal{A}$ 的 H-特征值具有 H-特征向量 **x**. 由定理 6.5，可得存在 θ 和整数 α_i 满足

$$\exp(\sqrt{-1}\theta)\exp\left(\frac{2\alpha_i\pi}{k}\sqrt{-1}\right)=\pm 1,\ \forall i\in\{1,\cdots,n\}$$

以及

$$\sum_{j\in e}\bar{\alpha}_j=\frac{\bar{k}}{2},\ \forall e\in E$$

前面的约束表明，对所有的 $i\in\{1,\cdots,n\}$，存在整数 β_i，使得 $\theta+\frac{2\alpha_i\pi}{k}=\beta_i\pi=\frac{\beta_i k\pi}{k}=\frac{2\left(\frac{k}{2}\beta_i\right)\pi}{k}$. 因此，对某个整数 β，$\theta=\frac{2\beta\pi}{k}$ 成立. 由于 $\overline{k\beta}=\bar{0}$，对所有的 $i\in\{1,\cdots,n\}$，可以将 θ 吸收进入 α_i. 不失一般性，将吸收后的整数仍然记作 α_i. 那么，可得

$$\exp\left(\frac{2\alpha_i\pi}{k}\sqrt{-1}\right)=\pm 1,\ \forall i\in\{1,\cdots,n\}\Leftrightarrow\bar{\alpha}_i=\bar{0}，或者\ \bar{\alpha}_i=\frac{\bar{k}}{2},\ \forall i\in\{1,\cdots,n\}$$

同时，下式仍然成立

$$\sum_{j\in e}\bar{\alpha}_j=\frac{\bar{k}}{2},\ \forall e\in E$$

由于对所有的 $i\in\{1,\cdots,n\}$，$\overline{2\alpha_i}=\bar{0}$ 成立，后面的约束推出存在顶点集 $V=V_1\cup V_2$（其中 $V_1\neq\varnothing$）的一个不交的剖分，使得对每个边 $e\in E$，$|e\cap V_1|$ 是一个奇数. 事实上，V_1

可以被选取为$\left\{i\in\{1, \cdots, n\} \mid \bar{\alpha}_i=\frac{\bar{k}}{2}\right\}$.

给定一个图，如果存在互不相交的剖分 $V=V_1\cup\cdots\cup V_k$ 使得每条边 $e\in E$ 交 V_i 都是非平凡的(即 $e\cap V_i\neq\varnothing$)，其中 $i\in\{1, \cdots, k\}$，那么称这个图是 k 可分的.

推论 6.15　假设 G 是一个连通的 k 图. 如果 G 是 k 可分的，那么 $\mathcal{A}$ 的本原指数为 k.

证明　由于 G 是 k 可分的，记 $V_1, \cdots, V_k$ 是其一个 k 剖分. 对任意的 $j\in\{1, \cdots, k\}$，令 $\theta=0$，当 $i\in V_1$ 时 $\bar{\alpha}_i=\bar{j}$，对所有的 $i\notin V_1$，$\bar{\alpha}_i=\bar{0}$. 因此，可以满足 $\sum_{i\in e}\bar{\alpha}_i=\bar{j}$ 对所有的 $e\in E$ 都成立. 因此，对所有的 $j\in\{1, \cdots, k\}$，由定理 6.5，$\exp\left(j\frac{2\pi}{k}\sqrt{-1}\right)$ 是张量 $\mathcal{A}$ 的一个特征值.

推论 6.15 和推论 6.12 指出 k 可分图的邻接张量的谱乘以 k 阶单位根是不变的. 这是文献[82]中定理 4.2 在 k 可分图的正则邻接张量的体现.

6.5.2　代数表示

在这一小节中，将定理 6.4 和定理 6.5 用模下的线性代数来表示.

对于正整数 k，环 $\mathbb{K}$ 按上述定义. 记 $\mathbb{A}:=\mathbb{K}^n$ 是具有秩 n 的自由 $\mathbb{K}$-模. 对于图 $G=(V, E)$，可以对应一个子模 $\mathbb{G}\subseteq\mathbb{A}$，其中 $\mathbb{G}$ 由 $\widetilde{\boldsymbol{G}}:=\{\mathbf{z}(e)\in\mathbb{A} \mid z(e)_i=\bar{1}, i\in e, z(e)_i=\bar{0}, i\notin e, \forall e\in E\}$ 生成. 记 $\widehat{\boldsymbol{G}}$ 是 $\mathbb{K}^{|E|}\to\mathbb{G}$ 的 $|E|\times n$ 的表示矩阵，其行由 $\mathbf{z}^{\mathrm{T}}$ 给出，其中 $\mathbf{z}\in\widetilde{\boldsymbol{G}}$. 记 $\mathbf{1}\in\mathbb{A}$ 是全 1 向量. 那么有下面的结论.

定理 6.6　假设 G 是一个连通的 k 图. 假设对某个非负整数 α，有 $\theta=\frac{2\alpha\pi}{k}$. 那么，$\exp(\sqrt{-1}\theta)$ 是张量 $\mathcal{A}$ 的特征值当且仅当存在向量 $\mathbf{y}\in\mathbb{A}$ 使得 $\mathbf{z}^{\mathrm{T}}\mathbf{y}=\bar{\alpha}$ 对所有的 $\mathbf{z}\in\widetilde{\boldsymbol{G}}$ 都成立. 此外，当 $\exp(\sqrt{-1}\theta)$ 是张量 $\mathcal{A}$ 的特征值时，其有唯一的特征向量(在相差常数倍下)当且仅当 $\widehat{\boldsymbol{G}}$ 的核为 $\langle\mathbf{1}\rangle$.

定理 6.6 的价值在于其将张量的一个非线性特征值问题转化成了一个线性代数问题. 在经典的域上的线性代数中，给定矩阵 $\boldsymbol{A}\in\mathbb{R}^{m\times n}$，可得 $\dim(\ker(\boldsymbol{A}))+\dim(\mathrm{im}(\boldsymbol{A}^{\mathrm{T}}))=n$. 其中 $\ker(\boldsymbol{A})$ 和 $\mathrm{im}(\boldsymbol{A})$ 分别表示线性映射 $\boldsymbol{A}: \mathbb{R}^n\to\mathbb{R}^m$ 的核和像. 然而，在上述情形的 $\widehat{\boldsymbol{G}}$ 下，情况是比较复杂的，因为 $\mathbb{G}$ 的一阶对合(syzygy)可能是非平凡的(即不等于{0})[33, 44]. 这里需要投入更多的研究.

关于定理 6.6 的进一步讨论将在第 10 章进一步展开.

第7章 特征向量

根据前文，假设张量$\mathcal{A}$具有块对角结构，其第i个对角块张量为张量$\mathcal{A}$与V_i对应的子张量，其中$i\in\{1, \cdots, r\}$，$V_1\cup\cdots\cup V_r$是V的一个剖分．而张量$\mathcal{A}(V_i)$是子图G_{V_i}的邻接张量，其中$i\in\{1, \cdots, r\}$．对于 Laplacian 张量和无符号 Laplacian 张量，也有类似的假设．

7.1 hm-二可分图

本节给出 hm-二可分图的谱的基本性质．

下面的命题说明 hm-二可分图的谱是对称的．

命题 7.1 假设G是一个 hm-二可分k图．那么张量$\mathcal{A}$的谱乘以任意k阶单位根是不变的．

证明 $E=\varnothing$的情形显然成立．下文假设$E\neq\varnothing$．由于G是 hm-二可分的，记V_1和V_2是V的一个二剖分使得$|e\cap V_1|=1$对所有$e\in E$都成立．

记α是任意的k阶单位根．假设$\lambda\in\mathbb{C}$是$\mathcal{A}$的一个特征值，其特征向量为$\mathbf{x}\in\mathbb{C}^n$．那么，记$\mathbf{y}\in\mathbb{C}^n$是一个向量，使得当$i\in V_1$时，$y_i=\alpha x_i$，而对其他情形$y_i=x_i$．对所有的$i\in V_1$，成立

$$(\mathcal{A}\mathbf{y}^{k-1})_i=\sum_{e\in E_i}\prod_{j\in e\setminus\{i\}}y_j=\sum_{e\in E_i}\prod_{j\in e\setminus\{i\}}x_j=\lambda x_i^{k-1}=(\alpha\lambda)(\alpha x_i)^{k-1}=(\alpha\lambda)y_i^{k-1}$$

其中第二个等式从G是一个 hm-二可分图得来，可以推出对每条边$e\in E_i$，除了i，所有顶点都属于V_2．第三个等式从$(\lambda, \mathbf{x})$的特征方程得来．对于$i\in V_2$，成立

$$(\mathcal{A}\mathbf{y}^{k-1})_i=\sum_{e\in E_i}\prod_{j\in e\setminus\{i\}}y_j=\alpha\sum_{e\in E_i}\prod_{j\in e\setminus\{i\}}x_j=\alpha\lambda x_i^{k-1}=(\alpha\lambda)y_i^{k-1}$$

其中第二个等式从G是一个 hm-二可分图得来，可以推出对每条边$e\in E_i$，除了i，刚好只有一个顶点属于V_1．第三个等式从$(\lambda, \mathbf{x})$的特征方程得来．

因此，由定义 2.5 可知，$\alpha\lambda$是$\mathcal{A}$的一个特征值．结论得证．

注意，如果存在互不相交的剖分$V=V_1\cup\cdots\cup V_k$使得每条边$e\in E$交V_i都是非平凡的(即$e\cap V_i\neq\varnothing$)，其中$i\in\{1, \cdots, k\}$，那么这个图是k可分的．显然，k可分图是 hm-二可分的．那么，命题 7.1 延伸了推论 6.15 及文献[83]中的定理 4.2．

下面的命题给出 hm-二可分图的无符号 Laplacian 张量和 Laplacian 张量的谱的联系．

命题 7.2 假设k是偶数，G是一个 hm-二可分k图．那么 Laplacian 张量和无符号 Laplacian 张量的谱是一样的．

证明 对于k阶n维张量$\mathcal{T}$，由对角矩阵$\boldsymbol{P}$的相似变换，记$\boldsymbol{P}^{-1}\cdot\mathcal{T}\cdot\boldsymbol{P}$是$k$阶$n$维张量，其分量为

$$(\boldsymbol{P}^{-1}\cdot\mathcal{T}\cdot\boldsymbol{P})_{i_1\cdots i_k}:=p_{i_1i_1}^{-k+1}t_{i_1\cdots i_k}p_{i_2i_2}\cdots p_{i_ki_k},\ \forall i_s\in\{1,\cdots,n\},\ s\in\{1,\cdots,k\}$$

由张量的特征方程(定义 2.5)，可得 $\mathcal{T}$ 和 $\boldsymbol{P}^{-1}\cdot\mathcal{T}\cdot\boldsymbol{P}$ 对任意的可逆对角矩阵 $\boldsymbol{P}$ 具有相同的谱.

$E=\varnothing$ 的情形很显然. 此外，由 $\mathcal{D}-\mathcal{A}$ 和 $\mathcal{D}+\mathcal{A}$ 的对角块结构，可以假设 $E\neq\varnothing$ 以及 G 是连通的. 由于 G 是 hm-二可分的，记 V_1 和 V_2 是 V 的一个二剖分使得 $|e\cap V_1|=1$ 对所有的 $e\in E$ 都成立. 记 $\boldsymbol{P}$ 是对角矩阵；当 $i\in V_1$ 时，其第 i 个对角元为 1；当 $i\in V_2$ 时，其第 i 个对角元为 -1. 通过直接计算，可得

$$\boldsymbol{P}^{-1}\cdot(\mathcal{D}-\mathcal{A})\cdot\boldsymbol{P}=\mathcal{D}+\mathcal{A}$$

由于矩阵 $\boldsymbol{P}$ 是可逆的，那么最后的结论由前序讨论可得.

当 k 是奇数，且 G 非平凡时，不满足 $\boldsymbol{P}^{-1}\cdot(\mathcal{D}-\mathcal{A})\cdot\boldsymbol{P}=\mathcal{D}+\mathcal{A}$. 因此，不知道在这种情形下，Laplacian 张量和无符号 Laplacian 张量的谱是否也是一样的. 另一方面，当 $k\geqslant4$ 是偶数时，命题 7.2 的反命题不知道是否成立. 对于图谱理论，众所周知：一个图二可分当且仅当 Laplacian 矩阵和无符号 Laplacian 矩阵的谱是一样的[1]. 更进一步的讨论将在第 10 章中展开.

图的结构与其谱的结构具有很深刻的联系. 下文中，将讨论 Laplacian 张量与无符号 Laplacian 张量零特征值对应的特征向量. 类似前文关于 Laplacian 的零特征值的特征向量的描述，首先讨论它们零特征值的特征向量.

7.2 零特征值的特征向量

下面的引理刻画图的 Laplacian 张量与无符号 Laplacian 张量零特征值对应的特征向量.

引理 7.1 假设 G 是一个 k 图，V_i，$i\in\{1,\cdots,s\}$ 是其连通的部分，其中 $s>0$. 如果 $\mathbf{x}$ 是 Laplacian 张量或者无符号 Laplacian 张量的零特征值的一个特征向量，那么当 $\mathbf{x}(V_i)\neq\mathbf{0}$ 时，$\mathbf{x}(V_i)$ 是 $(\mathcal{D}-\mathcal{A})(V_i)$ 或者 $(\mathcal{D}+\mathcal{A})(V_i)$ 对应零特征值的特征向量. 此外，在此情况下，$\sup(\mathbf{x}(V_i))=V_i$，存在 $\gamma\in\mathbb{C}\setminus\{0\}$，对所有 $j\in V_i$，存在某个非负整数 α_j，使得 $x_j=\gamma\exp\left(\frac{2\alpha_j\pi}{k}\sqrt{-1}\right)$.

证明 对于无符号 Laplacian 张量和 Laplacian 张量的证明比较类似，因此在此只对前者加以证明.

类似于引理 6.9 的证明，可得对 G 的连通部分 V_i，当 $\mathbf{x}(V_i)\neq\mathbf{0}$ 时，$\mathbf{x}(V_i)$ 是 $(\mathcal{D}+\mathcal{A})(V_i)$ 的对应特征值零的一个特征向量.

假设 $\mathbf{x}(V_i)\neq\mathbf{0}$. V_i 是孤立点的情形是显然的. 下文中，假设 V_i 有不少于两个顶点. 可以将 $\mathbf{x}(V_i)$ 用非零 $\gamma\in\mathbb{C}$ 进行收缩，使得对某个 $j\in V_i$，$\frac{x_j}{\gamma}$ 是正数且具有最大模 1. 因此，不失一般性，假设 $\mathbf{x}(V_i)$ 是 $(\mathcal{D}+\mathcal{A})(V_i)$ 的一个标准特征向量，且对某个 $j\in V_i$ 有 $x_j=1$. 那么，其第 j 个特征方程为

$$0=[(\mathcal{D}+\mathcal{A})\mathbf{x}^{k-1}]_j=d_jx_j^{k-1}+\sum_{e\in E_j}\prod_{t\in e\setminus\{j\}}x_t=d_j+\sum_{e\in E_j}\prod_{t\in e\setminus\{j\}}x_t \tag{7.1}$$

由于 $d_j=|\{e\mid e\in E_j\}|$，可得

$$\prod_{t\in e\setminus\{j\}} x_t = -1,\ \forall e\in E_j$$

可推出

$$\prod_{t\in e} x_t = -1,\ \forall e\in E_j \tag{7.2}$$

由于最大模为 1，那么对 $e\in E_j$，对所有的 $t\in e$，存在$\theta_t\in[0, 2\pi]$使得 $x_t=\exp(\theta_t\sqrt{-1})$. 对与 j 有一个共同边的另一个顶点 s，可得

$$0=[(\mathcal{D}+\mathcal{A})\mathbf{x}^{k-1}]_s = d_s x_s^{k-1} + \sum_{e\in E_s}\prod_{t\in e\setminus\{s\}} x_t$$

类似地，可得

$$x_s^{k-1} = -\prod_{t\in e\setminus\{s\}} x_t,\ \forall e\in E_s$$

那么

$$x_s^k = -\prod_{t\in e} x_t,\ \forall e\in E_s$$

由 s 和 j 共享一条边，再结合式(7.2)，可得 $x_s^k=1$. 类似地，可得

$$x_s^k = 1,\ \forall s\in e,\ e\in E_j$$

由于 G_{V_i} 是连通的，由归纳法可得，对所有的 $s\in V_i$，$x_s^k=1$ 成立. 这样一来，对所有的 $t\in V_i$，存在 α_t使得 $\theta_t=\dfrac{2\alpha_t}{k}\pi$.

利用引理 7.1，类似上一章的结论可以对无符号 Laplacian 张量以及 Laplacian 张量建立. 特别地，可以得到下面的结论.

定理 7.1 假设 G 是一个连通的 k 图.

(1) 非零向量 $\mathbf{x}$ 是 Laplacian 张量 $\mathcal{D}-\mathcal{A}$ 对应于特征值零的特征向量当且仅当存在非零 $\gamma\in\mathbb{C}$ 以及整数 α_i，使得对所有的 $i\in\{1, \cdots, n\}$，$x_i=\gamma\exp\left(\dfrac{2\alpha_i\pi}{k}\sqrt{-1}\right)$成立，以及对 $e\in E$存在整数σ_e成立

$$\sum_{j\in e}\alpha_j = \sigma_e k,\ \forall e\in E \tag{7.3}$$

(2) 非零向量 $\mathbf{x}$ 是无符号 Laplacian 张量 $\mathcal{D}+\mathcal{A}$ 对应于特征值零的特征向量当且仅当存在非零 $\gamma\in\mathbb{C}$和整数 α_i，使得对所有的 $i\in\{1, \cdots, n\}$，$x_i=\gamma\exp\left(\dfrac{2\alpha_i\pi}{k}\sqrt{-1}\right)$成立，以及对$e\in E$存在整数$\sigma_e$成立

$$\sum_{j\in e}\alpha_j = \sigma_e k + \frac{k}{2},\ \forall e\in E \tag{7.4}$$

定理 7.1 的一个直接推论是奇数阶 k 图的无符号 Laplacian 张量没有零特征值，因为 $\dfrac{k}{2}$是一个分数，这样式(7.4)不可能成立.

命题 7.3 假设 k 是一个奇数，G 是一个连通的 k 图. 那么零不是其无符号 Laplacian 张量的特征值.

当将引理 7.1 的讨论限制在 H-特征向量，可得下面的推论.

推论 7.1 假设 G 是一个 k 图，V_i，$i\in\{1, \cdots, s\}$是其连通的部分，其中 $s>0$. 如果 $\mathbf{x}$ 是 Laplacian 张量或者无符号 Laplacian 张量零特征值的一个 H-特征向量，那么当

$\mathbf{x}(V_i)\neq\mathbf{0}$时，$\mathbf{x}(V_i)$是$(\mathcal{D}-\mathcal{A})(V_i)$或者$(\mathcal{D}+\mathcal{A})(V_i)$对应零特征值的一个H-特征向量. 此外，在此情况下，$\sup(\mathbf{x}(V_i))=V_i$，且在相差一个实常数下，对所有的$j\in V_i$，$x_j=\pm 1$成立.

由推论7.1，可得Laplacian张量或者无符号Laplacian张量的零特征值对应的极小标准H-特征向量$\mathbf{x}\in\mathbb{R}^n$必须具有如下形式：对所有的$i\in\{1, \cdots, n\}$，$x_i$是1、$-1$或者0.

7.3 H-特征向量

本节给出图的Laplacian张量或者无符号Laplacian张量的零特征值的H-特征向量与偶(奇)-连通部分之间的关系.

注意，本节考虑标准特征向量. 因此，当计算个数时，一个极小的标准H-特征向量$\mathbf{x}$和其负向量$-\mathbf{x}$只计数1.

下面的命题连同推论7.1是文献[1]中的定理1.3.9的延伸，表明无符号Laplacian矩阵的零特征值的重数等于该图二可分连通部分的个数.

命题7.4 假设k是偶数，G是一个k图. 那么，无符号Laplacian张量的零特征值的极小标准H-特征向量的个数等于G的奇-二可分连通部分的个数.

证明 假设$V_1\subseteq V$是G的一个奇-二可分连通部分. 如果V_1是一个孤立点，那么由定义可得1是$(\mathcal{D}+\mathcal{A})(V_1)=0$的一个极小标准H-特征向量. 接下来，假设$G_{V_1}$至少有一条边. 假设$V_1=S\cup T$是子图$G_{V_1}$的一个奇-二剖分使得$G_{V_1}$的每条边与$S$交于奇数个顶点. 因为$k$是偶数，那么$S, T\neq\varnothing$. 假设$\mathbf{y}\in\mathbb{R}^{|V_1|}$是一个向量，当$i\in S$时，有$y_i=1$；当$i\in T$时，有$y_i=-1$. 那么，对$i\in S$，有

$$\begin{aligned}[(\mathcal{D}+\mathcal{A})\mathbf{y}^{k-1}]_i &= d_i y_i^{k-1}+\sum_{e\in E_i}\prod_{j\in e\setminus\{i\}} y_j \\ &= d_i-d_i \\ &= 0\end{aligned}$$

其中第二个等式由对每个$e\in E_i$刚好有奇数个$y_j=-1$得来.

接下来，对$i\in T$，有

$$\begin{aligned}[(\mathcal{D}+\mathcal{A})\mathbf{y}^{k-1}]_i &= d_i y_i^{k-1}+\sum_{e\in E_i}\prod_{j\in e\setminus\{i\}} y_j \\ &= -d_i+d_i \\ &= 0\end{aligned}$$

这里第二个等式由对每个$e\in E_i$，除了y_i刚好有偶数个$y_j=-1$得来.

因此，对G的每个奇-二可分的连通部分，可得对应零特征值的一个标准H-特征向量. 由于$d_i=|\{e \mid e\in E_i\}|$，容易得到这个向量$\mathbf{y}$是一个极小标准H-特征向量. 否则，假设$\mathbf{x}$(其中$\sup(\mathbf{x})\subset\sup(\mathbf{y})$)是$(\mathcal{D}+\mathcal{A})(V_1)$对应零特征值的一个标准H-特征向量. 由于$V_1$是$G$的一个非平凡连通部分及$\mathbf{x}\neq\mathbf{0}$，可得一个$j\in V_1$使得$x_j\neq 0$，并且得到一个包含$j$和$s$的边使得$x_s=0$. 第$j$个特征方程为

$$0=[(\mathcal{D}+\mathcal{A})\mathbf{y}^{k-1}]_j=d_j x_j^{k-1}+\sum_{e\in E_j}\prod_{t\in e\setminus\{j\}} x_t$$

那么$\left|\prod_{t\in e\setminus\{j\}} x_t\right|\leqslant 1$，$|x_j|=1$. 由$x_s=0$可知，存在边包含$s$和$j$，那么

$$\left|\sum_{e\in E_j}\prod_{t\in e\setminus\{j\}} x_t\right| \leqslant |\{e \mid e\in E_j\}|-1 < |\{e \mid e\in E_j\}| = d_j$$

因此，得到一个与特征方程的矛盾. 从而，$\mathbf{y}$是极小的. 显然，如果$S_1\cup T_1=V_1$和$S_2\cup T_2=V_1$是连通部分V_1的两个不同的奇-二剖分，那么上述构造的极小标准 H-特征向量也不相同. 因此，G 的奇-二可分连通部分的个数不超过无符号 Laplacian 张量的零特征值的极小标准 H-特征向量的个数.

反过来，假设 $\mathbf{x}\in\mathbb{R}^n$ 是对应零特征值的极小标准 H-特征向量，那么由推论 7.1 可知，$\sup(\mathbf{x})$是 G 的一个连通部分. 将 G 的这个连通的部分记为 V_0. 如果 V_0是一个孤立点，那么由定义 2.30，这是一个奇-二可分连通的部分. 接下来，假设 V_0具有多于一个的顶点.

对所有的 $j\in V_0$，有

$$0=[(\mathcal{D}+\mathcal{A})\mathbf{y}^{k-1}]_j = d_j x_j^{k-1}+\sum_{e\in E_j}\prod_{s\in e\setminus\{j\}} x_s \tag{7.5}$$

假设 $S\cup T=V_0$是V_0的一个二剖分，使得当 $s\in S$ 时，$x_s>0$；当 $s\in T$ 时，$x_s<0$. 由于 $\mathbf{x}$ 是标准的且$|V_0|>1$，那么有 $S\neq\varnothing$. 根据这个结论连同式(7.5)，可以得知 $T\neq\varnothing$. 由式(7.5)可得，对每条边 $e\in E_j$(其中$j\in S$)，那么$|e\cap T|$必须是一个奇数；对每条边 $e\in E_j$(其中 $j\in T$)，$|e\cap T|$必须是一个奇数. 那么，V_0是 G 的一个奇-二可分部分. 因此，与特征值零相应的极小标准 H-特征向量确定G 的一个奇-二可分连通部分. 显然，由一个极小标准 H-特征向量和其反向量$-\mathbf{x}$ 确定的奇-二可分连通的部分是一样的.

总结上述结论，最后可得命题成立.

下面的命题是命题 7.4 相对于 Laplacian 张量的延伸.

命题 7.5 假设 k 是偶数，G 是一个 k 图. 那么，Laplacian 张量的零特征值对应的极小标准 H-特征向量的个数等于G 的偶-二可分连通部分的个数加上G 的连通部分的个数，减去G 的单点集的个数.

证明 类似于命题 7.4 的证明，可得如果 V_0是 G 的一个偶-二可分连通部分，那么可以构造 $\mathcal{D}-\mathcal{A}$的一个极小标准 H-特征向量. 由证明及偶-二可分图的定义，可得这个极小标准 H-特征向量在其连通部分不是单点集时包含负的元素. 同时，由定义 2.5 和引理 7.1，对 G 的每个连通部分，全 1 向量是零特征值的一个极小标准 H-特征向量. 这两组极小标准 H-特征向量在G 的孤立点上重复. 因此，Laplacian 张量的零特征值对应的极小标准 H-特征向量的个数不小于G 的偶-二可分连通部分的个数加上G 的连通部分的个数，减去G 的单点集的个数.

反过来，假设 $\mathbf{x}$ 是 Laplacian 张量零特征值的一个极小标准 H-特征向量. 那么，由引理 7.1 和命题 7.4 的类似证明，可得 $\sup(\mathbf{x})$是G 的一个连通的部分. 如果 $\mathbf{x}$ 同时包含正的和负的元素，那么 $\sup(\mathbf{x})$一定是一个偶-二可分连通部分. 当 $\mathbf{x}$ 只含有正的元素时，只能得到 $\sup(\mathbf{x})$是一个连通部分. 这个重叠同样发生在当 $\sup(\mathbf{x})$是一个单点集的情况. 因此，Laplacian 张量的零特征值对应的极小标准 H-特征向量的个数不大于G 的偶-二可分连通部分的个数加上G 的连通部分的个数，减去G 的单点集的个数.

由上述两条，可得到最后的结论成立.

下面的命题是命题 7.5 在 k 是奇数的情形.

命题 7.6 假设 k 是奇数，G 是一个 k 图. 那么，Laplacian 张量的零特征值对应的极小标准 H-特征向量的个数等于G 的连通部分的个数.

证明 类似于命题7.5的证明，因为k是奇数，可得Laplacian张量的零特征值对应的极小标准H-特征向量只能有正的分量. 那么，相应结论成立.

下面的命题由命题7.3得来.

命题7.7 假设k是奇数，G是一个连通的k图. 那么无符号Laplacian张量没有零H-特征值.

下面的推论是命题7.6对无符号Laplacian张量的延伸，由命题7.7得来.

推论7.2 假设k是奇数，G是一个k图. 那么，无符号Laplacian张量的零特征值对应的极小标准H-特征向量的个数等于G的孤立点的个数.

7.4 N-特征向量

本节讨论Laplacian张量和无符号Laplacian张量的零特征值的极小标准N-特征向量与图的连通部分的多可分性之间的联系.

注意，本节考虑标准N-特征向量. 因此，在计数时，一个极小的标准特征向量$\mathbf{x}$及其与任何$\theta\in[0, 2\pi]$对应的复数的乘积$\exp(\theta\sqrt{-1})\mathbf{x}$为同一个. 事实上，由引理7.1可知，只有当$\alpha$是整数时，才会被数值$\theta=\frac{2\alpha\pi}{k}$涉及.

7.4.1 3图

本小节讨论3图.

下面的引理给出下文将要建立关系的基础.

引理7.2 假设$G=(V, E)$是一个k图. 那么，$\mathbf{x}\in\mathbb{C}^n$是Laplacian张量或者无符号Laplacian张量的零特征值的一个标准N-特征向量当且仅当$\mathbf{x}$的共轭向量$\mathbf{x}^{\mathrm{H}}$也是Laplacian张量或者无符号Laplacian张量的零特征值的一个标准N-特征向量.

证明 由于图的Laplacian张量和无符号Laplacian张量都是实的. 结论由特征值和特征向量的定义可以直接得来.

下面的推论是引理7.2的直接推论.

推论7.3 假设$G=(V, E)$是一个3图. 如果$\mathbf{x}\in\mathbb{C}^n$是Laplacian张量零特征值的一个标准N-特征向量，那么

$$x_i^{\mathrm{H}}=1,\ \forall i\in\{j\,|x_j=1\}$$

$$x_i^{\mathrm{H}}=\exp\left(\frac{4\pi}{3}\sqrt{-1}\right),\ \forall i\in\left\{j\,|x_j=\exp\left(\frac{2\pi}{3}\sqrt{-1}\right)\right\}$$

$$x_i^{\mathrm{H}}=\exp\left(\frac{2\pi}{3}\sqrt{-1}\right),\ \forall i\in\left\{j\,|x_j=\exp\left(\frac{4\pi}{3}\sqrt{-1}\right)\right\}$$

因此，由$\mathbf{x}$和$\mathbf{x}^{\mathrm{H}}$给定的$\{1, \cdots, n\}$的三剖分是一样的.

推论7.3可以自然地延伸到$k\geqslant 4$的情形.

由上述的定义2.5和引理，可陈述下面的结论.

命题7.8 假设$G=(V, E)$是一个3图. 那么，Laplacian张量的零特征值的极小标准共轭N-特征向量对的个数等于G的三可分连通部分的个数.

证明 假设 V_0 是 G 的一个三可分连通部分，那么记 $V_0=R\cup S\cup T$ 是它的一个三剖分. 定义向量 $\mathbf{y}\in\mathbb{C}^{|V_0|}$，使得当 $i\in R$ 时 $y_i=1$；当 $i\in S$ 时 $y_i=\exp\left(\frac{2\pi}{3}\sqrt{-1}\right)$；当 $i\in T$ 时 $y_i=\exp\left(\frac{4\pi}{3}\sqrt{-1}\right)$. 由定义 2.32 和定理 7.1 的结论(1)，可得 $\mathbf{y}$ 是 $(\mathcal{D}-\mathcal{A})(V_0)$ 对应特征值零的一个 N-特征向量. 由引理 7.1 可得，$\mathbf{y}$ 自然嵌入 $\mathbb{C}^n$ 后是一个极小标准 N-特征向量. 同样地，通过类似于命题 7.4 的证明，可得此结论.

由引理 7.2，$\mathbf{y}$ 的共轭仍然是一个极小标准 N-特征向量. 此外，从三剖分 $V_0=R\cup S\cup T$ 按上述构造的极小标准 N-特征向量只能要么是 $\mathbf{y}$ 要么是 $\mathbf{y}^{\mathrm{H}}$. 那么，Laplacian 张量的零特征值的极小标准共轭 N-特征向量对的个数不少于 G 的三可分连通部分的个数.

反过来，假设 $\mathbf{x}\in\mathbb{C}^n$ 是 Laplacian 张量的零特征值的极小标准 N-特征向量. 由引理 7.1，$V_0:=\sup(\mathbf{x})$ 是 G 的一个连通部分. 因为 $\mathbf{x}$ 是一个 N-特征向量，所以 V_0 是 G 的一个非平凡连通部分，即 $|V_0|>1$. 根据上述结论连同引理 7.1，可以推出一个 V_0 的三剖分为 $V_0=R\cup S\cup T$ 使得 R 包含向量 $\mathbf{x}$ 中分量是 1 的指标；S 包含向量 $\mathbf{x}$ 中分量为 $\exp\left(\frac{2\pi}{3}\sqrt{-1}\right)$ 的指标；T 包含向量 $\mathbf{x}$ 中分量为 $\exp\left(\frac{4\pi}{3}\sqrt{-1}\right)$ 的指标.

容易看到 $R\neq\varnothing$，$S\cup T\neq\varnothing$，因为 $\mathbf{x}$ 是一个 N-特征向量. 由 $\mathbf{x}$ 是零特征值对应的特征向量，以及定理 7.1 的结论(1)，可得 S 和 T 都不是空集. 否则，(7.3)中的方程不能全部成立. 由(7.3)，一定成立对每条 $e\in E(G_{V_0})$(即 E_{V_0})，要么 $e\subseteq R$，S 或者 T；要么 e 交 R，S 和 T 都非平凡. 因此，V_0 是 G 的一个三可分连通部分. 由定义 2.32、引理 7.2 和推论 7.3可得由 $\mathbf{x}^{\mathrm{H}}$ 和 $\mathbf{x}$ 确定的 G 的三可分连通部分是一样的. 那么，Laplacian 张量的零特征值的极小标准共轭 N-特征向量对的个数不多于 G 的三可分连通部分的个数.

综合上述两个结论，最后的结论成立.

由命题 7.3，连通的 3 图的无符号 Laplacian 张量不含有零特征值. 因此，由 Laplacian 张量的特征向量来刻画所有的 3 图的具有结构的部分是一个值得研究的课题.

下面给出上面结论的一个示例.

例 7.1 假设 $G=(V,E)$ 是一个 3 图，$V=\{1,\cdots,7\}$，$E=\{\{1,2,3\},\{3,4,5\},\{5,6,7\}\}$. 由定义 2.32，存在 G 的三个三剖分为

$$\{1\},\{2\},\{3,4,5,6,7\};\ \{1,2,3\},\{4\},\{5,6,7\};\ \{1,2,3,4,5\},\{6\},\{7\}$$

这些三剖分见图 7.1. 由命题 7.8，Laplacian 张量的零特征值存在三个极小标准共轭 N-特征向量对. 由命题 7.6，Laplacian 张量的零特征值只有一个极小 H-特征向量，即全 1 向量，这是因为 G 是连通的.

注意，几何上，图 7.1(a)和(c)所示的三剖分是一样的. 图中以示区分的编号是人为加上的. 因此，存在命题 7.8 与图的三可分连通部分的内在完全刻画的一个间隙.

可以尝试将本节中的结论推广到 $k\geqslant 4$ 的 k 图上. 但是，对于更大的 k，k 图的多可分连通部分的定义比较复杂. 接下来介绍 $k=4$ 和 $k=5$ 的情形. 显然，更多的研究值得进行.

7.4.2 4图

本小节讨论 4 图.

类似于命题 7.8 的证明，下面的两个命题可以得证.

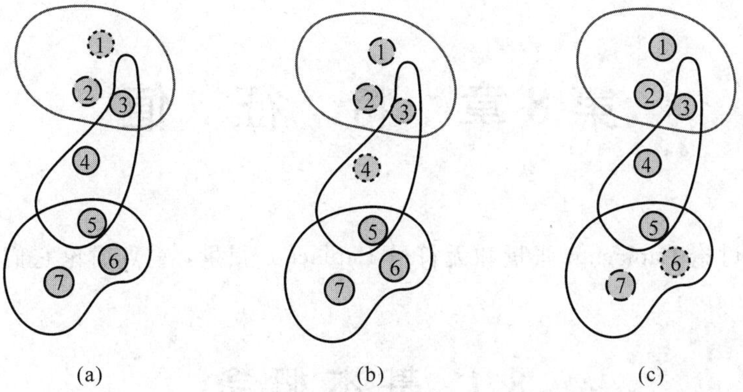

图 7.1 例 7.1 中 3 图的三个三剖分(三剖分可以从圆的点线、实线、虚线边看出)

命题 7.9 假设 $G=(V, E)$是一个 4 图. 那么, Laplacian 张量的零特征值的极小标准共轭 N-特征向量对的个数等于 G 的 L-四可分连通部分的个数.

证明 假设 V_0是 G 的一个 L-四可分连通部分, 具有 L-四剖分$S_1\cup S_2\cup S_3\cup S_4$. 不失一般性, 假设 $S_1\neq\varnothing$. 那么, 可以通过下式对应其一个极小标准 N-特征向量 $\mathbf{x}\in\mathbb{C}^n$

$$x_i := \exp\left(\frac{2(j-1)\pi}{4}\sqrt{-1}\right) \qquad i\in S_j,\ j\in\{1, \cdots, 4\}$$

由定义 2.33 可得, 对其他极小标准 N-特征向量 $\mathbf{y}$, 如果对 $i\in S_1$成立$y_i=1$, 那么只能是 $\mathbf{y}=\mathbf{x}^{\mathrm{H}}$. 因此, G 的一个 L-四可分连通部分决定一个极小标准共轭 N-特征向量对. 反过来显然成立. 那么, 通过命题 7.8 的一个类似的证明可以得到最后的结论.

命题 7.10 假设 $G=(V, E)$是一个 4 图. 那么, 无符号 Laplacian 张量的零特征值的极小标准共轭 N-特征向量对的个数等于G 的 sL-四可分连通部分的个数.

7.4.3 5图

本小节讨论 5 图.

对于一个连通的五可分图 G, 如果具有两个五剖分为 $V=V_1\cup\cdots\cup V_5=S_1\cup\cdots\cup S_5$, 除非(如有必要对$S_i(i\in\{1, \cdots, 5\})$中的下标进行重排)$S_j=V_j(j\in\{1, \cdots, 5\})$, 那么这两个五剖分视为不同的. 类似于命题 7.8 和命题 7.9 的证明, 可以得到下面的命题.

命题 7.11 假设 $G=(V, E)$是一个 5 图. 那么, Laplacian 张量的零特征值的极小标准共轭 N-特征向量对的个数等于G 的五可分连通部分的个数.

第8章 特 征 值

本章继续讨论 Laplacian 张量和无符号 Laplacian 张量，重点讨论它们的特征值及其联系.

8.1 基本概念

给定张量 $\mathcal{T}$，记 $\lambda(\mathcal{T})$为其最大的 H-特征值，记 $\mu(\mathcal{T})$为其最小的 H-特征值.

首先讨论超星.

显然，如果必需，则进行重新编号，那么所有的具有相同尺度的超星是一样的. 此外，由定义 2.1，重新编号不改变超星的 Laplacian 张量或者无符号 Laplacian 张量的 H-特征值. 尺度为 1 的超星的谱在文献[83]中得到了刻画. 下文中，如果不作特别说明，超星的尺度 $d>1$. 对于不是心的顶点 i，包含 i 的叶记为 $\mathrm{le}(i)$.

图 8.1 给出一个奇-二可分偶数阶图的例子.

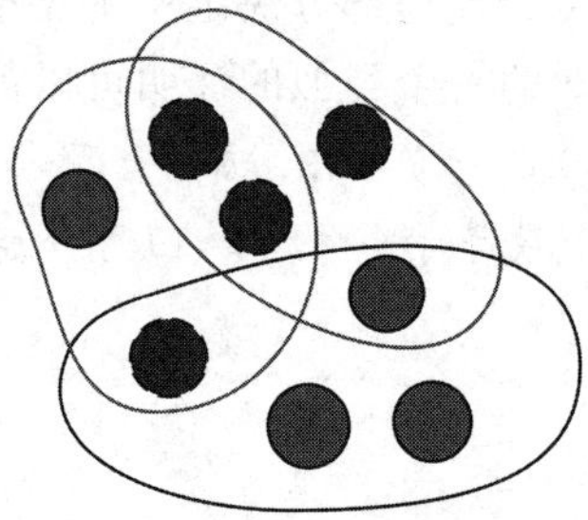

图 8.1　奇-二可分 4 图的一个例子(二剖分容易从圆的边线形式看出)

8.2 Laplacian 张量的最大 H-特征值

本节给出图的 Laplacian 张量的最大 H-特征值，首先从超星出发.

8.2.1 超星

本节给出超星的一些性质.

下面的命题是定义 2.36 的直接推论.

命题 8.1　假设 $G=(V, E)$是一个尺度 $d>0$ 的超星. 除了一个顶点 $i\in\{1, \cdots, n\}$具有 $d_i=d$，其余的顶点都有 $d_j=1$.

下面的引理是重要的.

引理 8.1　假设 $G=(V, E)$是一个尺度 $d>0$ 的超星，$\mathcal{L}=\mathcal{D}-\mathcal{A}$是它的 Laplacian 张

量. 那么，$\lambda(\mathcal{L})\geqslant d$.

证明 假设 $d_i=d$. 记 $\mathbf{x}\in\mathbb{R}^n$ 是一个向量，其第 i 个分量为 1，其余为 0. 那么，由定义 2.1，$\mathbf{x}$ 是一个对应 H-特征值 d 的 H-特征向量. 结论成立.

当 k 是偶数时，引理 8.1 可以被加强为下面的命题.

命题 8.2 假设 k 是偶数，$G=(V, E)$ 是一个尺度 $d>0$ 的超星，$\mathcal{L}=\mathcal{D}-\mathcal{A}$ 是其 Laplacian 张量. 那么，$\lambda(\mathcal{L})>d$.

证明 不失一般性，假设 $d_1=d$. 记 $\mathbf{x}\in\mathbb{R}^n$ 是一个非零向量使得 $x_1=\alpha\in\mathbb{R}$，$x_2=\cdots=x_n=1$. 那么，可得

$$(\mathcal{L}\mathbf{x}^{k-1})_1=d\alpha^{k-1}-d$$

以及对所有的 $i\in\{2, \cdots, n\}$

$$(\mathcal{L}\mathbf{x}^{k-1})_i=1-\alpha$$

因此，如果 $\mathbf{x}$ 是 $\mathcal{L}$ 的一个对应 H-特征值 λ 的 H-特征向量，那么可得

$$d\alpha^{k-1}-d=\lambda\alpha^{k-1}, 1-\alpha=\lambda$$

因此

$$(1-\lambda)^{k-1}(\lambda-d)+d=0$$

记 $f(\lambda):=(1-\lambda)^{k-1}(\lambda-d)+d$，可得

$$f(d)=d>0, f(d+1)=(-d)^{k-1}+d<0$$

显然，$f(\lambda)=0$ 在区间 $(d, d+1)$ 存在根. 因此 $\mathcal{L}$ 有一个 H-特征值 $\lambda>d$. 结论成立.

下面的引理给出超星的 Laplacian 张量对应的 H-特征值不是 1 的 H-特征向量.

引理 8.2 假设 $G=(V, E)$ 是一个尺度 $d>0$ 的超星，$\mathbf{x}\in\mathbb{R}^n$ 是 G 的 Laplacian 张量对应的不是 1 的非零 H-特征值的 H-特征向量. 如果一个叶的某个顶点(不是心)满足 $x_i=0$，那么对包含 i 的叶上的其他不是心的顶点 j 满足 $x_j=0$. 此外，在此情况下，如果 h 是心，那么 $x_h\neq 0$.

证明 假设 H-特征值 $\lambda\neq 1$. 根据特征值的定义，对于不是心和顶点 i 的顶点 j，成立

$$(\mathcal{L}\mathbf{x}^{k-1})_j=x_j^{k-1}-\prod_{s\in \mathrm{le}(j)\setminus\{j\}}x_s=x_j^{k-1}-0=\lambda x_j^{k-1}$$

由于 $\lambda\neq 1$，可得 $x_j=0$.

利用类似的证明，可通过一个矛盾得到其余的结论，这是因为对于叶中的所有顶点 i，成立 $h\in \mathrm{le}(i)$ 和 $\mathbf{x}\neq\mathbf{0}$.

下面的引理刻画超星的 Laplacian 张量的最大 H-特征值对应的 H-特征向量.

引理 8.3 假设 $G=(V, E)$ 是一个尺度 $d>1$ 的超星. 那么存在 G 的 Laplacian 张量 $\mathcal{L}$ 对应特征值 $\lambda(\mathcal{L})$ 的一个 H-特征向量 $\mathbf{z}\in\mathbb{R}^n$，使得对所有不是心的 $i\in\sup(\mathbf{z})$，$|z_i|$ 都是一个常数.

证明 假设 $\mathbf{y}\in\mathbb{R}^n$ 是 $\mathcal{L}$ 对应特征值 $\lambda(\mathcal{L})$ 的一个 H-特征向量. 不失一般性，记 1 为心，因此 $d_1=d$. 注意到，由引理 8.1，可得 $\lambda(\mathcal{L})\geqslant d>1$. 由引理 8.2，不失一般性，假设 $\sup(\mathbf{y})=\{1, \cdots, n\}$ 以及 $y_1>0$. 接下来，由 $\mathbf{y}$ 构造一个对应特征值 $\lambda(\mathcal{L})$ 的 H-特征向量 $\mathbf{z}\in\mathbb{R}^n$ 使得 $|z_2|=\cdots=|z_n|$.

下面的证明分成三部分.

第 I 部分：首先证明对每个叶 $e\in E$，对所有的 $t\in e\setminus\{1\}$，$|y_t|$ 是一个常数.

给定一个任意但固定的叶 $e\in E$，假设 $|y_i|=\max\{|y_j|\mid j\in e\backslash\{1\}\}$，$|y_s|=\min\{|y_j|\mid j\in e\backslash\{1\}\}$. 如果 $|y_i|=|y_s|$，那么结论成立. 接下来，假设 $|y_i|>|y_s|$. 那么

$$(\lambda(\mathcal{L})-1)|y_i|^{k-1}=y_1\prod_{j\in e\backslash\{1,i\}}|y_j|$$

$$(\lambda(\mathcal{L})-1)|y_s|^{k-1}=y_1\prod_{j\in e\backslash\{1,s\}}|y_j|$$

由 $|y_i|$ 和 $|y_s|$ 的定义，可得 $y_1\prod_{j\in e\backslash\{1,i\}}|y_j|<y_1\prod_{j\in e\backslash\{1,s\}}|y_j|$. 另一方面，有

$$(\lambda(\mathcal{L})-1)|y_i|^{k-1}>(\lambda(\mathcal{L})-1)|y_s|^{k-1}$$

因此，得到一个矛盾. 相应地，对每个叶 $e\in E$，对所有的 $t\in e\backslash\{1\}$，$|y_t|$ 是一个常数.

第Ⅱ部分：证明集合

$$\left\{\alpha_s:=\prod_{j\in e_s\backslash\{1\}}y_j,\ e_s\in E\right\}$$

中的所有数都具有相同的符号.

当 k 是偶数时，假设对某个 i，$y_i<0$ 成立. 那么

$$0>(\lambda(\mathcal{L})-1)y_i^{k-1}=-y_1\prod_{j\in \mathrm{le}(i)\backslash\{1,i\}}y_j \tag{8.1}$$

因此，$\mathrm{le}(i)$ 中的奇数个顶点具有负数值. 由(8.1)可得，对每个 $e\in E$，存在某个 $i\in e$ 使得 $y_i<0$. 否则，$(\lambda(\mathcal{L})-1)y_i^{k-1}>0$. 连同 $-y_1\prod_{j\in \mathrm{le}(i)\backslash\{1,i\}}y_j<0$，可以得出一个矛盾. 因此，集合

$$\left\{\alpha_s:=\prod_{j\in e_s\backslash\{1\}}y_j,\ e_s\in E\right\}$$

中的所有数都是负数.

当 k 是奇数时，假设对某个 i，有 $y_i<0$. 那么

$$0<(\lambda(\mathcal{L})-1)y_i^{k-1}=-y_1\prod_{j\in \mathrm{le}(i)\backslash\{1,i\}}y_j \tag{8.2}$$

因此，$\mathrm{le}(i)$ 中的正偶数个顶点取负数值. 所以，如果存在某个 $s\in \mathrm{le}(i)$ 使得 $y_s>0$，那么

$$0<(\lambda(\mathcal{L})-1)y_s^{k-1}=-y_1\prod_{j\in \mathrm{le}(s)\backslash\{1,s\}}y_j$$

由于 $s\in \mathrm{le}(i)$，可得 $\mathrm{le}(i)=\mathrm{le}(s)$ 和 $i\in \mathrm{le}(s)$. 因此，$y_1\prod_{j\in \mathrm{le}(s)\backslash\{1,s\}}y_j>0$. 得到了一个矛盾. 由(8.2)，对每个 $e\in E$，一定存在某个 $i\in e$ 使得 $y_i<0$. 因此，对所有的 $j\neq 1$，有 $y_j<0$. 这样一来，集合

$$\left\{\alpha_s:=\prod_{j\in e_s\backslash\{1\}}y_j,\ e_s\in E\right\}$$

中的所有数都取正值.

第Ⅲ部分：构造所需要的向量 $\mathbf{z}$.

如果乘积 $\prod_{j\in e\backslash\{1\}}y_j$ 对于每个叶 $e\in E$ 是一个常数，那么取 $\mathbf{z}=\mathbf{y}$，结论成立. 下面，假设

$$\left\{\alpha_s:=\prod_{j\in e_s\backslash\{1\}}y_j,\ e_s\in E\right\}$$

取至少两个不同的值. 记 $\mathbf{z}\in\mathbb{R}^n$ 是一个向量满足

$$z_j=\sqrt[k-1]{\frac{\sum_{e_s\in E}\alpha_s}{d\alpha_t}}\,y_j,\ j\in e_t\backslash\{1\}$$

和$z_1=y_1$. 注意到$|z_2|=\cdots=|z_{n_2}|$，因为对任意的$e_t\in E$以及$j\in e_t\setminus\{1\}$，$|y_j|^{k-1}=\alpha_t$成立. 那么，

$$
\begin{aligned}
(\mathcal{L}\mathbf{z}^{k-1})_1 &= dz_1^{k-1}-\sum_{e_s\in E}\prod_{j\in e_s\setminus\{1\}} z_j \\
&= dy_1^{k-1}-\sum_{e_s\in E}\frac{\sum\limits_{e_t\in E}\alpha_t}{d\alpha_s}\prod_{j\in e_s\setminus\{1\}} y_j \\
&= dy_1^{k-1}-\sum_{e_s\in E}\frac{\sum\limits_{e_t\in E}\alpha_t}{d\alpha_s}\alpha_s \\
&= dy_1^{k-1}-\sum_{e_t\in E}\alpha_t \\
&= dy_1^{k-1}-\sum_{e_t\in E}\prod_{j\in e_t\setminus\{1\}} y_j \\
&= \lambda(\mathcal{L})y_1^{k-1} \\
&= \lambda(\mathcal{L})z_1^{k-1}
\end{aligned}
$$

对某个s以及$i\in e_s$满足$i\neq 1$，成立

$$
\begin{aligned}
(\mathcal{L}\mathbf{z}^{k-1})_i &= z_i^{k-1}-z_1\prod_{j\in e_s\setminus\{1,\ i\}} z_j \\
&= \frac{\sum\limits_{e_t\in E}\alpha_t}{d\alpha_s}y_i^{k-1}-y_1\frac{\sum\limits_{e_t\in E}\alpha_t}{d\alpha_s}\prod_{j\in e_s\setminus\{1,\ i\}} y_j \\
&= \lambda(\mathcal{L})\frac{\sum\limits_{e_t\in E}\alpha_t}{d\alpha_s}y_i^{k-1} \\
&= \lambda(\mathcal{L})z_i^{k-1}
\end{aligned}
$$

由定义 2.1，$\mathbf{z}$是$\mathcal{L}$对应特征值$\lambda(\mathcal{L})$的一个 H-特征向量，且满足所需要求. 结论证毕.

下面的推论由引理 8.3 的证明直接得来.

推论 8.1 假设k是奇数，$G=(V,\ E)$是一个尺度$d>1$的超星. 如果$\mathbf{z}\in\mathbb{R}^n$是$G$的 Laplacian 张量$\mathcal{L}$对应特征值$\lambda(\mathcal{L})$的一个 H-特征向量，那么对所有不是心的$i\in\sup(\mathbf{z})$，$z_i$是一个常数. 此外，当$\sup(\mathbf{z})$含有不是心的顶点时，心的符号与$\sup(\mathbf{z})$里叶中顶点的符号是相反的.

在 8.2.3 小节中，将证明$\sup(\mathbf{z})$是单点集，即为心.

下面的引理也是重要的.

引理 8.4 假设k是偶数，$G=(V,\ E)$是一个k图. 假设$\mathcal{L}$是G的 Laplacian 张量. 那么

$$
\lambda(\mathcal{L})=\max\left\{\mathcal{L}\mathbf{x}^k := \mathbf{x}^{\mathrm{T}}(\mathcal{L}\mathbf{x}^{k-1})\,\middle|\,\sum_{i\in\{1,\ \cdots,\ n\}} x_i^k=1,\ \mathbf{x}\in\mathbb{R}^n\right\} \tag{8.3}
$$

下面的引理是推论 8.1 在k是偶数时的情形.

引理 8.5 假设k是偶数，$G=(V,\ E)$是一个尺度$d>0$的超星. 那么，存在G的 Laplacian 张量的一个 H-特征向量$\mathbf{z}\in\mathbb{R}^n$，使得对所有的不是心的$i\in\sup(\mathbf{z})$，$z_i$是一

个常数.

证明 在引理 8.3 的证明中，$d>1$ 只被用于保证 $\lambda(\mathcal{L})>1$. 然而，当 k 是偶数时，由命题 8.2，当 $d>0$ 时，$\lambda(\mathcal{L})>1$. 因此，存在 G 的 Laplacian 张量 $\mathcal{L}$ 对应特征值 $\lambda(\mathcal{L})$ 的一个 H-特征向量 $\mathbf{x}\in\mathbb{R}^n$，使得对所有的不是心的 $i\in\sup(\mathbf{x})$，$|\mathbf{x}_i|$ 是一个常数.

不失一般性，假设 1 是心. 由引理 8.2，不失一般性，假设 $\sup(\mathbf{x})=\{1, \cdots, n\}$. 如果 $x_1>0$，那么记 $\mathbf{y}=-\mathbf{x}$，否则记 $\mathbf{y}=\mathbf{x}$.

假设对某个不是 y_1 的 i，$y_i<0$ 成立. 那么

$$0>(\lambda(\mathcal{L})-1)y_i^{k-1}=-y_1\prod_{j\in \mathrm{le}(i)\setminus\{1, i\}}y_j$$

因此，$\mathrm{le}(i)$ 中不是 1 的一个正偶数个顶点取负数值. 因此，集合

$$\left\{\prod_{j\in e_s\setminus\{1\}}y_j, e_s\in E\right\}$$

中的所有值都是正数. 记 $\mathbf{z}\in\mathbb{R}^n$ 是一个向量，满足 $z_1=y_1$ 以及对其余的有 $z_i=|y_i|$. 那么，如果 $y_i>0$，则

$$\begin{aligned}(\lambda(\mathcal{L})-1)z_i^{k-1}&=(\lambda(\mathcal{L})-1)y_i^{k-1}\\&=y_1\prod_{j\in \mathrm{le}(i)\setminus\{1, i\}}y_j=z_1\prod_{j\in \mathrm{le}(i)\setminus\{1, i\}}z_j\end{aligned}$$

如果 $y_i<0$，则

$$\begin{aligned}(\lambda(\mathcal{L})-1)z_i^{k-1}&=(\lambda(\mathcal{L})-1)|y_i|^{k-1}\\&=-y_1\prod_{j\in \mathrm{le}(i)\setminus\{1, i\}}y_j=z_1\prod_{j\in \mathrm{le}(i)\setminus\{1, i\}}z_j\end{aligned}$$

其中第二个等式由在这种情形下 $\prod_{j\in \mathrm{le}(i)\setminus\{1, i\}}y_j<0$ 得来. 此外，

$$\begin{aligned}(\lambda(\mathcal{L})-d)z_1^{k-1}&=(\lambda(\mathcal{L})-d)y_1^{k-1}\\&=\sum_{e_s\in E}\prod_{j\in e_s\setminus\{1\}}y_j=\sum_{e_s\in E}\left|\prod_{j\in e_s\setminus\{1\}}y_j\right|=\sum_{e_s\in E}\prod_{j\in e_s\setminus\{1\}}z_j\end{aligned}$$

因此，$\mathbf{z}$ 是所求的 H-特征向量.

下面的定理给出 k 是偶数时，超星的 Laplacian 张量的最大 H-特征值.

定理 8.1 假设 k 是偶数，$G=(V, E)$ 是一个尺度 $d>0$ 的超星. 记 $\mathcal{L}$ 是 G 的 Laplacian 张量. 那么，$\lambda(\mathcal{L})$ 是方程 $(1-\lambda)^{k-1}(\lambda-d)+d=0$ 在区间 $(d, d+1)$ 的唯一实数解.

证明 由引理 8.5，存在 G 的 Laplacian 张量 $\mathcal{L}$ 的一个 H-特征向量 $\mathbf{x}\in\mathbb{R}^n$，使得对所有不是心的 $i\in\sup(\mathbf{x})$，x_i 是一个常数. 由引理 8.2 的证明，可得 $\lambda(\mathcal{L})$ 是方程 $(1-\lambda)^{k-1}(\lambda-w)+w=0$ 的最大实数根. 其中 w 是 G 的子超星 $G_{\sup(\mathbf{x})}$ 的尺度.

记 $f(\lambda):=(1-\lambda)^{k-1}(\lambda-d)+d$. 那么，$f'(\lambda)=(1-\lambda)^{k-2}((k-1)(d-\lambda)+1-\lambda)$. 因此，$f$ 在区间 $(d, +\infty)$ 严格递减. 此外，$f(d+1)<0$. 那么，f 在区间 $(d, d+1)$ 有唯一的实数根，即最大的实数根. 因此，由命题 8.2，可得 $\sup(\mathbf{x})=\{1, \cdots, n\}$，结论证毕.

下面的结论是定理 8.1 的直接推论.

推论 8.2 假设 $G_1=(V_1, E_1)$ 和 $G_2=(V_2, E_2)$ 是两个超星，尺度分别为 $d_1>0$ 和 $d_2>0$. 假设 $\mathcal{L}_1$ 和 $\mathcal{L}_2$ 分别是 G_1 和 G_2 的 Laplacian 张量. 如果 $d_1>d_2$，那么 $\lambda(\mathcal{L}_1)>\lambda(\mathcal{L}_2)$.

当 k 是偶数时，由引理 8.3、引理 8.5 以及定理 8.1 的证明实际上可以推出下面的推论.

推论 8.3 假设 k 是偶数，$G=(V, E)$ 是一个尺度 $d>0$ 的超星. 如果 $\mathbf{x}\in\mathbb{R}^n$ 是 G 的 Laplacian 张量 $\mathcal{L}$ 对应特征值 $\lambda(\mathcal{L})$ 的一个 H-特征向量，那么 $\sup(\mathbf{x})=\{1, \cdots, n\}$. 因此，存在 G 的 Laplacian 张量 $\mathcal{L}$ 对应特征值 $\lambda(\mathcal{L})$ 的一个 H-特征向量 $\mathbf{z}\in\mathbb{R}^n$，使得对所有不是心的顶点，$z_i$ 是一个常数.

8.2.2 偶数阶的图

本小节给出当 k 是偶数时，Laplacian 张量的最大 H-特征值的紧的下界对应的极图.

下面的命题给出 Laplacian 张量的最大 H-特征值的下界，由定理 8.1，该下界是紧的.

命题 8.3 假设 k 是偶数，$G=(V, E)$ 是一个 k 图，其最大尺度 $d>0$. 假设 $\mathcal{L}$ 是 G 的 Laplacian 张量. 那么，$\lambda(\mathcal{L})$ 不小于方程 $(1-\lambda)^{k-1}(\lambda-d)+d=0$ 在区间 $(d, d+1)$ 的唯一实数根.

证明 假设 $d_s=d$，即最大的度. 记 $G'=(V', E')$ 是一个 k 图使得 $E'=E_s$ 而 V' 包含顶点 s 以及与顶点 s 有公共边的顶点. 记 $\mathcal{L}'$ 是图 G' 的 Laplacian 张量. 首先有 $\lambda(\mathcal{L})\geqslant\lambda(\mathcal{L}')$.

假设 $|V'|=m\leqslant n$，$\mathbf{y}\in\mathbb{R}^m$ 是 $\mathcal{L}'$ 相应于 H-特征值 $\lambda(\mathcal{L}')$ 的一个 H-特征向量满足 $\sum\limits_{j\in\{1, \cdots, m\}} y_j^k=1$. 不失一般性，假设 $V'=\{1, \cdots, m\}$，而顶点 $j\in\{1, \cdots, m\}$ 在图 G' 中的尺度为 d'_j. 记 $\mathbf{x}\in\mathbb{R}^n$ 使得

$$x_i=y_i,\ \forall i\in\{1, \cdots, m\};\ x_i=0,\ \forall i>m \tag{8.4}$$

显然，$\sum\limits_{i\in\{1, \cdots, n\}} x_i^k=\sum\limits_{j\in\{1, \cdots, m\}} y_j^k=1$. 此外，

$$\begin{aligned}
\mathcal{L}\mathbf{x}^k &= \sum_{i\in\{1, \cdots, n\}} d_i x_i^k - k\sum_{e\in E}\prod_{j\in e} x_j \\
&= d_s x_s^k + \sum_{j\in\{1, \cdots, m\}\backslash\{s\}} d'_j x_j^k - k\sum_{e\in E_s}\prod_{t\in e} x_t \\
&\quad + \sum_{j\in\{1, \cdots, m\}\backslash\{s\}} (d_j-d'_j)x_j^k + \sum_{j\in\{1, \cdots, n\}\backslash\{1, \cdots, m\}} d_j x_j^k - k\sum_{e\in E\backslash E_s}\prod_{t\in e} x_t \\
&= d_s x_s^k + \sum_{j\in\{1, \cdots, m\}\backslash\{s\}} d'_j x_j^k - k\sum_{e\in E_s}\prod_{j\in e} x_j + \sum_{e\in E\backslash E_s}\Big(\sum_{t\in e} x_t^k - k\prod_{w\in e} x_w\Big) \\
&= \mathcal{L}'\mathbf{y}^k + \sum_{e\in E\backslash E_s}\Big(\sum_{t\in e} x_t^k - k\prod_{w\in e} x_w\Big) \\
&\geqslant \mathcal{L}'\mathbf{y}^k \\
&= \lambda(\mathcal{L}')
\end{aligned} \tag{8.5}$$

其中的不等式由算术几何不等式得到的 $\sum\limits_{t\in e} x_t^k - k\prod\limits_{w\in e}|x_w|\geqslant 0$ 得来. 因此，由刻画(8.3)(引理 8.4)，根据 $\lambda(\mathcal{L})\geqslant\mathcal{L}\mathbf{x}^k$，可得最后的结论.

对于图 G'，通过重新排列其顶点定义一个新的图. 首先固定顶点 s，对每条边 $e\in E_s$，记剩下的 $k-1$ 个顶点为 $\{(e, 2), \cdots, (e, k)\}$. 记 $\overline{G}=(\overline{V}, \overline{E})$ 是 k 图，其中 $\overline{V}:=\{s, (e, 2), \cdots, (e, k), \forall e\in E_s\}$，$\overline{E}:=\{\{s, (e, 2), \cdots, (e, k)\}\mid e\in E_s\}$. 容易看到 $\overline{G}$ 是一个尺度 $d>0$ 的超星，其心为 s(定义 2.36). 记 $\mathbf{z}\in\mathbb{R}^{kd-k+1}$ 是 $\overline{G}$ 的 Laplacian 张量 $\overline{\mathcal{L}}$ 相应特征值 $\lambda(\overline{\mathcal{L}})$ 的一个 H-特征向量. 假设 $\sum\limits_{t\in\overline{V}} z_t^k=1$. 由推论 8.3，可以选择 $\mathbf{z}$ 使得除了对应心的 z_s，其余 z_i 是一个常数. 记 $\mathbf{y}\in\mathbb{R}^m$ 是一个向量，对所有的 $i\in\{1, \cdots, m\}\backslash\{s\}$，

y_i 是一个常数，而 $y_s=z_s$. 那么，通过直接计算，可得

$$\mathcal{L}'\mathbf{y}^k=\overline{\mathcal{L}}\mathbf{z}^k=\lambda(\overline{\mathcal{L}})$$

此外，$\sum_{j\in\{1,\cdots,m\}}y_j^k\leqslant\sum_{t\in\overline{V}}z_t^k=1$. 由(8.3)以及 $\lambda(\overline{\mathcal{L}})>0$(定理 8.1)，可得

$$\lambda(\mathcal{L}')\geqslant\lambda(\overline{\mathcal{L}})\tag{8.6}$$

那么，$\lambda(\mathcal{L})\geqslant\lambda(\overline{\mathcal{L}})$. 由定理 8.1 可得，$\lambda(\overline{\mathcal{L}})$是方程 $(1-\lambda)^{k-1}(\lambda-d)+d=0$ 在区间 $(d, d+1)$的唯一实数根. 相应地，$\lambda(\mathcal{L})$不小于方程 $(1-\lambda)^{k-1}(\lambda-d)+d=0$ 在区间 $(d, d+1)$的这个唯一实数根.

由命题 8.3 的证明，下面的定理成立.

定理 8.2 假设 k 是偶数，$G=(V, E)$和 $G'=(V', E')$是两个 k 图. 假设 $\mathcal{L}$ 和 $\mathcal{L}'$分别是 G 和 G'的 Laplacian 张量. 如果 $V\subseteq V'$以及 $E\subseteq E'$，那么 $\lambda(\mathcal{L})\leqslant\lambda(\mathcal{L}')$.

下面的引理有助于 Laplacian 张量的最大 H-特征值的下界对应的极图的刻画.

引理 8.6 假设 $k\geqslant4$ 是偶数，$G=(V, E)$是尺度 $d>0$ 的超星. 那么，G 的 Laplacian 张量 $\mathcal{L}$ 存在一个 H-特征向量 $\mathbf{z}\in\mathbb{R}^n$ 满足每条边中除心外刚好有两个点取负数值.

证明 不失一般性，假设 1 是心. 由推论 8.3，存在 $\mathcal{L}$ 的对应特征值 $\lambda(\mathcal{L})$的一个 H-特征向量 $\mathbf{x}\in\mathbb{R}^n$ 使得除心外的顶点满足 x_i是一个常数. 由定理 8.1，可得这个常数是非零的. 如果 $x_2<0$，那么令 $\mathbf{y}=-\mathbf{x}$，否则令 $\mathbf{y}=\mathbf{x}$. 那么，$\mathbf{y}$ 是 $\mathcal{L}$ 对应特征值 $\lambda(\mathcal{L})$的一个 H-特征向量.

记 $\mathbf{z}\in\mathbb{R}^n$. 令 $z_1=y_1$，以及对每条边 $e\in E$ 和任意选取的 $i_{e,1}$，$i_{e,2}\in e\backslash\{1\}$，令 $z_{i_{e,1}}=-y_{i_{e,1}}<0$，$z_{i_{e,2}}=-y_{i_2}<0$，对其余的 $j\in e\backslash\{1, i_{e,1}, i_{e,2}\}$，$z_j=y_j>0$. 那么，通过直接计算，可得 $\mathbf{z}$ 是 $\mathcal{L}$ 对应特征值 $\lambda(\mathcal{L})$的一个 H-特征向量.

下面的定理是本节的主要结论之一，刻画了 Laplacian 张量的最大 H-特征值的下界所对应的极图.

定理 8.3 假设 $k\geqslant4$ 是偶数，$G=(V, E)$是一个连通的 k 图，最大的度 $d>0$. 假设 $\mathcal{L}$ 是 G 的 Laplacian 张量. 那么 $\lambda(\mathcal{L})$等于方程 $(1-\lambda)^{k-1}(\lambda-d)+d=0$ 在区间 $(d, d+1)$的唯一实数根当且仅当 G 是一个超星.

证明 由定理 8.1，只需要证明必要性. 在下文中，假设 $\lambda(\mathcal{L})$等于方程 $(1-\lambda)^{k-1}(\lambda-d)+d=0$ 在区间 $(d, d+1)$的唯一实数根. 如前，假设 $d_s=d$.

按照命题 8.3，定义 G'和 $\overline{G}$. 事实上，令 $G'=(V', E')$是 k 图使得 $E'=E_s$以及 V'由顶点 s 及与 s 有公共边的顶点构成. 记 $\mathcal{L}'$是 G'的 Laplacian 张量. 固定顶点 s，对每条边 $e\in E_s$，将剩下的 $k-1$ 个顶点记为$\{(e, 2), \cdots, (e, k)\}$. 记 $\overline{G}=(\overline{V}, \overline{E})$是 k 图使得 $\overline{V}:=\{s, (e, 2), \cdots, (e, k), \forall e\in E_s\}$，$\overline{E}:=\{\{s, (e, 2), \cdots, (e, k)\}\mid e\in E_s\}$.

用命题 8.3 同样的证明，根据引理 8.4，可得式(8.6)中的等号成立当且仅当$|\overline{V}|=m$. 否则，$\sum_{j\in\{1,\cdots,m\}}y_j^k<\sum_{t\in\overline{V}}z_t^k=1$，这连同 $\lambda(\overline{\mathcal{L}})>0$ 和式(8.3)推出 $\lambda(\mathcal{L}')>\lambda(\overline{\mathcal{L}})$. 因此，如果 $\lambda(\mathcal{L})$等于方程 $(1-\lambda)^{k-1}(\lambda-d)+d=0$ 在区间 $(d, d+1)$的唯一实数根，那么 G'是一个超星. 在这种情形下，(8.5)中的等号成立当且仅当 $G'=G$. 那么充分性显然得证.

对于必要性，首先假设 $G'\neq G$. 那么存在一条边 $\bar{e}\in E$ 使得：

因为 G 是连通的，G 要么同时含有$\{1, \cdots, m\}$和$\{1, \cdots, n\}\backslash\{1, \cdots, m\}$中的顶点(情

形1)，要么只含有$\{1, \cdots, m\}\backslash\{s\}$中的顶点(情形2).

对于情形1，由于$\sum_{t\in e}x_t^k - k\prod_{w\in e}x_w = \sum_{t\in e\cap\{1,\cdots,m\}}x_t^k > 0$，容易得到一个矛盾. 注意到这种情形发生当且仅当$m<n$. 那么，接下来假设$m=n$. 对于情形2，一定存在$G'$中的$q\geqslant 2$条边$e_a\in E_s(a\in\{1, \cdots, q\})$使得对所有的$a\in\{1, \cdots, q\}$有$e_a\cap\tilde{e}\neq\varnothing$. 由引理8.6，记$\mathbf{y}\in\mathbb{R}^n$是$G'$的Laplacian张量$\mathcal{L}'$的一个H-特征向量满足每条边除心之外刚好有两个顶点取负数值. 此外，可以将$\mathbf{y}$标准化以使得$\sum_{i\in\{1,\cdots,n\}}y_i^k=1$. 由于$m=n$，由(8.4)，可得$\mathbf{x}=\mathbf{y}$. 因此，由引理8.4，可得

$$\begin{aligned}\lambda(\mathcal{L})\geqslant\mathcal{L}\mathbf{x}^k &= \mathcal{L}'\mathbf{x}^k+\sum_{e\in E\backslash E_s}\Big(\sum_{t\in e}x_t^k-k\prod_{w\in e}x_w\Big)\\&=\lambda(\mathcal{L}')+\sum_{e\in E\backslash E_s}\Big(\sum_{t\in e}x_t^k-k\prod_{w\in e}x_w\Big)\\&\geqslant\lambda(\mathcal{L}')+\sum_{t\in\bar{e}}x_t^k-k\prod_{w\in\bar{e}}x_w\end{aligned}$$

如果$\prod_{w\in\bar{e}}x_w<0$，那么由$\lambda(\mathcal{L}')$等于方程$(1-\lambda)^{k-1}(\lambda-d)+d=0$在区间$(d, d+1)$的唯一实数根，可以得到一个矛盾. 接下来，假设$\prod_{w\in\tilde{e}}x_w>0$. 此时有两种情形：

(1) $x_w>0$或者对所有的$w\in\bar{e}$有$x_w<0$；

(2) 对某个$b\in\bar{e}$有$x_b>0$，对某个$c\in\bar{e}$有$x_c<0$.

注意，对每个$a\in\{1, \cdots, q\}$有$|e_a\cap\bar{e}|\leqslant k-2$. 对任意但固定的$a\in\{1, \cdots, q\}$，记$\{f_1, f_2\}:=\{f\in e_a\backslash\{s\}\mid x_f<0\}$.

Ⅰ. 如果$f_1, f_2\in\bar{e}$，那么选取一个$h\in e_a$使得$h\neq s$，$h\notin\bar{e}$，$x_h>0$. 由于$k\geqslant 4$是偶数，这样的h是存在的. 通过直接计算可得$\mathbf{z}\in\mathbb{R}^n$使得$z_{f_1}=-x_{f_1}>0$，$z_h=-x_h<0$，并且对其余的顶点有$z_i=x_i$的向量仍然是$\mathcal{L}'$对应特征值$\lambda(\mathcal{L}')$的一个H-特征向量. 更重要的是，$\prod_{w\in\bar{e}}z_w<0$. 因此，将$\mathbf{y}$用$\mathbf{z}$替换，即可得到一个矛盾.

Ⅱ. 如果$f_1\in\bar{e}$，$f_2\notin\bar{e}$，那么要么存在一个$h\in\bar{e}\cap e_a$使得$h\neq s$，$x_h>0$，要么存在一个$h\in e_a$使得$h\neq s$，$h\notin\bar{e}$，$x_h>0$. 由于$k\geqslant 4$是一个偶数，这样的h是存在的. 对于前者，令$\mathbf{z}\in\mathbb{R}^n$满足$z_h=-x_h<0$，$z_{f_2}=-x_{f_2}>0$，并且对其余的顶点有$z_i=x_i$；而对于后者，令$\mathbf{z}\in\mathbb{R}^n$满足$z_{f_1}=-x_{f_1}>0$，$z_h=-x_h<0$，并且对其余的顶点有$z_i=x_i$. 那么，通过直接计算可得$\mathbf{z}$仍然是$\mathcal{L}'$对应特征值$\lambda(\mathcal{L}')$的一个H-特征向量. 同时$\prod_{w\in\bar{e}}z_w<0$也成立. 因此，将$\mathbf{y}$用$\mathbf{z}$替换，即可得到一个矛盾.

Ⅲ. $f_2\in\bar{e}$和$f_1\notin\bar{e}$的情形具有类似的证明.

Ⅳ. 如果$f_1, f_2\notin\bar{e}$，那么存在某个$b\in\bar{e}\cap e_a$使得$x_b>0$，通过类似的直接计算可得$\mathbf{z}\in\mathbb{R}^n$满足$z_b=-x_b<0$，$z_{f_1}=-x_{f_1}>0$，并且对其余的顶点有$z_i=x_i$的向量仍然是$\mathcal{L}'$对应特征值$\lambda(\mathcal{L}')$的一个H-特征向量. 同时$\prod_{w\in\bar{e}}z_w<0$也成立. 因此，可以得到一个矛盾.

那么，$G=G'$是一个超星.

命题8.3和定理8.3延伸了图论中的经典结论[84, 85].

8.2.3 奇数阶的图

本小节讨论奇数阶的图. 注意到当 k 是奇数时，并没有相应的引理 8.4. 因此，很难刻画 Laplacian 张量的最大 H-特征值的下界的极图.

定理 8.4 假设 k 是一个奇数，$G=(V, E)$ 是尺度 $d>0$ 的超星. 假设 $\mathcal{L}$ 是 G 的 Laplacian 张量. 那么，$\lambda(\mathcal{L})=d$.

证明 $d=1$ 的情形通过直接计算可得，因为在这种情形下，对所有的 $i\in\{1, \cdots, k\}$ 有

$$(\lambda(\mathcal{L})-1)x_i^k=-\prod_{j\in\{1,\cdots,k\}}x_j$$

如果 $\lambda(\mathcal{L})>1$，那么对所有的 $i\in\{1, \cdots, k\}$，有 $x_i^k=1$. 因此，对所有的 $i\in\{1, \cdots, k\}$，有 $x_i=1$. 这是与 $0<\lambda(\mathcal{L})-1=-1<0$ 相矛盾的结论.

在下文中，假设 $d>1$. 不失一般性，假设 1 是心. 容易看到 $\mathbf{x}:=(1, 0, \cdots, 0)\in\mathbb{R}^n$ 是与 H-特征值 d 所对应的 H-特征向量. 假设 $\mathbf{x}\in\mathbb{R}^n$ 是 $\mathcal{L}$ 对应特征值 $\lambda(\mathcal{L})$ 的一个 H-特征向量. 接下来，证明 $\sup(\mathbf{x})=\{1\}$，这将推出 $\lambda(\mathcal{L})=d$.

采用反证法，假设 $\sup(\mathbf{x})\neq\{1\}$. 由引理 8.2 和推论 8.1，不失一般性，假设 $\sup(\mathbf{x})=\{1, \cdots, n\}$，而 $\mathbf{x}$ 具有下列形式：

$$\alpha:=x_1>0,\ x_2=\cdots=x_n=-1$$

那么，可得

$$(\mathcal{L}\mathbf{x}^{k-1})_1=d\alpha^{k-1}-d=\lambda(\mathcal{L})\alpha^{k-1}$$

对 $i\in\{2, \cdots, n\}$，有

$$(\mathcal{L}\mathbf{x}^{k-1})_i=1+\alpha=\lambda(\mathcal{L})$$

相应地，

$$(d-\lambda(\mathcal{L}))(\lambda(\mathcal{L})-1)^{k-1}=d$$

因此，$\lambda(\mathcal{L})<d$ 成立. 这是一个矛盾. 因此，$\lambda(\mathcal{L})=d$.

当 k 是奇数时，由定理 8.4 连同引理 8.1，可以推出最大的度即是 Laplacian 张量的最大 H-特征值的一个紧的下界.

下面给出完备 3 图的 Laplacian 张量的最大 H-特征值的一个下界.

命题 8.4 假设 $G=(V, E)$ 是一个完备的 3 图. 记 $\mathcal{L}$ 是 G 的 Laplacian 张量且存在正整数使得 $n=2m$. 那么，$\lambda(\mathcal{L})\geqslant\binom{n-1}{2}+\frac{m-1}{2}$，这严格大于 G 的最大度 $d=\binom{n-1}{2}$.

证明 记 $\mathbf{x}\in\mathbb{R}^n$ 是一个向量，满足 $x_1=\cdots=x_m=1$ 和 $x_{m+1}=\cdots=x_{2m}=-1$. 对任意的 $i\in\{1, \cdots, m\}$，可得

$$\begin{aligned}(\mathcal{L}\mathbf{x}^{k-1})_i&=\binom{n-1}{2}-\sum_{1<i<j\in\{1,\cdots,n\}}x_ix_j\\&=\binom{n-1}{2}-\sum_{1<i<j\in\{1,\cdots,m\}}x_ix_j-\sum_{m+1\leqslant i<j\in\{1,\cdots,2m\}}x_ix_j-\sum_{1<i\in\{1,\cdots,m\},\,m+1\leqslant j\leqslant 2m}|x_ix_j|\\&=\binom{n-1}{2}-\sum_{1<i<j\in\{1,\cdots,m\}}x_ix_j-\sum_{m+1\leqslant i<j\in\{1,\cdots,2m\}}x_ix_j+\sum_{1<i\in\{1,\cdots,m\},\,m+1\leqslant j\leqslant 2m}x_ix_j\\&=\binom{n-1}{2}-\binom{m-1}{2}-\binom{m}{2}+(m-1)m\end{aligned}$$

$$= \binom{n-1}{2} + \frac{m-1}{2}$$

对任意的 $i \in \{m+1, \cdots, 2m\}$，可得

$$\begin{aligned}
(\mathcal{L}\mathbf{x}^{k-1})_i &= \binom{n-1}{2} - \sum_{1 \leqslant i < j \in \{1, \cdots, n-1\}} x_i x_j \\
&= \binom{n-1}{2} - \sum_{1 \leqslant i < j \in \{1, \cdots, m\}} x_i x_j - \sum_{m+1 \leqslant i < j \in \{1, \cdots, 2m-1\}} x_i x_j - \sum_{1 \leqslant i \in \{1, \cdots, m\},\ m+1 \leqslant j \leqslant 2m-1} x_i x_j \\
&= \binom{n-1}{2} - \sum_{1 \leqslant i < j \in \{1, \cdots, m\}} x_i x_j - \sum_{m+1 \leqslant i < j \in \{1, \cdots, 2m-1\}} x_i x_j + \sum_{1 \leqslant i \in \{1, \cdots, m\},\ m+1 \leqslant j \leqslant 2m-1} x_i x_j \\
&= \binom{n-1}{2} - \binom{m}{2} - \binom{m-1}{2} + m(m-1) \\
&= \binom{n-1}{2} + \frac{m-1}{2}
\end{aligned}$$

因此，$\mathbf{x}$ 是 $\mathcal{L}$ 对应 H-特征值 $\binom{n-1}{2} + \frac{m-1}{2}$ 的一个 H-特征向量.

最后给出下面的猜想.

猜想 8.5　假设 $k \geqslant 3$ 是奇数，$G=(V, E)$ 是一个连通的 k 图，最大度 $d>0$. 假设 $\mathcal{L}$ 是 G 的 Laplacian 张量. 那么 $\lambda(\mathcal{L})=d$ 当且仅当 G 是一个超星.

8.3　无符号 Laplacian 张量的最大 H-特征值

本节讨论 k 图的无符号 Laplacian 张量的最大 H-特征值. 由于无符号 Laplacian 张量 $\mathcal{Q}$ 是一个非负张量，所以此时的情形比 Laplacian 张量的最大 H-特征值要明了许多.

下面的命题给出 $\lambda(\mathcal{Q})$ 的一个界.

命题 8.5　假设 $G=(V, E)$ 是一个 k 图，最大度 $d>0$，$\mathcal{A}$ 和 $\mathcal{Q}$ 分别是 G 的邻接张量和无符号 Laplacian 张量. 那么，

$$\max\left\{d, \frac{\sum_{i \in \{1, \cdots, n\}} d_i}{n}\right\} \leqslant \lambda(\mathcal{Q}) \leqslant \lambda(\mathcal{A}) + d$$

证明　第一个不等式由文献[41]中的推论 12 得来. 关于第二个不等式，由文献[41]中的定理 11，可得

$$\begin{aligned}
\lambda(\mathcal{Q}) &= \max_{\sum_{i \in \{1, \cdots, n\}} x_i^k = 1,\ \mathbf{x} \in \mathbb{R}_+^n} \mathcal{Q}\mathbf{x}^k \\
&= \max_{\sum_{i \in \{1, \cdots, n\}} x_i^k = 1,\ \mathbf{x} \in \mathbb{R}_+^n} (\mathcal{A}+\mathcal{D})\mathbf{x}^k \\
&\leqslant \max_{\sum_{i \in \{1, \cdots, n\}} x_i^k = 1,\ \mathbf{x} \in \mathbb{R}_+^n} \mathcal{A}\mathbf{x}^k + \max_{\sum_{i \in \{1, \cdots, n\}} x_i^k = 1,\ \mathbf{x} \in \mathbb{R}_+^n} \mathcal{D}\mathbf{x}^k \\
&= \lambda(\mathcal{A}) + d
\end{aligned}$$

这样一来，第二个不等式成立.

引理 8.7　假设 $G=(V, E)$ 是一个连通的正则 k 图，度 $d>0$，$\mathcal{Q}$ 是其无符号 Laplacian

张量. 那么, $\lambda(\mathcal{Q})=2d$.

证明 注意到全1向量是$\mathcal{Q}$对应于H-特征值$2d$的一个H-特征向量. 由于$\mathcal{Q}$是弱不可约张量，那么结论由定理4.4可得.

下面的命题给出无符号Laplacian张量的最大H-特征值的一个紧的上界，且刻画了这时的极图.

命题8.6 假设$G=(V, E)$是一个k图, G'是G的一个子图. 假设$\mathcal{Q}$和$\mathcal{Q}'$分别是G和G'的无符号Laplacian张量. 那么,

$$\lambda(\mathcal{Q}')\leqslant\lambda(\mathcal{Q})$$

此外，如果G'和G都是连通的，那么$\lambda(\mathcal{Q}')=\lambda(\mathcal{Q})$当且仅当$G'=G$. 因此,

$$\lambda(\mathcal{Q})\leqslant 2\binom{n-1}{k-1}$$

且等号成立当且仅当G是一个完备的k图.

证明 第一个结论由文献[81]中的定理3.19得来. 剩下的结论由文献[81]中的定理3.20、文献[86]中的定理4和文献[80]中的引理3.1得来. 由这些结论推出: $\mathcal{Q}$存在唯一的正H-特征向量且当G连通时，相应的H-特征值必须为$\lambda(\mathcal{Q})$. 再根据G是完备图时(引理8.7)，全1向量是张量$\mathcal{Q}$对应于H-特征值$2\binom{n-1}{k-1}$的H-特征向量，可以得到最后的结论.

当$k=2$时(即一般的图)，命题8.5和命题8.6退回到图论的经典结论[87].

下面的定理给出$\lambda(\mathcal{Q})$的一个紧的下界并刻画其极图.

定理8.6 假设$G=(V, E)$是一个连通的k图，最大的度$d>0$, $\mathcal{Q}$是G的无符号Laplician张量. 那么

$$\lambda(\mathcal{Q})\geqslant d+d\left(\frac{1}{\alpha_*}\right)^{k-1}$$

其中$\alpha_*\in(d-1, d]$是方程$\alpha^k+(1-d)\alpha^{k-1}-d=0$的最大实数根，且等号成立当且仅当$G$是一个超星.

证明 假设$d_s=d$. 记G'是图G_S，其中S是E_S中所含的顶点构成的集合. 根据命题8.3的证明，对于图G'，通过重新排列顶点标号定义一个新的图. 首先固定顶点s，对每条边$e\in E_s$，剩下的$k-1$个顶点标号为$\{(e, 2), \cdots, (e, k)\}$. 记$\overline{G}=(\overline{V}, \overline{E})$是$k$图使得$\overline{V}:=\{s, (e, 2), \cdots, (e, k), \forall e\in E_s\}$, $\overline{E}:=\{\{s, (e, 2), \cdots, (e, k)\}\mid e\in E_s\}$. 容易看到$\overline{G}$是一个尺度$d>0$的超星，且心为$s$. 记$\mathbf{z}\in\mathbb{R}^{kd-k+1}$是一个向量使得$z_s=\alpha>0$以及对任意的$j\in\overline{V}\setminus\{s\}$有$z_j=1$. 采用与命题8.2的证明类似的方法，可得$\mathbf{z}$是$\overline{G}$的无符号Laplacian张量$\overline{\mathcal{Q}}$的一个H-特征向量当且仅当$\alpha$是下列方程的一个实根

$$\alpha^k+(1-d)\alpha^{k-1}-d=0 \tag{8.7}$$

在这种情形下，该H-特征值为$\lambda=1+\alpha$.

由文献[41]中的定理11和定理4.2，或者与命题8.2的证明类似的证明方法，可得$\lambda(\mathcal{Q})\geqslant\lambda(\overline{\mathcal{Q}})$且等号成立当且仅当$G=\overline{G}$. 此外，记$\alpha_*$是方程(8.7)的最大实根，由(8.7)可得

$$\lambda_* = 1+\alpha_* = d+d\left(\frac{1}{\alpha_*}\right)^{k-1}$$

类似于定理8.1的证明，可得(8.7)中的方程在区间$(d-1, d]$有唯一的实根，这也是最大的根. 由于$\overline{G}$是连通的，由定理4.2和文献[80]中的引理3.1，可得$\lambda(\overline{\mathcal{Q}})=1+\alpha_*$. 因此，结论成立.

当G是2-图时，众所周知$\alpha_*=d$，因此定理8.6退回为$\lambda(\mathcal{Q})\geqslant d+1$[87].

8.4 Laplacian张量与无符号Laplacian张量的最大H-特征值间的关系

本节讨论Laplacian张量与无符号Laplacian张量的最大H-特征值间的关系.

下面的引理由定义2.1和文献[41]中的命题14得来.

引理8.8 假设$G=(V, E)$是一个k图. 假设$\mathcal{L}$、$\mathcal{Q}$分别是G的Laplacian张量和无符号Laplacian张量. 那么

$$\lambda(\mathcal{L})\leqslant\lambda(\mathcal{Q})$$

下面的定理刻画当k是偶数时，在何种条件下Laplacian张量与无符号Laplacian张量的最大H-特征值相等.

定理8.7 假设k是偶数，$G=(V, E)$是一个连通的非平凡k图. 假设$\mathcal{L}$、$\mathcal{Q}$分别是G的Laplacian张量和无符号Laplacian张量. 那么，

$$\lambda(\mathcal{L})=\lambda(\mathcal{Q})$$

当且仅当G是奇-二可分的.

证明 首先证明充分性. 假设G是奇-二可分的. 假设$\mathbf{x}\in\mathbb{R}^n$是$\mathcal{Q}$的对应$\lambda(\mathcal{Q})$的一个非负H-特征向量. 那么，根据定理4.2，可得向量$\mathbf{x}$是一个正向量，即每个分量都是正数. 假设$V=V_1\cup V_2$是V的一个奇-二剖分使得V_1，$V_2\neq\varnothing$以及每条E中的边交V_1为刚好奇数个顶点. 记$\mathbf{y}\in\mathbb{R}^n$是一个向量使得当$i\in V_1$时有$y_i=x_i$而对其余的顶点有$y_i=-x_i$. 那么，对所有的$i\in V_1$，成立

$$\begin{aligned}[(\mathcal{D}-\mathcal{A})\mathbf{y}^{k-1}]_i &= d_i y_i^{k-1}-\sum_{e\in E_i}\prod_{j\in e\setminus\{i\}}y_j\\ &= d_i x_i^{k-1}+\sum_{e\in E_i}\prod_{j\in e\setminus\{i\}}x_j\\ &= [(\mathcal{D}+\mathcal{A})\mathbf{x}^{k-1}]_i\\ &= \lambda(\mathcal{Q})x_i^{k-1}\\ &= \lambda(\mathcal{Q})y_i^{k-1}\end{aligned}$$

其中第二个等式由对每个$e\in E_i$，刚好e中有奇数个顶点取负数值得到. 类似地，对所有的$i\in V_2$，有

$$\begin{aligned}[(\mathcal{D}-\mathcal{A})\mathbf{y}^{k-1}]_i &= d_i y_i^{k-1}-\sum_{e\in E_i}\prod_{j\in e\setminus\{i\}}y_j\\ &= -d_i x_i^{k-1}-\sum_{e\in E_i}\prod_{j\in e\setminus\{i\}}x_j\\ &= -[(\mathcal{D}+\mathcal{A})\mathbf{x}^{k-1}]_i\end{aligned}$$

$$=-\lambda(\mathcal{Q})x_i^{k-1}$$
$$=\lambda(Q)y_i^{k-1}$$

其中第二个等式由对每条边 $e\in E_i$，刚好 $e\backslash\{i\}$ 中的偶数个顶点取负数值，而最后一个等式由 $y_i=-x_i$ 得来. 因此，$\lambda(\mathcal{Q})$ 是 $\mathcal{L}$ 的一个 H-特征值. 结合引理 8.8，可推出 $\lambda(\mathcal{L})=\lambda(\mathcal{Q})$.

接下来，证明必要性. 假设 $\lambda(\mathcal{L})=\lambda(\mathcal{Q})$. 记 $\mathbf{x}\in\mathbb{R}^n$ 是张量 $\mathcal{L}$ 对应 H-特征值 $\lambda(\mathcal{L})$ 的一个 H-特征向量使得 $\sum_{i\in\{1,\cdots,n\}} x_i^k=1$. 那么，

$$[(\mathcal{D}-\mathcal{A})\mathbf{x}^{k-1}]_i=\lambda(\mathcal{L})x_i^{k-1},\ \forall i\in\{1,\cdots,n\}$$

记 $\mathbf{y}\in\mathbb{R}^n$ 是一个向量使得对所有的 $i\in\{1,\cdots,n\}$，$y_i=|x_i|$ 成立. 由(8.3)，可得

$$\begin{aligned}\lambda(\mathcal{L})&=\sum_{i\in\{1,\cdots,n\}} x_i[(\mathcal{D}-\mathcal{A})\mathbf{x}^{k-1}]_i\\&=\sum_{i\in\{1,\cdots,n\}}|x_i||[(\mathcal{D}-\mathcal{A})\mathbf{x}^{k-1}]_i|\\&\leqslant\sum_{i\in\{1,\cdots,n\}} y_i[(\mathcal{D}+\mathcal{A})\mathbf{y}^{k-1}]_i\\&\leqslant\lambda(\mathcal{Q})\end{aligned}\tag{8.8}$$

因此，(8.8)中的所有不等式都应该是等式. 由文献[41]中的引理 2.2 以及定理 6.1 的结论(3)，可得 $\mathbf{y}$ 是张量 $\mathcal{Q}$ 对应 H-特征值 $\lambda(\mathcal{Q})$ 的一个 H-特征向量，且是一个正向量. 记 $V_1:=\{i\in\{1,\cdots,n\}\mid x_i>0\}$，$V_2:=\{i\in\{1,\cdots,n\}\mid x_i<0\}$. 那么，由于 $\mathbf{y}$ 是正向量，可得 $V_1\cup V_2=\{1,\cdots,n\}$. 由于 G 是连通的且是非平凡的，可得 $V_2\neq\varnothing$. 否则，$|[(\mathcal{D}-\mathcal{A})\mathbf{x}^{k-1}]_i|<[(\mathcal{D}+\mathcal{A})\mathbf{y}^{k-1}]_i$，因为在这种情况下，$(\mathcal{A}\mathbf{x}^{k-1})_i>0$. 同时也有 $V_1\neq\varnothing$，否则 $|[(\mathcal{D}-\mathcal{A})\mathbf{x}^{k-1}]_i|=|-d_iy_i^{k-1}+(\mathcal{A}\mathbf{y}^{k-1})_i|<[(\mathcal{D}+\mathcal{A})\mathbf{y}^{k-1}]_i$.

此外，因为(8.8)中的第一个不等式必须是等式，可得对任何 $i\in V_1$，有

$$\lambda(\mathcal{Q})y_i^{k-1}=[(\mathcal{D}+\mathcal{A})\mathbf{y}^{k-1}]_i=[(\mathcal{D}-\mathcal{A})\mathbf{x}^{k-1}]_i$$

由此可得

$$[(\mathcal{D}+\mathcal{A})\mathbf{y}^{k-1}]_i=d_iy_i^{k-1}+\sum_{e\in E_i}\prod_{j\in e\backslash\{i\}}y_j,\ [(\mathcal{D}-\mathcal{A})\mathbf{x}^{k-1}]_i=d_ix_i^{k-1}-\sum_{e\in E_i}\prod_{j\in e\backslash\{i\}}x_j$$

因此，对 $i\in V_1$ 及每个 $e\in E_i$，可得 $|e\cap V_2|$ 刚好是一个奇数. 类似地，可得对 $i\in V_2$ 及每个 $e\in E_i$，$|e\cap V_1|$ 刚好是一个奇数. 因此，由定义 2.30，G 是一个奇-二可分图.

定理 8.7 推广了图谱理论中的经典结论[85, 88]. 下面给出定理 8.7 的一个应用.

下面的引理说明超环的无符号 Laplacian 张量的最大 H-特征值容易计算.

引理 8.9 假设 $G=(V,E)$ 是一个尺度 $s>0$ 的 k 阶超环，$\mathcal{Q}$ 是其无符号 Laplacian 张量. 那么，$\lambda(\mathcal{Q})=2+2\beta^{k-2}$，其中 β 是方程 $2\beta^k+\beta^2-1=0$ 的唯一正根，该根在区间 $\left(\frac{1}{2},1\right)$ 中.

证明 由文献[81]中的定理 3.20、文献[86]中的定理 4 和文献[80]中的引理 3.1(或者引理 6.2 和引理 6.3)，可得如果存在张量 $\mathcal{Q}$ 对应 H-特征值 μ 的一个正 H-特征向量 $\mathbf{x}\in\mathbb{R}^n$，那么 $\mu=\lambda(Q)$.

当 i 是 G 的边的交时有 $x_i=\alpha$，而对其余的顶点有 $x_i=\beta$. 不失一般性，假设 $\alpha=1$. 那么，对于一个相交的顶点 i，有 $d_i=2$ 以及

$$(\mathcal{Q}\mathbf{x}^{k-1})_i=2\alpha^{k-1}+2\alpha\beta^{k-2}=2+2\beta^{k-2}$$

而对其他的顶点 j，有 $d_j=1$ 以及

$$(\mathcal{Q}\mathbf{x}^{k-1})_j=\beta^{k-1}+\alpha^2\beta^{k-3}=\beta^{k-1}+\beta^{k-3}$$

如果存在某个 $\mu>0$ 和 $\beta>0$ 使得

$$2+2\beta^{k-2}=\mu,\ \beta^{k-1}+\beta^{k-3}=\mu\beta^{k-1} \tag{8.9}$$

那么由证明开始时的分析，可得 $\mu=\lambda(Q)$. 假设(8.9)有一对所求的解. 那么

$$2\beta^{2k-3}+\beta^{k-1}-\beta^{k-3}=0,\ i.e.,\ 2\beta^k+\beta^2-1=0$$

记 $g(\beta):=2\beta^k+\beta^2-1$. 那么 $g(1)>0$ 且

$$g\left(\frac{1}{2}\right)=\frac{1}{2^{k-1}}+\frac{1}{4}-1<0$$

因此，(8.9)确实没有满足 $\beta\in\left(\frac{1}{2},1\right)$ 和 $\mu=2+2\beta^{k-2}$ 的解对. 由引理 6.2 和引理 6.3，可得 $\mathcal{Q}$ 有一个唯一的正 H-特征向量，那么方程 $2\beta^k+\beta^2-1=0$ 有唯一的正解，且在区间 $\left(\frac{1}{2},1\right)$ 中. 因此，结论成立.

由定理8.7和引理8.9，可得下面的推论，该推论刻画了当 k 是偶数时，超环的 Laplacian 张量的最大 H-特征值.

推论 8.4 假设 k 是偶数，$G=(V,E)$ 是一个尺度 $s>0$ 的 k 阶超环. 记 $\mathcal{L}$ 为其 Laplacian 张量. 那么，$\lambda(\mathcal{L})=2+2\beta^{k-2}$，其中 β 是方程 $2\beta^k+\beta^2-1=0$ 的唯一正数根，该根在区间 $\left(\frac{1}{2},1\right)$ 中.

证明 由定理 8.7 和引理 8.9，只需证明当 k 是偶数时，一个 k 阶超环是奇-二可分的.

记 $V=V_1\cup\cdots\cup V_s$ 使得 $|V_1|=\cdots=|V_s|=k$ 是顶点的一个剖分，满足定义 2.37 的假设条件. 记 $V_s\cap V_1$ 为 i_1，$V_1\cap V_2$ 为 i_2，…，$V_{s-1}\cap V_s$ 为 i_s. 对每个 $j\in\{1,\cdots,s\}$，选择一个顶点 $r_j\in V_j$ 使得 $r_j\notin\{i_1,\cdots,i_s\}$. 记 $S_1:=\{r_j\mid j\in\{1,\cdots,s\}\}$，$S_2=V\backslash S_1$. 那么，容易得到 $S_1\cup S_2=V$ 是 G 的一个奇-二剖分(定义 2.30). 这样的一个奇-二剖分在图 2.4(b)中给出.

因此，结论成立.

下面的命题表明当 k 是奇数时，对于一个连通的非平凡图，这两个 H-特征值是不相同的.

命题 8.7 假设 k 是一个奇数，$G=(V,E)$ 是一个连通的非平凡 k 图. 假设 $\mathcal{L}$、$\mathcal{Q}$ 分别是 G 的 Laplacian 张量和无符号 Laplacian 张量. 那么，

$$\lambda(\mathcal{L})<\lambda(\mathcal{Q})$$

证明 假设 $\mathbf{x}\in\mathbb{R}^n$ 是张量 $\mathcal{L}$ 对应 $\lambda(\mathcal{L})$ 的一个 H-特征向量，使得 $\sum_{i\in\{1,\cdots,n\}}|x_i|^k=1$. 那么，可得

$$\lambda(\mathcal{L})x_i^{k-1}=(\mathcal{L}\mathbf{x}^{k-1})_i=[(\mathcal{D}-\mathcal{A})\mathbf{x}^{k-1}]_i,\ \forall i\in\{1,\cdots,n\}$$

因此

$$\begin{aligned}\lambda(\mathcal{L})&=\sum_{i\in\{1,\cdots,n\}}|x_i||(\mathcal{L}\mathbf{x}^{k-1})_i|\\&=\sum_{i\in\{1,\cdots,n\}}|x_i||[(\mathcal{D}-\mathcal{A})\mathbf{x}^{k-1}]_i|\end{aligned}$$

$$\leqslant \sum_{i\in\{1,\cdots,n\}} |x_i| [(\mathcal{D}+\mathcal{A})|\mathbf{x}|^{k-1}]_i$$
$$\leqslant \lambda(\mathcal{Q}) \tag{8.10}$$

如果 $\sup(\mathbf{x})\neq\{1,\cdots,n\}$，那么由引理 6.2，可得 $\lambda(\mathcal{L})<\lambda(\mathcal{Q})$. 因此，接下来假设 $\sup(\mathbf{x})=\{1,\cdots,n\}$. 下文用反证法证明结论. 假设 $\lambda(\mathcal{L})=\lambda(\mathcal{Q})$. 那么式(8.10)中所有不等式中的等号都成立. 由文献[41]中的定理 11，$\mathbf{y}:=|\mathbf{x}|$ 是 $\mathcal{Q}$ 对应 H-特征值 $\lambda(\mathcal{Q})$ 的一个 H-特征向量，且是一个正向量. 类似于命题 8.7 的证明，可以得到 V 的一个二剖分为 $V=V_1\cup V_2$ 满足 $V_1, V_2\neq\varnothing$. 此外，对所有的 $i\in V$，有

$$\lambda(\mathcal{Q})y_i^{k-1}=[(\mathcal{D}+\mathcal{A})\mathbf{y}^{k-1}]_i=|[(\mathcal{D}-\mathcal{A})\mathbf{x}^{k-1}]_i|$$

不失一般性，假设 $x_1>0$. 那么，可得对每条 $e\in E_1$，$|e\cap V_2|<k-1$ 是一个奇数. 由于 G 是连通的且非平凡，那么 $E_1\neq\varnothing$. 假设对 $\bar{e}\in E_1$ 有 $2\in\bar{e}\cap V_2$. 那么 $x_2<0$ 并且

$$\begin{aligned}
|[(\mathcal{D}-\mathcal{A})\mathbf{x}^{k-1}]_2| &= \left|d_2x_2^{k-1}-\sum_{e\in E_2}\prod_{w\in e}x_w\right| \\
&= \left|d_2x_2^{k-1}-\sum_{e\in E_2\setminus\{\bar{e}\}}\prod_{w\in e}x_w-\prod_{w\in\bar{e}}x_w\right| \\
&= \left|d_2|x_2|^{k-1}-\sum_{e\in E_2\setminus\{\bar{e}\}}\prod_{w\in e}x_w-\prod_{w\in\bar{e}}|x_w|\right| \\
&\leqslant \left|\,\left|d_2|x_2|^{k-1}+\sum_{e\in E_2\setminus\{\bar{e}\}}\prod_{w\in e}|x_w|\right|-\prod_{w\in\bar{e}}|x_w|\right| \\
&< \left|d_2|x_2|^{k-1}+\sum_{e\in E_2}\prod_{w\in e}|x_w|\right| \\
&= [(\mathcal{D}-\mathcal{A})\mathbf{y}^{k-1}]_2
\end{aligned}$$

因此，得到一个矛盾. 相应地，$\lambda(\mathcal{L})<\lambda(\mathcal{Q})$.

下面给出式(3.51)对图的 Laplacian 张量的特征值分析的一个应用.

定理 8.8 假设 G 是一个非平凡的 k 图，其中 $k\geqslant3$ 是一个奇数. 那么它的 Laplacian 张量的谱不同于其无符号 Laplacian 张量的谱.

证明 假设 $\mathcal{A}$ 是 G 的邻接张量，$\mathcal{D}$ 是由度确定的对角张量. 记 $\mathcal{L}=\mathcal{D}-\mathcal{A}$ 是 G 的 Laplacian 张量. 那么，可得 $\mathcal{D}+\mathcal{A}=|\mathcal{L}|$，其中 $|\mathcal{L}|$ 是从 $\mathcal{L}$ 按分量取绝对值得到的. 由定理 3.11，可得

$$\mathrm{Tr}_k(\mathcal{D}-\mathcal{A})=\mathrm{Tr}_k(\mathcal{L})=(k-1)^{n-1}\sum_{F\in\mathcal{F}_k}\frac{b(F)}{c(F)}\pi_F(\mathcal{L})|\mathbf{W}(F)| \tag{8.11}$$

$$\begin{aligned}
\mathrm{Tr}_k(\mathcal{D}+\mathcal{A}) &= \mathrm{Tr}_k(|\mathcal{L}|) \\
&= (k-1)^{n-1}\sum_{F\in\mathcal{F}_k}\frac{b(F)}{c(F)}\pi_F(|\mathcal{L}|)|\mathbf{W}(F)| \\
&= (k-1)^{n-1}\sum_{F\in\mathcal{F}_k}\left|\frac{b(F)}{c(F)}\pi_F(\mathcal{L})|\mathbf{W}(F)|\right|
\end{aligned} \tag{8.12}$$

可见，式(8.12)等号右端的每一项都是式(10.52)等号右端的对应项取绝对值得来的.

接下来，证明存在某个 $F_0\in\mathcal{F}_k$ 使得 $\pi_{F_0}(\mathcal{L})<0$ 和 $|\mathbf{W}(F_0)|>0$. 为此，取图 G 的一条边 $e=\{i_1,\cdots,i_k\}$ 以及

$$F_0=((i_1,i_2\cdots,i_k),(i_2,i_3,\cdots,i_k,i_1),\cdots,(i_k,i_1,\cdots,i_{k-1}))\in\mathcal{F}_k$$

那么，由 k 是奇数，可得 $\pi_{F_0}(\mathcal{L})=\pi_{F_0}(-\mathcal{A})=(-1)^k\frac{1}{((k-1)!)^k}<0$.

另一方面，有 $E(F_0)=\{(i,j)\mid i,j\in\{i_1,i_2\cdots,i_k\}$ 以及 $i\neq j\}$，这意味着由边集 $E(F_0)$ 导出的在 n 个顶点上的有向图与完全有向图 D_k(不含自圈)同构，那么它是强连通的且是平衡的(对 D_k 中的所有顶点 v，$D^+_{D_k}(v)=D^-_{d_k}(v)=k-1$)成立. 根据“有向 Eulerian 图”的判别准则[89]，可得存在一个有向闭环 $W\in\mathbf{W}(F_0)$，其中 $E(W)=E(F_0)$. 因此，可得 $|\mathbf{W}(F_0)|>0$.

注意到，对这个 F_0，可得 $\frac{b(F_0)}{c(F_0)}\pi_{F_0}(\mathcal{L})|\mathbf{W}(F_0)|<0$，这是因为对所有的 $F\in\mathcal{F}_k$，$b(F)>0$ 和 $c(F)>0$ 成立. 由此可知，(8.11)等号右端的求和式中至少存在一项是负数，因此式(8.11)和式(8.12)的右端是不相同的. 相应地，可得 $\mathrm{Tr}_k(\mathcal{D}-\mathcal{A})\neq\mathrm{Tr}_k(\mathcal{D}+\mathcal{A})$. 由此结论和定理 3.8 可得 $\mathcal{D}-\mathcal{A}$ 和 $\mathcal{D}+\mathcal{A}$ 具有不同的谱.

第9章　特殊超图

本章继续讨论 Laplacian 张量和无符号 Laplacian 张量的一些谱性质，主要集中在一些特殊超图类.

9.1　基本概念

本节仍然用 $\lambda(\mathcal{T})$ 表示张量 $\mathcal{T}$ 的最大 H-特征值.

由文献[41]可知，零是张量 $\mathcal{L}$ 和张量 $\mathcal{Q}$ 的最小 H-特征值，同时 $\lambda(\mathcal{L})\leqslant\lambda(\mathcal{Q})\leqslant 2d$ 成立，其中 d 是图 G 的最大度.

9.2　芯　　图

本节将讨论芯图的 Laplacian 张量的 H-特征值及其 H-特征向量.

9.2.1　一般的情形

本小节将首先建立所有芯图都满足的一些性质.

下面的引理指出它们的 H-特征向量具有特殊的结构.

引理 9.1　假设 $G=(V, E)$ 是一个 k 阶芯图，$\mathbf{x}\in\mathbb{R}^n$ 是其 Laplacian 张量 $\mathcal{L}$ 对应 H-特征值 $\lambda\neq 1$ 的一个 H-特征向量. 如果在一条边 $e\in E$ 中存在两个芯顶点 i，j，那么 $|x_i|=|x_j|$. 此外，当 k 是奇数时，$x_i=x_j$.

证明　由 H-特征值的定义以及顶点 i 和 j 都是芯顶点，可得

$$\lambda x_i^{k-1}=(\mathcal{L}\mathbf{x}^{k-1})_i=x_i^{k-1}-x_j\prod_{s\in e\setminus\{i,j\}}x_s$$

$$\lambda x_j^{k-1}=(\mathcal{L}\mathbf{x}^{k-1})_j=x_j^{k-1}-x_i\prod_{s\in e\setminus\{i,j\}}x_s$$

因此

$$(\lambda-1)x_i^k=(\lambda-1)x_j^k$$

由于 $\lambda\neq 1$，可得 $|x_i|=|x_j|$. 此外，当 k 是奇数时，可得 $x_i=x_j$.

由文献[41]中的定理 4，可得下面的引理.

引理 9.2　假设 $G=(V, E)$ 是一个 k 图，最大度 $d>0$，$\mathcal{L}$ 是其 Laplacian 张量. 那么，$\lambda(\mathcal{L})\geqslant d$.

引理 9.3　假设 $G=(V, E)$ 是 k 阶芯图，$\mathbf{x}\in\mathbb{R}^n$ 是其 Laplacian 张量 $\mathcal{L}$ 对应 H-特征值 $\lambda\geqslant 1$ 的一个 H-特征向量. 那么，当 k 是偶数时，对所有的 $e\in E$，$\prod_{s\in e}x_s\leqslant 0$ 成立；而当 k 是奇数时，对所有的 $e\in E$，$\prod_{s\in e\setminus\{i_e\}}x_s\leqslant 0$ 成立，其中 $i_e\in e$ 是一个芯顶点.

证明　假设 i 是一个任意选取但是固定的边 $e\in E$ 中的芯顶点. 如果 $\lambda=1$, 那么

$$x_i^{k-1}=\lambda x_i^{k-1}=x_i^{k-1}-\prod_{s\in e\setminus\{i\}}x_s$$

可推出 $\prod_{s\in e\setminus\{i\}}x_s=0$. 结论成立.

接下来, 假设 $\lambda>1$. 那么,

$$(\lambda-1)x_i^{k-1}=-\prod_{s\in e\setminus\{i\}}x_s$$

当 k 是奇数时, 有 $x_i^{k-1}\geqslant 0$, 则结论成立; 当 k 是偶数时, 因为 $(\lambda-1)x_i^k=-\prod_{s\in e}x_s$, 所以有 $\prod_{s\in e}x_s\leqslant 0$.

结论证毕.

由引理 9.2 和引理 9.3, 可得下面的命题.

命题 9.1　假设 $G=(V,E)$ 是一个 k 阶芯图, $\mathbf{x}\in\mathbb{R}^n$ 是其 Laplacian 张量 $\mathcal{L}$ 对应 H-特征值 $\lambda(\mathcal{L})$ 的一个 H-特征向量. 那么, 当 k 是偶数时, 对所有的 $e\in E$, $\prod_{s\in e}x_s\leqslant 0$ 成立; 而当 k 是奇数时, 对所有的 $e\in E$, $\prod_{s\in e\setminus\{i_e\}}x_s\leqslant 0$ 成立, 其中 $i_e\in e$ 是一个芯顶点.

由定理 8.7, 可得下面的命题.

命题 9.2　假设 k 是偶数, $G=(V,E)$ 是一个 k 阶芯图. 假设 $\mathcal{L}$ 和 $\mathcal{Q}$ 分别是 G 的 Laplacian 张量和无符号 Laplacian 张量. 那么, G 是奇-二可分的, 因此 $\lambda(\mathcal{L})=\lambda(\mathcal{Q})$.

证明　对所有的 $e\in E$, 假设 $i_e\in e$ 是一个芯顶点. 记 $V_1:=\{i_e\mid e\in E\}$, $V_2:=V\setminus V_1$. 那么, 容易看到 $V=V_1\cup V_2$ 是一个奇-二剖分(定义 2.30). 因此, 结论由定理 8.7 得来.

事实上, 可以得到下面的命题.

命题 9.3　假设 k 是偶数, $G=(V,E)$ 是一个 k 阶芯图. 假设 $\mathcal{L}$ 和 $\mathcal{Q}$ 分别是 G 的 Laplacian 张量和无符号 Laplacian 张量. 对每个 $e\in E$, 记 $i_e\in e$ 是一个芯顶点.

(1) 如果 $\mathbf{x}\in\mathbb{R}_+^n$ 是 $\mathcal{Q}$ 对应于 $\lambda(\mathcal{Q})$ 的一个 H-特征向量, 那么 $\mathbf{y}\in\mathbb{R}^n$ 是 $\mathcal{L}$ 对应于 $\lambda(\mathcal{L})$ 的一个 H-特征向量, 其中对所有的 $e\in E$, 有 $y_{i_e}=-x_{i_e}$, 而对其余的顶点有 $y_j=x_j$.

(2) 如果 $\mathbf{x}\in\mathbb{R}^n$ 是 $\mathcal{L}$ 对应于 $\lambda(\mathcal{L})$ 的一个 H-特征向量, 那么 $\mathbf{y}\in\mathbb{R}_+^n$ 是 $\mathcal{Q}$ 对应于 $\lambda(\mathcal{Q})$ 的一个 H-特征向量, 其中对所有的 $j\in\{1,\cdots,n\}$, 有 $y_i=|x_i|$.

证明　结论由定义 2.1 和命题 9.1 得来.

9.2.2　太阳花

下面的命题给出一个偶数阶的太阳花的 Laplacian 张量的最大 H-特征值.

命题 9.4　假设 k 是一个偶数, $G=(V,E)$ 是一个 k 阶太阳花. 假设 $\mathcal{L}$ 是 G 的 Laplacian 张量. 那么 G 是奇-二可分的, 且 $\lambda(\mathcal{L})$ 是方程 $(\mu-2)-\left(\frac{1}{\mu-1}\right)^{\frac{1}{k-1}}-\left(\frac{1}{\mu-1}\right)^{k-1}=0$ 在区间 $(2,4)$ 的唯一根.

证明　假设

$$V=\{i_{1,1},\cdots,i_{1,k},\cdots,i_{k-1,1},\cdots,i_{k-1,k},i_k\}$$

其边的集合为

$$E = \{\{i_{1,1}, \cdots, i_{1,k}\}, \cdots, \{i_{k-1,1}, \cdots, i_{k-1,k}\}, \{i_{1,1}, \cdots, i_{k-1,1}, i_k\}\}$$

记 $\mathcal{Q}$ 是 G 的无符号 Laplacian 张量. 由命题 9.2 可得，G 是奇-二可分的且 $\lambda(\mathcal{L})=\lambda(\mathcal{Q})$.

由文献[81]中的定理 3.20、文献[86]中的定理 4 和文献[80]中的引理 3.1(或者引理 6.2 和引理 6.3)，如果找到 $\mathcal{Q}$ 对应一个 H-特征值 μ 的一个正 H-特征向量 $\mathbf{x}\in\mathbb{R}^n$，则 $\mu=\lambda(\mathcal{Q})$.

记 $x_{i_k}=\alpha>0$，$x_{i_{j,1}}=1$，以及对所有的 $j\in\{1, \cdots, k-1\}$，$x_{i_{j,2}}=\cdots=x_{i_{j,k}}=\gamma>0$ 成立. 假设 $\mathbf{x}$ 是 $\mathcal{Q}$ 对应 H-特征值 $\mu=\lambda(Q)$的一个 H-特征向量. 由定义 2.1，可得

$$(\mu-1)\alpha^{k-1}=1,\ (\mu-2)=\alpha+\gamma^{k-1},\ (\mu-1)\gamma^{k-1}=\gamma^{k-2}$$

由引理 9.2 可得 $\mu\geqslant 2$. 因此，由第一个和第三个等式推出 $\alpha^{k-1}=\gamma$. 这样一来，

$$(\mu-2)=\left(\frac{1}{\mu-1}\right)^{\frac{1}{k-1}}+\left(\frac{1}{\mu-1}\right)^{k-1}$$

记 $f(\mu):=(\mu-2)-\left(\frac{1}{\mu-1}\right)^{\frac{1}{k-1}}-\left(\frac{1}{\mu-1}\right)^{k-1}$. 可得

$$f(2)=-2<0$$

$$f(4)=2-\left(\frac{1}{3}\right)^{\frac{1}{k-1}}-\frac{1}{3^{k-1}}>0$$

因此，$f(\mu)=0$ 在区间(2, 4)内有根. 由于 $\mathcal{Q}$ 具有唯一的正 H-特征向量(引理 6.2 和引理 6.3)，方程 $(\mu-2)-\left(\frac{1}{\mu-1}\right)^{\frac{1}{k-1}}-\left(\frac{1}{\mu-1}\right)^{k-1}=0$ 有唯一的正解，且在区间(2, 4). 因此，结论成立.

下面的命题表明，一个奇数阶太阳花的 Laplacian 张量的最大 H-特征值等于它的最大度，即 2.

命题 9.5 假设 k 是奇数，$G=(V, E)$是一个 k 阶太阳花. 假设 $\mathcal{L}$ 是 G 的 Laplacian 张量. 那么，$\lambda(\mathcal{L})=2$.

证明 假设

$$V=\{i_{1,1}, \cdots, i_{1,k}, \cdots, i_{k-1,1}, \cdots, i_{k-1,k}, i_k\}$$

其边的集合为

$$E = \{\{i_{1,1}, \cdots, i_{1,k}\}, \cdots, \{i_{k-1,1}, \cdots, i_{k-1,k}\}, \{i_{1,1}, \cdots, i_{k-1,1}, i_k\}\}$$

记 $\mathbf{w}\in\mathbb{R}^n$ 是张量 $\mathcal{L}$ 对应 $\lambda(\mathcal{L})$的一个 H-特征向量. 那么，可得

$$(\lambda(\mathcal{L})-1)w_{i_{j,s}}^{k-1}=-w_{i_{j,1}}\prod_{t\in\{2,\cdots,k\}\setminus\{s\}}w_{i_{j,t}},\ \forall j\in\{1,\cdots,k-1\},\ s\in\{2,\cdots,k\}$$

因此，$(\lambda(\mathcal{L})-1)w_{i_{j,s}}^{k}=-w_{i_{j,1}}\prod_{t\in\{2,\cdots,k\}}w_{i_{j,t}}$. 由于从引理 9.2 可得 $\lambda(\mathcal{L})\geqslant 2$，所以，对所有的 $j\in\{1, \cdots, k-1\}$，有 $w_{i_{i,2}}=\cdots=w_{i_{j,k}}=:z_j$. 记 $x:=w_{i_k}$，以及对所有的 $j\in\{1, \cdots, k-1\}$，$y_j:=w_{i_{j,1}}$. 那么，可得对所有的 $j\in\{1, \cdots, k-1\}$，当 $z_j\neq 0$ 时，$y_j=(1-\lambda(\mathcal{L}))z_j$. 此外，由定义 2.1，可得

$$(\lambda(\mathcal{L})-2)y_j^{k-1}=-x\prod_{s\in\{1,\cdots,k-1\}\setminus\{j\}}y_s-z_j^{k-1},\ \forall j\in\{1,\cdots,k-1\}$$

因此，可得

$$[(\lambda(\mathcal{L})-2)(1-\lambda(\mathcal{L}))^{k-1}+(1-\lambda(\mathcal{L}))]z_j^k=-x\prod_{s\in\{1,\cdots,k-1\}}y_s,\ \forall j\in\{1,\cdots,k-1\}$$

那么，要么当 k 是奇数时，$z_1=\cdots=z_{k-1}=:z$ 成立；要么 $(\lambda(\mathcal{L})-2)(1-\lambda(\mathcal{L}))^{k-1}+(1-\lambda(\mathcal{L}))=0$ 以及 $x\prod_{s\in\{1,\cdots,k-1\}}y_s=0$.

如果 $(\lambda(\mathcal{L})-2)(1-\lambda(\mathcal{L}))^{k-1}+(1-\lambda(\mathcal{L}))=0$，那么由于 $\lambda(\mathcal{L})\geqslant 2$，可得 $(\lambda(\mathcal{L})-2)(1-\lambda(\mathcal{L}))^{k-2}+1=0$. 由于 $f(2)=1>0$ 以及 f 在 $(2,\infty)$ 是单增的，$\lambda(\mathcal{L})\leqslant 2$ 一定成立. 这里 $f(\mu):=(\mu-2)(1-\mu)^{k-2}+1$.

另一方面，如果所有满足 $t\in\{1,\cdots,k-1\}$ 的 y_t 等于零，可得 $\mathbf{w}=\mathbf{0}$，这就得到了一个矛盾. 因此，由于 $x\prod_{s\in\{1,\cdots,k-1\}}y_s=0$，一定存在某个 $j\in\{1,\cdots,k-1\}$，使得 $x\prod_{s\in\{1,\cdots,k-1\}\setminus\{j\}}y_s=0$ 和 $y_j\neq 0$. 由于 $k-1$ 是偶数，这两个结论与下面的事实相矛盾

$$(\lambda(\mathcal{L})-2)y_j^{k-1}=-x\prod_{s\in\{1,\cdots,k-1\}\setminus\{j\}}y_s-z_j^{k-1}=-z_j^{k-1}$$

因此，这种情况不可能发生.

如果 $z_1=\cdots=z_{k-1}=z\neq 0$，那么由于 $y_j=(1-\lambda(\mathcal{L}))z_j$，可得 $y_1=\cdots=y_{k-1}=:y\neq 0$. 由定义 2.1，可得 $0\leqslant(\lambda(\mathcal{L})-1)x^{k-1}=-y^{k-1}\leqslant 0$. 因此 $x=y=0$，这是一个矛盾. 那么，$z=0$ 一定成立. H-特征值 $\lambda(\mathcal{L})$ 的方程变为

$$(\lambda(\mathcal{L})-1)x^{k-1}=-\prod_{s\in\{1,\cdots,k-1\}}y_s,\ (\lambda(\mathcal{L})-2)y_j^{k-1}=-x\prod_{s\in\{1,\cdots,k-1\}\setminus\{j\}}y_s,\ \forall j\in\{1,\cdots,k-1\}$$

如果 $\lambda(\mathcal{L})>2$，由于对所有的 $j\in\{1,\cdots,k-1\}$，$(\lambda(\mathcal{L})-2)y_j^k=-x\prod_{s\in\{1,\cdots,k-1\}}y_s$ 成立，所以 $y_1=\cdots=y_{k-1}=:y$. 类似地，可得 $x=y=0$，这是一个矛盾. 因此，$\lambda(\mathcal{L})=2$. 这样一来，一个 H-特征向量必须满足 $y_1=1$ 而其余的为零.

9.3 幂　图

本节讨论幂图的 Laplacian 张量的 H-特征值和 H-特征向量.

9.3.1 奇数阶幂图

本小节证明奇数阶超环(超路径)的 Laplacian 张量的最大 H-特征值等于其最大的度，即 2.

首先给出一个重要的引理.

引理 9.4 假设 k 是奇数，$G=(V,E)$ 是一个 k 阶幂图，$\mathbf{x}\in\mathbb{R}^n$ 是其 Laplacian 张量 $\mathcal{L}$ 对应特征值 $\lambda\neq 1$ 的一个 H-特征向量. 记 $e\in E$ 是一条任意但是固定的边.

(1) 如果 e 只有一个相交顶点 i，以及对某个芯顶点 $s\in e$ 有 $x_s\neq 0$，那么 $(1-\lambda)x_s=x_i$.

(2) 如果 e 有两个相交顶点 i 和 j，以及对某个芯顶点 $s\in e$ 有 $x_s\neq 0$，那么 $x_ix_j=(1-\lambda)x_s^2$.

证明 对于结论(1)，由定义 2.1 和引理 9.1，可得

$$\lambda x_s^{k-1}=x_s^{k-1}-x_s^{k-2}x_i$$

那么，$x_i=(1-\lambda)x_s$.

对于结论(2)，由定义 2.1 和引理 9.1，可得

$$\lambda x_s^{k-1}=x_s^{k-1}-x_s^{k-3}x_ix_j$$

那么，$x_ix_j=(1-\lambda)x_s^2$.

下面的结论是引理 9.4 的直接推论.

推论 9.1 假设 k 是奇数，$G=(V, E)$ 是一个 k 阶幂图，$\mathbf{x}\in\mathbb{R}^n$ 是其 Laplacian 张量 $\mathcal{L}$ 对应特征值 $\lambda>1$ 的一个 H-特征向量. 假设 $e\in E$ 是任意但是固定的一条边.

(1) 如果 e 只有一个相交顶点 i，且对某个芯顶点 $s\in e$ 有 $x_s\neq 0$，那么 $x_ix_s<0$.

(2) 如果 e 有两个相交顶点 i 和 j，且对某个芯顶点 $s\in e$ 有 $x_s\neq 0$，那么 $x_ix_j<0$.

下面的命题刻画超环.

命题 9.6 假设 k 是奇数，$G=(V, E)$ 是一个尺度为 $r\geqslant 2$ 的 k 阶超环. 假设 $\mathcal{L}$ 是其 Laplacian 张量. 那么，$\lambda(\mathcal{L})=2$.

证明 假设

$$\begin{aligned}E=\{&\{j_1, i_{1,1}\cdots, i_{1,k-2}, j_2\}, \{j_2, i_{2,1}\cdots, i_{2,k-2}, j_3\}, \cdots,\\&\{j_{r-1}, i_{r-1,1}\cdots, i_{r-1,k-2}, j_r\}, \{j_r, i_{r,1}\cdots, i_{r,k-2}, j_1\}\}\end{aligned}$$

记 $\mathbf{z}\in\mathbb{R}^{r(k-1)}$ 是张量 $\mathcal{L}$ 对应特征值 $\lambda(\mathcal{L})$ 的一个 H-特征向量. 对所有的 $s\in\{1, \cdots, r\}$，令 $y_s:=z_{j_s}$. 由引理 9.1，可得 $z_{i_{s,1}}=\cdots=z_{i_{s,k-2}}$. 对所有的 $s\in\{1, \cdots, r\}$，令 $x_s:=z_{i_{s,1}}$.

下面的证明分为两部分.

第Ⅰ部分. 如果对所有的 $s\in\{1, \cdots, r\}$ 有 $x_s\neq 0$，由引理 9.4，可得对所有的 $s\in\{1, \cdots, r\}$ 有 $y_sy_{s+1}<0$，其中 $y_{r+1}:=y_1$. 因此，如果 r 是奇数，根据符号的变化规则，得到一个矛盾. 接下来，假设 r 是一个偶数以及 $\lambda(\mathcal{L})>2$. 由定义 2.1，可得

$$(\lambda(\mathcal{L})-2)y_s^k=-x_{s-1}^{k-2}y_{s-1}y_s-x_s^{k-2}y_sy_{s+1}, \ \forall s\in\{1, \cdots, r\}$$

其中约定 $x_0=x_r$，$x_{r+1}=x_1$，$y_0=y_r$，$y_{r+1}=y_1$. 因此，可得

$$y_1^k-y_2^k+y_3^k+\cdots+y_{r-1}^k-y_r^k=0$$

由于 $y_sy_{s+1}<0$，k 是一个偶数，那么得到一个矛盾，这是因为如果令 y_1 为正数(或者负数)，那么 $y_1^k-y_2^k+y_3^k+\cdots+y_{r-1}^k-y_r^k$ 就应该是正数(或者负数). 因此，$\lambda(\mathcal{L})=2$.

第Ⅱ部分. 假设对某个 $s\in\{1, \cdots, r\}$，$x_s=0$ 成立. 如果对所有的 $s\in\{1, \cdots, r\}$，$x_s=0$ 成立. 那么，由定义 2.1，结论成立. 接下来，假设 $\lambda(\mathcal{L})>2$. 由引理 9.4 可得，当 $x_s\neq 0$ 时，$y_sy_{s+1}<0$.

不失一般性，假设 $x_r=0$，$y_1\neq 0$，$x_1\neq 0$，$\cdots$，以及对某个 $m\leqslant r$ 有 $y_m\neq 0$. 此外，假设 $y_1>0$. 由定义 2.1，可得

$$(\lambda(\mathcal{L})-2)y_1^{k-1}=-x_1^{k-2}y_2$$

由于 $y_2<0$，可得 $x_1>0$. 同时，

$$(\lambda(\mathcal{L})-2)y_2^{k-1}=-x_1^{k-2}y_1-x_2^{k-2}y_3$$

因此，可得 $x_2<0$. 利用归纳法，可得 $x_sy_{s+1}<0$. 因此，$x_{m-1}y_m<0$，这可推出 $x_{m-1}y_{m-1}>0$. 由定义 2.1，可得

$$(\lambda(\mathcal{L})-2)y_m^{k-1}=-x_{m-1}^{k-2}y_{m-1}<0$$

因此，得到一个矛盾. 这样一来，$\lambda(\mathcal{L})=2$.

下面的命题刻画超路径.

命题 9.7 假设 k 是一个奇数，$G=(V, E)$ 是一个尺度为 $r\geqslant 3$ 的 k 阶超路径. 假设 $\mathcal{L}$ 是其 Laplacian 张量. 那么，$\lambda(\mathcal{L})=2$.

证明　假设

$$E=\{\{i_{1,1}\cdots,i_{1,k-1},j_1\},\{j_1,i_{2,1}\cdots,i_{2,k-2},j_2\},\cdots,$$
$$\{j_{r-2},i_{r-1,1}\cdots,i_{r-1,k-2},j_{r-1}\},\{j_{r-1},i_{r,1}\cdots,i_{r,k-1}\}\}$$

记 $\mathbf{z}\in\mathbb{R}^{r(k-1)+1}$ 是 $\mathcal{L}$ 对应特征值 $\lambda(\mathcal{L})$ 的一个 H-特征向量. 对所有的 $s\in\{1,\cdots,r-1\}$，令 $y_s:=z_{j_s}$. 由引理 9.1，可得对所有的 $s\in\{2,\cdots,r-1\}$，有 $z_{i_{s,1}}=\cdots=z_{i_{s,k-2}}$，以及 $z_{i_{i,1}}=\cdots=z_{i_{1,k-1}}$，$z_{i_{r,1}}=\cdots=z_{i_{r,k-1}}$. 对所有的 $s\in\{1,\cdots,r\}$，令 $x_s:=z_{i_{s,1}}$. 下面利用反证法证明，假设 $\lambda(\mathcal{L})>2$，通过每种情形得到的矛盾来完成证明. 证明的思路类似于命题9.6，分成四部分.

第Ⅰ部分. 如果 x_1 和 x_r 都为零，那么证明和命题 9.6 的第Ⅱ部分的证明一样，这是因为总是存在 $m\geqslant t\geqslant 1$，使得存在超路径的其中一部分为 $y_t,x_{t+1},\cdots,y_m\neq 0$.

第Ⅱ部分. 如果 $x_1\neq 0$ 和 $x_r=0$，那么可以找到某个 $m\geqslant 1$ 使得 $x_1,y_1,\cdots,y_m\neq 0$. 下面假设 $y_1>0$. 由引理 9.4，可得 $x_1<0$. 由定义 2.1，可得

$$(\lambda(\mathcal{L})-2)y_1^{k-1}=-x_1^{k-1}-x_2^{k-2}y_2$$

由引理 9.4，可得 $y_2<0$，因此 $x_2>0$. 同样地，

$$(\lambda(\mathcal{L})-2)y_2^{k-1}=-x_2^{k-2}y_1-x_3^{k-2}y_3$$

那么，可得 $x_3>0$. 通过归纳法，可得 $x_sy_s<0$. 因此，$x_my_m<0$，这可以推出 $x_my_{m-1}>0$. 由定义 2.1，可得

$$(\lambda(\mathcal{L})-2)y_m^{k-1}=-x_m^{k-2}y_{m-1}<0$$

因此，得到了一个矛盾. 这样一来，$\lambda(\mathcal{L})=2$ 成立.

第Ⅲ部分. 在 $x_1=0$ 和 $x_r\neq 0$ 的情形下，证明是类似的. 事实上，从第Ⅱ部分的证明，通过重排指标，可以立刻得到结论.

第Ⅳ部分. 如果 $x_s\neq 0$ 对所有的 $s\in\{1,\cdots,r\}$ 都成立. 类似于第Ⅱ部分，可得 $x_sy_s<0$. 特别地，可得 $x_{r-1}y_{r-1}<0$，这推出 $x_{r-1}y_{r-2}>0$. 由定义 2.1，可得

$$(\lambda(\mathcal{L})-2)y_{r-1}^{k-1}=-x_{r-1}^{k-2}y_{r-2}-x_r^{k-1}<0$$

因此，得到了一个矛盾，这样一来，$\lambda(\mathcal{L})=2$ 成立.

其他情况同样可以用上面的方法证明.

由命题 9.14、命题 9.6 和命题 9.7，可得猜想 8.5 在一般情况下是不对的.

9.3.2　偶数阶幂图

对偶数阶超图有如下的猜想.

猜想 9.1　假设 $G=(V,E)$ 是一个一般的 2 图，$k=2r$ 是一个偶数，$G^k=(V^k,E^k)$ 是 G 的 k 阶幂图. 记 $\mathcal{L}^k$ 和 $\mathcal{Q}^k$ 分别是 G^k 的 Laplacian 张量和无符号 Laplacian 张量. 那么，$\{\lambda(\mathcal{L}^k)=\lambda(\mathcal{Q}^k)\}$ 是一个严格递减的序列.

由定理 8.1 和推论 8.4，可得下面的命题.

命题 9.8　猜想 9.1 对于超星和超环是成立的.

证明　对于超星，由定理 8.1，可得 $\lambda(\mathcal{L}^k)$ 是方程

$$(1-\mu)^{k-1}(\lambda-d)+d=0$$

的唯一根. 其中 d 是超星的尺度.

记 $f_k(\mu):=(1-\mu)^{k-1}(\lambda-d)+d$. 那么 $f_{k+1}(d)=d>0$

以及

$$f_{k+1}(\lambda(\mathcal{L}^k)) = (1-\lambda(\mathcal{L}^k))^k(\lambda(\mathcal{L}^k)-d)+d < (1-\lambda(\mathcal{L}^k))^{k-1}(\lambda(\mathcal{L}^k)-d)+d = 0$$

因此，$\lambda(\mathcal{L}^{k+1}) \in (d, \lambda(\mathcal{L}^k))$.

对于超路径的情形，也可以用类似方法证明.

9.4 特殊幂图的 H-谱

本节计算一些特殊幂图的全部 H-特征值.

9.4.1 超星

假设 $G=(V, E)$ 是一个 k 阶超星，其中 $k\geqslant 3$，尺度 $d\geqslant 2$，顶点集为 $V=\{1, \cdots, n\}$，边的集合为 $E=\{e_1, \cdots, e_d\}$，$d_1=d$(即顶点 1 是心). 假设 $\mathcal{L}=\mathcal{D}-\mathcal{A}$ 是 G 的 Laplacian 张量. 那么，容易得到特征方程 $(\lambda\mathcal{I}-\mathcal{L})\mathbf{x}^{k-1}=\mathbf{0}$ 等价于下面的关系式：

$$(\lambda-d)x_1^{k-1} = -\sum_{i=1}^{d}\prod_{s\in e_i\setminus\{1\}} x_s \tag{9.1}$$

$$(\lambda-1)x_j^{k-1} = -\prod_{s\in e(j)\setminus\{j\}} x_s, \quad \forall j\in\{2, \cdots, n\} \tag{9.2}$$

其中对 $j\geqslant 2$，$e(j)$ 是包含顶点 j 的唯一的边.

下面的引理加强了超星情形下的引理 9.4.

引理 9.5 假设 G、k、d 和 $\mathcal{L}$ 如上所定义. 假设 $(\lambda, \mathbf{x})$ 是张量 $\mathcal{L}$ 对应特征值 $\lambda\neq 1$ 的一个 H-特征对. 那么，可得

(1) 如果 $i, j\geqslant 2$ 且 i, j 是相连接的(即存在一条边同时包含 i 和 j)，那么当 k 是奇数时，$x_i=x_j$；而当 k 是偶数时，$|x_i|=|x_j|$.

(2) 如果 $i, j\geqslant 2$ 且 x_i 和 x_j 都不为零，那么当 k 是奇数时，$x_i=x_j$；当 k 是偶数时，$|x_i|=|x_j|$.

证明 结论(1)由引理 9.4 得来.

下面证明结论(2).

情形 1：k 是奇数.

如果 $j\geqslant 2$ 以及 $x_j\neq 0$，由式(9.2)和结论(1)，可得 $x_1=(1-\lambda)x_j$. 类似地，对于 $i\geqslant 2$ 和 $x_i\neq 0$，同样可得 $x_1=(1-\lambda)x_i$. 据此可以得到 $x_i=x_j$.

情形 2：k 是偶数.

如果 $j\geqslant 2$ 以及 $x_j\neq 0$，在式(9.2)两边同时取绝对值，根据结论(1)，可得 $|x_1|=|(1-\lambda)x_j|$. 类似地，对于 $i\geqslant 2$ 和 $x_i\neq 0$，可得 $|x_1|=|(1-\lambda)x_i|$. 据此可以得到 $|x_i|=|x_j|$.

根据引理 9.5，在下面的命题 9.9(当 k 是奇数)以及命题 9.10(当 k 是偶数)中建立超星 G 的 Laplacian 张量 $\mathcal{L}$ 的全部 H-特征值(除了特征值 1)及其相应 H-特征向量. 而与特征值 1 对应的特征向量将在命题 9.11 中给出.

命题 9.9 假设 $G=(V, E)$ 是一个 k 阶超星，其中 $k\geqslant 3$ 是一个奇数，而尺度 $d\geqslant 2$，这里顶点的集合为 $V=\{1, \cdots, n\}$，边的集合为 $E=\{e_1, \cdots, e_d\}$，$d_1=d$(即顶点 1 为心). 假

设 $\mathcal{L}=\mathcal{D}-\mathcal{A}$ 是 G 的 Laplacian 张量. 记

$$f_r(\lambda)=(\lambda-d)(1-\lambda)^{k-1}+r \quad 其中\ r=0,1,\cdots,d$$

那么，成立

(1) $\lambda\neq 1$ 是 $\mathcal{L}$ 的一个 H-特征值当且仅当存在某个 $r\in\{0,1,\cdots,d\}$ 使得它是多项式 $f_r(\lambda)$ 的实根.

(2) 如果 $\lambda\neq 1$ 是多项式 $f_r(\lambda)$ 的一个实根，那么可以构造 $\mathcal{L}$ 对应于特征值 λ 的所有 H-特征向量(相差一个常数倍)：具体的方式是通过以下步骤：

步骤 1：取 $x_1=1-\lambda$.

步骤 2：选取 G 的任意 r 条边，所有 r 条边的非心顶点的 x 值取为 1.

步骤 3：G 的其他顶点的 x 值取为零.

证明 证明结论(1)，先证必要性.

假设$(\lambda, \mathbf{x})$是张量 $\mathcal{L}$ 对应特征值 $\lambda\neq 1$ 的一个 H-特征对.

根据引理 9.5，如果一条边 e 的所有非心顶点的共同 x 值是非零的，那么称这条边 e 是 x-非零的. 否则，称这条边是 x-零.

记 r 是 G 中 x-非零边的个数. 那么，可得 $0\leqslant r\leqslant d$. 如果 $r=0$，那么 $\mathbf{x}=(1, 0, \cdots, 0)^{\mathrm{T}}$ 是对应特征值 d 的一个 H-特征向量，这是 $f_0(\lambda)$ 除 1 之外的唯一根. 因此，接下来，假设 $1\leqslant r\leqslant d$.

由引理 9.5 的结论(2)，不妨假设对所有的 $i\geqslant 2$(其中 $x_i\neq 0$(相差一个非零常数倍))，都有 $x_i=1$. 在这种情况下，$x_1=1-\lambda$ 同样成立.

从(9.1)，进一步可得$(\lambda-d)x_1^{k-1}=-r$. 再考虑到 $x_1=1-\lambda$，可得$(\lambda-d)(1-\lambda)^{k-1}+r=0$，推出 λ 是多项式 $f_r(\lambda)$ 的一个实根.

结论(1)的充分性直接从结论(2)的构造方法可见.

证明结论(2). 容易看到，通过这个构造方式得到的任何向量 $\mathbf{x}$ 都满足式(9.1)和式(9.2)，因此这是对应 H-特征值 λ 的一个 H-特征向量.

接下来，考虑 k 是偶数的情形.

命题 9.10 假设 $G=(V, E)$ 是一个 k 阶超星，其中 $k\geqslant 4$，是一个偶数，尺度 $d\geqslant 2$，顶点集为 $V=\{1, \cdots, n\}$，边的集合为 $E=\{e_1, \cdots, e_d\}$，$d_1=d$. 假设 $\mathcal{L}=\mathcal{D}-\mathcal{A}$ 是 G 的 Laplacian 张量. 那么有下列结论：

(1) $\lambda\neq 1$ 是 $\mathcal{L}$ 的一个 H-特征值当且仅当存在某个 $r\in\{0, 1, \cdots, d\}$，使得它是多项式 $f_r(\lambda)$ 的一个实根.

(2) 如果 $\lambda\neq 1$ 是多项式 $f_r(\lambda)$ 的一个实根，那么，可以将 $\mathcal{L}$ 对应特征值 λ 的所有 H-特征向量(相差一个常数倍)按如下方式构造出来：

步骤 1：取 $x_1=1-\lambda$.

步骤 2：选取 G 的任意 r 条边，将这 r 条边的所有非心顶点的 x 值取为 ± 1，其中每条边中取值为 -1 的顶点个数是一个偶数.

步骤 3：G 中其他顶点的 x 值取为零.

证明 证明结论(1)，先证必要性.

假设$(\lambda, \mathbf{x})$是 $\mathcal{L}$ 相应于特征值 $\lambda\neq 1$ 的一个 H-特征对.

记 G 中 x-非零边的个数为 r. 那么，$0\leqslant r\leqslant d$.

由引理 9.5 的结论(2)，不妨假设对所有的 $i\geqslant 2$(其中 $x_i\neq 0$(相差一个常数倍))，都有 $x_i=\pm 1$. 在这种情况下，由式(9.2)，有 $x_1=\pm(1-\lambda)$. 接下来考虑两种情形：

情形 1：$x_1=(1-\lambda)$.

由式(9.2)可得，对所有的 $j\geqslant 2$ 和 $x_j\neq 0$，有 $\prod_{s\in e(j)\setminus\{1\}} x_s=1$. 因此，由式(9.1)可得 $(\lambda-d)x_1^{k-1}=-r$. 再考虑到 $x_1=1-\lambda$，可得 $(\lambda-d)(1-\lambda)^{k-1}+r=0$，由此可得 λ 是多项式 $f_r(\lambda)$ 的一个实根.

情形 2：$x_1=-(1-\lambda)$.

由式(9.2)可得，对所有的 $j\geqslant 2$ 和 $x_j\neq 0$，$\prod_{s\in e(j)\setminus\{1\}} x_s=-1$. 因此，由式(9.1)可得 $(\lambda-d)x_1^{k-1}=r$. 再考虑到 $x_1=-(1-\lambda)$ 以及 k 是偶数的假设，可得 $(\lambda-d)(1-\lambda)^{k-1}+r=0$，由此可得 λ 是多项式 $f_r(\lambda)$ 的一个实根.

注意，上述两种情形得到的特征向量 $\mathbf{x}$ 只相差一个常数 -1 倍，因此下面只考虑情形 1.

同样地，结论(1)的充分性由结论(2)的构造过程可以直接得来.

证明结论(2). 容易看到，通过这个构造方式得到的任何向量 $\mathbf{x}$ 都满足式(9.1)和式(9.2)，因此这是对应 H-特征值 λ 的一个 H-特征向量.

接下来将构造 $\mathcal{L}$ 的特征值 1 的全部特征向量.

命题 9.11 假设 $G=(V, E)$ 是一个 k 阶超星，其中 $k\geqslant 3$，尺度 $d\geqslant 2$，顶点集为 $V=\{1,\cdots,n\}$，边的集合为 $E=\{e_1,\cdots,e_d\}$，$d_1=d$. 假设 $\mathcal{L}=\mathcal{D}-\mathcal{A}$ 是 G 的 Laplacian 张量. 那么，非零向量 $\mathbf{x}$ 是特征值 1 对应的一个特征向量当且仅当 $x_1=0$ 以及 G 的所有非心顶点的 x 值满足如下的关系：

$$\sum_{i=1}^{d}\Big(\prod_{s\in e_i\setminus\{1\}} x_s\Big)=0 \tag{9.3}$$

证明 当 $\lambda=1$ 时，式(9.2)成为

$$\prod_{s\in e(j)\setminus\{j\}} x_s=0 \quad (j\geqslant 2) \tag{9.4}$$

先证明必要性. 假设 $\mathbf{x}$ 是对应特征值 1 的一个特征向量. 如果 $x_1\neq 0$，那么由式(9.4)，可得 G 的每条边至少含有两个非心顶点其 x 值为零. 由这一结论以及式(9.1)，可得 $d=1$，这样就得到了一个矛盾. 因此，$x_1=0$ 成立.

现在，$x_1=0$ 表明式(9.1)变成式(9.3). 这就证明了必要性.

再证明充分性. 容易验证，如果 $x_1=0$ 以及 G 的所有非心顶点的 x 值满足关系式(9.3)，那么 $\mathbf{x}$ 满足 $\lambda=1$ 的式(9.1)和式(9.2). 因此，$\mathbf{x}$ 是对应特征值 1 的一个特征向量.

9.4.2 超路径

本小节讨论长度为 3 的超路径.

命题 9.12 假设 k 是奇数，$G=(V, E)$ 是一个长度为 3 的 k 阶超路径. 假设 $\mathcal{L}$ 是它的 Laplacian 张量. 那么，$\lambda\neq 1$ 是 $\mathcal{L}$ 的一个 H-特征值当且仅当下面四种情形之一成立：

(1) $\lambda=2$ 或者 $\lambda=0$；

(2) λ 是方程 $(\lambda-2)(1-\lambda)^{k-1}+1=0$ 在区间 $(0, 1)$ 的唯一根；

(3) λ 是方程 $(\lambda-2)^2(1-\lambda)^{k-2}-1=0$ 在区间 $(0, 1)$ 的唯一根；

(4) λ 连同一个 $t(t\in\mathbb{R})$ 是下列多项式系统的一对解：

$$\begin{cases}(\lambda-2)(1-\lambda)^{k-1}t^k-(\lambda-2)(1-\lambda)^{k-1}-1=0\\(\lambda-2)^2(1-\lambda)^{k-2}t^k-1=0\end{cases}$$

证明 假设 $E=\{\{1, \cdots, k\}, \{k, \cdots, 2k-1\}, \{2k-1, \cdots, 3k-2\}\}$. 假设 $\mathbf{x}\in\mathbb{R}^n$ 是 $\mathcal{L}$ 对应特征值 $\lambda\neq 1$ 的一个 H-特征向量.

假设 $x_k=\alpha$, $x_{2k-1}=\beta$. 由引理 9.1 和引理 9.4 可得，如果它们是非零的，那么

$$x_1=\cdots=x_{k-1}=\frac{1}{1-\lambda}\alpha$$

$$x_{k+1}=\cdots=x_{2k-2}=\pm\sqrt{\frac{\alpha\beta}{1-\lambda}}$$

$$x_{2k}=\cdots=x_{3k-2}=\frac{1}{1-\lambda}\beta$$

剩下的证明分成两种情形，每种情形包含了以下更细的分类.

情形 1: 假设 $x_{k+1}=0$.

第Ⅰ部分. 如果 $x_1=0$，那么要么 $\lambda=2$，要么 $\alpha=0$，这是因为 $(\lambda-2)\alpha^{k-1}=0$. 如果 $\alpha=0$，那么可以假设 $\beta=1$. 因此，要么当 $x_{2k}\neq 0$ 时，$(\lambda-2)=-\left(\frac{1}{1-\lambda}\right)^{k-1}$，要么 $\lambda=2$. 因此，要么 $\lambda=2$，要么它是方程 $(\lambda-2)(1-\lambda)^{k-1}=-1$ 的一个根. 记 $f(\lambda)=(\lambda-2)(1-\lambda)^{k-1}+1$. 可得 $f(0)=-1<0$, $f(1)=1>0$. 此外，f 在 $(-\infty, 1)$ 上是一个单增的函数. 显然，$f=0$ 在 $[1, 2]$ 中没有根. 因此，其在区间 $(0, 1)$ 有唯一的根.

第Ⅱ部分. 如果 $x_1\neq 0$，那么

$$(\lambda-2)\alpha^{k-1}=-\left(\frac{1}{1-\lambda}\alpha\right)^{k-1}$$

在这种情形下，由引理 9.4 可得 $\alpha\neq 0$，那么 λ 一定是方程 $(\lambda-2)(1-\lambda)^{k-1}+1=0$ 的唯一根.

对于情形 1 中 $x_{2k}=0$ 和情形 2 中 $x_{2k}\neq 0$ 的情况，分析方法很类似，可得要么 $\lambda=2$，要么它是方程 $(\lambda-2)(1-\lambda)^{k-1}+1=0$ 的唯一根.

情形 2: 假设 $x_{k+1}\neq 0$.

第Ⅰ部分. 如果 $x_1=0$ 以及 $x_{2k}=0$，那么

$$(\lambda-2)\alpha^{k-1}=-\left(\pm\sqrt{\frac{\alpha\beta}{1-\lambda}}\right)^{k-2}\beta,\ (\lambda-2)\beta^{k-1}=-\left(\pm\sqrt{\frac{\alpha\beta}{1-\lambda}}\right)^{k-2}\alpha \tag{9.5}$$

将第一个等式乘以 α，第二个等式乘以 β，可得

$$(\lambda-2)(\alpha^k-\beta^k)=0 \tag{9.6}$$

如果 $\lambda>1$，那么由推论 9.1 可得 $\alpha\beta<0$. 在这种情形下，唯一的可能性就是 $\lambda=2$. 但是 $\lambda=2$ 与式(9.5)矛盾. 因此，在这种情况下，$\lambda<1$ 一定成立. 由式(9.6)可得，由于 k 是奇数，因此 $\alpha=\beta$. 由式(9.5)可得，由于 k 是奇数且 $\lambda<1$，那么 x_{k+1} 应为 $\sqrt{\frac{\alpha\beta}{1-\lambda}}$. 因此，$\lambda$ 是方程 $(\lambda-2)^2(1-\lambda)^{k-2}-1=0$ 的一个根. 类似于上一种情形 1 中第Ⅰ部分的分析，可得 $(\lambda-2)^2(1-\lambda)^{k-2}-1=0$ 在区间 $(0, 1)$ 有一个根.

第Ⅱ部分. 如果 $x_1=0$ 且 $x_{2k}\neq 0$，那么

$$(\lambda-2)\alpha^{k-1}=-\left(\pm\sqrt{\frac{\alpha\beta}{1-\lambda}}\right)^{k-2}\beta \tag{9.7}$$

$$(\lambda-2)\beta^{k-1}=-\left(\pm\sqrt{\frac{\alpha\beta}{1-\lambda}}\right)^{k-2}\alpha-\left(\frac{1}{1-\lambda}\beta\right)^{k-1}$$

因此,可得

$$(\lambda-2)\alpha^k=\left[(\lambda-2)+\left(\frac{1}{1-\lambda}\right)^{k-1}\right]\beta^k$$

记 $t:=\frac{\alpha}{\beta}$. 那么

$$(\lambda-2)(1-\lambda)^{k-1}t^k=(\lambda-2)(1-\lambda)^{k-1}+1 \tag{9.8}$$

由命题 9.7 可得 $\lambda\leqslant 2$，而 $\lambda=2$ 对任意的 $t\in\mathbb{R}$ 都不可能是式(9.8)的一个解，可得 $\lambda<2$. 对式(9.7)两端进行平方，可得

$$(\lambda-2)^2(1-\lambda)^{k-2}t^{2k-2}=t^{k-2} \tag{9.9}$$

由式(9.8)和式(9.9)，(λ, t)一定是下列多项式系统的一对公共解：

$$\begin{cases}(\lambda-2)(1-\lambda)^{k-1}t^k-(\lambda-2)(1-\lambda)^{k-1}-1=0\\(\lambda-2)^2(1-\lambda)^{k-2}t^k-1=0\end{cases}$$

接下来，可以用结式理论[37]得到该多项式系统关于变量 t 和 λ 的解.

关于情形 $x_{k+1}\neq 0$、$x_1\neq 0$ 以及 $x_{2k}=0$ 的讨论是类似的，可以得到相同的结论.

第Ⅲ部分. 如果 $x_1\neq 0$，$x_{2k}\neq 0$，那么

$$\begin{aligned}(\lambda-2)\alpha^{k-1}&=-\left(\pm\sqrt{\frac{\alpha\beta}{1-\lambda}}\right)^{k-2}\beta-\left(\frac{1}{1-\lambda}\alpha\right)^{k-1}\\(\lambda-2)\beta^{k-1}&=-\left(\pm\sqrt{\frac{\alpha\beta}{1-\lambda}}\right)^{k-2}\alpha-\left(\frac{1}{1-\lambda}\beta\right)^{k-1}\end{aligned} \tag{9.10}$$

因此，成立

$$\left[(\lambda-2)+\left(\frac{1}{1-\lambda}\right)^{k-1}\right](\alpha^k-\beta^k)=0$$

如果 $\lambda>1$，那么由推论 9.1 可得 $\alpha\beta<0$. 因此，$(\lambda-2)(1-\lambda)^{k-1}+1=0$ 成立. 然而，$(\lambda-2)(1-\lambda)^{k-1}+1=0$ 在$(0, 1)$中有唯一根. 相应地，可得在这种情况下 $\lambda<1$.

如果 $\alpha\neq\beta$，那么$(\lambda-2)(1-\lambda)^{k-1}+1=0$. 由式(9.10)可得 $1-\lambda=0$，这与 $\lambda<1$ 相矛盾. 因此，一定有 $\alpha=\beta$. 由式(9.10)可得

$$[(\lambda-2)(1-\lambda)^{k-1}+1]^2(1-\lambda)^k=1 \tag{9.11}$$

注意，如果 $\lambda<0$，那么 $1-\lambda>1$，$(\lambda-2)(1-\lambda)^{k-1}+1<-1$，因此，它不可能是方程(9.11)的一个根. 如果 $\lambda\in(0, 1)$，$1-\lambda\in(0, 1)$，$(\lambda-2)(1-\lambda)^{k-1}+1\in(-1, 0)$，那么(9.11)中的方程在区间$(0, 1)$没有根. 因此，唯一根就是 $\lambda=0$.

下面的引理指出，对所有的 $i\in\{1, \cdots, n\}$，顶点 i 的度 d_i 是 Laplacian 张量的一个H-特征值.

引理 9.6 假设 $G=(V, E)$是一个 k 图，$\mathcal{L}$ 是其 Laplacian 张量. 那么，对所有的 $i\in\{1, \cdots, n\}$，$\lambda=d_i$ 是 $\mathcal{L}$ 的一个 H-特征值.

证明　对任意的 $i\in\{1,\cdots,n\}$，记 $\mathbf{x}\in\mathbb{R}^n$ 是一个向量，其中 $x_i=1$，对其余的顶点有 $x_j=0$. 由定义 2.1，结论可得.

由引理 9.6 可得下面的命题，表明 $\lambda=1$ 是一个超路径的 Laplacian 张量的一个 H-特征值.

命题 9.13　假设 k 是奇数，$G=(V,E)$ 是一个尺度 $d>2$ 的 k 阶超路径. 假设 $\mathcal{L}$ 是其 Laplacian 张量. 那么，$\lambda=1$ 是 $\mathcal{L}$ 的一个 H-特征值.

9.4.3　超环

本小节考虑尺度为 3 的超环.

命题 9.14　假设 k 是奇数，$G=(V,E)$ 是一个尺度为 3 的 k 阶超环. 假设 $\mathcal{L}$ 是其 Laplacian 张量. 那么，$\lambda\neq1$ 是 $\mathcal{L}$ 的一个 H-特征值当且仅当下列四种情形之一成立：

(1) $\lambda=2$；

(2) λ 是方程 $(\lambda-2)^2(1-\lambda)^{k-2}-1=0$ 在区间 $(0,1)$ 的唯一根；

(3) λ 是方程 $(\lambda-2)^2(1-\lambda)^{k-2}-2\sqrt[k]{4}=0$ 在区间 $(0,1)$ 的唯一根；

(4) λ 连同一个 $s(s\in\mathbb{R})$ 是下列多项式系统的一对公共解：

$$\begin{cases}(2-\lambda)^2(1-\lambda)^{k-2}-4s^k=0\\ \left[(\lambda-2)+\left(\pm\sqrt{\dfrac{1}{1-\lambda}}\right)^{k-2}\right]s^k+\left(\sqrt{\dfrac{1}{1-\lambda}}\right)^{k-2}s^{\frac{k}{2}}=0\end{cases}$$

证明　假设 $E=\{\{1,\cdots,k\},\{k,\cdots,2k-1\},\{2k-1,\cdots,3k-3,1\}\}$. 假设 $\mathbf{x}\in\mathbb{R}^n$ 是 $\mathcal{L}$ 对应特征值 $\lambda\neq1$ 的一个 H-特征向量.

记 $x_1=\alpha$，$x_k=\beta$，$x_{2k-1}=\gamma$. 由引理 9.1 和引理 9.4，可得如果对应的量非零，那么 $x_2=\cdots=x_{k-1}=\pm\sqrt{\dfrac{\alpha\beta}{1-\lambda}}$；$x_{k+1}=\cdots=x_{2k-2}=\pm\sqrt{\dfrac{\beta\gamma}{1-\lambda}}$；$x_{2k}=\cdots=x_{3k-3}=\pm\sqrt{\dfrac{\alpha\gamma}{1-\lambda}}$.

分三部分来证明.

第Ⅰ部分. 如果 $x_2\neq0$，$x_{k+1}=0$，$x_{2k}=0$，那么可得

$$(\lambda-2)\alpha^{k-1}=-\left(\pm\sqrt{\frac{\alpha\beta}{1-\lambda}}\right)^{k-2}\beta,\ (\lambda-2)\beta^{k-1}=-\left(\pm\sqrt{\frac{\alpha\beta}{1-\lambda}}\right)^{k-2}\alpha \tag{9.12}$$

第一个方程乘以 α，第二个方程乘以 β，可得

$$(\lambda-2)(\alpha^k-\beta^k)=0 \tag{9.13}$$

如果 $\lambda>1$，那么由推论 9.1，可得 $\alpha\beta<0$. 在这种情形下唯一的可能性是 $\lambda=2$. 但是 $\lambda=2$ 与式(9.12)矛盾. 因此，在这种情况下，有 $\lambda<1$. 由式(9.13)以及 k 是奇数，可得 $\alpha=\beta$. 由式(9.12)以及 k 是奇数且 $\lambda<1$，可得 x_{k+1} 应为 $\sqrt{\dfrac{\alpha\beta}{1-\lambda}}$. 因此，$\lambda$ 是方程 $(\lambda-2)^2(1-\lambda)^{k-2}-1=0$ 的一个根. 类似于命题 9.12 的第(Ⅰ)部分的证明，可得 $(\lambda-2)^2(1-\lambda)^{k-2}-1=0$ 在区间 $(0,1)$ 有唯一的根.

第Ⅱ部分. 如果 $x_2\neq0$，$x_{k+1}\neq0$，$x_{2k}=0$，那么

$$(\lambda-2)\alpha^{k-1}=-\left(\pm\sqrt{\frac{\alpha\beta}{1-\lambda}}\right)^{k-2}\beta \tag{9.14}$$

$$(\lambda-2)\beta^{k-1}=-\left(\pm\sqrt{\frac{\alpha\beta}{1-\lambda}}\right)^{k-2}\alpha-\left(\pm\sqrt{\frac{\beta\gamma}{1-\lambda}}\right)^{k-2}\gamma$$

$$(\lambda-2)\gamma^{k-1}=-\left(\pm\sqrt{\frac{\beta\gamma}{1-\lambda}}\right)^{k-2}\beta$$

令 $\beta=1$，$s:=\frac{\alpha}{\beta}$，$t:=\frac{\gamma}{\beta}$. 可得

$$(\lambda-2)s^{k-1}=-\left(\sqrt{\frac{s}{1-\lambda}}\right)^{k-2} \tag{9.15}$$

$$(\lambda-2)=-\left(\sqrt{\frac{s}{1-\lambda}}\right)^{k-2}s-\left(\sqrt{\frac{t}{1-\lambda}}\right)^{k-2}t$$

$$(\lambda-2)t^{k-1}=-\left(\sqrt{\frac{t}{1-\lambda}}\right)^{k-2} \tag{9.16}$$

第一个方程乘以 s，最后一个方程乘以 t，可得要么 $\lambda=2$，要么 $s^k+t^k=1$. $\lambda=2$ 与式(9.14)矛盾. 如果 $\lambda>1$，那么由推论 9.1 可得，$s^k+t^k=1$ 与 $s<0$ 和 $t<0$ 相矛盾. 因此，$\lambda<1$，由式(9.15)和式(9.16)可得 $s=t>0$. 由于 $s^k+t^k=1$，可得 $s=t=\sqrt[k]{\frac{1}{2}}$. 由(9.15)可得，$\lambda$ 是方程 $(\lambda-2)^2(1-\lambda)^{k-2}-2\sqrt[k]{4}=0$ 的一个根. 容易得到 $(\lambda-2)^2(1-\lambda)^{k-2}-2\sqrt[k]{4}=0$ 有唯一根，存在于区间(0，1).

第Ⅲ部分. 如果 $x_2\neq0$，$x_{k+1}\neq0$，$x_{2k}\neq0$，那么

$$(\lambda-2)\alpha^{k-1}=-\left(\pm\sqrt{\frac{\alpha\beta}{1-\lambda}}\right)^{k-2}\beta-\left(\pm\sqrt{\frac{\alpha\gamma}{1-\lambda}}\right)^{k-2}\gamma$$

$$(\lambda-2)\beta^{k-1}=-\left(\pm\sqrt{\frac{\alpha\beta}{1-\lambda}}\right)^{k-2}\alpha-\left(\pm\sqrt{\frac{\beta\gamma}{1-\lambda}}\right)^{k-2}\gamma$$

$$(\lambda-2)\gamma^{k-1}=-\left(\pm\sqrt{\frac{\beta\gamma}{1-\lambda}}\right)^{k-2}\beta-\left(\pm\sqrt{\frac{\alpha\gamma}{1-\lambda}}\right)^{k-2}\alpha$$

如果 $\lambda>1$，那么由推论 9.1，可得 $\alpha\beta<0$，$\beta\gamma<0$，$\gamma\alpha<0$. 这是一个矛盾. 因此，$\lambda<1$.

记 $\beta=1$，$s:=\frac{\alpha}{\beta}$，$t:=\frac{\gamma}{\beta}$. 由引理 9.4，可得 $s>0$ 和 $t>0$. 不失一般性，假设 $s\leqslant1$ 和 $t\leqslant1$. 可得

$$(\lambda-2)s^{k-1}=-\left(\pm\sqrt{\frac{s}{1-\lambda}}\right)^{k-2}-\left(\pm\sqrt{\frac{st}{1-\lambda}}\right)^{k-2}t \tag{9.17}$$

$$(\lambda-2)=-\left(\pm\sqrt{\frac{s}{1-\lambda}}\right)^{k-2}s-\left(\pm\sqrt{\frac{t}{1-\lambda}}\right)^{k-2}t \tag{9.18}$$

$$(\lambda-2)t^{k-1}=-\left(\pm\sqrt{\frac{t}{1-\lambda}}\right)^{k-2}-\left(\pm\sqrt{\frac{st}{1-\lambda}}\right)^{k-2}s \tag{9.19}$$

第一个方程乘以 s，第二个方程乘以 t，可得

$$(\lambda-2)s^k+\left(\pm\sqrt{\frac{s}{1-\lambda}}\right)^{k-2}s=(\lambda-2)t^k+\left(\pm\sqrt{\frac{t}{1-\lambda}}\right)^{k-2}t \tag{9.20}$$

根据上式和式(9.18)，可以推出

$$(\lambda-2)(s^k-1)=(\lambda-2)t^k+2\left(\pm\sqrt{\frac{t}{1-\lambda}}\right)^{k-2}t$$

由于 $s\leqslant1$，$\lambda<1$ 且 k 是奇数，可得 $x_{k+1}=\sqrt{\frac{t}{1-\lambda}}$. 类似地，可得 $x_2=\sqrt{\frac{s}{1-\lambda}}$. 因此，式

(9.20)变成

$$(\lambda-2)s^k+\left(\sqrt{\frac{s}{1-\lambda}}\right)^{k-2}s=(\lambda-2)t^k+\left(\sqrt{\frac{t}{1-\lambda}}\right)^{k-2}t$$

等价于

$$(s^{\frac{k}{2}}-t^{\frac{k}{2}})\left[(\lambda-2)(s^{\frac{k}{2}}+t^{\frac{k}{2}})+\left(\sqrt{\frac{1}{1-\lambda}}\right)^{k-2}\right]=0$$

另一方面，由式(9.18)可推出

$$2-\lambda=\left(\sqrt{\frac{1}{1-\lambda}}\right)^{k-2}(s^{\frac{k}{2}}+t^{\frac{k}{2}}) \tag{9.21}$$

因此

$$(s^{\frac{k}{2}}-t^{\frac{k}{2}})[1-(s^{\frac{k}{2}}+t^{\frac{k}{2}})]\left(\sqrt{\frac{1}{1-\lambda}}\right)^{k-2}=0$$

那么，要么 $s=t$，要么$s^{\frac{k}{2}}+t^{\frac{k}{2}}=1$.

如果 $s=t$，那么由(9.17)和(9.21)推出 λ 和 s 应当是下列系统的一对解：

$$\begin{cases}(2-\lambda)^2(1-\lambda)^{k-2}-4s^k=0\\ \left[(\lambda-2)+\left(\pm\sqrt{\frac{1}{1-\lambda}}\right)^{k-2}\right]s^k+\left(\sqrt{\frac{1}{1-\lambda}}\right)^{k-2}s^{\frac{k}{2}}=0\end{cases}$$

如果$s^{\frac{k}{2}}+t^{\frac{k}{2}}=1$，那么 λ 是 $(2-\lambda)^2(1-\lambda)^{k-2}-1=0$ 的一个根，且是唯一的.

下面的命题是引理 9.6 的一个直接推论，表明 $\lambda=1$ 也是一个超环的 Laplacian 张量的一个 H-特征值.

命题 9.15 假设 k 是奇数，$G=(V,E)$是一个尺度 $s\geqslant 2$ 的 k 阶超环. 假设 $\mathcal{L}$ 是其 Laplacian 张量. 那么，$\lambda=1$ 是 $\mathcal{L}$ 的一个 H-特征值.

第 10 章　对　称　性

本章讨论张量谱的对称性以及与超图的内在结构的相应联系.

10.1　基本概念

谱对称性定理是图谱理论的基石之一[1].

定理 10.1　一个简单的无向图是二可分的当且仅当它的邻接矩阵的特征值集合关于原点是对称的.

在本章中，不作其他说明的前提下，特征向量总是正则的，即满足 $\|\mathbf{x}\|=1$.

假设 G 是一个 k 图，其正则化的邻接张量记为 $\mathcal{A}$.

10.2　张量的谱对称定理

本节给出一个充分条件，对任意的 $s\in\mathfrak{D}(k)$，保证一个 k 阶张量的谱是 s-对称的，以及对任何 $s\in\mathfrak{D}(k)$，关于弱不可约 k 阶张量的谱具有 s-对称性的充分和必要条件.

10.2.1　一般情形

记 $\mathbb{Z}$ 是整数环. 给定正整数 k，记 $\langle k\rangle\subset\mathbb{Z}$ 是由 k 生成的主理想，$\mathbb{Z}_k:=\mathbb{Z}/\langle k\rangle$ 是商环①. 给定整数 s，它在自然同态 $\mathbb{Z}\to\mathbb{Z}_k$ 下的像记为 $[s]$.

定理 10.2　假设 $\mathcal{T}$ 是一个 k 阶 n 维张量. 对任意的 $s\in\mathfrak{D}(k)$，如果存在 $\alpha_1,\cdots,\alpha_n\in\mathbb{Z}$ 使得

$$[\alpha_{i_1}]+\cdots+[\alpha_{i_k}]=\left[\frac{k}{s}\right],\quad \forall\ t_{i_1\cdots i_k}\neq 0 \tag{10.1}$$

那么它的谱是 s-对称的.

证明　对任意给定的 $s\in\mathfrak{D}(k)$. 假设 $\alpha_1,\cdots,\alpha_n\in\mathbb{Z}$ 使得式(10.1)成立. 如果 $\lambda\in\sigma(\mathcal{T})$ 是 $\mathcal{T}$ 的一个特征值，具有特征向量 $\mathbf{x}\in\mathbb{C}^n$，那么由 $\mathcal{T}\mathbf{x}^{k-1}=\lambda\mathbf{x}^{[k-1]}$ 可得

$$\sum_{1\leqslant i_2,\cdots,i_k\leqslant n,\ t_{ii_2\cdots i_k}\neq 0} t_{ii_2\cdots i_k}x_{i_2}\cdots x_{i_k}=\sum_{i_2,\cdots,i_k=1}^{n} t_{ii_2\cdots i_k}x_{i_2}\cdots x_{i_k}=\lambda x_i^{k-1},\quad \forall\, i=1,\cdots,n$$

$\mathbf{y}\in\mathbb{C}^n$ 定义如下

$$y_i=\exp\left(\sqrt{-1}\,\frac{2\alpha_i\pi}{k}\right)x_i,\quad \forall\, i=1,\cdots,n$$

那么，可得

---

① 也称为余数环，具有 k 个元素 $\{[0],[1],\cdots,[k-1]\}$.

$$\begin{aligned}\exp\left(\sqrt{-1}\,\frac{2\alpha_i\pi}{k}\right)(\mathcal{T}\mathbf{y}^{k-1})_i &= \exp\left(\sqrt{-1}\,\frac{2\alpha_i\pi}{k}\right)\sum_{i_2,\cdots,i_k=1}^{n} t_{ii_2\cdots i_k}\, y_{i_2}\cdots y_{i_k}\\ &= \exp\left(\sqrt{-1}\,\frac{2\alpha_i\pi}{k}\right)\sum_{1\leqslant i_2,\cdots,i_k\leqslant n,\ t_{ii_2\cdots i_k}\neq 0} t_{ii_2\cdots i_k}\, y_{i_2}\cdots y_{i_k}\\ &= \exp\left(\sqrt{-1}\,\frac{2\pi}{s}\right)\sum_{1\leqslant i_2,\cdots,i_k\leqslant n,\ t_{ii_2\cdots i_k}\neq 0} t_{ii_2\cdots i_k}\, x_{i_2}\cdots x_{i_k}\\ &= \exp\left(\sqrt{-1}\,\frac{2\pi}{s}\right)(\mathcal{T}\mathbf{x}^{k-1})_i\\ &= \exp\left(\sqrt{-1}\,\frac{2\pi}{s}\right)\lambda x_i^{k-1}\\ &= \exp\left(\sqrt{-1}\,\frac{2\left(\frac{k}{s}+\alpha_i\right)\pi}{k}\right)\lambda\, y_i^{k-1},\ \forall\, i=1,\cdots,n\end{aligned}$$

这里，根据式(10.1)以及对任意的 $r\in\mathbb{Z}$，$\exp\left(\sqrt{-1}\frac{2\pi}{s}\right)=\exp\left(\sqrt{-1}\left(\frac{2\pi}{s}+2r\pi\right)\right)$成立，可以得到第三个等式. 因此

$$(\mathcal{A}\,\mathbf{y}^{k-1})_i=\exp\left(\sqrt{-1}\,\frac{2\pi}{s}\right)\lambda y_i^{k-1},\ \forall\, i=1,\cdots,n.$$

那么，$\exp\left(\sqrt{-1}\frac{2\pi}{s}\right)\lambda\in\sigma(\mathcal{T})$是$\mathcal{T}$的一个特征值.

这样一来，可以证明

$$\left\{\exp\left(\sqrt{-1}\,\frac{2r\pi}{s}\right)\lambda : r=1,\cdots,s\right\}\subseteq\sigma(\mathcal{T})$$

因此，$\exp\left(\sqrt{-1}\frac{2\pi}{s}\right)\sigma(\mathcal{T})=\sigma(\mathcal{T})$，这是因为

$$\exp\left(\sqrt{-1}\,\frac{2\pi}{s}\right)\exp\left(\sqrt{-1}\,\frac{2(s-1)\pi}{s}\right)\lambda=\lambda$$

那么，由定义 2.46，可得谱是 s-对称的.

10.2.2 弱不可约张量

接下来证明，对于弱不可约非负对称张量，式(10.1)也是必要条件.

定理 10.3 假设 $\mathcal{T}$是一个 k 阶 n 维的弱不可约非负对称张量或者不可约非负矩阵. 对任意的 $s\in\mathfrak{D}(k)$，其谱是 s-对称的当且仅当存在$\alpha_1,\cdots,\alpha_n\in\mathbb{Z}$使得

$$[\alpha_{i_1}]+\cdots+[\alpha_{i_k}]=[k/s],\quad \forall\ t_{i_1\cdots i_k}>0 \tag{10.2}$$

证明 充分性由定理 10.2 可得，因为此时$t_{i_1\cdots i_k}>0$ 当且仅当$t_{i_1\cdots i_k}\neq 0$.

下面证明必要性. 假设对某个 $s\in\mathfrak{D}(k)$，其谱是 s-对称的. 由于$\mathcal{T}$是弱不可约的，那么存在 $\mathcal{T}$对应谱半径$\rho(\mathcal{T})$的唯一正的正则特征向量(定理 4.2). 记 $\mathbf{x}\in\mathbb{R}^n_{++}$(非负卦限$\mathbb{R}^n_+$的内部)是这个特征向量. 由 s-对称性的假设，可得 $\exp\left(\sqrt{-1}\frac{2\pi}{s}\right)\rho(\mathcal{T})\in\sigma(\mathcal{T})$是 $\mathcal{T}$的一个特征值. 假设 $\mathbf{y}\in\mathbb{C}^n$ 是对应特征值 $\exp\left(\sqrt{-1}\frac{2\pi}{s}\right)\rho(\mathcal{T})$的一个正则特征向量. 那么，可得

$$\sum_{i_2,\cdots,i_k=1}^{n} t_{ii_2\cdots i_k} y_{i_2}\cdots y_{i_k} = \exp\left(\sqrt{-1}\,\frac{2\pi}{s}\right)\rho(\mathcal{T})y_i^{k-1},\quad \forall i=1,\cdots,n \tag{10.3}$$

因此，有

$$\rho(\mathcal{T})\,|y_i|^{k-1} = \left|\sum_{i_2\cdots,i_k=1}^{n} t_{ii_2\cdots i_k} y_{i_2}\cdots y_{i_k}\right| \leqslant \sum_{i_2,\cdots,i_k=1}^{n} t_{ii_2\cdots i_k}\,|y_{i_1}|\cdots|y_{i_k}|,\ \forall i=1,\cdots,n \tag{10.4}$$

假设 $\mathbf{z}\in\mathbb{R}_+^n$ 是一个向量，对所有的 $i\in\{1,\cdots,n\}$ 有 $z_i=|y_i|$，由式(10.4)可得

$$\rho(\mathcal{T})\mathbf{z}^{k-1}\leqslant \mathcal{T}\mathbf{z}^{k-1}$$

由文献[81]中的引理 3.5，可得 $\mathbf{z}=\mathbf{x}$ 是对应特征值 $\rho(\mathcal{T})$ 的唯一正的正则特征向量. 因此，式(10.4)中不等式中的等号都成立. 假设对某个 $\beta_i\in\mathbb{R}$，有

$$y_i=\exp(\sqrt{-1}\,\beta_i)\,|y_i|,\quad \forall i=1,\cdots,n \tag{10.5}$$

由式(10.4)可得，存在 $\theta_1,\cdots,\theta_n\in[0,2\pi)$ 且对所有的 $t_{i_1\cdots i_k}>0$，存在整数 $p_{i_1\cdots i_k}$ 使得

$$\beta_i+\beta_{i_2}+\cdots+\beta_{i_k}=2p_{ii_2\cdots i_k}\pi+\theta_i,\quad \forall\ t_{ii_2\cdots i_k}>0 \tag{10.6}$$

先考虑张量情形. 由于 $\mathcal{T}$ 对称，由式(10.6)的右边可得,对 E 的 $t_{ii_2\cdots t_k}$，下式成立

$$\theta_i=\theta_{ii}=\cdots=\theta_{ik}$$

从张量 $\mathcal{T}$ 出发，可以构造一个图 $G=(V,E)$，其顶点集合为 $V=\{1,\cdots,n\}$，且 $(i,j)\in E$ 当且仅当存在 $i_2,\cdots,i_k$ 使得 $j\in\{i_2,\cdots,i_k\}$ 以及 $t_{ii_2\cdots i_k}>0$①. 由定义 2.11，可以证明 $\mathcal{T}$ 是弱不可约的当且仅当图 G 是强连通的(参见文献[42]中的定理 6.2.24). 由于 $\mathcal{T}$ 是弱不可约的，其对应的图是强连通的，那么所有的 θ_i 都是相同的. 因此，存在 $\theta\in[0,2\pi)$ 使得

$$\theta_1=\cdots=\theta_n=\theta \tag{10.7}$$

由式(10.5)、(10.6)、(10.7)和(10.3)，可得对 $i=1,\cdots,n$，存在整数 p_i 使得

$$\theta=\frac{2\pi}{s}+k\beta_i+2p_i\pi,\quad \forall i=1,\cdots,n \tag{10.8}$$

由于特征值方程是齐次的，可以令 $y_1\in\mathbb{R}$(即 $\beta_1=0$)②. 因此，由式(10.8)可得

$$\theta=\frac{2\pi}{s},\ k\beta_i=-2p_i\pi,\quad \forall i=1,\cdots,n \tag{10.9}$$

记

$$\alpha_i=-p_i,\quad \forall i=1,\cdots,n$$

由式(10.6)、(10.7)和(10.9)，可得

$$[\alpha_{i_1}]+\cdots+[\alpha_{i_k}]=[k/s],\quad \forall\ t_{i_1\cdots i_k}>0$$

下面考虑非负矩阵的情形. 在这种情形下，有 $\mathcal{D}_{(2)}\{1,2\}$，只需要考虑非平凡的 $s=2$ 的情形. 此外，式(10.6)变成

$$\beta_j=(2p_{i_j}+1)\pi+\beta_j,\quad \forall t_{i_j}>0$$

同样，假设 $\beta_i=0$. 因此 $\beta_j=\pi$ 对所有与 1 相连的 j 都成立，从这些 j 出发，每个与其相连的 t 都有 $\beta_t=0$. 依此类推. 由于矩阵不可约(导出的图是强连通的)，这个过程可以涉及所有

① 这是定义 2.11 这个非负张量表示矩阵的对应的图.

② 注意，这不影响已经建立的所有结论.

的顶点，记

$$\alpha_i = \begin{cases} 0, \text{如果 } \beta_i = 0 \\ 1, \text{如果 } \beta_i = \pi \end{cases}, \quad \forall i \in \{1, \cdots, n\}$$

那么结论成立.

定理证毕.

记 $S(\mathcal{T}) := \{\lambda \in \sigma(\mathcal{T}) : |\lambda| = \rho(\mathcal{T})\}$. 这就是张量 $\mathcal{T}$ 的谱环，而它的基数 $S(\mathcal{T})$ 是张量 $\mathcal{T}$ 的本原指数或者循环指数[81, 90]. 下面的结论是定理 10.3 的证明的直接推论.

推论 10.1 假设 $\mathcal{T}$ 是一个 k 阶 n 维的弱不可约非负张量. 那么，张量 $\mathcal{T}$ 的谱对某个 $s \in \mathbb{Z}$ 是 s-对称的当且仅当 $S(\mathcal{T})$ 是 s-对称的.

推论 10.2 假设 $\mathcal{T}$ 是 k 阶 n 维的非负张量. 如果张量 $\mathcal{T}$ 的谱对某个 $s \in \mathbb{Z}$ 是 s-对称的，那么 s 是 k 在 $\mathbb{Z}$ 中的一个因子.

下面的结论与文献[81]中的定理 3.9 相对应.

命题 10.1 假设 $\mathcal{T}$ 是 k 阶 n 维的弱不可约非负张量. 那么，谱环 $S(\mathcal{T})$ 是 s-对称的当且仅当张量 $\mathcal{T}$ 的循环指数为 s.

根据推论 10.1、定理 10.3 和命题 10.1，可得下面的结论.

命题 10.2 假设 $\mathcal{T}$ 是一个 k 阶 n 维弱不可约非负张量. 那么 $\mathcal{T}$ 的循环指数是 1 当且仅当

$$[\alpha_{i_1}] + \cdots + [\alpha_{i_k}] = [k/s], \quad \forall t_{i_1 \cdots i_k} > 0$$

对任意的 $s \in \mathfrak{D}(k) \backslash \{1\}$ 在 $\mathbb{Z}^n$ 里都没有解，或者等价地，张量 $\mathcal{T}$ 的谱对任意的 $s \in \mathfrak{D}(k) \backslash \{1\}$ 都不是 s-对称的.

假设 $\mathcal{T}$ 是 k 阶 n 维张量，$\boldsymbol{D}_1, \cdots, \boldsymbol{D}_k \in \mathbb{R}^{n \times n}$ 是矩阵. 矩阵张量乘积 $(\boldsymbol{D}_1, \cdots, \boldsymbol{D}_k) \cdot \mathcal{T}$ 是一个 k 阶 n 维张量，其分量为

$$((\boldsymbol{D}_1, \cdots, \boldsymbol{D}_k) \cdot \mathcal{T})_{i_1 \cdots i_k} = \sum_{j_1, \cdots, j_k}^{n} (\boldsymbol{D}_1)_{i_1 j_1} \cdots (\boldsymbol{D}_k)_{i_k j_k} t_{j_1 \cdots j_k}, \quad \forall i_1, \cdots, i_k = 1, \cdots, n$$

注意，定理 10.3 表明弱不可约非负张量的谱对称性跟元素的大小无关，只跟元素的符号相关. 因此，下列的结论是定理 10.3 的一个推论.

命题 10.3 假设 $\mathcal{T}$ 是一个 k 阶 n 维非负张量，对所有的 $i = 1, \cdots, k$，$\boldsymbol{D}_i \in \mathbb{R}^{n \times n}$ 是具有正对角元的对角矩阵. 对任意的 $s \in \mathfrak{D}(k)$，张量 $\mathcal{T}$ 的谱是 s-对称的当且仅当 $(\boldsymbol{D}_1, \cdots, \boldsymbol{D}_k) \cdot \mathcal{T}$ 的谱是 s-对称的.

证明 由定理 10.3 和结论

$$((\boldsymbol{D}_1, \cdots, \boldsymbol{D}_k) \cdot \mathcal{T})_{i_1 \cdots i_k} > 0 \text{ 当且仅当 } t_{i_1 \cdots i_k} > 0, \quad \forall i_1, \cdots, i_k = 1, \cdots, n$$

得到命题中的结论.

注意，定理 10.3 也可运用于一般的非简单一致超图，并不仅限于本书讨论的简单一致超图.

10.2.3 多重对称性

根据特征值的代数重数，本小节讨论多重集的对称性.

注意，给定张量 $\mathcal{T}$，其特征值(连同重数)是特征多项式 $\phi(\lambda) := \mathrm{Det}(\lambda \mathcal{I} - \mathcal{T})$ 的根. 在考虑重数的前提下，张量 $\mathcal{T}$ 的特征值就是一个多重集，称为多重集谱. 记多重集谱为

$\sigma_m(\mathcal{T})$.

自然地，可以考虑多重集谱的多重对称性. 对任意的 $s\in\mathfrak{D}(k)$，称图的谱是 s-多重对称的，如果

$$\exp\left(\sqrt{-1}\,\frac{2\pi}{s}\right)\sigma_m(\mathcal{T})=\sigma_m(\mathcal{T})$$

可以看到，图的谱如果是 s-多重对称的，那么它就是 s-对称的. 然而，不确定反过来是否也成立.

在下文中，将证明，对任意的与 k 互素的 $p\in\{1,\cdots,k-1\}$，p-hm 二可分图(参见定义 2.45)的谱是 k-多重对称的. 同时也将通过邻接张量的高阶迹来刻画图谱的多重对称性. 但是，高阶迹的计算相当复杂. 本节通过其他方式给出刻画. 下面的定理连同定理 10.3，给出这样一个刻画.

定理 10.4 假设 $\mathcal{T}$ 是一个 k 阶 n 维的弱不可约非负张量. 对任意的 $s\in\mathfrak{D}(k)$，其谱是 s-对称的当且仅当它是 s-多重对称的.

证明 定理的充分性显然是成立的. 接下来，假设 $\mathcal{T}$ 的谱是 s-对称的. 由于张量 $\mathcal{T}$ 的谱半径 $\rho(\mathcal{T})$ 是一个特征值，可得 $\exp\left(\sqrt{-1}\frac{2\pi}{s}\right)\rho(\mathcal{T})$ 也是 $\mathcal{T}$ 的一个特征值. 由文献[81]中的定理 3.10 可得，存在一个对角矩阵 $\boldsymbol{D}\in\mathbb{C}^{n\times n}$ 使得

$$\mathcal{T}=\exp\left(\sqrt{-1}\,\frac{2\pi}{s}\right)(\boldsymbol{D}^{1-k},\boldsymbol{D},\cdots,\boldsymbol{D})\cdot\mathcal{T}=:\exp\left(\sqrt{-1}\,\frac{2\pi}{s}\right)\mathcal{A}$$

其中 $\mathcal{A}:=(\boldsymbol{D}^{1-k},\boldsymbol{D},\cdots,\boldsymbol{D})\cdot\mathcal{T}$. 由于 $\mathcal{T}$ 是弱不可约的，那么 $\boldsymbol{D}$ 是非奇异的. 从文献[33]可知，下面结论成立：

$$\begin{aligned}\mathrm{Det}(\lambda\mathcal{I}-\mathcal{A})&=\mathrm{Det}(\lambda\mathcal{I}-(\boldsymbol{D}^{1-k},\boldsymbol{D},\cdots,\boldsymbol{D})\cdot\mathcal{T})\\&=\mathrm{Det}(\boldsymbol{D})^{(1-k)(k-1)^{n-1}+(k-1)^n}\mathrm{Det}((\boldsymbol{D}^{k-1},\boldsymbol{D}^{-1},\cdots,\boldsymbol{D}^{-1})\cdot(\lambda\mathcal{I}-(\boldsymbol{D}^{1-k},\boldsymbol{D},\cdots,\boldsymbol{D})\cdot\mathcal{T}))\\&=\mathrm{Det}(\lambda\mathcal{I}-\mathcal{T})\end{aligned}$$

那么，

$$\sigma_m(\mathcal{T})=\sigma_m(\mathcal{A})\tag{10.10}$$

由行列式的齐次性，可得

$$\begin{aligned}&\mathrm{Det}\left(\lambda\mathcal{I}-\exp\left(\sqrt{-1}\,\frac{2\pi}{s}\right)\mathcal{A}\right)\\&=\left[\exp\left(\sqrt{-1}\,\frac{2\pi}{s}\right)\right]^{n(k-1)^{n-1}}\mathrm{Det}\left(\exp\left(\sqrt{-1}\,\frac{-2\pi}{s}\right)\lambda\mathcal{I}-\mathcal{A}\right)\\&=\left[\exp\left(\sqrt{-1}\,\frac{2\pi}{s}\right)\right]^{n(k-1)^{n-1}}\mathrm{Det}(\mu\mathcal{I}-\mathcal{A})\end{aligned}$$

其中 $\mu=\exp\left(\sqrt{-1}\frac{-2\pi}{s}\right)\lambda$. 由于张量的特征值是其特征多项式的根，可得

$$\sigma_m\left(\exp\left(\sqrt{-1}\,\frac{2\pi}{s}\right)\mathcal{A}\right)=\exp\left(\sqrt{-1}\,\frac{2\pi}{s}\right)\sigma_m(\mathcal{A})$$

上式连同 $\mathcal{T}=\exp\left(\sqrt{-1}\frac{2\pi}{s}\right)\mathcal{A}$ 可推出

$$\sigma_m(\mathcal{T})=\exp\left(\sqrt{-1}\,\frac{2\pi}{s}\right)\sigma_m(\mathcal{A})$$

连同式(10.10)进一步可推出

$$\sigma_m(\mathcal{T}) = \exp\left(\sqrt{-1}\,\frac{2\pi}{s}\right)\sigma_m(\mathcal{T})$$

因此，张量 $\mathcal{T}$ 的谱是 s-多重对称的.

定理 10.4 的证明要感谢邵嘉裕教授. 在 2014 年韩国 ILAS 会议期间，邵嘉裕教授对作者指出，在 $s=k$ 的时候，可以按上述方式证明定理. 那么对于一般的 s，证明也是类似的.

10.3 图谱的对称性

本节将 10.2 节的结论运用到图上，并讨论它们的谱对称性，即其正则化邻接张量的谱的对称性. 由定义 2.27，可得图的邻接张量的正则化邻接张量是一个对称的非负张量，因此，定理 10.3、定理 10.4 和引理 6.4 是适用的. 下文将重点考虑谱的对称性与图的结构之间的联系.

10.3.1 对称定理

首先，根据矩阵张量乘积可得，图的正则化邻接张量就是邻接张量的一个矩阵张量正则化，其中矩阵是顶点的度生成的对角矩阵. 邻接张量的谱与正则化邻接张量的谱是不一样的. 但是，根据命题 10.3，对于一个 k 图以及任何 $s\in\mathfrak{D}(k)$，邻接张量的谱是 s-对称的当且仅当其正则化邻接张量的谱是 s-对称的. 下文是对正则化邻接张量给出的，但是这样一来对邻接张量也是成立的. 下面的命题给出正则化邻接张量的一个好处.

命题 10.4 假设 G 是一个连通的 k 图. 那么，$\rho(\mathcal{A})=1$ 是 $\mathcal{A}$ 的一个特征值，具有唯一的正的正则化特征向量

$$\mathbf{x} = \left(\sqrt[k]{\frac{d_1}{d_{\mathrm{vol}}}}, \cdots, \sqrt[k]{\frac{d_n}{d_{\mathrm{vol}}}}\right)^{\mathrm{T}}$$

由于 $a_{i_1\cdots i_k}>0$ 当且仅当 $\{i_1, \cdots, i_k\}\in E$ 是一条边，那么下面的定理是定理 10.3 和定理 10.4 的一个直接推论. 由于其重要性，这里单独给出.

定理 10.5 假设 G 是一个连通的 k 图. 对任意的 $s\in\mathfrak{D}(k)$，其谱是 s-(多重集)对称的当且仅当存在 $\alpha_1, \cdots, \alpha_n\in\mathbb{Z}$ 使得

$$\sum_{i\in e}[\alpha_i] = [k/s], \quad \forall e\in E \tag{10.11}$$

10.3.2 特征向量的结构

下面给出正则化邻接张量的谱环上的更多性质，注意到谱半径为 $\rho(\mathcal{A})=1$.

定理 10.6 假设 G 是一个连通的 k 图. 对任意的 $s\in\{1, \cdots, n\}$，正则向量 $\mathbf{x}\in\mathbb{C}^n$ 是对应特征值 $\exp\left(\sqrt{-1}\frac{2s\pi}{k}\right)$ 的一个特征向量当且仅当存在 $\alpha_1, \cdots, \alpha_n\in\mathbb{Z}$ 和 $\theta\in\mathbb{C}$ 使得

$$x_i = \exp\left(\sqrt{-1}\left(\frac{2\alpha_i\pi}{k}+\theta\right)\right)\sqrt[k]{\frac{d_i}{d_{\mathrm{vol}}}}, \quad \forall i=1, \cdots, n$$

以及

$$\sum_{i\in e}[\alpha_i]=[s],\quad \forall e\in E$$

证明 根据命题 10.4，借鉴定理 10.2 和定理 10.3 的证明，将特征值 $\exp\left(\sqrt{-1}\frac{2\pi}{s}\right)\rho(\mathcal{T})$ 换成 $\exp\left(\sqrt{-1}\frac{2s\pi}{k}\right)$，容易得到最后的结论.

谱半径对应的 H-特征向量可以刻画出图的内在结构. 推论 6.13 指出，对于 k 是奇数的情况，相应的 H-特征向量在相差一个符号下是唯一的. 下面给出 k 是偶数的情形，可以看成是谱半径的实几何重数的一个刻画.

命题 10.5 假设 k 是偶数，G 是一个连通的 k 图. 那么，其正则化邻接张量的谱半径的 H-特征向量的个数等于 G 的偶-二可分部分的个数.

证明 假设 $V=S\cup T$ 是图 G 的一个偶-二剖分. 假设 $\mathbf{y}\in\mathbb{R}^n$ 是一个向量使得当 $i\in S$ 时有 $y_i=\frac{\sqrt[k]{d_i}}{\sqrt[k]{d_{\text{vol}}}}$，而当 $i\in T$ 时有 $y_i=-\frac{\sqrt[k]{d_i}}{\sqrt[k]{d_{\text{vol}}}}$. 那么，对 $i\in S$，有

$$\begin{aligned}(\mathcal{A}\mathbf{y}^{k-1})_i &= \sum_{e\in E,\ i\in e}\frac{1}{\sqrt[k]{d_i}}\prod_{j\in e\setminus\{i\}}\frac{y_j}{\sqrt[k]{d_j}}\\ &=\left(\frac{1}{\sqrt[k]{d_{\text{vol}}}}\right)^{k-1}\frac{d_i}{\sqrt[k]{d_i}}\\ &= y_i^{k-1}\end{aligned}$$

其中，第二个等式由对满足 $i\in e$ 的 $e\in E$，刚好有偶数个 y_j 取负数值得来.

对 $i\in T$，有

$$\begin{aligned}(\mathcal{A}\mathbf{y}^{k-1})_i &= \sum_{e\in E,\ i\in e}\frac{1}{\sqrt[k]{d_i}}\prod_{j\in e\setminus\{i\}}\frac{y_j}{\sqrt[k]{d_j}}\\ &=-\left(\frac{1}{\sqrt[k]{d_{\text{vol}}}}\right)^{k-1}\frac{d_i}{\sqrt[k]{d_i}}\\ &= y_i^{k-1}\end{aligned}$$

其中，第二个等式由 k 是偶数以及对满足 $i\in e$ 的 $e\in E$，刚好有奇数个 y_j 取负数值得来.

因此，对每个 G 的偶-二剖分，可以对其谱半径 $\rho(\mathcal{A})=1$ 获得一个 H-特征向量.

反过来，假设 $\mathbf{x}\in\mathbb{R}^n$ 是谱半径 $\rho(\mathcal{A})=1$ 对应的一个 H-特征向量. 记 $\mathbf{y}\in\mathbb{R}^n$ 是一个向量，满足对所有的 $i\in\{1,\cdots,n\}$ 有 $y_i=|x_i|$. 可得

$$\sum_{i=1}^n y_i^k=\sum_{i=1}^n x_i^k=\mathbf{x}^{\mathrm{T}}(\mathcal{A}\mathbf{x}^{k-1})\leqslant\mathbf{y}^{\mathrm{T}}(\mathcal{A}\mathbf{y}^{k-1})\leqslant\sum_{i=1}^n y_i^k$$

其中第一个等式由 k 是偶数得来，最后一个不等式由定理 6.1 的结论(3)和 $\rho(\mathcal{A})=1$ 得来. 那么，这两个不等式都是等式. 因此，由定理 6.1 的结论(3)和命题 10.4，$\mathbf{y}$ 是张量 $\mathcal{A}$ 对应特征值 $\rho(\mathcal{A})$ 的唯一正特征向量，且

$$y_i=\frac{\sqrt[k]{d_i}}{\sqrt[k]{d_{\text{vol}}}},\quad \forall i\in V$$

假设 $S\cup T=V$ 是一个使得 $S:=\{i:\operatorname{sign}(x_i)>0\}$ 和 $T:=S^{\mathrm{C}}$ 的二剖分. 从

$$(\mathcal{A}\mathbf{x}^{k-1})_i=x_i^{k-1},\quad \forall i=1,\cdots,n$$

可得，对每条满足 $i\in e$ 的边 $e\in E$，$|e\cap S|$ 一定是一个偶数. 因此，结论成立.

10.3.3 示例

下面给出一个边的图的谱，这是谱对称性结论的一个示例.

命题 10.6 假设 G 是一个连通的 k 图，且 $n=k$，即只有一个边的图. 那么，$\mathcal{A}$ 的特征值刚好是下面多项式的根①：

$$p(\lambda)=\lambda^{k(k-1)^{k-1}-k^{k-1}}(\lambda^k-1)^{k^{k-2}}$$

因此，对于只有一个边的 k 图，对所有的 $s\in\mathfrak{D}(k)$，其谱都是 s-对称的.

证明 前半部分结论由文献[83]中的定理 4.3 得来，后半部分的结论可由多项式的结构直接得到.

下面的命题表明，对于有两条边的连通图，对所有的 $s\in\mathfrak{D}(k)$，其谱总是 s-对称的.

命题 10.7 假设 G 是一个具有两条边的连通的 k 图，即 $m=2$. 那么，对所有的 $s\in\mathfrak{D}(k)$，其谱是 s-对称的.

证明 对任意的 $s\in\mathfrak{D}(k)$，选择边的一个交点，令相应的向量 $\mathbf{x}$ 的分量为 k/s. 令其他元素为零. 那么，这个向量 $\mathbf{x}$ 满足式(10.11). 因此，结论由定理 10.5 可得.

10.4 线性代数刻画

本节将用环 $\mathbb{Z}_k$ 上的线性代数语言对定理 10.5 进行重构. 因此，众多线性代数的技巧和方法可以用来研究连通图的谱对称性. 然而，需要注意到环 $\mathbb{Z}_k$ 不同于实数域 $\mathbb{R}$ 或者复数域 $\mathbb{C}$，那么一些在零特征的数域上的经典线性代数性质就不能被使用. 本节将在 6.5.2 小节的基础上进行深入探讨.

10.4.1 线性代数重构

假设 $G=(V,E)$ 是一个 k 图. 如果将边的集合记为 $E=\{e_1,\cdots,e_m\}$，那么可以对图 G 给出一个矩阵 $\mathbf{A}\in\mathbb{Z}^{m\times n}$ 如下：

$$\mathbf{A}=[\mathbf{a}_1,\cdots,\mathbf{a}_m]^{\mathrm{T}} \tag{10.12}$$

其中

$$(\mathbf{a}_j)_i=\begin{cases}1 & i\in e_j\\ 0 & \text{其他}\end{cases}$$

矩阵 $\mathbf{A}$ 是一般图的无向连接矩阵的延伸. 为了方便，下文中将用 s 同时表示整数 $s\in\mathbb{Z}$ 及其像 $[s]\in\mathbb{Z}_k$. 具体的意思将在文中得到. 众所周知，自然映射 $\mathbb{Z}\to\mathbb{Z}_k$ 是一个同态，所以上述的简便记法也是合理的. 这样一来，矩阵 $\mathbf{A}$ 就可以看成是 $\mathbb{Z}_k^{m\times n}$ 中的一个矩阵. 注意到 $\mathbb{Z}_k$ 是一个非零的交换环，当 k 是一个素数时，就成为一个域. 记 $\mathbf{1}\in\mathbb{Z}_k^n$ 是全 1 向量. 下面将定理 10.5 在模上的线性代数语言下进行重构，此时不再涉及张量特征值.

定理 10.7 假设 G 是一个连通的 k 图. 对任意的 $s\in\mathfrak{D}(k)$，其谱是 s-(多重集)对称的当且仅当

$$\mathbf{Ax}=(k/s)\mathbf{1} \tag{10.13}$$

① 这就是张量 $\mathcal{A}$ 的特征多项式.

有一个解 $\mathbf{x}\in\mathbb{Z}_k$.

定理 10.7 将一个连通图的谱的对称性问题转化成了模上的线性代数问题. 原始的张量特征值问题是一个非线性问题. 尽管现在的基本空间是剩余类环，但是线性代数的若干重要性质还是可以运用的，这样一来，就有了更多研究这个问题的工具.

对任意 $p\in\mathbb{Z}_k$，下列方程的解 $\mathbf{x}\in\mathbb{Z}_k^n$

$$\mathbf{A}\mathbf{x}=p\mathbf{1}$$

的集合记为 $S(p)$.

命题 10.8 假设 G 是一个连通的 k 图. 可得，线性子空间 $\langle\mathbf{1}\rangle\in S(0)$. 对任意的 $p\in\mathbb{Z}_k$，

$$S(0)+S(p)=S(p)$$

成立

证明 通过直接计算，可得 $\mathbf{1}\in S(0)$. $S(0)$ 是 $\mathbf{A}\mathbf{x}=\mathbf{0}$ 的解集，那么它是 $\mathbb{Z}_k^n$ 中的线性子空间. 因此，$\langle\mathbf{1}\rangle\in S(0)$.

记 $\mathbf{x}\in S(p)$，$\mathbf{y}\in S(0)$，则有，$\mathbf{A}\mathbf{x}=p\mathbf{1}$，$\mathbf{A}\mathbf{y}=\mathbf{0}$. 由线性性质可得 $\mathbf{A}(\mathbf{x}+\mathbf{y})=\mathbf{A}\mathbf{x}=p\mathbf{1}$. 结论证毕.

对任意的 p，$q\in\{1,\cdots,k\}$，如果存在某个单位元 $u\in\mathbb{Z}_k$ 使得 $S(p)=uS(q):=\{u\mathbf{x}:\mathbf{x}\in S(q)\}$，那么称 p 和 q 是等价的. 当 p 和 q 等价的时候，容易看到谱是 k/p-对称的与谱是 k/q-对称的是可以相互推出的.

引理 10.1 假设 G 是一个连通的 k 图. 对任意的 p，$q\in\mathbb{Z}_k$(其中 $S(p)$ 和 $S(q)$ 之一是非空的)，存在某个单位元 $u\in\mathbb{Z}_k$ 使得 $p=uq$ 当且仅当它们是等价的.

证明 如果 $\mathbf{x}\in S(q)$，那么 $u\mathbf{x}\in S(p)$. 因此 p 和 q 是等价的.

反过来，如果 p 和 q 是等价的，不失一般性，假设 $S(p)\neq\varnothing$，那么存在 $\mathbf{y}\in S(q)$(对 $\mathbf{x}\in S(p)$，取 $\mathbf{y}=u^{-1}\mathbf{x}$)使得

$$q\mathbf{1}=\mathbf{A}\mathbf{y}=\mathbf{A}(u^{-1}\mathbf{x})=u^{-1}\mathbf{A}\mathbf{x}=u^{-1}p\mathbf{1}$$

因此，$q=u^{-1}p$. 结论证毕.

引理 10.1 指出，k 图的谱是 k-对称的当且仅当它对某个单位元 k/s，其是 s-对称的当且仅当对某个单位元 q，$S(q)\neq\varnothing$. 另一方面，下面的定理表明第一个充分必要条件是平凡的，即 $s=k$. 第二个充分必要条件具有更多内涵，当 k 是素数时，可得对任意的 $p=2$，$\cdots$，$k-1$，如果 $S(p)\neq\varnothing$，那么谱是 k-对称的. 因此，当 k 是素数时，可以只考虑 $S(2)$. 由推论 10.2，在这种情况下，只有两种对称性(即 $s=1$ 和 $s=k$). 一般情况下，对称性的个数由零因子的个数给出.

定理 10.8 假设 k 是一个正整数. 如果 $\{s_1,\cdots,s_t\}\subseteq\{1,\cdots,k\}$ 是所有的整数使得 $k/s_i\in\mathbb{Z}_k(i=1,\cdots,t)$，那么对任意的 $i\neq j$，s_i 和 s_j 不可能等价. 因此，一个 k 阶张量可以具有的不同对称性的个数刚好是 1 加上环 $\mathbb{Z}_k$ 中零因子的个数.

证明 用反证法证明. 假设存在 i，$j\in\{1,\cdots,t\}$ 使得 s_i 和 s_j 是等价的. 那么，存在单位元 $u\in\mathbb{Z}_k$ 使得 $s_i=us_j$. 因为存在 t_i，$t_j\in\{1,\cdots,k\}$ 使得

$$t_is_i=k=0,\ t_js_j=k=0$$

可得 $ut_is_j=t_js_j=0$. 假设 $s_i>s_j$，那么 $t_i<t_j$. 因此，$t_is_j\in\{1,\cdots,k-1\}$，从而 $t_is_j\neq0$. 这样一来，从 $ut_is_j=0$ 可得 u 是一个零因子，这与 u 是单位元相矛盾. 因此，s_i 和 s_j 不可能是等

价的.

10.4.2 线性代数运算

本小节讨论矩阵 $\mathbf{A}$ 及其增广矩阵 $\overline{\mathbf{A}}=[\mathbf{A}, p\mathbf{1}]$ 的基本运算，这些运算满足对所有的 $p\in\{1, \cdots, k\}$，都不改变解集 $S(p)$. 本节的内容可以传递一个信息：环上的线性代数在此处是具有重要作用的.

交换矩阵 $\mathbf{A}(\overline{\mathbf{A}})$ 的行 对所有的 $j\in\{1, \cdots, m\}$，从方程 $(A\mathbf{x})_j=p$ 出发，显然可得不改变解集.

用 $\overline{\mathbf{A}}$ 的一行减去另一行 假设 $\mathbf{a}_j$ 如式(10.12)所定义. 接下来证明下面系统的解集 $\overline{S}(p)$ 仍然是 $S(p)$.

$$(\mathbf{a}_1-\mathbf{a}_2)^{\mathrm{T}}\mathbf{x}=0,\ \mathbf{a}_2^{\mathrm{T}}\mathbf{x}=p,\ \cdots,\ \mathbf{a}_m^{\mathrm{T}}\mathbf{x}=p$$

由于总是在 k 图的范围内讨论，其中 $k\geqslant3$，而 $\mathbf{a}_i$ 是由式(10.12)定义的，那么 $\mathbf{a}_1-\mathbf{a}_2\neq\mathbf{0}$①. 同时注意到，这里只使用了线性运算，群的结构对这些是没有影响的，因此可得最后的结论.

通过交换矩阵 $\overline{\mathbf{A}}$ 的行的运算，可以得到更广泛的一般结论.

用单位元去乘矩阵 $\overline{\mathbf{A}}$ 的某行 下面证明，对于任意的单位元 $u\in\mathbb{Z}_k$，方程 $\mathbf{a}_1^{\mathrm{T}}\mathbf{x}=p$ 与方程 $u\mathbf{a}_1^{\mathrm{T}}\mathbf{x}=up$ 有相同的解. 然而，这由引理 10.1 可以直接得到.

类似于经典的线性代数，可以对每个基本的变换对应一个基本的矩阵，使得得到的变换可以通过左边乘以相应的矩阵得到. 矩阵的行列式还是可以通过组合的公式法则定义的. 注意，前两种变换的矩阵的行列式分别为 1 和 -1，而三种变换的矩阵的行列式都是单位元. 类似地，可以定义列变换. 准备了以上变换，可以得到下面的结论.

命题 10.9 假设 G 是一个连通的 k 图，而 $p\in\{1, \cdots, k\}$. 如果 $S(p)\neq\varnothing$，那么对每个 $\mathbf{x}\in S(p)$，对所有的 $i, j\in\{1, \cdots, m\}$，

$$\sum_{t\in e_i\setminus(e_i\cap e_j)}x_t=\sum_{t\in e_j\setminus(e_i\cap e_j)}x_t$$

成立. 特别地，如果 $|e_i\cap e_j|=k-1$，那么 $\mathbf{x}$ 的对应 $(e_i\cup e_j)\setminus(e_i\cap e_j)$ 的分量是相等的.

证明 根据矩阵 $\overline{\mathbf{A}}$ 的第 j 行减去第 i 行不改变解 $S(p)$，可以得到结论.

如果矩阵 $\boldsymbol{B}\in\mathbb{Z}_k^{m\times n}$ 所有的非零行(具有至少一个非零元的行)在零行的上方，且每个非零行从左边数的第一个非零元(主元)总是在上排非零行的主元的严格右边，则称矩阵 $\boldsymbol{B}$ 具有行标准形②. 由线性代数经典结论可知，具有行标准形的矩阵的线性方程是容易求解的. 在下文中，将证明从每个 $\mathbb{Z}_k^{m\times n}$ 中的矩阵出发，都可以推导出其行标准形. 假设 $\mathcal{J}_m\subseteq\mathbb{Z}^{m\times m}$ 是具有行列式为 1 或者 -1 的矩阵全体(单模矩阵). 假设 $\gamma: \mathbb{Z}\to\mathbb{Z}_k$ 是从 $\mathbb{Z}$ 到 $\mathbb{Z}_k$ 的同态，将 s 映成 $[s]$. 假设 S_m 是集合 $\mathcal{J}_m$ 在该同态下的像(每个元素分别作用). 等价地，这是 $\mathbb{Z}_k^{m\times m}$ 中具有行列式为 1 或者 -1 的矩阵的全体.

引理 10.2 假设 k 是一个正整数. 那么，对任意的 $\mathrm{S}_m\subset\mathbb{Z}_k^{m\times m}$ 中的矩阵 $\boldsymbol{B}$，它是可逆的，即存在矩阵 $\boldsymbol{C}\in\mathbb{Z}_k^{m\times m}$ 使得 $\boldsymbol{BC}=\boldsymbol{CB}=\boldsymbol{I}$.

证明 由于 $\mathbb{Z}_k$ 是一个交换环，对于一个方阵 $\mathbf{A}$，可以计算出其行列式 $\mathrm{Det}(\mathbf{A})$. 如果

---

① 这在一般的有限环上不一定成立，甚至在 $\mathbf{a}_1\neq\mathbf{a}_2$ 的时候也不一定成立.

② 因为在环 $\mathbb{Z}_k$ 中讨论这些问题，因此不能限定首元是 1.

记 adj($\boldsymbol{A}$)是矩阵 $\boldsymbol{A}$ 的伴随矩阵，那么由行列式的组合展开公式可得 $\boldsymbol{B}\text{adj}(\boldsymbol{B})=\text{adj}(\boldsymbol{B})\boldsymbol{B}=\text{Det}(\boldsymbol{B})\boldsymbol{I}$. 由于 1 和 -1 都是 $\mathbb{Z}_k$ 中的单位元，那么结论自然成立.

引理 10.3 假设 $\boldsymbol{B}\in\mathbb{Z}_k^{m\times n}$. 那么，存在矩阵 $\boldsymbol{L}\in \mathrm{S}_m$ 使得 $\boldsymbol{LB}$ 具有行标准形式.

证明 注意，可以通过减法计算两个整数的最大公因子，因此通过行变换，可以将一个矩阵 $\boldsymbol{B}$ 变换成行标准形.

通常，$\text{diag}(\mathbf{d})=\text{diag}(d_1, \cdots, d_m)\in\mathbb{Z}^{m\times n}$ 表示在 (i, i) 位置为 d_i 的一个对角矩阵. 对于一个具有行标准形的矩阵 $\boldsymbol{B}\in\mathbb{Z}_k^{m\times n}$，用 $\mathbf{r}(\boldsymbol{B})\in\mathbb{Z}_k^m$ 表示其所有主元的一个向量，其中零行的主元设置为零，而用 $\mathbf{m}(\boldsymbol{B})\in\mathbb{Z}_k^{m\times m}$ 表示所有主元对应的列构成的矩阵，如果有必要，那么添加零列构成所需要的方阵.

命题 10.10 假设 G 是一个连通的 k 图，$\boldsymbol{L}\in\mathrm{S}_m$ 使得 $\boldsymbol{LA}$ 具有行标准形式. 对于 $s\in\mathfrak{D}(k)$，可得

(1) 如果 $\mathbf{m}(\boldsymbol{LA})\mathbf{y}=(k/s)\boldsymbol{L}\mathbf{1}$ 有一个解，那么 G 的谱是 s-对称的；

(2) 如果 $\sup(\boldsymbol{L}\mathbf{1})\subseteq\sup(\mathbf{r}(\boldsymbol{LA}))$ 且每个 $\mathbf{r}(\boldsymbol{LA})$ 中的非零元都是一个单位元，那么 G 的谱是 s-对称的.

证明 假设 $\mathbf{y}$ 是 $\mathbf{m}(\boldsymbol{LA})\mathbf{y}=(k/s)\boldsymbol{L}\mathbf{1}$ 的一个解，那么可以从 $\mathbf{y}$ 添加零元或者减去零元得到一个 $\mathbb{Z}_k^n$ 中的向量 $\mathbf{x}$ 使得 $\boldsymbol{LA}\mathbf{x}=\mathbf{m}(\boldsymbol{LA})\mathbf{y}=(k/s)\boldsymbol{L}\mathbf{1}$. 由引理 10.2 可知，矩阵 $\boldsymbol{L}$ 是一个可逆矩阵，最后的结论显然可得. 结论(2)更加清晰，这是因为对任意的 b，当 a 是一个单位元时，总可以找到 x 使得 $ax=b$.

假设 $\mathbf{r}(\boldsymbol{LA})$ 是一个向量，其前 u 个元素非零. 那么，$\mathbf{m}(\boldsymbol{LA})\mathbf{y}=(k/s)\boldsymbol{L}\mathbf{1}$ 可解的一个必要条件是 $\sup(\boldsymbol{L}\mathbf{1})\subseteq\sup(\mathbf{r}(\boldsymbol{LA}))=\{1, \cdots, u\}$. 在经典的线性代数中，或者 k 是一个素数时，这将是保证 $\mathbf{m}(\boldsymbol{LA})\mathbf{y}=(k/s)\boldsymbol{L}\mathbf{1}$ 有一个解的充分必要条件，这是因为此时的环成为数域，而数域中的每个非零元都是一个单位元. 一般情况下，因为环中可能存在非平凡的零因子，因此这不再是一个充分条件.

10.4.3 示例

一个 k 图称为一条线，如果可以将其顶点集标号为 $\{1, \cdots, n\}$ 使得每条边恰好包含连贯的 k 个顶点，容易看到线图对应的矩阵 $\boldsymbol{A}$ 自动构成一个行标准形. 由于主元都是 1，那么由命题 10.10，它的谱对所有的 $s\in\mathfrak{D}(k)$ 都是 s-对称的. 更一般地，如果可以将顶点集标号为 $1>2>\cdots>n$，将边的集合标号为 $\{e_1, \cdots, e_m\}$，使得对所有的 $i=1, \cdots, m-1$，e_{i+1} 中的首顶点比 e_i 中的首顶点严格小，那么对应的图的谱对所有的 $s\in\mathfrak{D}(k)$ 都是 s-对称的. 称这样的图为完全排序图. 事实上，完全排序图对应的矩阵 $\boldsymbol{A}$ 总是具有行标准形式. 由此，可得下面的命题.

命题 10.11 假设 G 是一个完全排序的连通的 k 图. 那么，对所有的 $s\in\mathfrak{D}(k)$，图 G 的谱是 s-对称的.

10.4.4 对角形

从命题 10.10 可见，当所有的主元都是单位元时，很容易检验可解性. 然而，在环 $\mathbb{Z}_k$ 中，主元可能是一个零因子. 下文将讨论矩阵 $\boldsymbol{A}$ 的对角形. 这是基于范德瓦尔登关于一般整数线性方程的重要定理得来的，也可以通过简单的行列变换运算得来[91].

定理 10.9 假设 $\boldsymbol{B}\in\mathbb{Z}^{m\times n}$. 那么，存在 $\boldsymbol{L}\in\mathcal{J}_m$ 和 $\boldsymbol{R}\in\mathcal{J}_n$ 使得

$$\boldsymbol{LBR}=\mathrm{diag}(d_1,\cdots,d_u,0,\cdots,0)$$

其中对任意的 $i=1,\cdots,u$, $d_i>0$ 以及对任意的 $i=1,\cdots,u-1$ 有 $d_i\mid d_{i+1}$.

注意，上述定理中的矩阵 $\boldsymbol{L}$ 和矩阵 $\boldsymbol{R}$ 不是唯一的. 然而，这个对角矩阵是由 $\boldsymbol{B}$ 唯一确定的，称为 $\boldsymbol{B}$ 的 Smith 标准型[92]. Smith 标准型通常在一个主理想环中定义. 在本小节中，$\mathbb{Z}_k$成为一个主理想环当且仅当其成为一个域当且仅当 k 是素数. 虽然如此，仍然可以将这个定义延伸到环 $\mathbb{Z}_k$.

定理 10.10 假设 $\boldsymbol{B}\in\mathbb{Z}_k^{m\times n}$. 那么，存在矩阵 $\boldsymbol{L}\in\mathrm{S}_m$ 和 $\boldsymbol{R}\in\mathrm{S}_n$ 使得

$$\boldsymbol{LBR}=D:=\mathrm{diag}(d_1,\cdots,d_u,0,\cdots,0)$$

其中对任意的 $i=1,\cdots,u$, $d_i\neq 0$; 对任意的 $i=1,\cdots,u-1$, 有 $d_i\mid d_{i+1}$.

证明 给定矩阵 $\boldsymbol{B}\in\mathbb{Z}_k^{m\times n}$，首先通过选择余集中的一个代表元，将其看成矩阵$\boldsymbol{B}_0\in\mathbb{Z}^{m\times n}$. 因此，矩阵 $\boldsymbol{B}$ 是$\boldsymbol{B}_0$在同态 γ 下的按元素映射的像. 由定理 10.9，存在矩阵$\boldsymbol{L}_0\in\mathcal{J}_m$ 和$\boldsymbol{R}_0\in\mathcal{J}_n$ 使得

$$\boldsymbol{L}_0\boldsymbol{B}_0\boldsymbol{R}_0=\mathrm{diag}(c_1,\cdots,c_v,0,\cdots,0)$$

其中对所有的 $i=1,\cdots,v$, 有 $c_i>0$; 对所有的 $i=1,\cdots,v-1$, 有 $c_i\mid c_{i+1}$. 由于映射 γ 是环 $\mathbb{Z}$ 到环 $\mathbb{Z}_k$的同态，那么成立

$$\boldsymbol{LBR}=\mathrm{diag}([c_1],\cdots,[c_v],0,\cdots,0)$$

其中，对所有的 $i=1,\cdots,v-1$, 有 $c_i\mid c_{i+1}$; 矩阵 $\boldsymbol{L}$ 和 $\boldsymbol{R}$ 分别是矩阵$\boldsymbol{L}_0$和$\boldsymbol{R}_0$在同态下的像. 由于行列式是矩阵元素乘积的加和，而同态映射将乘积单位元映射成为乘积单位元，因此可得 $\boldsymbol{L}\in\mathrm{S}_m$ 和 $\boldsymbol{R}\in\mathrm{S}_n$.

如果$[c_i]=0$，那么由定义得 $k\mid c_i$，从而$[c_{i+1}]=0$，这是因为 $c_i\mid c_{i+1}$或者 $c_{i+1}=0$. 那么，要么$[c_1]=0$(对应于 $u=0$)，要么对所有的 $i=1,\cdots,u$, $[c_1],\cdots,[c_u]\neq 0$ 以及 $[c_{u+1}]=\cdots[c_v]=0$. 对所有的 $i=1,\cdots,u$, 记 $d_i=c_i$，则相整除的结论成立.

由定理 10.9 到定理 10.10，这里没有了对角形的唯一性.

推论 10.3 假设 k 是一个素数，矩阵 $\boldsymbol{B}\in\mathbb{Z}_k^{m\times n}$. 那么，存在矩阵 $\boldsymbol{L}\in\mathrm{S}_m$ 和 $\boldsymbol{R}\in\mathrm{S}_n$ 使得对某个单位元 a，成立

$$\boldsymbol{LBR}=\boldsymbol{D}:=\mathrm{diag}(1,\cdots,1,a,0,\cdots,0)$$

定理 10.11 假设 G 是一个连通的 k 图. 对任意的 $s\in\mathfrak{D}(k)$，G 的谱是 s-对称的当且仅当对矩阵 $\boldsymbol{L}\in\mathrm{S}_m$ 和 $\boldsymbol{R}\in\mathrm{S}_n$ 满足

$$\boldsymbol{LAR}=\boldsymbol{D}:=\mathrm{diag}(d_1,\cdots,d_u,0,\cdots,0)$$

$\boldsymbol{D}\mathbf{y}=(k/s)\boldsymbol{L}\mathbf{1}$ 在 $\mathbb{Z}_k^n$中有一个解.

证明 如果 $\boldsymbol{LAR}=\boldsymbol{D}:=\mathrm{diag}(d_1,\cdots,d_u,0,\cdots,0)$, $\boldsymbol{D}\mathbf{y}=(k/s)\boldsymbol{L}\mathbf{1}$，那么可得

$$\boldsymbol{LAR}\mathbf{y}=(k/s)\boldsymbol{L}\mathbf{1}$$

由于 $\boldsymbol{L}\in\mathrm{S}_m$，由引理 10.2，$\mathbf{A}\mathbf{x}=(k/s)\mathbf{1}$ 一定成立，其中 $\mathbf{x}=\boldsymbol{R}\mathbf{y}$. 由定理 10.7，可得 G 的谱是 s-对称的.

反之，假设对某个 $\mathbf{x}\in\mathbb{Z}_k^n$, $\mathbf{A}\mathbf{x}=(k/s)\mathbf{1}$ 成立. 如果 $\boldsymbol{LAR}=\boldsymbol{D}:=\mathrm{diag}(d_1,\cdots,d_u,0,\cdots,0)$，那么，令 $\mathbf{y}=\boldsymbol{R}^{-1}\mathbf{x}$，可得

$$\boldsymbol{LAR}\mathbf{y}=(k/s)\boldsymbol{L}\mathbf{1}$$

因此，$\boldsymbol{D}\mathbf{y}=(k/s)\boldsymbol{L}\mathbf{1}$.

对于对角的系数矩阵的线性方程的可解性的判定要容易得多. 定理 10.11 的一个直接推论就是向量 $L\mathbf{1}$ 的支撑必须包含于集合 $\{1, \cdots, u\}$. 下面的结论是定理 10. 11 以及当 k 是素数时 $\mathbb{Z}_k$ 中的每个非零元都是单位元的直接推论.

推论 10.4 假设 k 是一个素数, G 是一个连通的 k 图. 那么, G 的谱是 k-对称的当且仅当对于矩阵 $\boldsymbol{L}\in \mathrm{S}_m$ 和 $\boldsymbol{R}\in \mathrm{S}_n$ 满足

$$\boldsymbol{LAR} = \boldsymbol{D} := \mathrm{diag}(d_1, \cdots, d_u, 0, \cdots, 0)$$

其中对所有的 $i=1, \cdots, u$, $d_i\neq 0$, 存在某个 $\mathbf{c}\in \mathbb{Z}_k^u$ 使得 $\boldsymbol{L}\mathbf{1}=(c_1, \cdots, c_u, 0, \cdots, 0)$.

对矩阵 $\mathbf{A}$ 进行对角化的原理给出了一个有效的求解方程 $\mathbf{Ax}=(k/s)\mathbf{1}$ 的方法. 然而, 得到一个有效的计算一个整数矩阵的 Smith 标准型的算法不是平凡的. 注意, 通过使用基本的行列变换是不可能在多项式时间内得到一个整数矩阵的 Smith 标准型的[93].

10.4.5 可解性

本小节将直接从矩阵 $\mathbf{A}$ 出发得到方程的可解性, 避免通过需要进行复杂计算的行标准型或者 Smith 标准型. 下面的引理首先将问题转化到整环中进行讨论.

引理 10.4 假设 k 是一个正整数, $\mathbf{A}\in \mathbb{Z}^{m\times n}$, $\mathbf{b}\in \mathbb{Z}^m$. 那么

$$\mathbf{Ax} = \mathbf{b}$$

在 $\mathbb{Z}_k^n$ 中有一个解当且仅当

$$\mathbf{Ax} + k\mathbf{y} = \mathbf{b}$$

在 $\mathbb{Z}^n \times \mathbb{Z}^n$ 中有一个解.

证明 充分性显然是成立的. 下面证明必要性. 假设

$$\mathbf{Ax} = \mathbf{b}$$

在 $\mathbb{Z}_k^n$ 中有一个解 $\mathbf{x}$. 那么, 可得对所有的 $i=1, \cdots, m$, 存在 $y_i\in \mathbb{Z}$, 使得

$$a_{i1}x_1 + \cdots + a_{in}x_n = \mathbf{b}_i + y_ik$$

因此, 将 $\mathbf{x}$ 看作 $\mathbb{Z}^n$ 中的向量, 连同 $-\mathbf{y}$, 给出了 $\mathbf{Ax}+k\mathbf{y}=\mathbf{b}$ 的一个解.

假设 $\boldsymbol{B}=[\boldsymbol{A}, k\boldsymbol{I}]\in \mathbb{Z}^{m\times(m+n)}$. 那么 $\boldsymbol{B}$ 作为 $\mathbb{R}^{m\times(m+n)}$ 中的矩阵, 是行满秩的. 下面的结论可从文献[94]第 51 页查到.

定理 10.12 假设 $\boldsymbol{B}\in \mathbb{Z}^{m\times n}$, $\mathbf{b}\in \mathbb{Z}^m$. 如果 $\boldsymbol{B}\in \mathbb{R}^{m\times n}$ 具有行满秩, 那么

$$\boldsymbol{B}\mathbf{x} = \mathbf{b}$$

在 $\mathbb{Z}^n$ 中有一个解当且仅当矩阵 $\boldsymbol{B}$ 的所有 $m\times m$ 阶非零子式的最大公因子等于增广矩阵 $[\boldsymbol{B}, \mathbf{b}]$ 的所有 $m\times m$ 阶非零子式的最大公因子.

根据定理 10.7、定理 10.12 和引理 10.4, 可以得到一个验证尺度小的图的谱对称性的较实用的方法.

下面的定理也是范德瓦尔登的重要结论(参见文献[95]中的定理 15.6.5).

定理 10.13(van der Waerden) 假设 $\boldsymbol{B}\in \mathbb{Z}^{m\times n}$, $\mathbf{b}\in \mathbb{Z}^m$. 那么, $\boldsymbol{B}\mathbf{x}=\mathbf{b}$ 在 $\mathbb{Z}^n$ 中有一个解当且仅当对每个使得 $\mathbf{v}^{\mathrm{T}}\boldsymbol{B}$ 具有整数分量的有理数向量 $\mathbf{v}$, $\mathbf{v}^{\mathrm{T}}\mathbf{b}$ 是一个整数.

10.4.2、10.4.4 和 10.4.5 小节针对一般情况给出了判别一个图的谱是否为 s-对称的理论方法. 一方面, 有很多关于计算一个整数矩阵 Smith 标准型的算法的研究, 可以用来判别谱的对称性; 另一方面, 很难找到这些关于线性方程组一般情形的可解性判定结论与本书中图的结构的联系. 接下来, 本书将讨论一些特殊的图的内在结构和谱的对称性.

10.5 特殊的图类

本节将讨论几类特殊的图，指出它们的谱是对称的，或者证明它们的谱是不可能对称的.

10.5.1 三边图

对于一般的 2 图，只有一条边的图和两条边的图都是二可分的. 因此，它们的谱都是对称的. 由命题 10.6 和命题 10.7 可得，对于一般的 k 图，如果只有一条边或者两条边，那么它们具有对称的谱①.

命题 10.12 假设 G 是一个连通的 k 图，其边为 $E=\{e_1、e_2、e_3\}$. 如果 e_1，e_2，e_3 有一个共同的交点，那么对任意的 $s\in\mathfrak{D}(k)$，G 的谱是 s-对称的.

证明 不失一般性，假设对所有的 $i=1, 2, 3$ 有 $1\in e_i$. 那么，向量 $\mathbf{x}\in\mathbb{Z}_k^n$，其中 $x_1=1$ 以及对所有的 $i\neq1$ 有 $x_i=0$ 是 $\mathbf{Ax}=\mathbf{1}$ 的一个解. 因此，对任意的 $s\in\mathfrak{D}(k)$，根据定理 10.7，G 的谱是 s-对称的.

但是对于一般的图，有三条边的图具有 k-对称的谱不一定总成立.

例 10.1 假设 G 是一个连通的 4 图，其边为 $E=\{e_1, e_2, e_3\}$，其中

$$e_1=\{1, 3, 4, 5\}, e_2=\{2, 3, 4, 6\}, e_3=\{1, 2, 5, 6\}$$

那么
$$\mathbf{A}=\begin{bmatrix}1 & 0 & 1 & 1 & 1 & 0\\ 0 & 1 & 1 & 1 & 0 & 1\\ 1 & 1 & 0 & 0 & 1 & 1\end{bmatrix}$$

由初等行变换，可得

$$\mathbf{A}=\begin{bmatrix}1 & 0 & 1 & 1 & 1 & 0\\ 0 & 1 & 1 & 1 & 0 & 1\\ 1 & 1 & 0 & 0 & 1 & 1\end{bmatrix}\rightarrow\begin{bmatrix}1 & 0 & 1 & 1 & 1 & 0\\ 0 & 1 & 1 & 1 & 0 & 1\\ 0 & 0 & -2 & -2 & 0 & 0\end{bmatrix}$$

注意到初等行变换不改变 $\mathbf{Ax}=(4/s)\mathbf{1}$ 的可解性. 那么，可得这个图的谱不是 4-对称的，这是因为 $2a+2b=1$ 在 $\mathbb{Z}_4$ 中没有解. 然而，它的谱是 2-对称的，因为 $2a+2b=2$ 是有解的.

当 k 是素数时，可以得到下面的结论.

命题 10.13 假设 k 是一个素数，G 是一个连通的 k 图，其边为 $E=\{e_1, e_2, e_3\}$. 那么，对所有的 $s\in\mathfrak{D}(k)$，G 的谱是 s-对称的.

证明 不失一般性，假设

(1) $1\in e_1$，$2\notin e_1$，$3\in e_1$；

(2) $1\notin e_2$，$2\in e_2$.

那么，对某些 $b, c, d, f=0, 1$，以下结论成立

① 如果一个两条边的图不是连通的，那么它的谱是两个只有一条边的图的谱的并. 由命题 10.6，此时它的谱还是对称的.

$$\mathbf{A} = [\mathbf{u}^{\mathrm{T}}, \mathbf{v}^{\mathrm{T}}, \mathbf{w}^{\mathrm{T}}]^{\mathrm{T}} = [\boldsymbol{B} \quad \boldsymbol{C}], \text{其中 } \boldsymbol{B} = \begin{bmatrix} 1 & 0 & 1 \\ 0 & 1 & b \\ c & d & f \end{bmatrix}$$

接下来分情况进行证明.

情形 1：$c=d=0$.

在这种情况下，矩阵 **A** 已经具有行标准形，这是因为 **w** 是只含有 0 和 1 的非零向量. 此外，$\mathbf{r}(\mathbf{A})=(1,1,1)^{\mathrm{T}}$. 由命题 10.10 可得，对任意的 $s\in\mathfrak{D}(k)$，G 的谱是 s-对称的.

情形 2：$c=1$ 和 $d=0$.

在这种情况下，至少 u_3-w_3，…，u_n-w_n 中的一个是非零的，且当其非零时，其元素为 1 或者 -1. 因此，用矩阵 **A** 的第三行减去第一行，可得一个行标准形，其主元向量为 $(1,1,1)^{\mathrm{T}}$ 或者 $(1,1,-1)^{\mathrm{T}}$. 由命题 10.10，对任意的 $s\in\mathfrak{D}(k)$，G 的谱是 s-对称的.

情形 3：$c=0$ 和 $d=1$.

这种情况和前一种情况是类似的，只需要将 e_1 的分析用 e_2 代替.

情形 4：$c=d=1$.

在这种情况下，因为 k 是素数，只需要证明 $\mathbf{w}-\mathbf{u}-\mathbf{v}$ 是一个非零向量. 事实上，当它是非零的，用矩阵的第三行减去第一行和第二行，即可得到一个行标准形. 此外，主元向量是每个元素都是非零的. 因此，根据命题 10.10，对任意的 $s\in\mathfrak{D}(k)$，G 的谱都是 s-对称的，因为 $u_3+\cdots+u_n=v_3+\cdots+v_n=w_3+\cdots+w_n=k-2$ 且 $\mathbf{u},\mathbf{v},\mathbf{w}\in\{0,1\}^n$.

结论证毕.

事实上，由命题 10.13 的证明，可得 $\mathbf{w}-\mathbf{u}-\mathbf{v}$ 只可能有分量 -2，-1，0，1，2. 因此，对某些不是素数的 k 和 s，可以得到谱的 s-对称性. 这可以从例 10.1 看出.

10.5.2 边与顶点个数相等的图

当 $m=n$ 时，可以计算出矩阵 **A** 的行列式 $\mathrm{Det}(\mathbf{A})$，由公式可得

$$\mathbf{A}\mathrm{adj}(\mathbf{A})=\mathrm{adj}(\mathbf{A})\mathbf{A}=\mathrm{Det}(\mathbf{A})I \tag{10.14}$$

如果 $\mathrm{Det}(\mathbf{A})\in\mathbb{Z}_k$ 是一个单位元，那么可得 G 的谱对任意 $s\in\mathfrak{D}(k)$ 都是 s-对称的. 事实上，假设 $u\in\mathbb{Z}_k$ 使得 $u\mathrm{Det}(\mathbf{A})=1$. 那么，

$$\mathbf{A}[u\ \mathrm{adj}(\mathbf{A})]=[u\ \mathrm{adj}(\mathbf{A})]\mathbf{A}=I$$

这样一来，对任意的 $s\in\mathfrak{D}(k)$，$\mathbf{x}=u\ \mathrm{adj}(\mathbf{A})(k/s)\mathbf{1}=(ku/s)\mathrm{adj}(\mathbf{A})\mathbf{1}$ 是 (10.13) 的唯一解，因此，谱是 s-对称的. 然而，根据命题 10.8，可得 $\langle\mathbf{1}\rangle\subseteq S(0)\subseteq S(k/s)$. 因此，$\mathrm{Det}(\mathbf{A})$ 是一个零因子.

命题 10.14 假设 G 是一个连通的 k 图，且 $m=n$. 那么，$\mathrm{Det}(\mathbf{A})\in\mathbb{Z}_k$ 是一个零因子.

下面的结论是命题 10.14 的一个直接推论.

推论 10.5 假设 G 是一个连通的 k 图，$m=n$ 且 k 是一个素数. 那么，$\mathrm{Det}(\mathbf{A})=0$.

证明 注意到，当 k 是一个素数时，$\mathbb{Z}_k$ 中的每个非零元都是一个单位元，因此结论成立.

接下来，给出一个 3 图的例子 $G=(V,E)$，其顶点集为 $V=\{1,\cdots,5\}$，边的集合为

$$E=\{\{1,2,3\},\{2,3,4\},\{3,4,5\},\{1,4,5\},\{1,2,5\}\}$$

那么，通过一系列初等的行变换，可得

$$\boldsymbol{A}=\begin{bmatrix}1&1&1&0&0\\0&1&1&1&0\\0&0&1&1&1\\1&0&0&1&1\\1&1&0&0&1\end{bmatrix}\to\begin{bmatrix}1&1&1&0&0\\0&1&1&1&0\\0&0&1&1&1\\0&-1&-1&1&1\\0&0&-1&0&1\end{bmatrix}\to\begin{bmatrix}1&1&1&0&0\\0&1&1&1&0\\0&0&1&1&1\\0&0&0&2&1\\0&0&-1&0&1\end{bmatrix}\to\begin{bmatrix}1&1&1&0&0\\0&1&1&1&0\\0&0&1&1&1\\0&0&0&2&1\\0&0&0&1&2\end{bmatrix}$$

因此，$\mathrm{Det}(\boldsymbol{A})=3=0$.

下面的结论是(10.14)的直接推论.

命题 10.15 假设 G 是一个连通的 k 图，$m=n$ 且 $s\in\mathfrak{D}(k)$ 使得 $[s]=[\mathrm{Det}(\boldsymbol{A})]$. 那么，$G$ 的谱是 k/s-对称的.

10.5.3 单纯形

本小节讨论一类特殊的图，即单纯形，它们具有相同个数的顶点和边. 显然，单纯形是连通的. 从经典的图论可知，当一个图是一个单纯形时，其谱不是对称的，因为这时候图不是二可分的. 下面将这个结论延伸到超图.

定理 10.14 假设 G 是一个 k 单纯形. 那么，它的谱对任意的 $s\in\{2,\cdots,k\}$ 都不是 s-对称的.

证明 根据定理 10.7，用反证法证明，假设对某个 $s\in\{2,\cdots,k\}$，存在一个解 $\mathbf{x}\in\mathbb{Z}_k^{k+1}$ 使得

$$\mathbf{Ax}=k/s\mathbf{1}$$

那么，由命题 10.9，可得对某个 $t\in\mathbb{Z}_k$ 有

$$\mathbf{x}=t\mathbf{1}$$

这是因为每两条边刚好具有 $k-1$ 个交点. 因此，

$$\mathbf{Ax}=t\mathbf{A1}=t\mathbf{0}=\mathbf{0}$$

这是与 k/s 非零相矛盾的. 结论证毕.

从定理 10.14 和推论 10.5，可得当 k 是素数时，$\mathrm{Det}(\boldsymbol{A})=0$. 事实上，对所有的 k，当 G 是一个 k 单纯形时，结论都成立.

命题 10.16 假设 G 是一个 k 单纯形. 那么，$\mathrm{Det}(\boldsymbol{A})=0$.

证明 可以对边进行标号以使得矩阵 $\boldsymbol{A}$ 具有如下的形式：

$$\boldsymbol{A}=\begin{bmatrix}1&0&1&\cdots&1&1\\1&1&0&\cdots&1&1\\\vdots&\vdots&\vdots&\ddots&\vdots&\vdots\\1&1&1&\cdots&1&0\\0&1&1&\cdots&1&1\end{bmatrix}\tag{10.15}$$

接下来，进行一系列不改变矩阵 $\boldsymbol{A}$ 的行列式的初等行变换：

$$\begin{bmatrix}1&0&1&\cdots&1&1\\1&1&0&\cdots&1&1\\\vdots&\vdots&\vdots&\ddots&\vdots&\vdots\\1&1&1&\cdots&1&0\\0&1&1&\cdots&1&1\end{bmatrix}\to\begin{bmatrix}1&0&1&1&\cdots&1&1\\0&1&-1&0&\cdots&0&0\\0&1&0&-1&\cdots&0&0\\\vdots&\vdots&\vdots&\vdots&\ddots&\vdots&\vdots\\0&1&0&0&\cdots&0&-1\\0&1&1&1&\cdots&1&1\end{bmatrix}=:\begin{bmatrix}1&\mathbf{u}^{\mathrm{T}}\\\mathbf{0}&\boldsymbol{B}(k)\end{bmatrix}$$

这里的变换就是逐步地用矩阵 $\boldsymbol{A}$ 的第 i 行减去第 1 行，其中 $i=2,\cdots,k$；向量 $\mathbf{u}^{\mathrm{T}}=(0,1,\cdots,1)\in\mathbb{Z}_k^k$，而矩阵 $\boldsymbol{B}(k)\in\mathbb{Z}_k^{k\times k}$ 为

$$\boldsymbol{B}(k):=\begin{bmatrix}1&-1&0&\cdots&0&0\\1&0&-1&\cdots&0&0\\\vdots&\vdots&\vdots&\ddots&\vdots&\vdots\\1&0&0&\cdots&0&-1\\1&1&1&\cdots&1&1\end{bmatrix}\tag{10.16}$$

用 Laplace 公式对行列式按照第 1 行展开，可得

$$\begin{aligned}\mathrm{Det}(\boldsymbol{B}(k))&=1(-1)^{k-1+1}(-1)^{k-2}+(-1)(-1)^{1+2}\mathrm{Det}(\boldsymbol{B}(k-1))\\&=1+\mathrm{Det}(\boldsymbol{B}(k-1))\end{aligned}$$

从式(10.16)，可得

$$\mathrm{Det}(\boldsymbol{B}(2))=2$$

因此

$$\mathrm{Det}(\boldsymbol{B}(k))=k$$

那么

$$\mathrm{Det}(\boldsymbol{A})=k=0$$

结论证毕.

定理 10.15 假设 G 是一个连通的 k 图. 如果 G 包含一个单纯形，那么它的谱对所有的 $s\in\{2,\cdots,k\}$ 都不是 s-对称的.

证明 可以将图 G 的顶点进行排列使得矩阵 $\boldsymbol{A}$ 的左上 $(k+1)\times(k+1)$ 主子矩阵具有形式(10.15). 类似于定理 10.14 的证明，可得，对所有的 $s\in\{2,\cdots,k\}$，G 的谱都不是 s-对称的.

由于对称性等价于多重对称性，定理 10.15 也可以从下文中的定理 10.23 和文献[83]中的定理 3.17 推出，其中涉及复杂的高阶迹. 从这个角度看，这里的分析更为简洁.

一个参数为 (n,k,r,t) 的 Steiner 系统指的是一个 k 图，具有 n 个顶点使得每个具有 r 个顶点的子集恰好属于 t 条边[96, 97]. 一个 k 单纯形是一个参数为 $(k+1,k,k,1)$ 的 Steiner 系统，也是参数为 $(k+1,k,k-1,2)$ 的 Steiner 系统. 如果 Steiner 系统的参数为 $(n,k,1,1)$，那么图刚好是 n/k 个一个边的图的并. 由命题 10.6，参数为 $(n,k,1,1)$ 的 Steiner 系统具有对称的谱. 以上结论对具有对称谱的 Steiner 系统的刻画有重要的意义. 注意到，Keevash 解决了一个困扰 Steiner 系统设计长达 160 年的开问题[96, 98].

10.5.4 具有中心的图

定理 10.16 假设 G 是一个连通的 k 图. 如果存在向量 $\mathbf{y}\in\mathbb{Z}_k^n$ 只含有 1 和 0 元使得对某个与 k 互素的 $p\in\{1,\cdots,k-1\}$ 满足

$$\mathbf{Ay} = p\mathbf{1} \tag{10.17}$$

那么，对任意的 $s \in \mathfrak{D}(k)$，G 的谱是 s-对称的.

证明　如果 p 与 k 互素，那么可以找到 $w \in \mathbb{Z}_k$ 使得 $wp=1$. 令 $\mathbf{x}=w(k/s)\mathbf{y}$. 那么，它是(10.13)的一个解. 这样结论就由定理 10.7 得到.

假设 $V_1 := \{i : y_i = 1\}$. 那么，式(10.17)的几何意义为：因为每条边正好有 k 个顶点，所以 G 的每条边都与 V_1 中的顶点相交，刚好为 p 个顶点. 这个集合可以作为图 G 的中心集合①. 因此，这样的图有对称的谱.

如果可以将一个 k 图的顶点集剖分为 k 个非空的子集，使得每条边都与其中的每一个集合有非空的交，则称该 k 图为 k 可分的. 下面的结论是一个直接推论.

推论 10.6　假设 G 是一个连通 k 可分的图. 那么，对任意的 $s \in \mathfrak{D}(k)$，G 的谱是 s-对称的.

推论 10.7　假设 G 是一个连通的 k 图，具有 $n=k+1$ 以及 $m=k$. 那么，对任意的 $s \in \mathfrak{D}(k)$，G 的谱是 s-对称的.

证明　下面证明 V 中存在一个顶点使得每条边都包含这个顶点，那么根据定理10.16，可得最后的结论. 下面使用反证法，假设 V 中的每个顶点的度不超过 $m-1=k-1$. 那么，总的度不超过 $n(m-1)=(k+1)(k-1)=k^2-1$，这与总的度为k^2 是矛盾的. 因此，结论成立.

在文献[83]中，证明了一个具有 4 个顶点、3 条边的 3 图的邻接张量具有多重对称的谱. 可见，推论 10.7 将此延伸到了一般情形.

10.5.5　3 图

本小节讨论 3 图.

3 圈环是具有中心集合的图. 下面的定理刻画了连通 3 图的谱对称性.

定理 10.17　假设 G 是一个连通的 3 图. 那么，G 的谱是 3-对称的当且仅当它是一个 3 圈环.

证明　首先证明充分性. 假设 $V=V_1 \cup V_2 \cup V_3$ 是 G 的一个三剖分. 不失一般性，假设 $V_1 \neq \varnothing$. 记 $\mathbf{x} \in \mathbb{Z}_3^n$ 是如下给定的向量：

$$x_i = \begin{cases} 1 & i \in V_1 \\ 2 & i \in V_2 \\ 0 & i \in V_3 \end{cases}$$

对每条边 e，可得(见定义 2.43)

$$\sum_{i \in e} x_i = \begin{cases} 1+1+2=1 & \text{情形 (1)} \\ 2+2=1 & \text{情形 (2)} \\ 1 & \text{情形 (3)} \end{cases}$$

因此

$$\mathbf{Ax} = \mathbf{1}$$

由定理 10.7，可得谱是 3-对称的.

接下来证明必要性. 假设谱是 3-对称的. 那么，由定理 10.7，可得存在 $\mathbf{x} \in \mathbb{Z}_3^n$ 使得

---

① 这就是书中 p-hm 二可分图的等价描述，参见定义 2.45.

$$\mathbf{Ax} = \mathbf{1}$$

记$V_1 := \{i : x_i = 1\}$，$V_2 := \{i : x_i = 2\}$，$V_3 = (V_1 \cup V_2)^{\mathrm{C}}$．那么$V = V_1 \cup V_2 \cup V_3$是一个三部分．对每条边$e \in E$，由$\mathbf{Ax} = \mathbf{1}$可得边$e$与这个三部分的唯一可能的相交情况为：

(1) $e \cap V_3 = \varnothing$：在这种情况下$|e \cap V_1| = 2$和$|e \cap V_2| = 1$一定成立．对应定义 2.43 中的条件(1)；

(2) $e \cap V_1 = \varnothing$：在这种情况下$|e \cap V_2| = 2$和$|e \cap V_3| = 1$一定成立．对应定义 2.43 中的条件(2)；

(3) $e \cap V_2 = \varnothing$：在这种情况下$|e \cap V_3| = 2$和$|e \cap V_1| = 1$一定成立．对应定义 2.43 中的条件(3)．

因此，G是一个 3 圈环．结论证毕．

10.5.6 4 图

本小节讨论 4 图．

类似于定理 10.17，下面的定理刻画了连通 4 图的谱对称性．

定理 10.18 假设G是一个连通的 4 图．那么，G的谱是 4-对称的当且仅当它是一个 4 圈环．

证明 类似于定理 10.17 的证明．关键点在于列出向量$\mathbf{x} \in \mathbb{Z}_4^4$满足

$$\sum_{i=1}^{4} x_i = 1$$

的所有可能情形．此处不再赘述．

同样地，也可以刻画连通 4 图具有 2-对称的谱的情形．

10.5.7 高阶的图

从 10.5.5 小节和 10.5.6 小节，可得刻画k图的谱对称性的关键点在于列出向量$\mathbf{x} \in \mathbb{Z}_k^k$满足

$$\sum_{i=1}^{k} x_i = 1 \tag{10.18}$$

的情形．由定义 2.43 和定义 2.44 可见，刻画(10.18)的情形的个数随着k的增加明显增加．由定义 2.44 可见，当$k=4$时，图的结构已经不是肉眼可见的简单清晰状态．那么，对更大的k需要进行更多的研究．

10.6 行列式张量与积和式张量

线性代数中的一个重要的函数就是方阵的行列式．记$\mathbb{C}^{n \times n}$是$n \times n$复数矩阵的空间．假设$\mathbf{A} = (a_{ij}) \in \mathbb{C}^{n \times n}$是由未知变量构成的矩阵．行列式$\mathrm{Det}(\mathbf{A})$定义如下：

$$\mathrm{Det}(\mathbf{A}) := \sum_{\tau \in \mathfrak{S}(n)} \mathrm{sign}(\tau) \prod_{i=1}^{n} a_{i\tau(i)}$$

其中$\mathfrak{S}(n)$是n个元素的排列群，而$\mathrm{sign}(\tau)$是排列$\tau \in \mathfrak{S}(n)$的符号．

给定矩阵 $\boldsymbol{A}\in\mathbb{C}^{n\times n}$，可以将其列向量叠起来构成一个 n^2 维的向量 $\mathrm{vec}(\boldsymbol{A})$. 为了方便，仍然将 $\mathrm{vec}(\boldsymbol{A})$ 的指标记为 $\{11, 12, \cdots, 1n, 21, \cdots, nn\}$，并且使用相同的记号 $\boldsymbol{A}$ 来表示矩阵 $\boldsymbol{A}$ 及列向量 $\mathrm{vec}(\boldsymbol{A})$. 容易看到，$\mathrm{Det}(\boldsymbol{A})$ 是以 $\boldsymbol{A}$ 为变量的次数为 n 的齐次多项式.

给定 n 阶 n^2 维张量 $\mathcal{A}$，可以定义一个齐次多项式 f 为

$$f(\mathbf{x}) := \mathbf{x}^{\mathrm{T}}(\mathcal{A}\mathbf{x}^{n-1})$$

那么，容易看到，存在一个从 n 阶 n^2 维对称张量空间到 n 次 n^2 个变量的齐次多项式空间的双射. 因此，存在唯一的 n 阶 n^2 维对称张量 $\mathcal{D}$ 对应于行列式 $\mathrm{Det}(\boldsymbol{A})$，称这个张量为行列式张量.

通过直接计算，可得

$$d_{i_1\cdots i_n} := \begin{cases} \mathrm{sign}(\tau)\dfrac{1}{n!} & \text{如果对某个 } \tau\in\mathfrak{S}(n),\ \{i_1,\cdots,i_n\}=\{1\tau(1),\cdots,n\tau(n)\} \text{ 成立} \\ 0 & \text{否则} \end{cases}$$

因此

$$\mathcal{D}\boldsymbol{A}^n := \boldsymbol{A}^{\mathrm{T}}(\mathcal{D}\boldsymbol{A}^{n-1}) = \mathrm{Det}(\boldsymbol{A}),\ \forall\, \boldsymbol{A}\in\mathbb{C}^{n\times n}$$

注意，$\sigma(\mathcal{D})$ 表示张量 $\mathcal{D}$ 的所有特征值的集合.

命题 10.17　对任意的 $s\in\{1, \cdots, n\}$ 使得其为 n 的因子，即 $s\in\mathfrak{D}(n)$，行列式张量 $\mathcal{D}$ 的谱 $\sigma(\mathcal{D})$ 是 s-对称的.

证明　由定理 10.2，如果可以找到 $\alpha_{11}, \cdots, \alpha_{nn}\in\mathbb{Z}$ 使得

$[\alpha_{i_1}]+\cdots+[\alpha_{i_n}]=[n/s]$，$\forall$ 存在某个 $\tau\in\mathfrak{S}(n)$ 使得 $\{i_1,\cdots,i_n\}=\{1\tau(1),\cdots,n\tau(n)\}$ 都成立，那么结论成立.

记 $\boldsymbol{\alpha}\in\mathbb{Z}^{n^2}$ 是使得

$$\alpha_{11}=\cdots=\alpha_{1n}=[n/s]$$

以及对其他元 $\alpha_{ij}=0$ 成立的向量. 当存在某个 $\tau\in\mathfrak{S}(n)$ 使得 $\{i_1,\cdots,i_n\}=\{1\tau(1),\cdots,n\tau(n)\}$ 时，存在唯一的 $i_j\in\{i_1, \cdots, i_n\}$ 使得

$$i_j\in\{11, 12, \cdots, 1n\}$$

因此

$$[\alpha_{i_1}]+\cdots+[\alpha_{i_n}]=[\alpha_{i_j}]=[n/s]$$

这样一来，结论成立.

命题 10.18　假设 $\boldsymbol{P}\in\mathbb{C}^{n\times n}$ 是一个排列矩阵，具有行列式 κ. 那么，$\boldsymbol{P}$ 是行列式张量 $\mathcal{D}$ 对应特征值 $\dfrac{\kappa}{n}$ 的一个特征向量. 此外，对任意的 $s\in\{1, \cdots, n\}$，$\dfrac{\kappa}{n}\exp\left(\sqrt{-1}\dfrac{2s\pi}{n}\right)$ 是 $\mathcal{D}$ 的一个特征值.

证明　将通过直接计算来证明这个结论. 假设排列矩阵 $\boldsymbol{P}$ 对应于排列 $\tau\in\mathfrak{S}(n)$，即

$$p_{ij} = \begin{cases} 1 & j=\tau(i) \\ 0 & \text{其他} \end{cases}$$

那么，$\kappa=\mathrm{sign}(\tau)$. 对任意的 $\gamma=ij\in\{11, \cdots, nn\}$，成立

$$
\begin{aligned}
(\mathcal{D}\boldsymbol{P}^{n-1})_\gamma &= \sum_{\gamma_2,\cdots,\gamma_n=11}^{nn} d_{\gamma\gamma_2\cdots\gamma_n} p_{\gamma_2}\cdots p_{\gamma_n} \\
&= \sum_{i\zeta(i)=\gamma,\ \{\gamma_2,\cdots,\gamma_n\}=\{1\zeta(1),\cdots,n\zeta(n)\}\setminus\{\gamma\},\ \zeta\in\mathfrak{S}(n)} \operatorname{sign}(\zeta)\frac{1}{n!}p_{\gamma_2}\cdots p_{\gamma_n} \\
&= \begin{cases} \displaystyle\sum_{\{\gamma_2,\cdots,\gamma_n\}=\{1\tau(1),\cdots,n\tau(n)\}\setminus\{i\tau(i)\}} \operatorname{sign}(\tau)\frac{1}{n!}p_{\gamma_2}\cdots p_{\gamma_n} & j=\tau(i) \\ 0 & \text{其他} \end{cases} \\
&= \begin{cases} \operatorname{sign}(\tau)\dfrac{1}{n!}\cdot(n-1)! & j=\tau(i) \\ 0 & \text{其他} \end{cases} \\
&= \operatorname{sign}(\tau)\frac{1}{n}p_\gamma^{n-1}
\end{aligned}
$$

那么，第一个结论成立．第二个结论由第一个结论和命题 10.17 得来．

与行列式对应的是矩阵的积和式．积和式 $\operatorname{Per}(\boldsymbol{A})$定义如下：

$$\operatorname{Per}(\boldsymbol{A}) := \sum_{\tau\in\mathfrak{S}(n)}\prod_{i=1}^{n} a_{i\tau(i)}$$

同样可以看到，$\operatorname{Per}(\boldsymbol{A})$是以$\boldsymbol{A}$为变量的次数为$n$的齐次多项式，且存在唯一的$n$阶$n^2$维对称张量$\mathcal{P}$对应于积和式$\operatorname{Per}(\boldsymbol{A})$，这个张量称为积和式张量．相应地，成立

$$p_{i_1\cdots i_n} := \begin{cases} \dfrac{1}{n!} & \text{存在某个 } \tau\in\mathfrak{S}(n) \text{ 使得 } \{i_1,\cdots,i_n\}=\{1\tau(1),\cdots,n\tau(n)\} \\ 0 & \text{否则} \end{cases} \tag{10.19}$$

以及

$$\mathcal{P}\boldsymbol{A}^n = \operatorname{Per}(\boldsymbol{A}),\ \forall \boldsymbol{A}\in\mathbb{C}^{n\times n}$$

另一方面，可得n倍的积和式张量(即$n\mathcal{P}$)是n-图G的邻接张量，其中顶点的集合为

$$V := \{11,\ 12,\ \cdots,\ 1n,\ \cdots,\ nn\}$$

而G的边的集合为

$$E := \{e=\{1\tau(1),\ \cdots,\ n\tau(n)\} : \tau\in\mathfrak{S}(n)\} \tag{10.20}$$

注意，一个图是d-正则的，指的是它的每个顶点的度都是相同的d．

命题 10.19 假设图G如上所定义，那么G是一个$(n-1)!$-正则的n可分的图，而$\dfrac{n}{(n-1)!}\mathcal{P}$是$G$的正则化邻接张量．当$n>2$时，$G$是连通的并且$\mathcal{P}$是弱不可约的．

证明 首先证明图G是一个n可分的图．顶点的集合自然地剖分为n个子集：

$$V_1 := \{11,\ 12,\ \cdots,\ 1n\},\ V_2 := \{21,\ 22,\ \cdots,\ 2n\},\ \cdots,\ V_n := \{n1,\ \cdots,\ nn\}$$

由图G的定义(参见式(10.20))，对所有的$i\in\{1,\ \cdots,\ n\}$，可得每条边$e\in E$交V_i刚好为一个顶点．因此，图G是n可分的(参见 10.5.4 节)．

同样，由图G的定义，容易得到对每个给定的顶点ij，刚好有$(n-1)!$条边包含它，这刚好是$\mathfrak{S}(n)$中将i映射成j的排列的个数．因此，这个图是$(n-1)!$-正则的．

$\dfrac{n}{(n-1)!}\mathcal{P}$是图$G$的正则化邻接张量由正则化邻接张量的定义(参见定义 2.27)和$\mathcal{P}$的表达式(参见式(10.19))直接得来．

最后，证明当 $n>2$ 时，图 G 是连通的，这样一来，张量 $\mathcal{P}$ 的弱不可约性就从引理 6.4 得来. 假设 ij 和 st 是任意两个给定的顶点. 可以找到顶点 sv，其中 $v\in\{1,\cdots,n\}$ 使得其与 ij 相连，这是因为总是可以找到排列 $\tau\in\mathfrak{G}(n)$ 使得 $\tau(i)=j$ 以及 $\tau(s)=v$. 由于 $n>2$，存在一个 $u\in\{1,\cdots,n\}\backslash\{t,v\}$. 同样可以找到一个 $w\in\{1,\cdots,n\}\backslash\{s\}$，以及两个排列 τ_1，$\tau_2\in\mathfrak{G}(n)$ 使得

$$t=\tau_1(s),\ u=\tau_1(w),\ v=\tau_2(s),\ u=\tau_2(w)$$

那么，st 与 wu 是连通的，wu 与 sv 是连通的. 因此，st 和 sv 是连通的. 由于 ij 与 sv 是连通的，所以 ij 与 st 是连通的. 结论证毕.

当 $n=2$ 时，G 是普通的图，此时不是连通的. 它是两条边 $\{\{11,22\},\{12,21\}\}$ 的并. 因为这是两个二可分子图的并，因此它的邻接矩阵的谱是对称的.

接下来，假设 $n>2$. 下面的命题是命题 10.19 和推论 10.6 的一个直接推论. 注意到 $\sigma_m(\mathcal{P})$ 是张量 $\mathcal{P}$ 的多重集的特征值集合.

命题 10.20 假设 $\mathcal{P}$ 是积和式张量. 那么，对任意的 $s\in\mathfrak{D}(n)$，张量 $\mathcal{P}$ 的谱 $\sigma_m(\mathcal{P})$ 是 s-对称的.

注意，积和式张量的对称性的结论(参见命题 10.20)要强于行列式张量的结论(参见命题 10.17). 前者是关于多重集的对称，而后者不是. 因此，命题 10.20 的一个直接推论是下面的特征多项式的分解结论.

推论 10.8 假设 $\mathcal{P}$ 是积和式张量. 那么，张量 $\mathcal{P}$ 的特征多项式 $\mathrm{Det}(\lambda\mathcal{I}-\mathcal{P})$ 分解成只含有 λ^n 的幂次的单项式，即

$$\mathrm{Det}(\lambda\mathcal{I}-\mathcal{P})=(\lambda^n)^{(n^2-1)^{n-1}}+\sum_{j=1}^{(n^2-1)^{n-1}}c_j(\lambda^n)^j$$

其中 $c_j\in\mathbb{R}$ 是系数.

证明 张量 $\mathcal{P}$ 的特征多项式是一个以 λ 为变量、次数为 $n(n^2-1)^{n-1}$ 的首一多项式，由行列式的高阶迹公式可知，系数都是实数. 由特征值的对称性可得

$$\mathrm{Det}(\lambda\mathcal{I}-\mathcal{P})=(\lambda^n)^{(n^2-1)^{n-1}}+\sum_{j=0}^{(n^2-1)^{n-1}}c_j(\lambda^n)^j$$

由命题 3.5 可得，多项式 $\mathrm{Det}(\lambda\mathcal{I}-\mathcal{P})$ 的余次为 $n(n^2-1)^{n-1}$ 的项(即常数项) c_0 是行列式 $\mathrm{Det}(\mathcal{P})$ 或者 $-\mathrm{Det}(\mathcal{P})$. 然而，由推论 3.5，可得

$$\mathrm{Det}(\mathcal{P})=\prod_{\lambda\in\sigma_m(\mathcal{P})}\lambda$$

因为 $\frac{n}{(n-1)!}\mathcal{P}$ 是图 G 的正则化邻接张量，由引理 6.9，可得

$$0\in\sigma_m(\mathcal{P})$$

因此

$$\mathrm{Det}(\mathcal{P})=0=c_0$$

结论证毕.

推论 10.8 的一个直接推论是下面的命题.

命题 10.21 假设 $\mathcal{P}$ 是积和式张量. 那么，零是张量 $\mathcal{P}$ 的一个特征值，代数重数至少为 n.

由于 $\frac{n}{(n-1)!}\mathcal{P}$ 是 G 的正则化邻接张量，其最大特征值为 1(参见命题 10.4)，相应的

唯一的正的正则化特征向量为

$$A=\frac{1}{n}F$$

其中 F 是全1矩阵. 因此，根据命题10.20和定理10.6，可得下面的结论.

命题 10.22 假设 $\mathcal{P}$ 是积和式张量. 那么，$\mathcal{P}$ 的最大特征值为 $\frac{(n-1)!}{n}$，其相应的唯一的正的正则化特征向量是全1矩阵乘以 $\frac{1}{n}$. 此外，对任意的 $s\in\{1,\cdots,n\}$，$\frac{(n-1)!}{n}\exp\left(\sqrt{-1}\frac{2s\pi}{n}\right)$ 是张量 $\mathcal{P}$ 的一个特征值，相应的正则化特征向量为

$$M=\frac{1}{n}\begin{bmatrix}\exp\left(\sqrt{-1}\ \frac{2s\pi}{n}\right) & 1 & \cdots & 1\\ \exp\left(\sqrt{-1}\ \frac{2s\pi}{n}\right) & 1 & \cdots & 1\\ \vdots & & \ddots & \\ \exp\left(\sqrt{-1}\ \frac{2s\pi}{n}\right) & 1 & \cdots & 1\end{bmatrix}$$

类似于命题10.18，可得下面命题.

命题 10.23 假设 $P\in\mathbb{C}^{n\times n}$ 是一个排列矩阵. 那么，P 是积和式张量 $\mathcal{P}$ 的对应特征值 $\frac{1}{n}$ 的一个特征向量. 此外，对任意的 $s\in\{1,\cdots,n\}$，$\frac{1}{n}\exp\left(\sqrt{-1}\frac{2s\pi}{n}\right)$ 也是张量 $\mathcal{P}$ 的一个特征值.

10.7 张量的多重对称性

前文关于对称性的讨论多集中在非负张量，本节介绍一些讨论一般张量谱对称性的方法. 下面给出一个通过高阶迹来判定多重对称性的结论.

定理 10.19 给定一个 k 阶 n 维张量 $\mathcal{T}$，它的谱对某个正整数 s 是 s-多重对称的当且仅当

$$\mathrm{Tr}_t(\mathcal{T})=0,\ \forall t \text{ 使得 } s\nmid t \tag{10.21}$$

证明 首先证明必要性. 如果张量 $\mathcal{T}$ 的谱是 s-多重对称的，那么由定理3.8可得

$$\begin{aligned}\mathrm{Tr}_t(\mathcal{T})&=\sum_{\lambda\in\sigma_m(\mathcal{T})}\lambda^t=\sum_{\lambda\in\exp\left(\sqrt{-1}\frac{2\pi}{s}\right)\sigma_m(\mathcal{T})}\lambda^t=\sum_{\lambda\in\sigma_m(\mathcal{T})}\exp\left(\sqrt{-1}\ \frac{2t\pi}{s}\right)\lambda^t\\&=\exp\left(\sqrt{-1}\ \frac{2t\pi}{s}\right)\sum_{\lambda\in\sigma_m(\mathcal{T})}\lambda^t=\exp\left(\sqrt{-1}\ \frac{2t\pi}{s}\right)\mathrm{Tr}_t(\mathcal{T})\end{aligned}$$

如果 $s\nmid t$，那么 $\mathrm{Tr}_t(\mathcal{T})=0$ 一定成立.

接下来证明充分性. 假设张量 $\mathcal{T}$ 的特征多项式为

$$\phi(\lambda)=\lambda^{n(k-1)^{n-1}}+\sum_{t=1}^{n(k-1)^{n-1}}a_t\lambda^{n(k-1)^{n-1}-t}$$

下面证明

$$a_t=0,\ \forall t \text{ 使得 } s\nmid t \tag{10.22}$$

这将推出对某两个整数 p 和 q，以及 $c_i\in\mathbb{C}$ 成立

$$\phi(\lambda)=\lambda^q(\lambda^s-c_1^s)\cdots(\lambda^s-c_p^s)$$

因此，张量$\mathcal{T}$的所有特征值(算上重数)都是某些数的 s 重根. 很显然，谱是 s-多重对称的.

事实上，可得

$$a_d = p_d\left(-\frac{\mathrm{Tr}_1(\mathcal{T})}{1}, \cdots, -\frac{\mathrm{Tr}_d(\mathcal{T})}{d}\right) \tag{10.23}$$

其中$p_d(t_1, \cdots, t_d)$是 Schur 多项式，定义为

$$p_d(t_1, \cdots, t_d) = \sum_{m=1}^{d} \sum_{d_1+\cdots+d_m=d(d_i>0)} \frac{t_{d_1}\cdots t_{d_m}}{m!} \tag{10.24}$$

现在假设$a_d \neq 0$. 那么由式(10.23)和式(10.24)可得，存在正整数 $d_1, \cdots, d_m$ 使得 $d_1+\cdots+d_m=d$以及$\mathrm{Tr}_{d_1}(\mathcal{T})\cdots\mathrm{Tr}_{d_m}(\mathcal{T}) \neq 0$.

由假设可得 $d_1, \cdots, d_m$ 都是 s 的倍数. 因此，$d=d_1+\cdots+d_m$ 也是 s 的倍数，这就证明了式(10.22).

类似于超图的邻接张量，每个张量$\mathcal{T}$可以对应一个连接矩阵$\mathbf{A} \in \{0, \cdots, k\}^{m\times n} \subset \mathbb{Z}^{m\times n}$，其中 m 是张量$\mathcal{T}$的非零元的个数. 矩阵 $\mathbf{A}$ 的每行对应张量$\mathcal{T}$的一个非零元，例如 $t_{i_1\cdots i_k}$. 这一行的第 j 列是 p 当且仅当指标 j 在$(i_1, \cdots, i_k)$中刚好出现了 p 次. 类似地，矩阵 $\mathbf{A}$ 可以看作 $\mathbb{Z}_k^{m\times n}$中的元素. 那么，(10.1)可以紧凑地写成

$$\mathbf{A}\mathbf{x} = [k/s]\mathbf{1} \text{ 对某个 } \mathbf{x} \in \mathbb{Z}_k^n \tag{10.25}$$

其中 $\mathbf{1} \in \mathbb{Z}_k^n$是全 1 向量.

下面给出弱不可约非负张量的循环指数的刻画. 假设 $S(\mathcal{T}) := \{\lambda \in \sigma(\mathcal{T}) : |\lambda| = \rho(\mathcal{T})\}$是这个张量的谱环. 注意，谱环 $S(\mathcal{T})$的基数即为循环指数. 退回到矩阵时，称为非本原指数[99]. 由定理 10.3 可知，对于弱不可约非负张量，$\rho(\mathcal{T})$是代数单根当且仅当$\mathcal{T}$的循环指数为 1.

命题 10.24 假设$\mathcal{T}$是一个 k 阶 n 维弱不可约非负对称张量. $\mathcal{T}$的循环指数为 1 当且仅当对所有的 $s \in \mathfrak{D}(k)\backslash\{1\}$，

$$[\alpha_{i_1}] + \cdots + [\alpha_{i_k}] = [k/s], \quad \forall\ t_{i_1\cdots i_k} > 0$$

在$\mathbb{Z}^n$ 中没有解，或者等价地，张量$\mathcal{T}$的谱对任何 $s \in \mathfrak{D}(k)\backslash\{1\}$都不是 s-对称的.

10.8 Sylvester 矩阵

本节将讨论具有如下形式的矩阵的谱对称性：

$$\boldsymbol{M} = \begin{bmatrix} a_0 & a_1 & a_2 & \cdots & a_m & 0 & 0 & \cdots \\ 0 & a_0 & a_1 & a_2 & \cdots & a_m & 0 & \cdots \\ 0 & 0 & a_0 & a_1 & a_2 & \cdots & a_m & \cdots \\ & & & \cdots & & & & \\ 0 & \cdots & 0 & a_0 & a_1 & a_2 & \cdots & a_m \\ b_0 & b_1 & b_2 & \cdots & b_m & 0 & 0 & \cdots \\ 0 & b_0 & b_1 & b_2 & \cdots & b_m & 0 & \cdots \\ 0 & 0 & b_0 & b_1 & b_2 & \cdots & b_m & \cdots \\ & & & \cdots & & & & \\ 0 & \cdots & 0 & b_0 & b_1 & b_2 & \cdots & b_m \end{bmatrix} \tag{10.26}$$

其中 m 是一个正整数，$\boldsymbol{M}$ 是一个 $2m\times 2m$ 的矩阵，有 m 行是 a_i，同样有 m 行是 b_i. 在本节，对所有的 $i\in\{0,\cdots,m\}$，a_i，$b_i\in\mathbb{C}$是复数.

形如式(10.26)的矩阵为 Sylvester 矩阵，这是根据数学家 James Joseph Sylvester 的贡献命名的[100]. Sylvester 矩阵在多项式系统的公共因子的研究中具有重要的作用[55].

接下来将分析 Sylvester 矩阵的谱对称性.

首先给出一个简单的 2-对称性的结论. 给定矩阵 $\boldsymbol{M}\in\mathbb{C}^{n\times n}$，可以对应一个图，其顶点为 $V=\{1,\cdots,n\}$，边的集合为 $E=\{(i,j)\mid m_{ij}\neq 0\}$. 如果相应的图 M 是二可分的，那么 $\boldsymbol{M}$ 的谱是 2-对称的. 那么，可得下面的结论.

命题 10.25 如果$a_0=\cdots=a_{m-1}=b_1=\cdots=b_m=0$，那么 $\boldsymbol{M}$ 的谱是 2-对称的.

证明 在假设条件下，矩阵相应的图显然是二可分的，那么结论自然成立.

在命题 10.25 的假设下，矩阵 $\boldsymbol{M}$ 的每个 Toeplitz 块只可能有一个非零的副对角. 根据矩阵 $\boldsymbol{M}$ 的 Sylvester 结构，命题 10.25 可以进行延伸，对矩阵 $\boldsymbol{M}$，如果它的每个 Toeplitz 块只可能含有一个非零的副对角且有某种结构，那么可得对称性的结论. 事实上，可以证明下面的结论.

命题 10.26 使用上述记号. 如果当 $i\in\{0,\cdots,m\}$是偶数时有$a_i=0$，以及

$$b_i=\begin{cases}0 & \text{当 } i\in\{0,\cdots,m\} \text{ 是奇数(如果 } m \text{ 是奇数)}\\ 0 & \text{当 } i\in\{0,\cdots,m\} \text{ 是偶数(如果 } m \text{ 是偶数)}\end{cases}$$

那么 $\boldsymbol{M}$ 的谱是 2-对称的.

证明 假设 $\boldsymbol{\alpha}\in\mathbb{Z}^{2m}$使得

$$\alpha_{2i+1}=0,\ \alpha_{2i+2}=1,\ \forall i=0,1,\cdots,m-1$$

那么，容易得到$\boldsymbol{\alpha}$满足定理 10.2 对于矩阵 $\boldsymbol{M}$ 的相关条件(参见式(10.25)). 事实上，只需要验证

$$\text{当 } m_{ij}\neq 0 \text{ 时}[\alpha_i]+[\alpha_j]=[1]\text{成立}$$

根据 $\boldsymbol{M}$ 的 Toeplitz 块结构以及 $\boldsymbol{\alpha}$ 的配对结构，只需要验证第一行和第 $m+1$ 行的公式. 下面只证明第一行，其他的类似. 当$a_s\neq 0$ 时，s 是一个奇数一定成立. 从矩阵的结构(参见(10.26))可得对某个偶数 j，$m_{1j}=a_s$成立. 由于$\alpha_1=0$，$\alpha_j=1$，结论证毕.

因此，矩阵 $\boldsymbol{M}$ 的谱是 2-对称的.

10.9 非负 Sylvester 矩阵

本节讨论非负 Sylvester 矩阵 $\boldsymbol{M}$ 的谱的对称性.

对矩阵 $\boldsymbol{M}$，下面对应一个有向图 $\Gamma(\boldsymbol{M}):=G=(V,E)$，其顶点的集合为 $V:=\{1,\cdots,2m\}$，而有向边的集合为 $E:=\{(i,j)\mid m_{ij}>0\}$，其中 (i,j) 代表一条从 i 到 j 的有向边. 众所周知，非负矩阵是不可约的当且仅当其相应的有向图是强连通的(参见文献[42]中的定理 6.2.24). 首先，建立非负 Sylvester 矩阵是不可约矩阵的充分和必要条件. 下文的分析中，10.8 节和 10.9 节初始部分的所有记号将保留.

引理 10.5 如果非负 Sylvester 矩阵 $\boldsymbol{M}$ 是不可约的，那么同时有$a_m>0$ 和 $b_0>0$.

证明 由于不可约性对应于强连通性，要满足强连通性，在图 G 中，必须存在一条边

从不同于顶点 $2m$ 的顶点指向顶点 $2m$. 唯一的可能性是矩阵 $\boldsymbol{M}$ 的 $(m, 2m)$ 元(参见(10.26)),此元为 a_m. 因此, $a_m>0$. 类似地,必须存在一条不同于顶点1的顶点指向顶点1. 因此,矩阵 $\boldsymbol{M}$ 的 $(m+1, 1)$ 元即 b_0 必须为正数.

引理10.5在下文的分析中有重要的作用.

10.9.1 群表示

这里,引入一个作用在Sylvester矩阵 $\boldsymbol{M}$ 对应的有向图 $G=(V, E)$ 的群作用. 注意,矩阵 $\boldsymbol{M}$ 的对角元只引入顶点的自身的圈,与 G 的强连通性没有关系. 为了便于分析,可以假设 $a_0=b_m=0$. 由引理10.5可知,当 G 是强连通的,即 $\boldsymbol{M}$ 不可约的时候,同时有 $a_m>0$ 和 $b_0>0$. 当 $a_m>0$ 和 $b_0>0$ 时,下面的有向边属于有向图 G:

$$(1,m+1),(2,m+2),\cdots,(m,2m),(m+1,1),(m+2,2),\cdots,(2m\ m) \tag{10.27}$$

从这些边,对 $i\in\{1,\cdots,m\}$,可得配对的环 $\{(i,m+i),(m+i,i)\}$. 因此,顶点集 V 可以自动地分成 m 对:$\{1,m+1\},\{2,m+2\},\cdots,\{m,2m\}$. 每个对对应 G 的一个完全连通子图(参见式(10.27)). 这样一来,在讨论 G 的强连通性时,每个对可以看成一个元. 下面将这些元记为

$$\{i, i+m\}=:[i]\in\mathbb{Z}_m \quad \forall i=1,\cdots,m \tag{10.28}$$

并记这个集合为

$$T=\{[i]\mid i=1,\cdots,m\}$$

在下文中,将交叉使用 T 中的元素和 V 中的顶点. 注意,T 中的一个点在 V 中有两个代表元. 使用这种表示,可以从 G 得到顶点集 T 的一个有向图为 $\widetilde{G}=(T,\widetilde{E})$,其中

$$\widetilde{E}=\{([i],[j])\mid(i,j)\in E\}$$

容易看到,图 $\widetilde{G}$ 是强连通的当且仅当图 G 是强连通的,这是因为 $\widetilde{G}$ 中的每条有向路径都可以实现为 G 中的有向路径,反过来也成立. $\widetilde{G}$ 是 G 通过对(10.28)进行"封装"得到的图.

对每个 $a_i>0$ 或者 $b_i>0$(其中 $i\in\{1,\cdots,m-1\}$),将其对应一个集合 T 上的运算 $\mathcal{O}_i$:

$$\mathcal{O}_i([j])=[i+j],\quad \forall [j]\in T$$

每个 $\mathcal{O}_i$ 引入 T 上的一系列有向边,从顶点 $[j]$ 指向顶点 $[i+j]$. 下面以 $m=5$ 和 $\mathcal{O}_1$ 为例在图10.1中给出示例. 图10.1(a)中,顶点集 $\{1,\cdots,10\}$ 分成上半部分 $\{1,\cdots,5\}$ 和下半部分 $\{6,\cdots,10\}$. 此时,给出了由 $\mathcal{O}_1$ 给出的有向边. 实线由 a_1 确定,虚线由 b_1 确定.

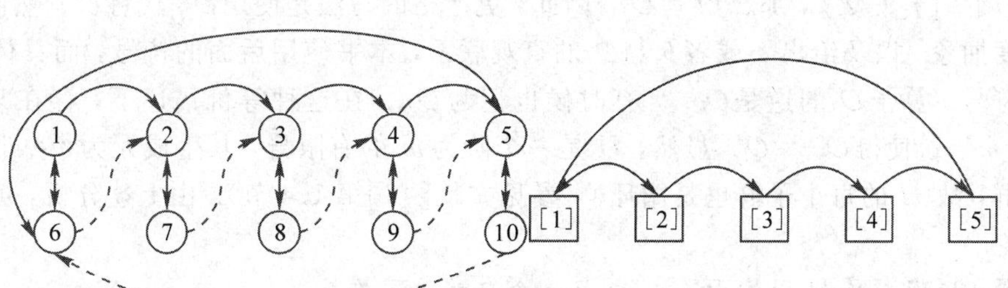

(a) 一个10×10的Sylvester矩阵 $\boldsymbol{M}$ 的图 G　　(b) G 的"封装"图 $\widetilde{G}$

图10.1 "封装"示例

容易验证，$\boldsymbol{O}_i: T\rightarrow T$ 是适定的. 得出如下重要结论.

引理 10.6 基于以上阐述，可以得到

(1) 对任意的 $i, j\in\{1, \cdots, m-1\}$，算子 $\mathcal{O}_i$ 和 $\mathcal{O}_j$ 是可交换的；

(2) 如果存在某个 $i\in\{1, \cdots, m-1\}$ 使得 $a_i>0$ 或者 $b_i>0$，那么对任意正整数 p 和 $j\in\{1, \cdots, m\}$，存在 $\widetilde{G}$ 中的从 $[j]$ 到 $\mathcal{O}_i^p([j])$ 的路径. 因此，存在 G 中从 $[j]$ 的任意代表元到 $\mathcal{O}_i^p([j])$ 中的任意代表元的路径.

证明 由环 $\mathbb{Z}_m$ 中的加法是可交换的，可以得到第一个结论.

对于第二个结论，首先假设 $a_i>0$. 由于 $a_i>0$ 时，下列有向边属于 G：

$$(1, i+1), (2, i+2), \cdots, (m, i+m)$$

因此，下列有向边属于 $\widetilde{G}$：

$$([1], [i+1]), ([2], [i+2]), \cdots, ([m], [i+m]) \tag{10.29}$$

容易得到，对任意的 $j\in\{1, \cdots, m\}$，$([j], \mathcal{O}_i([j]))=([j], [i+j])\in\widetilde{E}$. 因此，有向路径

$$([j], \mathcal{O}_i([j])), (\mathcal{O}_i([j]), \mathcal{O}_i^2([j])), \cdots, (\mathcal{O}_i^{p-1}([j]), \mathcal{O}_i^p([j]))$$

确实在有向图 $\widetilde{G}$ 中. 由于 G 和 $\widetilde{G}$ 等价，结论成立.

$b_i>0$ 的情形类似. 由于当 $b_i>0$ 时，下列的有向边属于 G：

$$(m+1, i+1), (m+2, i+2), \cdots, (m+m, i+m)$$

因此下列的有向边属于 $\widetilde{G}$：

$$([m+1], [i+1]), ([m+2], [i+2]), \cdots, ([m+m], [i+m]) \tag{10.30}$$

由于任何顶点 $s\in\{1, \cdots, m\}$ 等同于 $m+s\in\{m+1, \cdots, 2m\}$，所以(10.30)中的有向边的集合与由 $a_i>0$ 得到的(10.29)中的有向边的集合一样. 结论证毕.

由引理 10.6，每个正的 a_i(或者等价的 b_i)给定一个 $\mathcal{O}_i$，更进一步地确定由副对角元 a_i(或等价的 b_i)给出的有向路径. 因此，$\widetilde{G}$ 的有向路径的研究等价于由矩阵 $\boldsymbol{M}$ 确定的算子 $\mathcal{O}_i$ 给出的代数的研究.

定义 $\mathcal{O}_0: T\rightarrow T$ 为单位映射. 容易得到，对任何 $i, j\in\{0, \cdots, m-1\}$，$\mathcal{O}_i\mathcal{O}_j=\mathcal{O}_{i+j}$ 成立. 利用算子的复合，可以定义一个群 H 为

$$H=\langle\mathcal{O}_1, \cdots, \mathcal{O}_{m-1}\rangle=\{\mathcal{O}_0, \cdots, \mathcal{O}_{m-1}\} \tag{10.31}$$

这是一个交换群，其单位元为 $\mathcal{O}_0=\mathcal{O}_1\mathcal{O}_{m-1}$. 注意，上述定义隐含如下规定：这里使用了如果 $[i]=[j]\in\mathbb{Z}_m$，那么 $\mathcal{O}_i=\mathcal{O}_j$. 因此，更严格的写法是使用 $\mathcal{O}_{[i]}$ 代替 $\mathcal{O}_i$. 然而，为了避免过度抽象，以及给出 a_i 或者 b_i 与 $\mathcal{O}_i$ 的直观联系，本书使用后面的符号，而具体所指是前面的符号. 算子 $\mathcal{O}_i$ 的逆是 $\mathcal{O}_{m-i}$，有时候也记为 $\mathcal{O}_{-i}$. 在这种等价描述下，存在某个 $j\in\{0, \cdots, m-1\}$ 使得 $\mathcal{O}_{-i}=\mathcal{O}_j$. 显然，$H$ 是一个阶为 m 的有限群，其生成元为 $\mathcal{O}_1$. 因此，H 是循环群，故 H 的每个子群也是循环群(参见文献[45]第 1.4 节). 由上述分析，可得到下面的结论.

命题 10.27 群 H 同构于 $\mathbb{Z}_m$，并且一个自然的同构是

$$\phi(\mathcal{O}_i)=[i]\in\mathbb{Z}_m, \ \forall\ \mathcal{O}_i\in H \tag{10.32}$$

命题 10.27 指出，H 中的运算可以很清晰地呈现，等价于 $\mathbb{Z}_m$ 中的运算.

对任意的 $i_1, \cdots, i_s\in\{1, \cdots, m-1\}$，$H$ 的子集

$$H(i_1, \cdots, i_s) := \langle \mathcal{O}_{i_1}, \cdots, \mathcal{O}_{i_s} \rangle \simeq \langle [i_1], \cdots, [i_s] \rangle$$

构成一个子群. 假设 g_s是$\{i_1, \cdots, i_s, m\}$的最大公因子. 那么，子群 $H(i_1, \cdots, i_s)$的阶为m/g_s并且

$$H(i_1, \cdots, i_s) = \langle \mathcal{O}_{g_s} \rangle$$

因此，$H(i_1, \cdots, i_s) = H$ 当且仅当$\{i_1, \cdots, i_s\}$和m 互素.

有了基本群的描述，下面分析一个给定的非负 Sylvester 矩阵 $\boldsymbol{M}$. 在矩阵 $\boldsymbol{M}$ 中，可能出现只有$\{a_1, \cdots, a_{m-1}, b_1, \cdots, b_{m-1}\}$的部分元素为正. 从引理 10.6 可得$a_i>0$ 和 $b_i>0$ 在讨论 G 的强连通性时是等价的，前提是$a_m>0$ 和 $b_0>0$. 因此，对所有满足$a_{i_j}>0$ 或者 $b_{i_j}>0$的 $j\in\{1, \cdots, s\}$，指标集$\{i_1, \cdots, i_s\}\subseteq\{1, \cdots, m-1\}$是真正起作用的.

给定非负 Sylvester 矩阵 $\boldsymbol{M}$，形如式(10.26)，并且$a_m>0$，$b_0>0$，可以对应 H 的一个子群$H_{\boldsymbol{M}} := H(i_1, \cdots, i_s)$，其中对所有的 $j\in\{1, \cdots, s\}$，指标$i_j\in\{1, \cdots, m-1\}$满足$a_{i_j}>0$或者 $b_{i_j}>0$. 下面的引理事实上刻画了非负 Sylvester 矩阵的不可约性.

引理 10.7 假设所有符号如上文所述，满足$a_m>0$ 和 $b_0>0$ 的非负 Sylvester 矩阵 $\boldsymbol{M}$ 是不可约的当且仅当$H_{\boldsymbol{M}}=H$ 是整个群.

证明 可得矩阵 $\boldsymbol{M}$ 不可约当且仅当有向图G(或者$\widetilde{G}$)是强连通的，这进一步等价于对每个 $i\in\{2, \cdots, m\}$，存在一个有向路径从 i 连向 1，存在一个有向路径从 1 连向 i. 由引理 10.6 可得，存在一条从 1 连向 i 的有向路径当且仅当$\mathcal{O}_{i-1}\in H_{\boldsymbol{M}}$，存在一条从 i 连向 1 的有向路径当且仅当$\mathcal{O}_{1-i}\in H_{\boldsymbol{M}}$. 然而，对所有的 $i\in\{1, \cdots, m\}$，$\mathcal{O}_{-i}=\mathcal{O}_{m-i}$，因此矩阵 $\boldsymbol{M}$ 是不可约的当且仅当对所有的 $i\in\{2, \cdots, m\}$，满足$\mathcal{O}_{i-1}\in H_{\boldsymbol{M}}$，即 $H_{\boldsymbol{M}}=H$.

在下面的定理中，不可约性的刻画将在矩阵的元素上进行.

定理 10.20 一个 $2m\times 2m$ 的非负 Sylvester 矩阵 $\boldsymbol{M}$ 是不可约的当且仅当 $a_m>0$，$b_0>0$，以及$\{a_1, \cdots, a_{m-1}, b_1, \cdots, b_{m-1}\}$为正数的指标的最大公因子与 m 互素.

证明 由引理 10.5 和引理 10.7，可得结论.

10.9.2 环的长度

分析不可约非负 Sylvester 矩阵的谱的对称性，等价于研究非本原指数[42, 99]，为此，需要研究有向图 G 中环的长度.

当$a_0>0$ 或者 $b_m>0$ 时，相应的情形比较简单，因为由矩阵的经典结论可得，一个不可约的矩阵如果有正的迹，那么这个矩阵是本原的(即非本原指数为 1)[42]，因此，此时的谱只能是平凡的 1-对称. 接下来，假设 $a_0=0$ 和 $b_m=0$ 同时成立.

当计算图 G 而不是图$\widetilde{G}$ 中的环的长度时，顶点 i 和顶点 $m+i$ 的等价性需要仔细运用，因为此时$a_i>0$ 和 $b_i>0$ 对一条有向路径的长度的影响是不同的. 然而，10.9.1 小节中的一般分析框架还是适用的.

假设$\mathcal{P}_i: T\to T$ 是如下定义的算子

$$\mathcal{P}_i([j]) = [i+j], \ \forall [j]\in T$$

且作为 T 上的算子，对所有的 $i\in\{1, \cdots, m-1\}$，有 $\mathcal{Q}_i=\mathcal{P}_i$. 记$\widetilde{H}_{\boldsymbol{M}}$ 是与 $\boldsymbol{M}$ 对应的，且使得$\mathcal{P}_i\in\widetilde{H}_{\boldsymbol{M}}$ 当且仅当 $a_i>0$，以及 $\mathcal{Q}_i\in\widetilde{H}_{\boldsymbol{M}}$ 当且仅当 $b_i>0$. 注意到，作为算子，有

$\mathcal{P}_i=\mathcal{Q}_i=\mathcal{O}_i$，而此处的不同符号是为了区分 $a_i>0$ 和 $b_i>0$. 如果在 $\widetilde{H}_M$ 中，认定 $\mathcal{P}_i=\mathcal{Q}_i=\mathcal{O}_i$，那么由 $\widetilde{H}_M$ 生成的群为 H_M，这就是在 10.9.1 节定义的群. 作为子群，其单位元为 $\mathcal{O}_0\in H_M$[45]. 由于 $\mathcal{O}_0\notin\{\mathcal{O}_{i_1},\cdots,\mathcal{O}_{i_s}\}$，所以 H_M 的生成元集由 $\boldsymbol{M}$ 确定，那么存在序列 $(\mathcal{O}_{j_1},\cdots,\mathcal{O}_{j_q})$，其中对所有的 $t\in\{1,\cdots,q\}$，每个 $\mathcal{O}_{j_t}\in\{\mathcal{O}_{i_1},\cdots,\mathcal{O}_{i_s}\}$ 使得

$$\mathcal{O}_0=\mathcal{O}_{j_q}\cdots\mathcal{O}_{j_1} \tag{10.33}$$

容易看到，$\mathcal{O}_0$ 的每个如同(10.33)的表示将给出 $\widetilde{G}$ 中的一个环，而 $\widetilde{G}$ 中的每个环可以用 $\mathcal{O}_0$ 的一个表示式来表达. 形如式(10.33)的一个环的表示是图 $\widetilde{G}$ 中的一个抽象的描述. 当分析 G 中的环时，需要将每个 $\mathcal{O}_{j_t}$ 在图 G 中实现. 下面作一个约定：当实现 $\widetilde{G}$ 中的一个环于 G 时，每个等价对 $\{i,m+i\}$ 之间的环总是被排除的. 每个 $\mathcal{O}_{j_t}$ 既可以被 $\mathcal{P}_{i_t}$ 实现，也可以被 $\mathcal{Q}_{i_t}$ 实现，相应的环的长度是不同的. 以 $m=5$ 为例，见图 10.2，这里两个环都是由 $\mathcal{O}_1^5=\mathcal{O}_0$ 确定的，但是左边是由 $\mathcal{P}_1^5$ 实现的，而右边是由 $\mathcal{P}_1\mathcal{Q}_1^3\mathcal{P}_1$ 实现的.

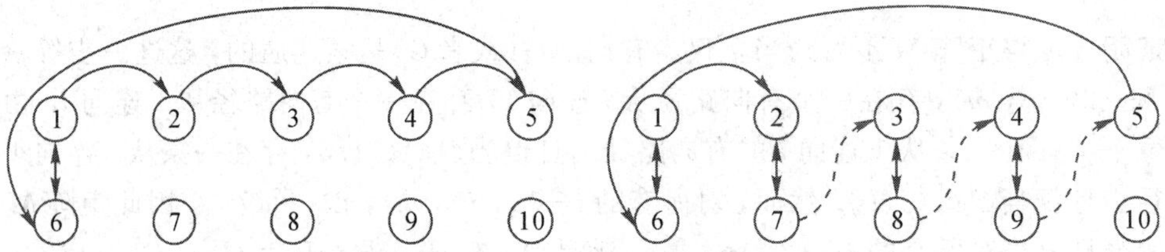

图 10.2 环的长度

环的长度的计算将由下面的引理给定. 在此之前，先给出实现一个环的一些记号. 对任意的正整数 u，记 $\ll u\gg$ 是在 $\{1,\cdots,m\}$ 中的满足 $u=\alpha m+\ll u\gg$ 的唯一正整数，其中 α 是非负整数. 假设 $(\overline{\mathcal{O}}_{j_1},\cdots,\overline{\mathcal{O}}_{j_p})$ 是(10.33)的一个实现序列，对所有的 $t\in\{1,\cdots,p\}$，其中所需要的实现 $\overline{\mathcal{O}}_{j_t}$ 要么是 $\mathcal{P}_{j_t}$，要么是 $\mathcal{Q}_{j_t}$. 对每个 $i\in\{1,\cdots,m\}$，可以得到一个正整数的顺序序列

$$i,\ i+j_1,\ \cdots,\ i+j_1+\cdots+j_p \tag{10.34}$$

那么，对应序列(10.34)，可得序列

$$\ll i\gg,\ \ll i+j_1\gg,\ \cdots,\ \ll i+j_1+\cdots+j_p\gg \tag{10.35}$$

由于每个 $j_t\in\{1,\cdots,m-1\}$，因此序列(10.35)中的相邻的数一定不相同. 对某个 $t\in\{1,\cdots,p\}$，可能出现

$$\ll i+j_1+\cdots+j_{t-1}\gg\;>\;\ll i+j_1+\cdots+j_t\gg \tag{10.36}$$

下面约定，记 $j_0=j_{p+1}=0$，$\overline{\mathcal{O}}_{j_0}=\overline{\mathcal{O}}_{j_{p+1}}=\mathcal{P}_0$ 或者 $\mathcal{Q}_0$. 一个满足条件(10.36)的点 $t\in\{1,\cdots,p\}$ 被称为一个转点. 如果 t 是一个转点，而 $\overline{\mathcal{O}}_{j_{t+1}}=\mathcal{P}_{j_{t+1}}$，那么称其为一个跳跃转点；否则称其为一个光滑转点. 如果 t 是一个转点，且 $\overline{\mathcal{O}}_{j_t}=\mathcal{P}_{j_t}$，$\overline{\mathcal{O}}_{j_{t+1}}=\mathcal{P}_{j_{t+1}}$，那么称其为 PP 类型的跳跃转点；如果 $\overline{\mathcal{O}}_{j_t}=\mathcal{Q}_{j_t}$，$\overline{\mathcal{O}}_{j_{t+1}}=\mathcal{P}_{j_{t+1}}$，那么称其为 QP 类型的跳跃转点. 对于光滑转点和非转点，也有类似的类型的定义.

引理 10.8 假设 $a_0=b_m=0$，$a_m>0$，$b_0>0$. 那么，对任意的 $i\in\{1,\cdots,m\}$，成立

$$([i], \mathcal{O}_{j_1}([i])), \cdots, (\mathcal{O}_{j_{p-1}} \cdots \mathcal{O}_{j_1}([i]), \mathcal{O}_{j_p} \cdots \mathcal{O}_{j_1}([i]))$$

是 $\widetilde{G}$ 中的一个环当且仅当

$$\mathcal{O}_{j_p} \cdots \mathcal{O}_{j_1} = \mathcal{O}_0$$

假设 $(\overline{\mathcal{O}}_{j_1}, \cdots, \overline{\mathcal{O}}_{j_p})$ 是序列 $(\mathcal{O}_{j_1}, \cdots, \mathcal{O}_{j_p})$ 的一个实现，$\mathcal{Q}_w$ 在这个序列中的个数是 q，而下列序列中跳跃转点和光滑转点的个数分别为 α 和 β：

$$\ll i \gg, \ll i+j_1 \gg, \cdots, \ll i+j_1+\cdots+j_p \gg$$

那么，G 中从 i 出发到 i 的按照这样实现的环的长度为 $p+q+\alpha-\beta$.

证明 引理的第一部分是比较直接的，由算子的定义可以得到. 下面主要对环的长度进行证明.

注意到每个 $[w]$ 有两个代表元 w 和 $w+m$，$\mathcal{P}_w$ 对应从 $w \in \{1, \cdots, m\}$ 出发的有向边，而 $\mathcal{Q}_w$ 对应集合 $\{m+1, \cdots, 2m\}$.

如果先不管等价对 $\{w, w+m\}$ 之间的有向边，那么在下列这个抽象的环中，刚好有 p 条从 $[i]$ 到 $[i]$ 的有向边

$$([i], \mathcal{O}_{j_1}([i])), \cdots, (\mathcal{O}_{j_{p-1}} \cdots \mathcal{O}_{j_1}([i]), \mathcal{O}_{j_p} \cdots \mathcal{O}_{j_1}([i])) \tag{10.37}$$

然而，由于需要计算环在 G 中的长度，而不是在抽象的图 $\widetilde{G}$ 中的长度，因此需要将抽象的环(10.37)在图 G 中实现. 剩下的任务就是计算在图 G 中实现这个抽象的环时，需要加入这个抽象的环中的等价对 $\{w, w+m\}$ 对应的有向边的个数.

接下来，就是对下面实现序列中的算子进行逐个分析

$$(\overline{\mathcal{O}}_{j_0}, \overline{\mathcal{O}}_{j_1}, \cdots, \overline{\mathcal{O}}_{j_p}, \overline{\mathcal{O}}_{j_{p+1}})$$

其中 $\overline{\mathcal{O}}_{j_0} = \overline{\mathcal{O}}_{j_{p+1}} = \mathcal{P}_0$. 在给出细节之前，先勾勒一下基本的思想. 序列中的每个 $\overline{\mathcal{O}}_{j_t}$ 由它所确定有向边来进行实现(参见引理 10.6 和图 G 的定义). 如果它是 $\mathcal{P}_w$ 类别的，那么有向边从上半部分的集合 $\{1, \cdots, m\}$ 出发；否则，从下半部分的集合 $\{m+1, \cdots, 2m\}$ 出发. 可能出现这样的情况：$\overline{\mathcal{O}}_{j_t}$ 给出一条有向边，指向上半部分的集合，而下一个 $\overline{\mathcal{O}}_{j_{t+1}}$ 给出的有向边却从下半部分的集合出发；类似的也有指向下半部分集合，而后者从上半部分出发的情况. 这些正好是在 G 中实现抽象环(10.37)时，会出现的断点，此时，需要加上等价对内部的有向边以连接这些断点. 这样一来，每添加一条边总的环的长度就会增加 1. 接下来，就是要计算在实现的过程中有多少这样的情况发生. 证明是以实现环的时候的指标 $t \in \{0, 1, \cdots, p+1\}$ 的先后顺序来进行叙述的.

首先，以 $t=0$ 为例对上述原理进行说明，也作为证明的第一步. 由已知可得 $\overline{\mathcal{O}}_{j_0} = \mathcal{P}_0$. 如果 $\overline{\mathcal{O}}_{j_1} = \mathcal{P}_{j_1}$，那么有向边 $([i], \overline{\mathcal{O}}_{j_1}([i])) = ([i], \mathcal{P}_{j_1}([i]))$ 从 i 出发，这是所期望的. 此时，在等价对 $\{i, i+m\}$ 之间不需要添加额外的有向边. 如果 $\overline{\mathcal{O}}_{j_1} = \mathcal{Q}_{j_1}$，那么有向边 $([i], \mathcal{Q}_{j_1}([i]))$ 在 G 中的实现从 $m+i$ 出发. 然而，环应当从 i 出发. 这时出现了一个断点. 为了在 G 中形成一个从 i 出发的环，有向边 $(i, i+m)$ 应当在 $t=0$ 这一步添加. 因此，环的长度应该加上 1. 在这种情况下，注意到实现序列 $(\overline{\mathcal{O}}_{j_1}, \cdots, \overline{\mathcal{O}}_{j_p})$ 在 $t=0$ 时的下一个 $\overline{\mathcal{O}}_{j_{t+1}}$ 的类别是 $\mathcal{Q}_w$.

总结：在 $t=0$ 处，如果下一个 $\overline{\mathcal{O}}_{j_{t+1}}$ 的类别是 $\mathcal{Q}_w$，环的长度需要增加 1，否则不需要改

变. 注意，$t=0$ 不可能是一个转点.

接下来，考虑 $t=1$，既作为进一步的示例，也是证明归纳的重要一步. 注意到 $t=1$ 可能是一个转点. 如果 $t=1$ 不是转点，那么 $\ll i\gg=i\in\{1,\cdots,m-1\}$，$j_1\leqslant m-\ll i\gg$，因此由 $\overline{\mathcal{O}}_{j_1}$ 给出的有向边满足：如果类别是 $\mathcal{P}_w$，则其起始点和终止点都在 $\{1,\cdots,m\}$ 中；如果类别是 $\mathcal{Q}_w$，则起始点是 $\{m+1,\cdots,2m\}$，而终止点是 $\{1,\cdots,m\}$. 事实上，如果 $\overline{\mathcal{O}}_{j_1}=\mathcal{P}_{j_1}$，则边是 $(i,i+j_1)$，否则边是 $(i+m,i+j_1)$. 如果 $\overline{\mathcal{O}}_{j_2}=\mathcal{Q}_{j_2}$，那么需要添加有向边 $(i+j_1,i+j_1+m)$ 去连接终点 $([i],\overline{\mathcal{O}}_{j_1}([i]))$ 与起点 $(\overline{\mathcal{O}}_{j_1}([i]),\overline{\mathcal{O}}_{j_2}\overline{\mathcal{O}}_{j_1}([i]))$ 之间的断点. 如果 $\overline{\mathcal{O}}_{j_2}=\mathcal{P}_{j_2}$，那么所有的结论自然成立. 下面考虑 $t=1$ 是一个转点的情形. 当它是转点时，如果类别是 $\mathcal{P}_w$，那么由 $\overline{\mathcal{O}}_{j_1}$ 给出的有向边 $([i],\overline{\mathcal{O}}_{j_1}([i]))$ 从 $\{1,\cdots,m\}$ 中出发，在 $\{m+1,\cdots,2m\}$ 中终止；如果类别是 $\mathcal{Q}_w$，那么起始点和终止点都在 $\{m+1,\cdots,2m\}$ 中. 因此，如果下一个是 $\overline{\mathcal{O}}_{j_2}=\mathcal{P}_{j_2}$，那么需要添加一个有向边去连接 $([i],\overline{\mathcal{O}}_{j_1}([i]))$ 和 $(\overline{\mathcal{O}}_{j_1}([i]),\overline{\mathcal{O}}_{j_2}\overline{\mathcal{O}}_{j_1}([i]))$ 之间的断点；否则自然成立. 前者就是跳跃转点的情形，而后者是光滑转点的情形.

总结：如果 $t=1$ 不是一个转点而下一个 $\overline{\mathcal{O}}_{j_{t+1}}$ 是类别 $\mathcal{Q}_w$，或者是一个跳跃转点，那么需要在步 $t=1$ 将环的长度加 1；否则不需要改变.

上面分析的关键点在于转点和非转点之间的区别：在非转点，由它确定的有向边的终点都在顶点集的上半部分；而对转点来说，在下半部分. 因此，环的长度完全由下一个 $\overline{\mathcal{O}}_{j_{t+1}}$ 的类别确定. 这些情形在表 10.1 中进行了总结.

表 10.1　环的长度的变换

类　型	类　别	
	非转点	转点
PP	✓	+1
PQ	+1	✓
QQ	+1	✓
QP	✓	+1

从表 10.1 以及类似于情形 $t=1$ 的证明，可以得到对每个 $t\in\{1,\cdots,p\}$，以下结论成立：如果这不是一个转点以及在 t 处下一个 $\overline{\mathcal{O}}_{j_{t+1}}$ 具有类别 $\mathcal{Q}_w$，或者它是一个跳跃转点，那么环的长度在步 t 处增加 1；否则不作变换.

最后的情形是 $t=p+1$. 注意到 $\overline{\mathcal{O}}_{j_{p+1}}=\mathcal{P}_0$. 根据上文的分析，在 $t=p$ 步实现后，已经得到了一个有向路径使得这条有向路径的终点是由下一个 $\overline{\mathcal{O}}_{j_{p+1}}$ 确定的有向边的起点. 然而，$\overline{\mathcal{O}}_{j_{p+1}}=\mathcal{P}_0$，这说明起始点为 i，因此在 $t=p$ 步后，环已经完全在 G 中获得了实现.

总结：当实现序列 $(\overline{\mathcal{O}}_{j_1},\cdots,\overline{\mathcal{O}}_{j_p})$ 中存在一个 $\mathcal{Q}_w$ 时，需要将长度增加 1，除非其前一个点是一个转点(由定义，这是一个光滑转点). 因此，在这些情形下，需要添加 $q-\beta$ 条有向边. 此外，当遇见跳跃转点时，需要增加长度 1. 因此，在这些情形下，需要添加 α 条有向边. 那么，环的总长度即为 $p+q+\alpha-\beta$.

用与引理 10.8 几乎一样的证明可以得到下半部分顶点的环的长度的计算公式，这个结论在下面的引理给出.

引理 10.9 假设$a_0=b_m=0$，$a_m>0$，$b_0>0$. 假设$i\in\{1, \cdots, m\}$，

$$([i], \mathcal{O}_{j_1}([i])), \cdots, (\mathcal{O}_{j_{p-1}}\cdots\mathcal{O}_{j_1}([i]), \mathcal{O}_{j_p}\cdots\mathcal{O}_{j_1}([i]))$$

是$\widetilde{G}$中的一个环. 假设$(\overline{\mathcal{O}}_{j_1}, \cdots, \overline{\mathcal{O}}_{j_p})$是序列$(\mathcal{O}_{j_1}, \cdots, \mathcal{O}_{j_p})$的一个实现，而在扩展序列

$$(\overline{\mathcal{O}}_{j_2}, \cdots, \overline{\mathcal{O}}_{j_p}, Q_0)$$

中$\mathcal{Q}_w$的个数为q，下面序列中跳跃转点和光滑转点的个数分别为α和β：

$$\ll i\gg, \ll i+j_1\gg, \cdots, \ll i+j_1+\cdots+j_p\gg$$

那么，G中从$i+m$到$i+m$在该实现下的环的长度为

$$\begin{cases} p+q+\alpha-\beta, & \overline{\mathcal{O}}_{i_1}=\mathcal{Q}_{i_1} \\ p+q+1+\alpha-\beta, & \overline{\mathcal{O}}_{i_1}=\mathcal{P}_{i_1} \end{cases}$$

引理 10.8 是一个一般的结论，不仅对下文中谱的对称性的研究有重要作用，在其他地方也应该具有一些价值. 此外，通过简单修改，可以用它计算任何一条有向路径的长度.

10.9.3 模式等价类

从引理 10.8 和引理 10.9 可得，每条环都是由一个实现序列确定的，而环的长度由实现的类别和转点的类型确定. 需要指出的是，对于同一个实现序列，如果环的终点不同，那么环的长度可能不同，这是因为跳跃转点和光滑转点的个数可能是不同的. 然而，转点的总个数是一个常数.

引理 10.10 给定任意序列$(j_1, \cdots, j_p)$，其中$j_t\in\{1, \cdots, m-1\}$以及对某个正整数q有$j_1+\cdots+j_p=qm$，那么对任意的$i\in\{1, \cdots, m\}$，序列

$$\ll i\gg, \ll i+j_1\gg, \cdots, \ll i+j_1+\cdots+j_p\gg$$

中转点的个数是常数q.

证明 通过一个简单的归纳，由$\ll\cdot\gg$的定义可得转点的个数总是q.

假设上述的所有符号，以及

$$L_i=\{k_1^{(i)}, k_2^{(i)}, \cdots\}$$

是从i到i的所有环的长度的集合，对所有的$i\in\{1, \cdots, 2m\}$，g_i是集合L_i中所有长度的最大公因子. 如果非负 Sylvester 矩阵$\boldsymbol{M}$是不可约的，那么$a_m>0$且$b_0>0$(参见引理 10.5). 因此，有向边(10.27)属于G，因此对每个$i\in\{1, \cdots, 2m\}$，存在长度为 2 的环，即$\{(i, i+m), (i+m, i)\}$. 因此，对所有的$i\in\{1, \cdots, 2m\}$，$g_i=1$或者 2. 接下来，证明$g_1=\cdots=g_{2m}$.

引理 10.11 假设所有符号按前文所定义，$a_m>0$，$b_0>0$. 那么，

$$g_1=\cdots=g_{2m}=1 \text{ 或者 } 2 \tag{10.38}$$

证明 由上文的分析，可得对每个$i\in\{1, \cdots, 2m\}$，$g_i=1$或者 2 成立. 因此，只需要证明所有的g_i具有相同的奇偶性.

证明将分两步完成. 首先，证明$g_1=\cdots=g_m$，$g_{m+1}=\cdots=g_{2m}$. 其次，证明$g_1=g_{m+1}$. 这样一来，结论成立.

假设$i\in\{1, \cdots, m\}$给定. 由引理 10.8 可得，每条环都是由一个满足$\mathcal{O}_{j_p}\cdots\mathcal{O}_{j_1}=\mathcal{O}_0$的

实现序列($\mathcal{O}_{j_1}$，…，$\mathcal{O}_{j_p}$)确定的. 起点为 i、终点为 i 的一个实现序列($\overline{\mathcal{O}}_{j_1}$，…，$\overline{\mathcal{O}}_{j_p}$)的环的长度由该实现序列中$\mathcal{Q}_w$的个数$q$、跳跃转点和光滑转点的个数差确定. 根据引理 10.10，转点的个数是一个常数 w，那么跳跃转点和光滑转点的个数的和就是一个常数. 那么，它们的差对任意的转点类型的剖分都是具有相同的奇偶性的. 因此，环的长度的奇偶性完全由 $w+q$ 确定，这与环的起始点和终止点 i 没有关系. 因此，$g_1=\cdots=g_m$.

同样地，由引理 10.9，可得 $g_{m+1}=\cdots=g_{2m}$.

接下来，证明 $g_1=g_{m+1}$. 注意到，根据 10.9.1 节，1 和 $m+1$ 是一个等价对，因此存在起始、终止点都是 1 的环，起始、终止点都是 $m+1$ 的环与满足$\mathcal{O}_{j_p}\cdots\mathcal{O}_{j_1}=\mathcal{O}_0$的实现序列($\overline{\mathcal{O}}_{j_1}$，…，$\overline{\mathcal{O}}_{j_p}$)之间的一一对应(参见引理 10.8 和引理 10.9). 接下来，通过证明给定一个满足$\mathcal{O}_{j_p}\cdots\mathcal{O}_{j_1}=\mathcal{O}_0$的实现序列($\overline{\mathcal{O}}_{j_1}$，…，$\overline{\mathcal{O}}_{j_p}$)，起始、终止点为 1 或者 $m+1$ 的环具有相同的奇偶性来得到最后的结论.

注意到，一旦一个实现序列确定，那么环的端点为 1 和 $1+m$ 的区别在于有向边最开始如何从[i]出发，以及有向边在环的最后怎样指向[i]. 剩余的证明在图 10.3 中给出. 在这个图里，给出了一个环可以在端点 1 的四种表现情形，即每个子图左边的图形. 对每种情形，右边的图形表示将端点换成 $m+1$ 时的形状. 从这个图可以看出，环的长度的奇偶性在变换端点后保持不变. 在每个子图中，可以看见在一个实现序列里，如果将端点从 $1+m$变为 1，那么只需要将右边的子图的形状变成左边即可；这样一来，奇偶性也保持不变，因此有相同的结论. 因此，$g_1=g_{m+1}$，结论证毕.

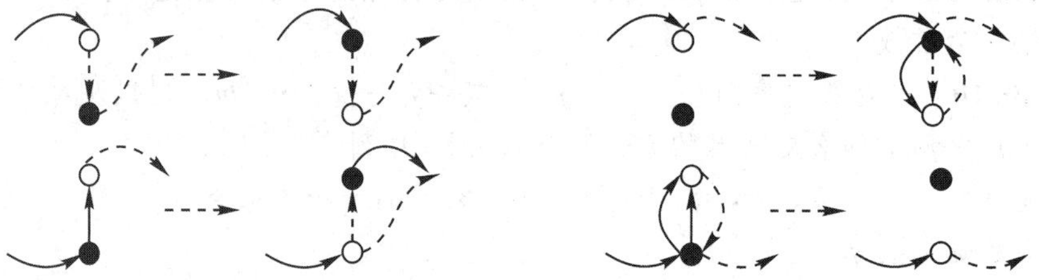

图 10.3 当把端点从 1 变成 $m+1$ 时，有向边的变换情况

(空心圆表示环的端点，虚线的有向边表示环的开始，实心圆表示环的终点)

著名的 Romanovsky 定理指出，对于一个非负不可约的 Sylvester 矩阵，$g_1=\cdots=g_{2m}$成立[100]，而引理 10.11 将其延伸到了非负 Sylvester 矩阵，不再需要不可约性，而只需要条件$a_m>0$ 和 $b_0>0$. 这个共同的数记为 s，称为 G 的环的长度的最大公因子. 因此，由 Romanovsky定理[42, 100]可得 s 是矩阵 $\boldsymbol{M}$ 的非本原指数.

由上述的结论连同矩阵理论中的谱对称性与非本原指数的关系[42, 99]，可得下面的命题，这是进一步分析的基础.

命题 10.28 如果非负 Sylvester 矩阵 $\boldsymbol{M}$ 是不可约的且有向图G 中的环的长度的最大公因子为s，那么 $s\in\{1, 2\}$且 $\boldsymbol{M}$ 的谱是 s-多重对称的.

当$a_0>0$ 或者 $b_m>0$ 时，情况比较简单，此时有自圈的存在，因此环的长度的最大公因子就是 1，这就推出谱只能是 1-对称的. 这与矩阵中的经典结论：具有正迹的不可约矩阵是本原的(即非本原指数为 1)[42]一致. 在下文中，假设$a_0=0$，$b_m=0$.

10.9.4　谱的对称性

下面的引理对于分析环的长度很重要.

引理 10.12　假设序列 $(\mathcal{O}_{j_1},\cdots,\mathcal{O}_{j_p})$ 确定一个环，即 $\mathcal{O}_{j_p}\cdots\mathcal{O}_{j_1}=\mathcal{O}_0$，$R=(\overline{\mathcal{O}}_{j_1},\cdots,\overline{\mathcal{O}}_{j_p})$ 是 $(\mathcal{O}_{j_1},\cdots,\mathcal{O}_{j_p})$ 的一个实现. 如果对某个 $t\in\{1,\cdots,p\}$，有 $\overline{\mathcal{O}}_{j_t}=Q_{j_t}$，将实现 R 中的 $\overline{\mathcal{O}}_{j_t}$ 换成 $\mathcal{P}_{j_t}$，而其余的与 R 一样得到的实现记为 $\widetilde{R}$，那么 $\widetilde{R}$ 的环长为 R 对应的环长减去 1 或者加上 1，此时无论环的端点为 i 或者 $i+m$，以及任意的 $i\in\{1,\cdots,m\}$，结论都成立.

证明　下面分析增广的序列 $(\overline{\mathcal{O}}_{j_0},\overline{\mathcal{O}}_{j_1},\cdots,\overline{\mathcal{O}}_{j_p},\overline{\mathcal{O}}_{j_{p+1}})$. 下文的证明不依赖于 $\overline{\mathcal{O}}_{j_0}$ 和 $\overline{\mathcal{O}}_{j_{p+1}}$ 的具体的实现. 因此，对任意的 $i\in\{1,\cdots,m\}$，这对于端点为 i 或者 $i+m$ 的环都成立.

由于是对 $t\in\{1,\cdots,p\}$，变换 $\overline{\mathcal{O}}_{j_t}$，它有两个相应的情形 $\overline{\mathcal{O}}_{j_{t-1}}$ 和 $\overline{\mathcal{O}}_{j_{t+1}}$ 需要分析.

如果 t 是一个非转点，那么有四种情形：

(1) $\overline{\mathcal{O}}_{j_{t-1}}=\mathcal{P}_{j_{t-1}}$，$\overline{\mathcal{O}}_{j_{t+1}}=P_{j_{t+1}}$；

(2) $\overline{\mathcal{O}}_{j_{t-1}}=\mathcal{P}_{j_{t-1}}$，$\overline{\mathcal{O}}_{j_{t+1}}=\mathcal{Q}_{j_{t+1}}$；

(3) $\overline{\mathcal{O}}_{j_{t-1}}=\mathcal{Q}_{j_{t-1}}$，$\overline{\mathcal{O}}_{j_{t+1}}=\mathcal{P}_{j_{t+1}}$；

(4) $\overline{\mathcal{O}}_{j_{t-1}}=\mathcal{Q}_{j_{t-1}}$，$\overline{\mathcal{O}}_{j_{t+1}}=Q_{j_{t+1}}$.

当从 R 换成 $\widetilde{R}$ 时，由对图 10.4 的分析可以直接得到，在 $t=1$ 和 $\overline{\mathcal{O}}_{j_0}=\mathcal{Q}_0$ 时，在后两种情形下环的长度会增加 1；而在其他情形下会减少 1.

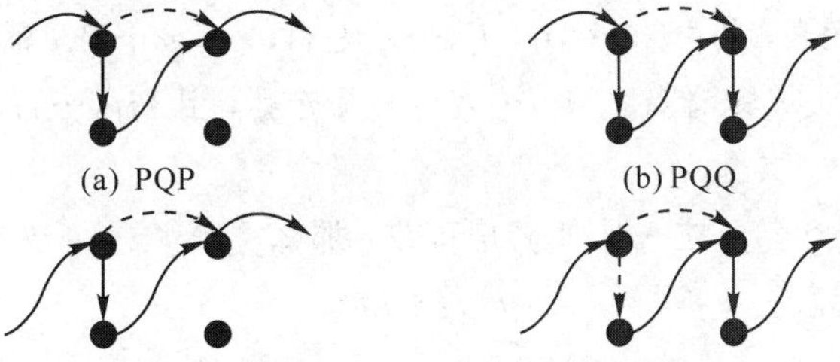

图 10.4　环的变化(虚线的有向边表示从 $\mathcal{Q}_{j_t}$ 变成 $\mathcal{P}_{j_t}$ 给出的有向边)

如果 $\mathcal{O}_{j_t}$ 是一个转点，那么有类似的四种情形. 结论也可以类似地建立. 结论证毕.

命题 10.29　假设 $\boldsymbol{M}$ 是一个不可约非负 Sylvester 矩阵. 如果对某个 $i\in\{1,\cdots,m-1\}$，$a_i>0$ 和 $b_i>0$ 成立，那么 $\boldsymbol{M}$ 的谱只能是 1-对称的.

证明　注意到，任何序列 $(\mathcal{O}_{j_1},\cdots,\mathcal{O}_{j_p})$ 如果满足 $\mathcal{O}_{j_p}\cdots\mathcal{O}_{j_1}=\mathcal{O}_0$，那么确定了一个环. 一定可以找到一个 $\mathcal{P}_i$ 在其中的序列. 事实上，m 个 $\mathcal{P}_i$ 就满足条件. 给定一个环，含有 $\mathcal{P}_i$ 且长度为 l，可以将这个环中的一个 $\mathcal{P}_i$ 换成相应的 $\mathcal{Q}_i$，由引理 10.12，环的长度将增加 1. 那么，不管怎样，可以得到 G 中的环，环的长度既是奇数也是偶数. 因此，其最大公因子为 1. 最后的结论就由命题 10.28 得来.

命题 10.29 将不可约非负 Sylvester 矩阵的谱对称性的分析约简到只含有正指标 $\{i_1,\cdots,i_s\}\subseteq\{1,\cdots,m\}$ 使得对所有的 $j\in\{1,\cdots,s\}$，恰好 $\{a_{i_j},b_{i_j}\}$ 中的一个为正数的

情形. 下面首先讨论对所有的 $i\in\{1, \cdots, m-1\}$都有 $b_i=0$ 时的非负不可约 Sylvester 矩阵的谱的对称性. 连同这个结论，引理 10.8 可以被进一步简化.

引理 10.13 假设$a_0=b_m=0$，$a_m>0$，$b_0>0$. 假设 $i\in\{1, \cdots, m\}$，$([i], \mathcal{P}_{i_1}([i]))$，$\cdots$，$(\mathcal{P}_{i_{p-1}}\cdots\mathcal{P}_{i_1}([i]), \mathcal{P}_{i_p}\cdots\mathcal{P}_{i_1}([i]))$是一个环，且对某个正整数 q，$i_1+\cdots+i_p=qm$ 成立. 那么，G 中从i 出发到i 的由这个实现得到的环的长度为 $p+q$，而 G 中从$i+m$ 出发到 $i+m$ 的环的长度为 $p+q+2$ 或者 $p+q$.

证明 只需要证明从 $i+m$ 出发到$i+m$ 的环的情形. 从引理 10.9 的公式，可得长度为 $p+1+1+\alpha-\beta$，其中 α 是跳跃转点的个数，而 β 是光滑转点的个数，β 只能是 0 或者 1，这是因为只有一个 $\mathcal{Q}_w$，在增广序列的末尾.

注意到，由引理 10.10，$\alpha+\beta=q$ 是转点的个数. 如果 $\beta=0$，即所有的转点是跳跃转点，那么长度为 $p+q+2$；否则 $\alpha-\beta=q-2$，那么长度为 $p+q$.

类似地，下面分析对所有的 $i\in\{1, \cdots, m-1\}$都有 $a_i=0$ 的情形.

引理 10.14 假设$a_0=b_m=0$，$a_m>0$，$b_0>0$. 假设 $i\in\{1, \cdots, m\}$，以及

$$([i], \mathcal{Q}_{i_1}([i])), \cdots, (\mathcal{Q}_{i_{p-1}}\cdots\mathcal{Q}_{i_1}([i]), \mathcal{Q}_{i_p}\cdots\mathcal{Q}_{i_1}([i]))$$

是一个环，存在正整数 q 使得$i_1+\cdots+i_p=qm$. 那么，G 中从i 出发到i 的由这个实现得到的环的长度为 $2p-q$ 或者 $2p+2-q$，而 G 中从$i+m$ 出发到$i+m$ 的由这个实现得到的环的长度为 $2p-q$.

证明 证明方法类似于引理 10.13 的证明，不再赘述.

因此，如果只在下半部分存在正的指标，那么环的长度的奇偶性只与转点的个数有关.

定理 10.21 假设 M 是一个 $2m\times 2m$ 的非负不可约 Sylvester 矩阵. 假设$\{a_{i_1},\cdots,a_{i_p}\}$和$\{b_{j_1},\cdots,b_{j_q}\}$是正的元素，其中$i_1, \cdots, i_p, j_1,\cdots,j_q\in\{1, \cdots, m-1\}$. 那么，矩阵 $\boldsymbol{M}$ 的谱是

$$\begin{cases}2\text{-对称的} & m\text{ 是奇数，}\{i_1,\cdots,i_p\}\text{全是奇数，且}\{j_1,\cdots,j_q\}\text{全是偶数}\\ 1\text{-对称的} & \text{其他}\end{cases}$$

证明 如果$\{j_1, \cdots, j_q\}$之一比如j_t是奇数，那么

$$m\,j_t=j_t m$$

因此

$$\underbrace{\mathcal{Q}_{jt}, \cdots, \mathcal{Q}_{jt}}_{m\text{个}}$$

得到一个从 $1+m$ 到 $1+m$ 的长度为 $2m-j_t$的环(参见引理 10.14). 因此，最大公因子一定是 1，因为 $2m-j_t$是一个奇数.

如果 m 是偶数，$\{i_1, \cdots, i_p\}$之一比如 i_s是奇数，那么 $mi_s=i_s m$. 类似地，由引理 10.13，可得一条从 1 到 1 的长度为 $m+i_s$的环. 因此，最大公因子仍然是 1.

如果 m 是偶数，那么 $\{i_1, \cdots, i_p, j_1, \cdots, j_q\}$ 中的至少一个是奇数，否则，$\{i_1, \cdots, i_p, j_1, \cdots, j_q\}$和$m$ 的最大公因子不可能是 1，这与不可约性矛盾(参见定理 10.20). 因此，由命题10.28，谱是 1-对称的.

当 m 是奇数，$\{i_1, \cdots, i_p\}$之一是偶数时，可以类似地用引理 10.13 进行证明. 在这种情形下，谱是 1-对称的.

剩下的情形是 m 是奇数，所有的$\{i_1, \cdots, i_p\}$是奇数，所有的$\{j_1, \cdots, j_q\}$是偶数. 假

设α_1，…，α_p，β_1，…，β_q是非负整数，使得对某个正整数k成立

$$\alpha_1 i_1 + \cdots + \alpha_p i_p + \beta_1 j_1 + \cdots + \beta_q j_q = km \tag{10.39}$$

从式(10.39)，可以用引理10.8构造环. 由引理10.8，相应的从1到1的环的长度为

$$\alpha_1 + \cdots + \alpha_p + \beta_1 + \cdots + \beta_q + \beta_1 + \cdots + \beta_q + \alpha - \beta$$

其中α和β分别是跳跃转点和光滑转点的个数，只与$\mathcal{P}_w$和$\mathcal{Q}_w$的相对位置有关. 然而，注意到任何使得$\alpha+\beta=k$的非负α和β的$\alpha-\beta$的奇偶性与k保持一致，其中k是转点的个数. 因此，环的长度的奇偶性与

$$\alpha_1 + \cdots + \alpha_p + 2(\beta_1 + \cdots + \beta_q) + k$$

一致，或者等价地与

$$\alpha_1 + \cdots + \alpha_p + k \tag{10.40}$$

一致. 注意到，所有的$\{i_1, \cdots, i_p\}$都是奇数，而所有的$\{j_1, \cdots, j_q\}$都是偶数. 如果$\alpha_1 + \cdots + \alpha_p$是偶数，那么式(10.39)等号的左边是一个偶数. 这个结论连同m是奇数，可以推出k一定是偶数. 因此，和式(10.40)是偶数.

如果$\alpha_1 + \cdots + \alpha_p$是奇数，那么式(10.39)的等号左边是一个奇数. 因此，k一定是奇数，这样和式(10.40)仍然是偶数.

综上，环的长度总是偶数. 因此，由命题10.28，谱是2-对称的.

注意到，当$\{i_1, \cdots, i_p\} \cap \{j_1, \cdots, j_q\} \neq \varnothing$(参见命题10.29)时，同样可以由定理10.21涵盖.

10.10 二维张量

本节讨论$\mathbb{TS}(\mathbb{R}^2, m+1)$空间中的张量. 一个给定的张量$\mathcal{T} = (t_{i_0 \cdots i_m}) \in \mathbb{TS}(\mathbb{R}^2, m+1)$的特征方程为

$$\begin{cases} a_0 x^m + a_1 x^{m-1} y + \cdots + a_m y^m = \lambda x^m \\ b_0 x^m + \cdots + b_{m-1} x y^{m-1} + b_m y^m = \lambda y^m \end{cases} \tag{10.41}$$

其中张量$\mathcal{T}$的参数为

$$\begin{cases} a_0 := t_{1111\cdots 1},\ a_1 := m t_{1211\cdots 1},\ a_2 := \dfrac{m(m-1)}{2} t_{1221\cdots 1},\ \cdots,\ a_m := t_{1222\cdots 2} \\ b_0 := t_{2111\cdots 1},\ \cdots,\ b_{m-2} := \dfrac{m(m-1)}{2} t_{2112\cdots 2},\ b_{m-1} := m t_{2122\cdots 2},\ b_m := t_{2222\cdots 2} \end{cases} \tag{10.42}$$

由两个变量的两个齐次多项式的结式的Sylvester公式[37, 55, 101]可得张量的特征多项式为$\mathrm{Det}(\boldsymbol{M} - \lambda \boldsymbol{I})$，其中$\boldsymbol{I} \in \mathbb{R}^{2m \times 2m}$是单位矩阵，而矩阵$\boldsymbol{M} \in \mathbb{R}^{2m \times 2m}$形如式(10.26). 由这个关键的刻画，张量$\mathcal{T}$的谱可以与Sylvester矩阵$\boldsymbol{M}$的谱建立一一对应. 因此，张量$\mathcal{T}$的谱可以通过矩阵$\boldsymbol{M}$的谱进行研究. 尽管有这个等价性，矩阵$\boldsymbol{M}$的不可约性与张量$\mathcal{T}$的弱不可约性是不同的.

10.10.1 一般情况

与命题10.26相对应，可以得到张量$\mathcal{T}$的谱的2-对称性. 由于10.8节的记号与本节的记号

不矛盾，这里不再赘述；这些结论可从式(10.42)直接看到. 注意，在命题 10.26 的假设下，可以直接从式(10.41)得到：当 m 是奇数时，在定义方程的左边，只会有 x 的平方的幂项出现.

10.10.2 非负情形

非负张量的谱对称性的最重要的结论(即定理 10.3)是建立在弱不可约的前提下的，本小节讨论非负张量. 对于二维张量的情形，此时可以进行详细刻画.

注意到，对于二维非负张量，其弱不可约性的刻画相当清楚，给定非负张量 $\mathcal{T}$，其弱不可约性可以用下面的 2×2 的非负矩阵的不可约性刻画(参见定义 2.11)

$$\begin{bmatrix} a_0+\cdots+a_{m-1} & a_1+\cdots+a_m \\ b_0+\cdots+b_{m-1} & b_1+\cdots+b_m \end{bmatrix} \tag{10.43}$$

因此，张量 $\mathcal{T}$ 是弱可约的当且仅当要么 $a_1=\cdots=a_m=0$，要么 $b_0=\cdots=b_{m-1}=0$，在这两种情况下矩阵 $\boldsymbol{M}$ 都是可约的. 然而，反过来的结论不成立. 例如，取 $m=4$，$a_0=\cdots=a_3=0$，$a_4=1$，$b_0=b_2=b_3=b_4=0$，以及 $b_1=1$. 相应的张量是弱不可约的，但是相应的 Sylvester 矩阵 $\boldsymbol{M}$ 却是可约的. 这些结论用下面的命题记录下来.

命题 10.30 如果一个二维非负张量是弱可约的，那么相应的 Sylvester 矩阵也是可约的，反之不成立.

因此，如果 Sylvester 矩阵 $\boldsymbol{M}$ 是不可约的，那么张量 $\mathcal{T}$ 是弱不可约的.

一个二维的弱不可约非负张量 $\mathcal{T}$ 如果具有不可约的 Sylvester 矩阵 $\boldsymbol{M}$，那么称其为 Sylvester不可约的. 相应地，如果 $\mathcal{T}$ 是弱不可约的，而 $\boldsymbol{M}$ 是可约的，则称 $\mathcal{T}$ 是 Sylvester 可约的.

1. 弱可约情形

如果张量 $\mathcal{T}$ 是弱可约的，那么要么 $a_1=\cdots=a_m=0$，要么 $b_0=\cdots=b_{m-1}=0$. 因此，从式(10.26)可得矩阵 $\boldsymbol{M}$ 要么是下三角矩阵要么是上三角矩阵. 因此，张量 $\mathcal{T}$ 的特征值为 a_0 和 b_m，都具有重数 m. 由于 $\mathcal{T}$ 是非负张量，那么它的谱对任意的 $s>1$ 是 s-对称的当且仅当 $a_0=b_m=0$. 在这种平凡的情形下，谱的对称性等价于多重对称性.

2. Sylvester 不可约情形

当张量 $\mathcal{T}$ 是 Sylvester 不可约时，相应情形可以由定理 10.20 和定理 10.21 给出. 只需要说明，当 $\mathcal{T}$ 是非负的且是 Sylvester 不可约时，$\mathcal{T}$ 的谱只能是对 $s=1$ 或者 $s=2$ 有 s-对称性. 由此可见，Sylvester 不可约非负张量的谱对称性比较清晰，因为只存在两种对称性的可能. 因此，更多的谱对称性只能对 Sylvester 可约非负张量给出.

3. Sylvester 可约情形

下面考查张量 $\mathcal{T}$ 是 Sylvester 可约的情形. 注意到在这种情况下，如果 $a_m>0$ 且 $b_0>0$，那么 10.9 节的大部分结论仍然是成立的，比如，定理 10.21 中当 m 是奇数时关于谱对称性的结论.

如果张量 $\mathcal{T}$ 是对称的，那么

$$a_i \neq 0 \text{ 当且仅当 } b_{i-1} \neq 0, \ \forall i \in \{1, \cdots, m\} \tag{10.44}$$

在这种情况下，因为张量 $\mathcal{T}$ 是弱不可约的，那么同时有 $a_1+\cdots+a_m>0$ 和 $b_0+\cdots+b_{m-1}>0$ 成立. 在这里，对所有的 $i\in\{1, \cdots, m\}$，基于参数表述(10.42)，不再像 10.9 节中

将$a_i>0$和$b_i>0$等价起来，而是将$a_i>0$和$b_{i-1}>0$等价起来. 从定理10.3可得，谱的s-对称性将由方程

$$\boldsymbol{A}\boldsymbol{x}=\left(\frac{m+1}{s}\right)\mathbf{1} \tag{10.45}$$

的可解性保证. 其中$\boldsymbol{A}\in\mathbb{Z}_{m+1}^{p\times 2}$是由张量$\mathcal{T}$的正元素给出的连接矩阵. 对所有的$i\in\{1,\cdots,m\}$，根据定理10.3，由于$a_i>0$和$b_{i-1}>0$将给出矩阵$\boldsymbol{A}$的相同行，所以将这两个元素看成一体. 在这种等价下，下面直接分析等价后的连接矩阵，即将原来矩阵的重复行删去得到的矩阵. 因此，矩阵$\boldsymbol{A}^{\mathrm{T}}$是下面的完全连接矩阵的一个子矩阵：

$$\boldsymbol{F}=\begin{bmatrix} m+1 & m & \cdots & 1 & 0 \\ 0 & 1 & \cdots & m & m+1 \end{bmatrix}$$

完全连接矩阵$\boldsymbol{F}$有$m+2$列，顺序对应a_0，$a_1(b_0)$，…，$a_m(b_{m-1})$，b_m，这些列被分别记为$\boldsymbol{c}_0$，$\boldsymbol{c}_1$，…，$\boldsymbol{c}_m$和$\boldsymbol{c}_{m+1}$.

下面考虑s-对称性，其中$s>1$. 因此，考虑线性方程(10.45). 一个直接的结论是$\boldsymbol{c}_0$和$\boldsymbol{c}_{m+1}$都不能出现在$\boldsymbol{A}$中，因为它们导出的线性方程总是等于零. 因此，第一必要条件是

$$a_0=b_m=0$$

注意到，如果$\mathbf{x}$是(10.45)的一个解，那么

$$\mathbf{x}+\alpha\,(1,1)^{\mathrm{T}}\in\mathbb{Z}_{m+1}^{2}$$

对任意的$\alpha\in\mathbb{Z}_{m+1}$也是一个解，因为对所有的$i\in\{0,\cdots,m+1\}$，有$\boldsymbol{c}_i^{\mathrm{T}}(1,1)=0$. 因此，不妨假设$x_1=0$. 在这样的简化下，可以给出下面的定理. 假设$\{i_1,\cdots,i_r\}\subseteq\{1,\cdots,m\}$是使得$\boldsymbol{c}_{i_j}$表示连接矩阵$\boldsymbol{A}$的指标集.

定理 10.22 给定一个$(m+1)$阶的二维非负Sylvester可约张量. 如果对于$s\in\mathfrak{D}(m+1)$，满足$a_0=b_m=0$，以及系统

$$i_j\alpha=\frac{m+1}{s}\quad\forall j\in\{1,\cdots,r\} \tag{10.46}$$

有一个解$\alpha\in\mathbb{Z}_{m+1}$，那么这个张量的谱是$s$-多重对称的. 如果张量还是对称的，那么这是一个充分和必要条件.

证明 由定理10.3、(10.45)和前序分析可得结论.

这个结论也可以用于10.9节讨论的情形. 然而，系统(10.46)的可解性不能由张量$\mathcal{T}$的元素完全地如同定理10.21一样地刻画. 虽然(10.46)是一个变量的方程系统，当m较大时，其组合性质是相当复杂的. 注意到，非对称的情形也没有完全刻画.

4. 全对称性

下面考虑$(m+1)$-对称性，即全对称性. 因此，线性方程(10.45)变成

$$\mathbf{A}\mathbf{x}=\mathbf{1} \tag{10.47}$$

(必要和)充分条件是系统

$$i_j\alpha=1,\ \forall j\in\{1,\cdots,r\} \tag{10.48}$$

有一个解$\alpha\in\mathbb{Z}_{m+1}$.

注意到一个方程$i_j\alpha=1$意味着i_j是环$\mathbb{Z}_{m+1}$的一个生成元. 相对应地，α也是一个生成元.

另一方面，通过初等行变换，可以得到更多的必要关系. 对任意的$\boldsymbol{c}_i$和$\boldsymbol{c}_j$(其中$i>j\in$

$\{1, \cdots, m\}$)，可得

$$0=(\boldsymbol{c}_i-\boldsymbol{c}_j)^{\mathrm{T}}\mathbf{x}=(j-i)x_1+(i-j)x_2=(i-j)(x_2-x_1)=(i-j)\alpha \tag{10.49}$$

因此，当系统(10.48)满足时，一定存在最多一个 $\boldsymbol{c}_i$，否则式(10.49)将给出与 α 是一个生成元矛盾的结论. 反过来，当$i_j\in\{1, \cdots, m\}$是 $\mathbb{Z}_{m+1}$的一个生成元，即i_j与 $m+1$ 互素，那么系统(10.48)总是可解的.

命题 10.31 给定一个 $m+1$ 阶二维的非负 Sylvester 可约张量. 如果$a_0=b_m=0$，以及对 $i\in\{1, \cdots, m\}$，最多一个$a_i(b_{i-1})$是正的，且与 $m+1$ 互素，那么它的谱是$(m+1)$-多重对称的. 当张量是对称张量时，这是一个充分必要条件.

5. 其他非平凡的对称性

对其他的 $s>1$，下面给出 s-对称性的例子.

在这种情况下，除了上文提到的第一必要条件，还有第二必要条件：如果 $s\neq 2$ 以及对某个 $i\in\{1, \cdots, m\}$，$\boldsymbol{c}_i$是出现的，那么 $\boldsymbol{c}_{m+1-i}$不能出现，否则会有

$$\boldsymbol{c}_i+\boldsymbol{c}_{m+1-i}=\boldsymbol{c}_0+\boldsymbol{c}_{m+1}=(m+1, m+1)^{\mathrm{T}}=(0, 0)^{\mathrm{T}}$$

由于 $m\geqslant 2$，这与期望得到的方程(10.47)矛盾. 类似于 i 和 $m+1-i$ 的这样一对指标称为指标的对偶对. 事实上，对所有的 $i\in\{1, \cdots, m\}$，$\boldsymbol{c}_i=-\boldsymbol{c}_{m+1-i}$成立.

这两个必要条件将简化分析. 以 $m=5$ 即六阶张量为例. 在这种情况下，考虑非平凡的 3-对称性. 假设第一和第二必要条件成立，那么连接矩阵只能是矩阵

$$\begin{bmatrix}5 & 4 & 2 & 1\\ 1 & 2 & 4 & 5\end{bmatrix}$$

的一个子矩阵. 这个矩阵的列记为 $\boldsymbol{d}_1$、$\boldsymbol{d}_2$、$\boldsymbol{d}_3$和 $\boldsymbol{d}_4$. 类似前文，假设 $x_1=0$ 和 $x_2=\alpha$. 通过直接计算，可得解 α 必须满足

$$\alpha=\begin{cases}2 & \text{以满足 } \boldsymbol{d}_1 \text{ 对应的方程}\\ 4 & \text{以满足 } \boldsymbol{d}_2 \text{ 对应的方程}\\ 2 & \text{以满足 } \boldsymbol{d}_3 \text{ 对应的方程}\\ 4 & \text{以满足 } \boldsymbol{d}_4 \text{ 对应的方程}\end{cases}$$

因此，如果要么$\{a_1, a_4, b_0, b_3\}$的一个子集是正元素的集合，要么$\{a_2, a_5, b_1, b_4\}$的一个子集是正元素的集合，那么谱是 3-对称的.

10.11 高阶迹相关的对称性

本节进一步给出迹公式(3.51)在图的谱的对称性研究中的应用.

定理 10.23 假设 G 是一个 k 图，$\mathcal{A}$是其邻接张量，$\phi_{\mathcal{A}}(\lambda)=\sum_{j=0}^{r}a_j\lambda^{r-j}\ (r=n(k-1)^{n-1})$ 是张量 $\mathcal{A}$ 的特征多项式. 那么，下面的三个条件相互等价：

(1) 张量 $\mathcal{A}$的谱是 k-对称的.

(2) 如果 d 不是 k 的倍数，那么系数a_d(特征多项式$\phi_{\mathcal{A}}(\lambda)$的余次为 d 的项的系数)为零. 即存在整数 t 和多项式 f，使得$\phi_{\mathcal{A}}(\lambda)=\lambda^t f(\lambda^k)$.

(3) 如果 d 不是 k 的倍数，那么$\mathrm{Tr}_d(\mathcal{A})=0$.

证明 (1)⇔(3)可以由定理10.19得来. 下面证明(1)⇔(2).

首先证明(2)⇒(1): 由$\phi_A(\lambda)=\lambda^t f(\lambda^k)$的表达式, 显然可得.

最后证明(1)⇒(2): 假设$\varepsilon=e^{2\pi i/k}$是k阶本原单位根. 那么由(1)推出$\phi_A(\varepsilon\lambda)=\varepsilon^r\phi_A(\lambda)$. 由此可得

$$\sum_{d=0}^{r} a_d \varepsilon^{r-d}\lambda^{r-d}=\sum_{d=0}^{r} a_d\varepsilon^r\lambda^{r-d}$$

因此, 可得$a_d\varepsilon^{r-d}=a_d\varepsilon^r$, 或者$a_d(\varepsilon^d-1)=0$.

那么, 如果d不是k的倍数, 则$\varepsilon^d-1\neq 0$. 因此, 在这种情况下, $a_d=0$成立.

假设$F=((i_1,\alpha_1),\cdots,(i_d,\alpha_d))\in\mathcal{F}_d$(其中$F$的每个分量是$\{1,\cdots,n\}^m$的一个元素), 以及$i\in\{1,\cdots,n\}$. 记$d_i(F)$是指标$i$出现在$F$中作为首指标(即$F$中的某个元素的第一个指标)的次数, 而$q_i(F)$是指标$i$出现在$F$中作为非首指标的次数. 记$p_i(F)=d_i(F)+q_i(F)$是指标$i$出现在$F$中的总次数. 称$F$是$m$-价的, 如果对每个$i\in\{1,\cdots,n\}$, $p_i(F)$是m的一个倍数.

引理10.15 假设$F=((i_1,\alpha_1),\cdots,(i_d,\alpha_d))\in\mathcal{F}_d$(其中$F$的每个分量是$\{1,\cdots,n\}^m$中的一个元素). 如果$\mathbf{W}(F)\neq\varnothing$, 那么$F$是$m$-价的.

证明 假设$W\in\mathbf{W}(F)$是一个满足$E(W)=E(F)$的闭路径. 那么, 对每个$i\in\{1,\cdots,n\}$, 有$d_W^+(i)=d_W^-(i)$(由于$E(W)$是平衡的). 由$E(F)$的定义, 可得$d_W^+(i)=(m-1)d_i(F)$和$d_W^-(i)=q_i(F)$. 因此, 可得$q_i(F)=(m-1)d_i(F)$, 以及$p_i(F)=d_i(F)+q_i(F)=d_i(F)+(m-1)d_i(F)=md_i(F)$, 由此可见这是$m$的一个倍数.

记

$$\mathcal{F}'_d=\{F\in\mathcal{F}_d \mid F\text{是}m\text{-价的}\} \tag{10.50}$$

那么, 从引理10.15可得式(3.51)可以用$\mathcal{F}'_d$写成

$$\mathrm{Tr}_d(\mathcal{T})=(m-1)^{n-1}\sum_{F\in\mathcal{F}'_d}\frac{b(F)}{c(F)}\pi_F(\mathcal{T})\,|\mathbf{W}(F)| \tag{10.51}$$

这是因为根据引理10.15, 对于$F\in\mathcal{F}_d\backslash\mathcal{F}'_d$ $|\mathbf{W}(F)|=0$成立.

下面根据式(10.51), 证明下面的定理.

定理10.24 假设$G=(V,E)$是一个p-hm二可分k图, 其中p, k互素, 那么G的谱是k-对称的.

证明 假设$\mathcal{A}$是图G的邻接张量. 由定理10.23, 这需要证明张量$\mathcal{A}$满足定理10.23的条件(3).

假设V_1和V_2是满足定义2.45的集合.

假设对某个正整数d, $\mathrm{Tr}_d(\mathcal{A})\neq 0$成立. 那么, 由式(10.51)可得, 存在某个$F\in\mathcal{F}'_d$使得$\pi_F(\mathcal{A})\neq 0$. 因此, F的d个分量对应图G的d条边$\{e_1,\cdots,e_d\}$(允许重复), 因此由(10.50), F是k-价的.

记$E_0=\{e_1,\cdots,e_d\}$, 对G的每个顶点v, 记$d_{E_0}(v)$是由边集E_0导出的G的子图中顶点v的度. 那么由F是k-价的, 可得所有的$d_{E_0}(v)$都是k的倍数.

另一方面, 由定义(2.45)可得$pd=\sum_{v\in V_1}d_{E_0}(v)$, 这是$k$的一个倍数. 因此, d也是k的倍数, 因为p, k互素. 这就证明了张量$\mathcal{A}$满足定理10.23的条件(3).

参 考 文 献

[1] BROUWER A E, HAEMERS W H. Spectra of graphs[M]. Springer Science & Business Media, 2011.

[2] CHUNG F R. Spectral graph theory[M]. American Mathematical Soc. , 1997.

[3] CVETKOVIC D M, Doo B M, SACHS H. Spectra of graphs. Theory and application[M]. Academic Press, 1980.

[4] CVETKOVIC D M, DOOB M, GUTMAN I, et al. Recent results in the theory of graph spectra[M]. Elsevier, 1988.

[5] QI L Q. Eigenvalues of a real supersymmetric tensor[J]. Journal of Symbolic Computation, 2005, 40(6): 1302 - 1324.

[6] LIM L H. Singular values and eigenvalues of tensors: a variational approach[C]. IEEE International Workshop on Computational Advances in Multi-Sensor Adaptive Processing, 2005. 2005: 129 - 132.

[7] QI L Q, CHEN H B, CHEN Y N. Tensor eigenvalues and their applications[M]. Springer, 2018.

[8] QI L Q, LUO Z Y. Tensor analysis: spectral theory and special tensors[M]. SIAM, 2017.

[9] LIM L H. Foundations of numerical multilinear algebra: decomposition and approximation of tensors[D]. Stanford University, 2007.

[10] ROTA BULÒ S. A game-theoretic framework for similarity-based data clustering[D]. These de Doctorat, Université Ca Foscari de VeniseItalie, 2009.

[11] ROTA BULÒ S, PELILLO M. A generalization of the Motzkin-Straus theorem to hypergraphs[J]. Optimization Letters, 2009, 3(2): 287 - 295.

[12] HU S L, QI L Q. Algebraic connectivity of an even uniform hypergraph[J]. Journal of Combinatorial Optimization, 2012, 24(4): 564 - 579.

[13] HU S L, LIM L H. Spectral symmetry of uniform hypergraphs[R]. Reports, 2014.

[14] HU S L, HUANG Z H, LING C, et al. On determinants and eigenvalue theory of tensors[J]. Journal of Symbolic Computation, 2013, 50: 508 - 531.

[15] SHAO J Y, QI L Q, HU S L. Some new trace formulas of tensors with applications in spectral hypergraph theory[J]. Linear and Multilinear Algebra, 2015, 63(5): 971 - 992.

[16] HU S L. A note on the solvability of a tensor equation[J]. Journal of Industrial and Management Optimization, 2022, 18: 4043 - 4047.

[17] HU S L, YE K. Multiplicities of tensor eigenvalues[J]. Communications in Mathematical Sciences, 2016, 14(4): 1049 - 1071.

[18] YE K, HU S L. Inverse eigenvalue problem for tensors[J]. Communications in Mathematical Sciences, 2017, 15(6): 1627 - 1649.

[19] ZHANG G M, HU S L. Characteristic polynomial and higher order traces of third order three dimensional tensors[J]. Frontiers of Mathematics in China, 2019, 14(1): 225 - 237.

[20] HU S L, HUANG Z H, QI L Q. Strictly nonnegative tensors and nonnegative tensor partition[J]. Science China Mathematics, 2014, 57(1): 181 - 195.

[21] HU S L, QI L Q. A necessary and sufficient condition for existence of a positive Perron vector[J].

SIAM Journal on Matrix Analysis and Applications, 2016, 37(4): 1747 - 1770.

[22] HU S L, QI L Q. The Laplacian of a uniform hypergraph[J]. Journal of Combinatorial Optimization, 2015, 29(2): 331 - 366.

[23] HU S L, QI L Q. The eigenvectors associated with the zero eigenvalues of the Laplacian and signless Laplacian tensors of a uniform hypergraph[J]. Discrete Applied Mathematics, 2014, 169: 140 - 151.

[24] HU S L, QI L Q, J S. The largest Laplacian and signless Laplacian H-eigenvalues of a uniform hypergraph[J]. Linear Algebra and Its Applications, 2015, 469: 1 - 27.

[25] HU S L, QI L Q, SHAO J Y. Cored hypergraphs, power hypergraphs and their Laplacian H-eigenvalues[J]. Linear Algebra and Its Applications, 2013, 439(10): 2980 - 2998.

[26] HU S L. Symmetry of eigenvalues of Sylvester matrices and tensors[J]. Science China Mathematics, 2019, 63(5): 845 - 872.

[27] HU S L. Spectral hypergraph theory[D]. Hong Kong Polytechnic University, 2013.

[28] LANDSBERG J M. Tensors: geometry and applications[M]. Graduate Studies in Mathematics, AMS, 2012.

[29] LI A M, QI L Q, ZHANG B. E-characteristic polynomials of tensors[J]. Communications in Mathematical Sciences, 2013, 11(1): 33 - 53.

[30] BÉZOUT E. Théorie générale des équations algébriques par M. Bézout[D]. de l'imprimeriede Ph. - D. Pierres, rue S. Jacques, 1779.

[31] CAYLEY A. On the theory of determinants[J]. Trans. Cambridge Phil Soc., 1843, Ⅷ(3): 1 - 16.

[32] CAYLEY A. On the theory of linear transformations[J]. Cambridge Math. J., 1845, 4(1): 193 - 209.

[33] COX D, LITTLE J, O'SHEA D. Using algebraic geometry[M]. Graduate Texts in Mathematics, 1998, 185.

[34] DE SILVA V, LIM L H. Tensor rank and the ill-posedness of the best low-rank approximation problem[J]. SIAM Journal on Matrix Analysis and Applications, 2008, 30(3): 1084 - 1127.

[35] DIXON A. On a form of the eliminant of two quantics[J]. Proceedings of the London Mathematical Society, 1908, 2(1): 468 - 478.

[36] GELFAND I, KAPRANOV M, ZELEVINSKY A. Hyperdeterminants[J]. Advances in Mathematics, 1992, 96(2): 226 - 263.

[37] GELFAND I M, KAPRANOV M, ZELEVINSKY A. Discriminants, resultants, and multidimensional determinants[M]. Springer Science & Business Media, 1994.

[38] MACAULAY F S. Some formulae in elimination[J]. Proceedings of the London Mathematical Society, 1902, 1(1): 3 - 27.

[39] SYLVESTER J J. XXIII. A method of determining by mere inspection the derivatives from two equations of any degree[J]. The London, Edinburgh, and Dublin Philosophical Magazine and Journal of Science, 1840, 16(101): 132 - 135.

[40] DOLOTIN V, MOROZOV A. Introduction to non-linear algebra[M]. World Scientific, Singapore. 2007.

[41] QI L Q. H^+-Eigenvalues of laplacian and signless laplacians tensors[J]. The Hong Kong Polytechnic University, Manuscript, 2012.

[42] HORN R A, JOHNSON C R. Matrix analysis[M]. Cambridge University Press, 2012.

[43] LANG S. Introduction to linear algebra[M]. Springer Science & Business Media, 2012.

[44] COX D, LITTLE J, OSHEA D. Ideals, varieties, and algorithms: an introduction to computational algebraic geometry and commutative algebra[M]. Springer Science & Business Media, 2013.

[45] LANG S. Algebra. thirded., Vol. 211[M]. Graduate Texts in Mathematics. Springer-Verlag, NewYork, 2002.

[46] HARRIS J. Algebraic geometry: a first course[M]. Springer Science & Business Media, 1992.

[47] HARTSHORNE R. Algebraic geometry[M]. Springer Science & Business Media, 1977.

[48] SHAFAREVICH I R. Basic algebraic geometry[M]. Springer, 1977.

[49] TAYLOR J L. Several complex variables with connections to algebraic geometry and Lie groups [M]. American Mathematical Soc., 2002.

[50] MOROZOV A, SHAKIROV S. Analogue of the identity Log Det = Trace Log for resultants[J]. Journal of Geometry and Physics, 2011, 61(3): 708 - 726.

[51] MOROZOV A Y, SHAKIROV S R. New and old results in resultant theory[J]. Theoretical and Mathematical Physics, 2010, 163(2): 587 - 617.

[52] FRIEDLAND S. Inverse eigenvalue problems[J]. Linear Algebra and Its Applications, 1977, 17(1): 15 - 51.

[53] GUNNING R C, ROSSI H. Analytic functions of several complex variables[M]. American Mathematical Soc., 2009.

[54] BERTSEKAS D. Nonlinear Programming [M]. 2nd edn. Belmont, MA: Athena Scientific, 1999.

[55] STURMFELS B. Solving systems of polynomial equations[M]. American Mathematical Soc., 2002.

[56] HORN R A, JOHNSON C R. Topics in matrix analysis[M]. Cambridge University Press, 1994.

[57] GRAYSON D R, STILLMAN M E. Macaulay2, a software system for research in algebraic geometry [S]. 2002.

[58] COMON P, GOLUB G, LIM L H, et al. Symmetric tensors and symmetric tensor rank[J]. SIAM Journal on Matrix Analysis and Applications, 2008, 30(3): 1254 - 1279.

[59] ROUILLIER F. Solving zero-dimensional systems through the rational univariate repre-sentation [J]. Applicable Algebra in Engineering, Communication and Computing, 1999, 9(5): 433 - 461.

[60] OEDING L. Hyperdeterminants of polynomials[J]. Advances in Mathematics, 2012, 231(3 - 4): 1308 - 1326.

[61] CARTWRIGHT D, STURMFELS B. The number of eigenvalues of a tensor[J]. Linear algebra and its applications, 2013, 438(2): 942 - 952.

[62] CHU M, GOLUB G. Inverse eigenvalue problems: theory, algorithms, and applications [M]. Oxford University Press, 2005.

[63] MACDONALD I G. Symmetric functions and Hall polynomials[M]. Oxford University Press, 1998.

[64] HUGGINS P, STURMFELS B, YU J, et al. The hyperdeterminant and triangulations of the 4-cube[J]. Mathematics of Computation, 2008, 77(263): 1653 - 1679.

[65] ALEXANDER J, HIRSCHOWITZ A. Polynomial interpolation in several variables[J]. Journal of Algebraic Geometry, 1995, 4(2): 201 - 222.

[66] YANG Y N, YANG Q Z. Further results for Perron-Frobenius theorem for nonnegative tensors[J]. SIAM Journal on Matrix Analysis and Applications, 2010, 31(5): 2517 - 2530.

[67] FRIEDLAND S, GAUBERT S, HAN L. Perron-Frobenius theorem for nonnegative multilinear forms and extensions[J]. Linear Algebra and Its Applications, 2013, 438(2): 738 - 749.

[68] ZHANG L P, QI L Q, XU Y. Linear convergence of the LZI algorithm for weakly positive tensors [J]. Journal of Computational Mathematics, 2012: 24 - 33.

[69] BERMAN A, PLEMMONSRJ. Nonnegative matrices in the mathematical sciences[M]. SIAM, 1994.

[70] NUSSBAUM R D. Hilbert's projective metric and iterated nonlinear maps[M]. American Mathematical

Soc., 1988.
[71] PERRON O. Zur theorie der matrices[J]. Mathematische Annalen, 1907, 64(2):248 - 263.
[72] FROBENIUS G. Über Matrizen aus nicht negativen Elementen[J]. Kongliche Akaδemiefder Wissenschaften, Bertin, 1912, 456 - 477.
[73] CHANG K C, PEARSON K, ZHANG T. Perron-Frobenius theorem for nonnegative tensors[J]. Communications in Mathematical Sciences, 2008, 6(2): 507 - 520.
[74] ROTHBLUM U G. Nonnegative matrices and stochastic matrices[G]//Handbook of Linear Algebra. Chapman and Hall/CRC, London, 2014, 137 - 162.
[75] AMANN H. Fixed point equations and nonlinear eigenvalue problems in ordered Banach spaces[J]. SIAM Review, 1976, 18(4): 620 - 709.
[76] MERRIS R. Laplacian matrices of graphs:a survey[J]. Linear Algebra and Its Applications, 1994, 197: 143 - 176.
[77] NI G Y, QI L Q, WANG F, et al. The degree of the E-characteristic polynomial of an even order tensor[J]. Journal of Mathematical Analysis and Applications, 2007, 329(2): 1218 - 1229.
[78] FIEDLER M. Algebraic connectivity of graphs[J]. Czechoslovak Mathematical Journal, 1973, 23(2): 298 - 305.
[79] QI L Q. Eigenvalues and invariants of tensors[J]. Journal of Mathematical Analysis and Applications, 2007, 325(2): 1363 - 1377.
[80] PEARSON K J, ZHANG T. On spectral hypergraph theory of the adjacency tensor[J]. Graphs and Combinatorics, 2014, 30(5): 1233 - 1248.
[81] YANG Q Z, YANG Y N. Further results for Perron-Frobenius theorem for nonnegative tensors II[J]. SIAM Journal on Matrix Analysis and Applications, 2011, 32(4): 1236 - 1250.
[82] FIDALGO C, KOVACEC A. Positive semidefinite diagonal minus tail forms are sums of squares [J]. Mathematische Zeitschrift, 2011, 269(3): 629 - 645.
[83] COOPER J, DUTLE A. Spectra of uniform hypergraphs[J]. Linear Algebra and its applications, 2012, 436(9): 3268 - 3292.
[84] GRONE R, MERRIS R. The Laplacian spectrum of a graph II[J]. SIAM Journal on Discrete Mathematics, 1994, 7(2): 221 - 229.
[85] ZHANG X D, LUO R. The spectral radius of triangle-free graphs[J]. Australasian Journal of Combinatorics, 2002, 26: 33 - 40.
[86] QI L Q. Symmetric nonnegative tensors and copositive tensors[J]. Linear Algebra and Its Applications, 2013, 439(1): 228 - 238.
[87] CVETKOVI D, ROWLINSON P, SIMI S K. Signless Laplacians of finite graphs[J]. Linear Algebra and Its Applications, 2007, 423(1): 155 - 171.
[88] ZHANG X D. The Laplacian eigenvalues of graphs:a survey[J]. arXiv: 1111. 2897, 2011.
[89] BONDY J A, MURTY U S R, et al. Graph theory with applications[M]. Macmillan London, 1976.
[90] CHANG K C, PEARSON K J, ZHANG T. Primitivity, the convergence of the NQZ method, and the largest eigenvalue for nonnegative tensors [J]. SIAM Journal on Matrix Analysis and Applications, 2011, 32(3): 806 - 819.
[91] VAN DER WAERDEN B L. Algebra vol 2[M]. Springer, 1970.
[92] SMITH H J S. I. On systems of linear indeterminate equations and congruences[J]. Proceedings of the Royal Society of London, 1862(11): 86 - 89.
[93] KANNAN R, BACHEM A. Polynomial algorithms for computing the Smith and Hermite normal

forms of an integer matrix[J]. SIAM Journal on Computing, 1979, 8(4): 499-507.

[94] SCHRIJVER A. Theory of linear and integer programming[M]. John Wiley & Sons, 1998.

[95] HALL M. Combinatorial theory[M]. John Wiley & Sons, 1998.

[96] KEEVASH P. The existence of designs[J]. ArXiv preprint arXiv: 1401. 3665, 2014.

[97] WILSON R. The early history of block designs [J]. Rend. Sem. Mat. Messina Ser. Ⅱ, 2003, 9(25): 267-276.

[98] KEEVASH P. The existence of designs II[J]. ArXiv preprint arXiv: 1802. 05900, 2018.

[99] MINC H. Nonnegative matrices[M]. NewYork, John Wilog & Sows, 1988.

[100] ROMANOVSKY V. Recherches sur les chaines de Markoff[J]. Acta Mathematica, 1936, 66(1): 147-251.

[101] SYLVESTER J J. XVIII. On a theory of the syzygetic relations of two rational integral functions, comprising an application to the theory of Sturm's functions, and that of the greatest algebraical common measure[J]. Philosophical transactions of the Royal Society of London, 1853(143): 407-548.